J. C. POGGENDORFF

BIOGRAPHISCH-LITERARISCHES HANDWÖRTERBUCH DER EXAKTEN NATURWISSENSCHAFTEN

Unter Mitwirkung der Akademien der Wissenschaften zu Berlin, Göttingen, Heidelberg, München und Wien

herausgegeben von der

Sächsischen Akademie der Wissenschaften zu Leipzig

Band VIIb · Teil 2

1. Lieferung

Leitung der Redaktion

PROF. DR. HANS SALIÉ

AKADEMIE-VERLAG · BERLIN

1967

Redaktionsschluß: 31. 12. 1965

Erschienen im Akademie-Verlag GmbH, 108 Berlin, Leipziger Str. 3–4

Lizenznummer: 202 · 100/421/67
Gesamtherstellung: VEB Druckerei „Thomas Müntzer", 582 Bad Langensalza
Bestellnummer: 3050/II/1 · ES 18 A
24,–

C

VI **CABANNES,** Jean. Physik. — 1921 Dr. ès-sci., Univ. Marseille; '21–37 Prof., Fac. Sci. Univ. Montpellier; '37– Prof., Dir. Laboratoire des Recherches physiques, '46–49 Doyen, '49–59 Doyen honoraire, Fac. Sci. Univ. Paris; '55–56 Président, Bureau des Longitudes; '55–59 Membre, Comité de Direction de l'Observatoire de Haute-Provence. — '49 Dr. h. c. (Univ. Gent). — '40 Prix La Caze de Physique (Acad. Sci. Paris). (☒)
*1885, Aug. 12, Marseille;
†1959, Okt. 31, Les Lecques, près de Saint-Cyr-sur-Mer, Var.

Neffe von Charles Fabry IV-VII b

Zur Biogr. R. Goubau, Versl., Univ. Gent **1949/50**, 48–51. — Annales Univ. Paris **17** ('47) 216f.

Nekr. J. Dufay, Annales Astrophysique **23** ('60) 499–503; Annales Géophysique **16** ('60) 299–303 (m. Bildn.); L'Astronomie (BSAF) **74** ('60) 281–84. — P. Jacquinot, Revue Opt. théor. et instrument. **39** ('60) 191–95. — A. Kastler, Annales Physique (13) **5** ('60) 5–9 (m. Bildn.). — J. Lecomte, Notices et Discours, Acad. Sci., Paris **4** ('64) 320–22. — R. Lucas, Cahiers Physique **14** ('60) 1–4 (m. Bildn.). — I. Pérès, Annales Univ. Paris **30** ('60) 67–70. — G. Ribaud, C.R. hebd. Séances Acad. Sci., Paris **249** ('59) 1975–79.

Zur Bibliogr. Notice sur les travaux scientifiques de Jean Cabannes (Montpellier '37) 60 S.; Supplément 1938–1943 (Paris '43) 39 S.

MHZ. Annales Géophysique **1** ('44)–**15** ('59).

S. Hommage à Aimé Cotton, 5 juin 1948 (Paris '51) 17–24: Allocution. — Encyclopédie française **2**: La physique (Paris '55) 2·24,7–15: Optique géométrique; 2·24,15–2·26,2 (4 S.): Photométrie.

W. Le bleu du ciel (Paris '43) 18 S. (Les conférences du Palais de la découverte). — Cours d'optique (Paris '46) 4 fasc., autographié (Les cours de Sorbonne. Certificat d'études supérieures de physique générale). — La lumière de la nuit (Alençon '47) 20 S. (Les conférences du Palais de la découverte, 21 déc. 1945). — Pascal physicien (Alençon '50) 16 S. (~, 27 avr. 1950). — Optique ondulatoire (Paris '54) 268 S.

Annales Géophysique Le spectre du ciel nocturne dans les régions bleue et violette [5]): **1** ('44) 1–17; ~: **2** ('46) 290–308.

Annales Physique La symétrie des molécules et les spectres de diffusion: (10) **18** ('32) 285–328. — Recherches expérimentales sur la dépolarisation des raies Raman dans les spectres de diffusion des liquides[13]): **19** ('33) 229–303. — Aimé Cotton: (12) **6** ('51) 895–98. — Mesure par photographie de l'intensité d'une raie spectrale superposée à un spectre continu: **9** ('54) 5–9. — Sur la diffusion de la lumière dans les liquides: (13) **1** ('56) 857–69.

Annuaire Bur. Longitudes A. Cotton †: **1954** ('53) B 1–6.

L'Astronomie (BSAF) L'analyse interférentielle des raies brillantes du ciel nocturne [5])[8]): **56** ('42) 149–55. — Le ciel nocturne: **65** ('51) 457–69. — Les progrès récents de l'astronomie: **66** ('52) 295–330; **67** ('53) 279–82.

Astrophysical J. Sodium in the upper atmosphere[5])[8]): **88** ('38) 164–72.

Bull. Union Physiciens Photographische Wirksamkeit einer einfachen Strahlung; Grundlagen der photographischen Photometrie in komplexem Licht: **34** ('38) Nr. 315/16, 2–10 [franz.] [auch in: Science et Industries photogr. **10** ('38) 90–].

Cahiers Physique Eugène Bloch. Mort pour la France (1878–1944): Nr. **47** ('54) 1–4.

C.R. hebd. Séances Acad. Sci., Paris Les règles de polarisation des raies de Raman dans les liquides. Enoncés théoriques et vérifications expérimentales [13]): **194** ('32) 79–81. — Symétrie moléculaire et spectres de diffusion [13]): 706–08. — Règles de polarisation des raies Raman dans les cristaux: 2134–36. — Le spectre Raman de l'ion SO_4 dans le gypse: **195** ('32) 1353–55. — Sur la dépolarisation de la lumière diffusée par un cristal uniaxe lorsque l'axe optique est parallèle au rayon diffusé. Etude expérimentale et considérations théoriques: **196** ('33) 977–79. — Sur le spectre Raman de l'eau[12]): **198** ('34) 30–32. — Analyse spectrale de la lumière du ciel nocturne au Pic du Midi[5]): 306–09. — Les radiations du ciel nocturne dans l'intervalle spectral 5000–8000 Å: 2132–35. — Considérations théoriques sur la luminescence des hautes couches de l'atmosphère: **199** ('34) 909–11. — Variation annuelle de l'intensité des raies brillantes du ciel nocturne[5]): **200** ('35) 878–80. — Les bandes de Vegard-Kaplan dans le spectre du ciel nocturne[5]): 1504–06. — Les raies rouges de l'oxygène dans le spectre du ciel nocturne: 1905–08. — Comparaison spectrophotométrique de la lumière zodiacale et de la lumière du ciel nocturne[5]): **201** ('35) 696–99. — Peut-on identifier certaines radiations du ciel nocturne avec des bandes Schumann-Runge de la molécule d'oxygène ?[5]): **202** ('36) 365–67. — Sur la présence de radiations de longueurs d'onde inférieures à 3000 Å dans le spectre du ciel nocturne et l'existence probable de deux couches luminescentes dans la haute atmosphère[5])[8]): 612–14. — Mesure du facteur de dépolarisation des raies Raman dans le gaz: azote, oxygène, gaz carbonique[13]): 1825–28. — Un phénomène de photoluminescence dans la haute atmosphère: l'excitation par la lumière solaire de la raie 6300 Å de l'oxygène[7]): **203** ('36) 484–87. — Régularités dans le spectre des noyaux cométaires[5]): 903–05. — Essai de classification des raies Raman d'un cristal de quartz[2]): **205** ('37) 768–71. — L'effet Raman dans les gaz sous la pression normale[13]): **206** ('38) 85–88, 220. — Sur la radiation jaune du ciel nocturne[5]): 221–24. — Sur la présence du sodium dans la haute atmosphère[5])[8]): 870–72. — Le sodium atmosphérique[5])[8]): 1525–28. — Sur l'eau de cristallisation du gypse: **207** ('38) 700–02. — Sur le spectre Raman du benzène en lumière circulaire[4]): **208** ('39) 1700–02. — Quelques remarques sur la luminescence du ciel nocturne: 1770–72, 2140. — Méthode de classification des raies Raman des cristaux binaires et terbinaires: **211** ('40) 625–68. — Méthode de classification des raies Raman dans les cristaux uniaxes: 750–52. — Nouvelles mesures de longueurs d'onde dans les régions bleue et violette du spectre émis par le ciel nocturne [5]): **217** ('43) 433f. — Les bandes de Vegard-Kaplan de l'azote dans la région visible du spectre des aurores et du spectre du ciel nocturne[5]): **223** ('46) 113–15. — Nouveau montage pour l'analyse de la lumière diffusée par les poudres cristallines[10])[9]): 301–03. — Relations entre l'activité solaire et la luminescence de la haute atmosphère terrestre[5])[14]): **224** ('47) 1393–95. — Remarques sur la note de Robert Lennuier relative à l'impossibilité dans la réflexion de la lumière d'un élargissement spectral par effet Doppler d'agitation thermique: **226** ('48) 710f. — Les raies interdites de l'oxygène dans le spectre solaire[5]): 1569–71. — Raies interdites du fer ionisé dans le spectre solaire[5]): 2032–34. — Le spectre du ciel nocturne dans le jaune et dans le rouge, de 5800 à 6900 Å[5])[6]): **230** ('50) 1233–36; **231** ('50) 1180. — Remarque sur la note de David R. Bates, M. Nicolet, Théorie de l'émission du spectre de la molécule OH dans le spectre du ciel nocturne: **230** ('50) 1945. — Nouvelles mesures de la longueur d'onde des radiations rouges $^1D_2 \rightarrow {}^3P_2$ et $^1D_2 \rightarrow {}^3P_1$ de l'atome neutre d'oxygène dans la lumière du ciel nocturne[5]): **240** ('55) 573–76. — Georges Reboul †: 2361–63.

Helvetica physica Acta La lumière du ciel nocturne d'après les recherches spectrographiques de Dufay et Cabannes (août 1933–avril 1935): 8 ('35) 405–20.

J. atmospher. and terrestr. Physics, Spec. Suppl. Etude interférentielle des raies rouges du ciel nocturne[5]): **5** ('55) 73–85.

J. Chim. physique (et Physico-Chim. biol.) Sur l'isomérie cis et trans: **35** ('38) 1–15. — Neuer Apparat zur Spektralanalyse von durch Kristallpulver gestreutem Licht (Raman-Effekt)[10])[9]): **46** ('49) 69–71 [franz.]. — Etudes sur le spectre Raman de l'eau de cristallisation du gypse[3])[11]): **50** ('53) Nr. 9, C 89f.

J. Physique et Radium Sur l'origine des radiations émises par le ciel nocturne dans l'intervalle spectral 5000–8000 Å: (7) **5** ('34) 601–13. — Sur les conditions d'excitation du spectre de l'azote dans la haute atmosphère[1]): **10** ('39) 455–58. — L'effet Raman dans les gaz à la pression atmosphérique[13]), 1: (8) **1** ('40) 155–60; ∼ 2: 181–88; ∼ 3: 210–16. — Etude expérimentale et théorique sur le spectre Raman de l'eau de cristallisation dans le gypse[1]): **3** ('42) 137–45. — La molécule OH dans la haute atmosphère[5]): **12** ('51) 9S f. — Mesures interférentielles des longueurs d'onde des raies interdites de O I dans le ciel nocturne et crépusculaire[5]): **16** ('55) 129S f. — Etude interférentielle du rayonnement de l'oxygène atomique dans la haute atmosphère[5]): **17** ('56) 318.

Météorologie Le rayonnement ultraviolet solaire: **1946**, 58–68.

Nature [London] Sodium in the high atmosphere[5])[8]): **141** ('38) 1054. — CH bands in the night sky spectrum[5])[8]): **142** ('38) 718f. — CN bands in the night sky spectrum[5])[8]): 755. — Mechanism of nitrogen excitation in the night sky[1]): **144** ('39) 442.

Notices et Discours, Acad. Sci., Paris Transfert des cendres de Jean Perrin. Allocution à Brest, 17 juin 1948: **2** ('49) 713–17.

Publ. Observat. Lyon Variation annuelle de l'intensité des bandes de Vegard-Kaplan dans le rayonnement du ciel nocturne[5]): **5** ('49) Nr. 1, 19 S. — Ciel nocturne et phénomènes solaires[5])[14]): Nr. 2, 4 S.

Rep. Progr. Physics Spectroscopy applied to molecular physics: **10** ('44/45) 378–417.

Revue Opt. théor. et instrument. Les théories de la lumière: **26** ('47) 333–53. — Journées d'études sur le développement des applications des interférences, 2: Etude interférentielle du rayonnement de l'oxygène atomique dans la haute atmosphère[5]): **35** ('56) 103–09.

Revue sci. Introduction à l'étude de l'effet Raman dans les cristaux: **80** ('42) 60–68. – Le jeu de la symétrie dans les oscillations fondamentales d'une molécule ou d'un cristal: 407–23.

Science Progr. [London] Das Nachthimmellicht: **33** ('39) 435–46 [engl.].

Suomalaisen Tiedeakatemian Toimituksia, Sarja A I Applications de l'analyse spectrale à l'étude des cristaux: Nr. 82 ('50) 29 S.

Mit: [1]) R. Aynard; [2]) C. Bouhet; [3]) L. Couture; [4]) P. Daure; [5]) J. Dufay; [6]) M. Dufay; [7]) H. Garrigue; [8]) J. Gauzit; [9]) M. Harrand; [10]) R. Lennuier; [11]) J.-P. Mathieu; [12]) J. de Riols; [13]) A. Rousset; [14]) Tcheng Mao-Lin.

VI **CABREIRA,** Antonio, Conde de Lagos. Math. (☒)

†1953, Nov. 21, Lisboa.

Zur Bibliogr. Anuario acad., Acad. Ci. Lisboa **1954**, 118–23 (m. Bildn.).

Zahlreiche Schriften mathematischen, soziologischen, historischen, philosophischen Inhalts, Romane und Dramen.

VI **CABRERA,** Blas Juan José Secundino. Physik. – Prof., Dir. der Abt. Physik, Instituto de Física y Química, Univ. Central de España, Madrid. (☒)

*1878, Mai 20, Arrecife, Kanarische Inseln;

†1945, Aug. 1, Mexico.

Nekr. M. de Broglie, C. R. hebd. Séances Acad. Sci., Paris **221** ('45) 253.

H. Exposés sur la théorie de la matière **1** (Paris '37) (Actualités sci. et industr., 227).

S. Institut international de Physique Solvay. 6e Conseil de physique, Bruxelles 1930: Le magnétisme. Rapports et discussions (Paris '32) 81–160: Experimental study of paramagnetism. The magneton. – Trabaj s IX Congreso internacional de química pura y aplicada, Madrid 1934, **2** (Madrid '35) 495–500: Magnetische Untersuchungen von Wasser und von in Wasser gelöstem Kaliumjodid; 501–05: Über den Diamagnetismus einiger organischer Verbindungen und seine Änderung mit der Temperatur. – Verhandelingen, op 25 Mei 1935 aangeboden aan P. Zeeman ('s Gravenhage '35) 377–86: New measurements of the susceptibility of the ions Gd^{+++}, Tb^{+++}, Dy^{+++}, Ho^{+++} and Er^{+++}.

W. Dia- et paramagnétisme et structure de la matière (Paris '38) 82 S. (Actualités scientifiques et industrielles, 562).

Anales Soc. españ. Física y Quím. Magnetische Suszeptibilität von Aceton-Chloroform-Gemischen und von Trichlorbutylalkohol[5]): **30** ('32) 528–39. – Die Entstehung der chemischen Elemente: **31** ('33) 158–73. – Änderung der diamagnetischen Konstante des Wassers mit der Temperatur[4]): 401–11. – Die magnetische Suszeptibilität des Wassers und der Einfluß der gelösten Salze[4]): **32** ('34) 525–37. – Diamagnetismus des schweren Wassers in flüssigem und festem Zustand[4]): 538–42. – Der Diamagnetismus der primären Alkohole und anderer organischer Verbindungen[4]): 543–66. – Beitrag zur Kenntnis des Magnetismus der Palladiumfamilien[4]): 1045–52. – Eine Neukonstruktion der Faradayschen Apparatur zur Messung der magnetischen Suszeptibilitäten[6]): **34** ('36) 5–25. – Neue Messungen der Suszeptibilität der Ionen Gd^{+++}, Tb^{+++}, Dy^{+++}, Ho^{+++} und Er^{+++} und das Weißsche Magneton, 1: **35** ('37) 207–41. – – Alle Arbeiten span.

Annalen Physik Beiträge zum Paramagnetismus in der Palladiumreihe: (5) **21** ('35) 832–40.

Annales Inst. Henri Poincaré Magnétisme atomique: **2** ('32) 93–142.

Ciencia [Mexico] Modern science: **3** ('42) 3–11, 97–108, 241–48, 289–99 [ ].

C.R. hebd. Séances Acad. Sci., Paris Diamagnétisme et température[4]): **197** ('33) 379–81. – Les moments de quelques cations des terres rares et le magnétisme de Weiss: **205** ('37) 400–03. – Influence de l'eau sur les valeurs des constantes magnétiques des terres rares: **207** ('38) 1077–80. – Une installation pour la mesure des susceptibilités des corps faiblement magnétiques[1])[2]): **212** ('41) 1115–18. – Les susceptibilités diamagnétiques des alcools butyliques[2]): **213** ('41) 108–11.

J. Chim. physique et Physico-Chim. biol. Influence de l'eau sur les constantes magnétiques des terres rares: **36** ('39) 117–29. – Sur le paramagnétisme des terres rares: 237–55. – Diamagnétisme et structure moléculaire: **37** ('40) 86; **38** ('41) 1–11.

J. Physique et Radium Ecole magnétique et spectrale de la pureté de l'oxyde de samarium: (7) **3** ('32) 185Sf. – La méthode de Faraday pour la mesure précise de la susceptibilité magnétique appliquée aux terres rares: **9** ('38) 209–27. – Dix années de recherches sur les moments magnétiques des cations des terres rares: 51Sf.

Naturwissenschaften Über den Diamagnetismus des flüssigen und festen schweren Wassers und seinen Temperaturverlauf[4]): **22** ('34) 417.

Proc. physic. Soc. Magnetism of chlorides of the palladium and platinum triads of elements[3]): **51** ('39) 845–58.

Procès-verbaux Séances, Comité int. Poids et Mesures Leonardo Torres y Quevedo †: (2) **18** ('37) 293–95.

Z. Physik Diamagnetismus von Wasser bei verschiedenen Temperaturen, 1[4]): 82 ('33)

759–64. — Über den Diamagnetismus organischer Verbindungen im Hinblick auf den Einfluß von Temperatur und Konstitution, 1: Die primären Alkohole, Nitrobenzol und Metakresol[4]): **85** ('33) 568–91; ∼ 2: **89** ('34) 682–700. — Magnetische Untersuchung der gegenseitigen Beeinflussung von Kaliumjodid und Wasser in der Lösung[4]): 166–78.

Mit: [1]) O. Amiot; [2]) H. Colson; [3]) A. Duperier; [4]) H. Fahlenbrach; [5]) A. Madinaveitia; [6]) J. M. Torroja.

VI **CACCIOPPOLI,** Renato. Math. — 1930–34 Prof. ord., Univ. di Padova; '34–59 Prof. ord., Univ. di Napoli. — '29 Premio ministeriale per la matematica; '53 Premio nazionale della Classe di scienze fisiche, matematiche e naturali (Accad. dei Lincei).

*1904, Jan. 20, Napoli;

†1959, Mai 8, Napoli.

Nekr. G. Cimmino, Boll. Unione mat. ital. **14** ('59). — C. Miranda, Annali Mat. pura ed appl. (4) **47** ('59) V–VII. — G. Scorza Dragoni, Atti Accad. nazion. Lincei, Rend. **34** ('63) Appendice, Fasc. 3, 85–93 (m. Schr.-verz.).

Gesammelte Werke Opere **1** (Roma '63) (m. Biogr., Bildn., Schr.verz.); **2** ('63).

MHZ. (Redakt.) Rend. Semin. mat. R. Univ. Padova **2** ('31) - **5** ('34). — Giorn. Mat. Battaglini 1947–1951. — Ricerche Mat. 1952–1959.

S. Atti I° Congresso dell'Unione Matematica Italiana, Firenze 1937 (Bologna '38) 183–86: Sulla distribuzione delle singolarità delle funzioni di due variabili complesse. — Atti IV° ∼, Taormina 1951, **2** (Roma '53) 41–49: Elementi di una teoria generale dell'integrazione k-dimensionale in uno spazio n-dimensionale.

Annali Mat. pura ed appl. Residui di integrali doppi ed intersezioni di curve analitiche: (4) **29** ('49) 1–14. — L'integrazione e la ricerca delle primitive rispetto ad una funzione continua qualunque: **40** ('55) 15–34.

Annali R. Scuola norm. sup., Pisa Sui teoremi d'esistenza di Riemann: (2) **7** ('38) 177–87.

Atti (reale) Accad. nazion. Lincei, Rend. Sui funzionali lineari nel campo delle funzioni analitiche: (6) **15** ('32) 713f. — Un principio di inversione per le corrispondenze funzionali e sue applicazioni alle equazioni a derivate parziali, 1: **16** ('32) 390–95; ∼ 2: 484–89. — Sulle equazioni ellittiche non lineari a derivate parziali: **18** ('33) 103–06. — Sulle equazioni ellittiche a derivate parziali con n variabili indipendenti: **19** ('34) 83–89. — Un teorema generale sulle funzioni di due variabili complesse: 699–703. — Sulle equazioni ellittiche a derivate parziali con due variabili indipendenti, e sui problemi regolari di calcolo delle variazioni, 1: **22** ('35) 305–10; ∼ 2: 376–79. — Rappresentazione conforme e superficie quadrabili: 379–84. — Sulla rappresentazione conforme delle superficie: **23** ('36) 287–92. — Sulle corrispondenze funzionali inverse diramate: teoria generale e applicazioni ad alcune equazioni funzionali non lineari e al problema di Plateau, 1: **24** ('36) 258–63; ∼ 2: 416–21. — Sul carattere analitico delle soluzioni di una classe di problemi del calcolo delle variazioni: **25** ('37) 24–26. — Ricerche asintotiche per una particolare equazione differenziale non lineare[1]): (7) **3** ('41/42) 427–40. — Ricerche asintotiche per una classe di sistemi di equazioni differenziali ordinarie non lineari[1]): 493–501. — Misura e integrazione sugli insiemi dimensionalmente orientati, 1: (8) **12** ('52) 3–12; ∼ 2: 137–46. — Misura e integrazione sulle varietà parametriche, 1: 219–27; ∼ 2: 365–73; ∼ 3: 629–34. — Equazioni differenziali ordinarie negli spazi astratti; osservazioni su una nota del prof. B. Ferretti: **13** ('52) 95–97. — Fondamenti per una teoria generale delle funzioni pseudo-analitiche di una variabile complessa, 1: 197–204; ∼ 2: 321–29.

Atti, Reale Ist. veneto Sci., Lettere ed Arti Gli integrali doppi di forma parametrica nel calcolo delle variazioni: **93** ('33/34) 705–30.

Atti e Mem., Accad. Sci., Lettere ed Arti, Padova Sul lemma fondamentale del calcolo integrale: **50** ('34) 93–98.

Boll. Unione mat. ital. Sulle funzioni meromorfe di due variabili complesse: (1) **12** ('33) 309–13. — Sul prolungamento analitico delle funzioni di due variabili complesse: **13** ('34) 209–12.

Commentationes pontificiae Acad. Sci. Ovaloidi di metrica assegnata: **4** ('40) 1–20.

C. R. hebd. Séances Acad. Sci., Paris Intégrales doubles de Cauchy et fonctions monogènes généralisées: **198** ('34) 2227–30. — Sur une généralisation des fonctions analytiques et des familles normales: **235** ('52) 116–18. — Sur une généralisation des fonctions analytiques: 228f.

Giorn. Ist. ital. Attuari Sull'approssimazione per polinomi delle funzioni definite in campi illimitati: **3** ('32) 364–75.

Giorn. Mat. Battaglini Limitazioni integrali per le soluzioni di un'equazione lineare ellittica a derivate parziali: (4) **4.** 1950/51 ('51) 186–212.

Memorie Cl. Sci. fisiche, mat. e natur., Reale Accad. Italia Necessità della condizione di Weierstrass per la semicontinuità di un integrale doppio sopra una data superficie[2]): **9** ('38) 251–68.

Portugaliae Math. Esistenza e limitazione dello spettro in un problema ai limiti per un'equazione differenziale ordinaria non lineare: 3 ('42) 79–86.

Rend. reale Accad. Sci. fisiche e mat., Napoli Sui teoremi d'esistenza di Riemann: (4) 4 ('34) 49–54.

Rend. Semin. mat. R. Univ. Padova Sugli elementi uniti delle trasformazioni funzionali: un teorema di esistenza e di unicità ed alcune sue applicazioni: 3 ('32) 1–15. – Sugli sviluppi in serie di funzioni ipersferiche e di polinomi biortogonali di Hermite: 163–82. – Sulle famiglie normali di funzioni analitiche di due variabili: 4 ('33) 111–21. – Le funzioni monogene generalizzate definite mediante integrali doppi di Cauchy: 5 ('34) 122–47.

Rend. Semin. mat., R. Univ. Roma Problemi non lineari in analisi funzionale: (3) 1 ('32) 13–22.

Ricerche Mat. Funzioni pseudo-analitiche e rappresentazioni pseudo-conformi delle superficie riemanniane: 2 ('55) 104–27.

Ferner Lehrbücher (Lektionen und Übungen) auf dem Gebiet der mathematischen Analysis.

Mit: [1]) A. Ghizzetti; [2]) G. Scorza Dragoni.

VI **CADY,** Hamilton Perkins. Physikal. Chem. — 1911–43 Prof., '20–39 Chairman of the Department of Chemistry, Univ. of Kansas, Lawrence, Kan.

*1874, Mai 2, Skiddy, Kan.;

†1943, Mai 26, Lawrence, Kan.

Zur Biogr. A. W. Davidson, Industrial and Engng. Chem., News Edit. 20 ('39) 660f. – W. E. White, Chemical and Engng. News 19 ('41) 793.

Nekr. R. Q. Brewster, Science [USA] 98 ('43) 190f. – Chemical and Engng. News 21 ('43) 914. – Trans. Kansas Acad. Sci. 47 ('44) 429f.

W. Laboratory guide to the study of qualitative analysis, based upon the application of the theory of electrolytic dissociation and the law of mass action (m. E. H. S. Bailey) [10](Philadelphia, Pa. '37) 13+322 S.

Industrial and Engng. Chem. Beginnings of the helium industry: 30 ('38) 845–47, 1434.

Industrial and Engng. Chem., Analyt. Edit. Determination of helium group gases in natural gases and in the atmosphere[1]): 17 ('45) 760–66.

J. amer. chem. Soc. Precision method for the determination of molecular weights[5]): 63 ('41) 1357–60.

J. physic. Chem. The fusion curves for the systems ammonia–propyl alcohols and ammonia–butyl alcohols [4]): 37 ('33) 303–20. – The rôle of surface electrons in adsorption and catalysis[6]): 823f. – A comparison of the glass and quinhydrone electrodes for the measurement of the activity of the hydrogen ion in sucrose solutions[3]): 40 ('36) 837–43. – The determination of molar weights of vapors near the boiling point[3]): 42 ('38) 397–407.

Trans. Kansas Acad. Sci. A study on liquid junction potentials[2]): 43 ('40) 215–25.

Mit: [1]) G. H. Cady; [2]) E. O. Holmes; [3]) J. D. Ingle; [4]) E. A. Jones; [5]) M. J. Rarick; [6]) W. E. White.

V, VI **CADY,** Walter Guyton. Kristallphysik. — 1907–46 Prof., '46– Prof. Emeritus, Wesleyan Univ., Middletown, Conn.; '51–55 Research Associate, California Institute of Technology, Pasadena, Calif. — '38 Hon. Sc. D. (Brown Univ., Providence, R.I.). — '28 Morris Liebmann Memorial Prize (Amer. Inst. of Radio Engineers); '36 Duddell Medal (Physical Soc., London).

*1874, Dez. 10, Providence, R.I.

Zur Biogr. Frequency 2 ('64) Nr. 4 (m. Bildn.). – Nature [London] 140 ('37) 55. – Proc. physic. Soc. 49 ('37) 693.

S. C. R. 2e Congrès international d'électricité, Paris 1932, 11 (Paris '33) Sect. 9, 40–48: Oscillateur à quartz avec contrôle optique.

W. Piezoelectricity; an introduction to the theory and applications of electromechanical phenomena in crystals (New York–London '46) 23+806 S. (Internat. ser. in pure and applied physics); rev. edit. ('64) 2 Bände.

Abh. math.-naturwiss. Kl., Akad. Wiss. u. Literatur, Mainz Theory of the plane-wave acoustic filter with periodic structure: 1955, Nr. 8, 221–34.

American Physics Teacher Survey of piezoelectricity: 6 ('38) 227–42.

American J. Physics Selling physics to the liberal arts faculty: 13 ('45) 305f. – Composite piezoelectric resonator: 23 ('55) 31–40.

Electrical Engng. [USA] Nature and use of piezoelectricity: 66 ('47) 758–62.

IRE Student Quarterly Ultrasonics: 1 ('54/55) Nr. 3, 7–12.

J. acoust. Soc. America A theory of the crystal transducer for plane waves: 21 ('49) 65–73. – Piezoelectric equations of state and their application to thickness-vibration transducers: 22 ('50) 579–83. – Graphical aids in interpreting the performance of crystal transducers: 25 ('53) 687–96. – On the measurement of power radiated from an acoustic source[4]): 892–96.

Nature [London] Equations of piezoelectricity: 162 ('48) 933–35.

Physical Rev. Transitions between glow and arc discharge: 56 ('39) 123f.

Physics The potential distribution between parallel plates and concentric cylinders due to any arbitrary distribution of space charge: **6** ('35) 10–13. – The piezoelectric resonator and the effect of electrode spacing upon frequency: **7** ('36) 237–59.

Proc. amer. Acad. Arts and Sci. The application of methods of geometrical inversion to the solution of certain problems in electrical resonance: **68** ('33) 383–409.

Proc. Inst. Radio Engr. Proposed standard conventions for expressing the elastic and piezoelectric properties of right and left quartz[1]): **30** ('42) 495–99.

Proc. physic. Soc. The longitudinal piezoelectric effect in Rochelle-salt crystals: **49** ('37) 646–53.

Review sci. Instruments A capacitance bridge for high frequencies[3])[2]): **21** ('50) 1002–09.

Scientific American Crystals and electricity: **181** ('49) 46–51.

Sound Piezoelectricity and ultrasonics: **2** ('63) 46–52.

Mit: [1]) K. S. van Dyke; [2]) P. D. Goodman; [3]) J. S. Mendousse; [4]) C. E. Gittings.

VI **CAGLIOTI,** Vincenzo. Allgem. u. angew. Chem. — 1928– Prof. incar. Chim. gen. e appl. ai materiali da costruz., R. Scuola Superiore di Architettura di Roma; Prof. incar. Chim. fisica, Istituto di Chimica generale, Univ. di Firenze; Prof., Facoltà di Scienze matematiche, fisiche e naturali, Univ. di Roma. (⊠)

S. Atti IV° Congresso nazionale di chimica pura ed applicata, Roma 1932 (Roma '33) 420–30: La decomposizione catalitica dell'alcool etilico mediante TiO_2; 431–41: Ricerche roentgenografiche sulle leghe Zn-Ni; 442–46: Orientamento dei cristalliti metallici e solubilità. – Atti V° ~, Roma 1935, **1** (Roma '36) 310–20: Beziehungen zwischen $AlPO_4$ und SiO_2 und zwischen den Aluminophosphorsäuren und Kieselsäuren [ital.]; 320–30: Über die Struktur der Knochen [ital.]; **2** ('36) 706–17: Chemische Zusammensetzung, Bearbeitbarkeit und Struktur des Marmors [ital.]. – Trabajos IX Congresso internacional de química pura y aplicada, Madrid 1934, **2** (Madrid '35) 471–82: Die Nachteile, die die Bildung von Mischkristallen mit Silberchlorid begleiten [ ]; **3** ('35) 304–19: Die färbenden Eigenschaften des Titandioxids[20]) [ ]; **4** ('35) 537–47: Über die Titan-Weinsäure-Komplexe [ ]. – Atti X° Congresso internazionale di chimica, Roma 1938, **2** (Roma '39) 176–94: Strukturanalysen und chemische Bindungen[13]) [ital.]. – Proc. 11th International congress of pure and applied chemistry, London 1947, **1** (London '50) 31–34: Ricerche elettrochimiche sui complessi cianidrici del nichel[25])[28]). – Atti XIX° Congresso nazionale di medicina del lavoro, Firenze 1953 (Milano '54): Problemi chimici e chimico-fisici nelle indagini sulla silice e sulla silicosi. – Atti I° Convegno di geologia nucleare, Roma 1955 (Roma '55): Determinazione della radioattività naturale di alcune lave di vulcani laziali e di alcune rocce fosfatiche del Salento[5])[23]). – Atti Convegno sull'inquinamente dell'atmosfera urbana. Aspetti chimici e tecnologici. Milano 1956 (Milano '57): Applicazione della cromatografia in fase gassosa quale mezzo di indagine nell'inquienamento atmosferico[16]). – Atti I° Simposio internazionale di agro-chimica, Pisa 1957 (Pisa '57) 17–41: Current problems in the chemistry of clay minerals [ital.]. – Struttura delle molecole. I° Corso estivo di chimica, Varenna 1959 (Roma '59) 297–321: Stechiometria nei solidi e composti di inclusione.

W. Appunti di chimica-fisica (Cinetica, elettroliti, strutturistica) (m. Luigi Savi) (Roma '39) 658 S. – Lezioni di chimica generale ed inorganica per gli studenti di medicina (m. G. Giacomello) (Roma '40) 352 S. – Presupposti per l'industrializzazione dell'agricoltura in Calabria. Relazione presentata al I° Convegno regionale sui problemi dell'agricoltura e trasformazione agraria in Calabria (Roma '47) 14 S. – Chimica generale con elementi di inorganica (m. G. Illuminati) (Roma '51) 312 S. – Stechiometria (m. A. Liberti) (Roma '56) 259 S.; ('57) 303 S. – Chimica generale con elementi di organica. Breve corso per studenti di medicina (m. G. Illuminati) [2](Roma '56) 12+ 341 S. – – Ferner: Vorlesungsskripten: Lezioni di chimica generale ed inorganica.

Annalen Physik Die Erholung des elektrischen Widerstandes und der Härte binärer Eisenmischkristalle von den Folgen der Kaltbearbeitung[29]): (5) **16** ('33) 680–84.

Archivio Sci. biol. Relation between organic and inorganic matter in the bone tissue studied by infrared spectrophotometry[4])[26]): **39** ('55) 116–26 [ital.].

Atti (reale) Accad. nazion. Lincei, Rend. La struttura dei fili di cloruro d'argento lavorati a freddo e la ricristallizzazione di essi: (6) **18** ('33) 570–74. – Sulla struttura del fosfato ferrico: **22** ('35) 146–49. – Contributo alla conoscenza biochimica delle ossa durante lo sviluppo[30]): **23** ('36) 878–80. – Strukturanalyse und chemische Bindungen[13])[6]): (7) **3** ('42) 761–75 [ital.]. – Oxydimetrische und polarographische Untersuchungen der komplexen Cyanide des Nickels[25])[28]): (8) **3** ('47) 448–58 [ital.]. – Ricerche strutturistiche sul manganimolibdato d'ammonio[17]): **8** ('50) 443–48. – Polarografia dei cianuri complessi di nichel[25])[28]): **12** ('52) 486–95. – Ricerche spettrofotometriche nell'infrarosso sulle relazioni tra sostanza organica e inorganica nel tessuto osseo[4])[26]): **16** ('54) 180–83. — Ricerche di spettrofotometria I. R. su alcuni complessi cianidrici del ferro (II e III), del cromo (III) e del manganese (I, II e III)[25])[26]): **22** ('57) 266–68. — Spettro I. R. e costanti di forza interne dello ione complesso $Cr(CN)_6^{3-}$ [25])[26]): **23** ('57) 355–63. — Sulle frequenze stretching N–H dell'ammonio nei suoi sali semplici e complessi[11]): **24** ('58) 633–42. — Analisi dello spettro vibrazionale dello ione complesso $Cr(CN)_6^{3-}$ [25])[11]): **25** ('58) 260–67. — Sulla costante di forza di stretching del legame boro-idrogeno nello ione tetraedrico BH_4^- [11]): **26** ('59) 147–49. — Osservazioni di spettroscopia I. R. sullo ione ammonio in alcuni suoi fluoruri e cloruri complessi[26])[11]): 625–28. — Studio tensiometrico del sistema $NH_4PF_{6\,(solido)}$ / $NH_{3\,(gas)}$ fra −10° e −70° [28])[27]): **27** ('59) 168–77.

Biochimica et biophysica Acta On the interpretation of the low-angle scatter of x-rays from bone tissues[4])[24]): **21** ('56) 425–32.

Chimica e Industria Die Pigmenteigenschaften des Titandioxids[20]): **17** ('35) 141–47 [ital.]. — Untersuchungen über Puzzolane[20]): **19** ('37) 241–51 [ital.]. — Aluminiumfluorid und von ihm sich ableitende Doppelsalze: **20** ('38) 274 [ital.]. — La chimica al servizio dell'uomo: 477–82. — Paolo Agostini: 630. — L'attivazione delle terre decoloranti[31]): **22** ('40) 261–67.

Experientia Infrared spectrometric research on the relation between ossein and inorganic bone fraction[4])[26]): **10** ('54) 371f. [m. ital. Zusammenfassg.]. — On the interpretation of the low-angle scatter of x-rays from bone tissue [4])[24]): **12** ('56) 305f.

Gazz. chim. ital. Ricerche roentgenografiche sopra un sottosolfuro di cobalto adoperato come catalizzatore di idrogenazione del fenolo[21]): **62** ('32) 19–29. — Ricerche sui polialogenuri, 2: Sulla demolizione termica di $KJCl_4$ e sulla stabilità dei composti del tipo $MeJCl_4$, $MeJCl_2$ [7]): **63** ('33) 907–16. — La struttura dei fili di cloruro d'argento lavorati a freddo e la ricristallizzazione di essi: **64** ('34) 39–53. — Ricerche sulle soluzioni di biossido di titanio in acido solforico e sulle proprietà dei prodotti che ne derivano per idrolisi e per dialisi[20]): 429–50. — Peptizzazione dell'idrossido di titanio e proprietà delle soluzioni risultanti[20]): 450–60. — Lo sviluppo delle proprietà pigmentarie nel biossido di titanio[20]): 703–14. — Ricerche sugli areogeli, 1: La struttura di ossidi metallici[2]): **66** ('36) 543–48. — Ricerche sulle soluzioni di fluoruro di alluminio. Nota preliminare: 549–51. — Studio polarografico dei complessi titano-tartarici[25]): 741–44. — L'analisi strutturale ed i legami chimici, 5: Struttura di reticoli molecolari determinata con l'analisi Fourier[13]): **69** ('39) 245–54. — Sulla reagibilità delle varietà α e γ dell'ossido ferrico[19]): 802–09. — Ricerche polarografiche sulle soluzioni dei polimetafosfati, 1 [25])[6]): **72** ('42) 63–68. — Das polarographische Verhalten einiger Komplexionen[25]): **79** ('49) 502–12 [ital.]. — Alcuni aspetti della stereochimica inorganica con particolare riguardo ai composti di coordinazione: **89** ('59) 144–69; Aspects of inorganic stereochemistry with particular reference to co-ordination compounds: 170–95. — Contributo sperimentale allo studio dei complessi trasportatori di ossigeno[8])[11]): **90** ('60) 135–46.

J. Chromatography Chromatography on paper impregnated with ion-exchange resins, 5 [3])[15]): **7** ('62) 242–47.

J. inorg. nuclear Chem. Infrared spectra of hexacoordinated cyanide complexes[25])[26]): **8** ('58) 87–92. — Clathrate compounds of cycloveratril[17])[12])[14])[26]): 572–76. — Force constants of $Cr(CN)_6^{3-}$ and $Cr(CO)_6$ [25])[11]): **13** ('60) 22–27. — Oxygenation and oxidation of Co(II)chelates[28])[11]): 95–100. — Complexity of titanium-(IV) fluoride solutions[9])[16]): **15** ('60) 115–24.

Memorie Cl. Sci. fisiche, mat. e natur., Reale Accad. Italia Struktur und chemische Zusammensetzung einiger Metallegierungen: **3** ('32) Chimica Nr. 3, 17 S. [ital.]. — Ricerche sulle pozzolane[20]): **8** ('37) 295–318.

Metallwirtsch., Metallwiss., Metalltechn. Die Walztextur von Zink und Magnesium[22]): **11** ('32) 1–4.

Nature [London] Radiation-induced polymerization of phosphonitrile chloride trimer[10]) [18]): **195** ('62) 491f.

Naturwissenschaften Zur Kenntnis der Natur der chemischen Bindungen, 1: Chiolith und ähnliche Verbindungen[13]): **26** ('38) 317.

Ricerca sci. Weitere Untersuchungen über die Legierungen Zn–Mn[20]): (2) **7** II ('36) 223f. [ital.]. — Untersuchungen über die Puzzolane[20]): **8** I ('37) 271–89 [ital.]. — Über die Natur der chemischen Bindungen, 1: Chiolith und ähnliche Verbindungen[13]): **9** I ('38) 193f. [ital.]; ~ 2: Struktur des sauren Kaliumfluorids[13]): 545–49 [ital.]; ~ 3: Struktur von Molekülkomplexen[13]): **10** ('39) 271f. [ital.]. — Molekülkomplexe und ihr Reaktionsvermögen[19]): **9** II ('38) 358–63 [ital.]. — Photoelektrisches Photometer zur Messung reflektierten Lichtes[19])[28]): **11** ('40) 852–55 [ital.]. — Artturi Ilmari Virtanen, Nobelpreisträger für Chemie: **16** ('46) 24–26 [ital.]. — Redoxpotential des Systems $Ni(CN)_4^{--} \rightleftharpoons Ni(CN)_3^{--}$ [25])[28]): **17** ('47) 624–26 [ital.]. — Sull'impiego delle Patterson „affinate" nella risoluzione delle strutture [1]): **23** ('53) 1369–75 (m. franz., engl. u. deutscher Zusammenfassg.). — Ricerche nell'infrarosso su complessi amminici di metalli di transizione[28])[25])[26]): **26** ('56) 1743–48. — Dampfdruck des Systems Ammoniumhexafluophosphat-Ammoniak zwischen −10° und 50° [28]): 2090f. [ital.].

Rivista ital. Essenze, Profumi, Piante officin., Olii veget., Saponi Alte Probleme und neue

Untersuchungsmethoden in der Chemie der ätherischen Öle: **39** ('57) 215–24 [ital.].

Suppl. Nuovo Cimento Il problema della scala doppia dei pesi atomici e il rapporto della Commissione per i pesi atomici dell'Unione Internazionale di Chimica per l'anno 1954–55: (10) **6** ('57) 280f.

Z. Physik Die Entwicklung von Eigenspannungen durch Dehnen[22]): **74** ('32) 647–54.

Mit: [1]) A. Addamiano; [2]) O. D'Agostini; [3]) G. Alberti; [4]) A. Ascenzi; [5]) C. Bettinali; [6]) E. Bianchi; [7]) G. Centola; [8]) A. Ciana; [9]) L. Ciavatta; [10]) D. Cordischi; [11]) C. Furlani; [12]) N. Gallo; [13]) G. Giacomello; [14]) E. Giglio; [15]) M. Lederer; [16]) A. Liberti; [17]) A. M. Liquori; [18]) A. Mele; [19]) G. Milazzo; [20]) N. Parravano; [21]) G. Roberti; [22]) G. Sachs; [23]) F. L. Salvetti; [24]) A. Santoro; [25]) G. Sartori; [26]) M. Scrocco; [27]) J. Serregi; [28]) P. Silvestroni; [29]) G. Tammann; [30]) D. Gigante; [31]) A. Baroni.

VI **CAGNIARD,** Louis Paul Emile. Geophysik. — 1928–36 Dir., Soc. de Prospection géophysique, Paris, '36–38 Cie. générale de Géophysique; '38–47 Prof., Fac. des Sciences, Univ. de Strasbourg; '47– Prof. de Géophysique appliquée, Fac. des Sciences, Univ. de Paris; '57– Dir., Centre d'Etudes géophysiques de Garchy. — '43 Prix Bordin des sciences mathématiques (Acad. Sci. Paris).

*1900, Dez. 9, Le Havre.

Zur Bibliogr. Notice sur les titres et travaux scientifiques de M. Louis Cagniard (Paris '41) 19 S.

S. Jubilé de M. Marcel Brillouin (Paris '35): La prospection gravimétrique des gisements de pétrole. — Actes Colloque sur l'hydrologie de la zone aride, Ankara 1952 (Paris '53) (UNESCO-Programme de la zone aride, 1) 184–: La prospection géophysique des eaux souterraines. — Handbuch der Physik (S. Flügge) **47**: Geophysik 1 (Berlin–Göttingen-Heidelberg '56) 407–69: Electricité tellurique. — Encyclopaedic dictionary of physics (J. Thewlis) **2** (Oxford–London–NewYork '62) 567–69: Earth currents.

W. Réflexion et réfraction des ondes séismiques progressives (Paris '40) 11+260 S.; engl: (Paris '58), (New York '62) 282 S. — La prospection géophysique (Paris '50) 8+204 S. (La science vivante, 11). — La prospection gravimétrique moderne (Paris '59) 16 S. (Les conférences du Palais de la découverte, Sér. A, 250).

Annales Fac. Sci. Toulouse Sur les phénomènes d'induction électromagnétique dans une sphère conductrice: (4) **8** ('47) 59–88.

Annales Géophysique Sur les principes de la mesure des conductibilités ioniques de l'air à l'aide des appareils de déperdition: **1** ('44) 25–36. — Un nouvel appareil du type de Gerdien pour la mesure correcte et précise des conductibilités électriques de l'air atmosphérique[7]): **2** ('46) 19–24. — Sur les perturbations du champ électrique terrestre provoquées par une éventuelle électrisation des cumulus: **3** ('47) 102–. — Principe de la méthode magnéto-tellurique, nouvelle méthode de prospection géophysique: **9** ('53) 95–125. — Mesures électriques et telluriques sur le grand glacier d'Aletsch[6])[1])[2])[3])[4]): **13** ('57) 54–68. — Sur la théorie de la mesure électromagnétique des courants marins: 155–57. — Abaque pour sondages électriques sur glace: **15** ('59) 561–63.

Annales Inst. Physique Globe Univ. Strasbourg, Géophysique Quelques résultats d'une étude théorique de la réflexion et de la réfraction des ondes séismiques progressives: (N. S.) **3** ('42) 106–16. — Importance des phénomènes d'anisotropie dans le problème de l'interprétation des données d'un sondage électrique. Conséquences pratiques: **4** ('46) 3–28.

Annales Physique Sur la propagation du mouvement dans les milieux visqueux: (11) **13** ('40) 239–65. — Equilibre électrique d'une atmosphère ionisée. Distribution théorique du champ électrique, des conductibilités et densités ioniques en altitude: **19** ('44) 71–87.

Annals int. geophysic. Year Conseils, pour l'année géophysique, sur l'installation de stations d'enregistrement des variations telluriques rapides: **4** ('57) 306–21.

Archives, Inst. grand-ducal Luxembourg Déterminations expérimentales de l'intensité de la pesanteur au Grand Duché de Luxembourg[5])[8]): (N. S.) **18** ('48/49) 35–49.

Cahiers Physique Sur le calcul correct de la réduction des hauteurs barométriques observées avec les baromètres du type à large cuvette: Nr. **2** ('41) 53–. — Etude théorique des surfaces de discontinuité du second ordre dans l'atmosphère: Nr. **6** ('41) 10–18.

Ciel et Terre Rapport sur une campagne gravimétrique effectuée au Grand-Duché de Luxembourg en octobre 1948[5])[8]): **65** ('49) 215–18.

C. R. hebd. Séances Acad. Sci., Paris Sur la propagation d'un séisme à l'intérieur d'un solide homogène, isotrope, élastique, semi-indéfini, limité par une surface plane: **194** ('32) 899–902. — Sur la réflexion à la surface du sol d'une onde séismique sphérique et isotrope: 1005–08. — Sur la propagation des intumescences vers l'aval ou l'amont des rivières: **203** ('36) 1324–26. — Sur la propagation du mouvement dans les milieux visqueux: **204** ('37) 408–10. — Sur la propagation d'un signal dans une atmosphère raréfiée ionisée: **208** ('39) 918–20. — Sur l'emploi des baromètres à mercure du type à large cuvette: **212** ('41) 56–58. — Sur la pente des surfaces de discontinuité du second ordre dans l'atmosphère: 360–63. — Sur la pente de la tropopause et ses variations: **213** ('41) 34–37. — Sur l'extinction des courants d'induction dans une sphère conductrice. Applications géophysiques: **216** ('43) 479–81. — Sur l'équilibre électrique de l'atmosphère: 570–72. — Sur le rôle de la ventilation dans les appareils utilisés pour mesurer les conductibilités électriques de l'air atmosphérique: **217** ('43) 574–76. — Sur la construction d'un réseau gravimétrique au Grand-Duché de Luxembourg[5])[8]): **227** ('48) 964. — Sur une comparaison indirecte des valeurs de référence admises pour l'intensité de la pesanteur à Paris et à Potsdam[9]): **229** ('49) 896f. — Sur la nature des ondes séismiques capables de traverser le noyau terrestre: **234** ('52) 1705f. — Relation empirique approximative entre la variation séculaire magnétique et les fluctuations de la rotation terrestre: **251** ('60) 1142–44. — La variation magnétique séculaire interprétée comme un „effet Rowland", accompagné de phénomènes d'induction électromagnétique: 2053–55. — Panorama du magnétisme terrestre: **252** ('61) 148–50. — Rigidité du noyau et dualité des ondes séismiques qui s'y propagent: 1045–47. — Essai sur la constitution électrique interne de la terre: **253** ('61) 504–06. — Expansion du noyau, contraction de l'écorce et cycles orogéniques: 2096–98. — Evaluation du dipôle géomagnétique à partir des moments associés[6]): **254** ('62) 3233f.

Geophysical Prospecting Technique nouvelle des modèles réduits pour la prospection électrique[10]): **5** ('57) 259–71.

Geophysics Basic theory of the magneto-telluric-method of geophysical prospecting: **18** ('53) 605–.

J. Physique et Radium Diffraction d'une onde progressive par un écran en forme de demi-plan: (7) **6** ('35) 310–18. — Diffraction d'une onde harmonique par un écran en forme de demi-plan: 369–72. — La naissance d'ondes à front conique lors de la réflexion totale d'une onde sphérique: **10** ('39) 94S.

Revue gén. Hydraulique Hydrodynamique fluviale. Régimes variables: **3** ('37) 128–.

Einige weitere Beiträge in Kongreßberichten.

Mit: [1]) P. Albertinoli; [2]) A. Bauer; [3]) A. Blum; [4]) H. Fournier; [5]) A. Gloden; [6]) C. (Queille-)Lefèvre; [7]) C. Levy; [8]) M. Lucius; [9]) R. Goudey; [10]) R. N. Neale.

VI **CAIRNS,** William Deweese. Math. — 1920–39 Prof. and Head of the Department, '39 Prof. Emeritus, Oberlin College, Oberlin, Ohio; '48–49 Visiting Lecturer, California Institute of Technology, Pasadena, Calif.

*1871, Nov. 2, Troy, Ohio;
†1955, Juli 15, Pasadena, Calif.

Nekr. W. B. Carver, American math. Monthly **63** ('56) 204f.

American math. Monthly Advanced preparatory mathematics in England, France, and Italy: **42** ('35) 16 S. — Benjamin Franklin Finkel: **54** ('47) 311f.

National Math. Mag. To our colleagues in mathematics: **14** ('39/40) 434.

Science [USA] Seismology from a mathematical view point: **89** ('39) 113–18.

VI **ČAKALOV,** Ljubomir. Math. — 1922– ord. Prof., Univ. Sofija. (☒)

*1886, Febr. 18, Samokov, Bulgarien;
†1963, Sept. 11.

Zur Biogr. L. Iliev, Spisanie bulgarsk. Akad. Nauk. **7** ('62) Nr. **4,** 50–57; Fiziko-mat. Spisanie, Bulgarsk. Akad. Nauk. **1963,** Nr. 2, 123–29.

S. Közleményei, Az magyar matematikai kongresszus, Budapest 1950 (Budapest '52) 591–94: Über den Rolleschen Satz, angewandt auf lineare Kombinationen endlich vieler Funktionen [m. ungar. u. russ. Zusammenfassung]. — Trudy 3-go Vsesojuznogo matematičeskogo s-ezda [Arbeiten des 3. mathematischen Unionskongresses] 1956, **4** (Moskva '59) 178–80: Über einige Klassen schlichter Funktionen [russ.]. — Atti VI° Congresso dell'Unione matematica italiana, Napoli 1959 (Roma '60) 349: Sur le domaine d'univalence de quelques classes des fonctions analytiques.

W. Uvod v teorijata na analitičnite funkcii [Einführung in die Theorie der analytischen Funktionen] ²(Sofija '52) 8 + 404 S.; ³('57) 424 S. — Teorija na diferencialnite uravnenija [Theorie der Differentialgleichungen] (Sofija '53) 236 S.; 2. Aufl. u. d. T.: Uvod v teorijata na diferencialnite uravnenija [Einführung in die Theorie der Differentialgleichungen] ²('61) 220 S.

Acta math. Sur la structure des ensembles linéaires définis par une certaine propriété minimale: **63** ('34) 77–97.

Annales Univ. Sci. budapestinensis, Sect. math. Sur les domaines d'univalence des polynômes algébriques: **3/4** ('60/61) 357–61.

Annali R. Scuola norm. sup., Pisa Trigonometrische Polynome mit einer Minimumeigenschaft: (2) **9** ('40) 13–26.

Bull. math. Soc. roumaine Sci. Sur quelques propriétés des développements de Taylor d'une certaine classe de fonctions: **40** ('38) 135–40.

Colloquium math. [Polonia] Formules générales de quadrature mécanique du type de Gauss: **5** ('57) Nr. 1, 69–73.

C. R. Acad. bulgare Sci. Sur les singularités polaires des séries entières: **1** ('48) Nr. 1, 9–12.

— Sur le nombre des zéros non-réels d'une classe de fonctions entières: **2** ('49) Nr. 1, 9–12.

C. R. hebd. Séances Acad. Sci., Paris Sur quelques propriétés de la fonction gamma: **207** ('38) 963–65. — Sur une classe de fonctions analytiques univalentes: **242** ('56) 437–39.

Dokl. Akad. Nauk SSSR Über eine Darstellung der ganzen Funktionen vom Minimaltypus der Ordnung 1: **58** ('47) 535–38. — Über eine allgemeine Quadraturformel: **68** ('49) 233–36. — On domains of univalence of certain classes of analytic functions: **132** ('60) 1277–79. — — Alle Arbeiten russ.

Dokl. bolgarsk. Akad. Nauk Sur la distribution des zéros d'une classe de polynômes algébriques: **13** ('60) Nr. 3, 249–52 [m. russ. Zusammenfassg.].

Fiziko-mat. Spisanie, Bulgarsk. Akad. Nauk. Vergleich des Kreisumfangs mit den Umfängen regelmäßiger einbeschriebener und umbeschriebener Vielecke: **1953**, Nr. 2, 48–61; **1958**, Nr. 3/4, 154–68. — Die Irrationalität der Zahl π: **1960**, Nr. 3, 219f. — David Hilbert und sein mathematisches Werk: **1962**, Nr. 2, 126–35. — — Alle Arbeiten bulgar.

Godišnik sofijsk. Univ., Fiziko-mat. Fak. Eine Integraldarstellung des Newtonschen Differenzenquotienten und ihre Anwendungen: **34** ('38) 353–405 [bulgar. m. deutscher Zusammenfassg.].

Izvest. Akad. Nauk SSSR, Ser. mat. Über die Konvergenz einer Formel der trigonometrischen Interpolation: **13** ('49) 177–91 [russ.].

Izvest. mat. Inst., Bulgarsk. Akad. Nauk. Über polare singuläre Punkte von Potenzreihen: **1**, Nr. 1 ('53) 69–82. — Allgemeine Quadraturformeln vom Gauß-Typ: Nr. 2 ('54) 67–84. — Verallgemeinerung eines Theorems von Mercer: 85–89. — Einige Grenzwerteigenschaften der Eulerschen Gammafunktion: **2**, Nr. 1 ('56) 27–34. — Maximale Schlichtheitsbereiche einiger Klassen analytischer Funktionen: **4**, Nr. 2 ('60) 43–45. — — Alle Arbeiten bulgar. m. russ. u. zum Teil auch franz. Zusammenfassungen.

Matematika [Sofija] Inkommensurable Winkel: **1963**, Nr. 5, 9–12 [bulgar.].

Matematika i Fizika Emanuil Ivanov: **1961**, Nr. 3, 30–37 [bulgar.].

Priroda [Sofija] Die Mathematik in der Sowjetunion und ihr Einfluß auf die Entwicklung der Mathematik bei uns: **6** ('57) Nr. 5, 9–14 [bulgar.].

Rodna Reč Mathematik und Leben: **1962**, Nr. 1, 31–34 [bulgar.].

Spisanie bulgarsk. Akad. Nauk. Die wissenschaftliche mathematische Tagung in Sofija 1956: **1957**, Nr. 1, 73–75 [bulgar.].

Ukrainskij mat. Ž. Maximal regions of univalence of certain analytical functions: **11** ('59) 408–12 [russ. m. engl. Zusammenfassg.].

V, VI **CALAPSO,** Pasquale. Math. — 1914–34 Prof., Univ. di Messina. — '15 Goldmedaille (Soc. dei XL). (☒)

*1872, Apr. 12, Carini, Prov. Palermo; †1934, Mai 4.

Todesanzeige Bull. amer. math. Soc. **40** ('34) 650. — Scripta math. [USA] **3** ('35) 84.

Annali R. Scuola norm. sup., Pisa Il problema della deformazione nel gruppo conforme, delle reti 0 di uno spazio a quattro dimensioni: (2) **1** ('32) 355–70.

VI **CALAPSO,** Renato. Math. — 1935– Prof., Dir. dell'Istituto di Matematica, Univ. di Messina. (☒)

*1901, Juli 9, Palermo.

S. Atti I Congresso dell'Unione matematica italiana, Firenze 1937 (Bologna '38) 326–33: Un teorema di reciprocità nella teoria delle superficie di un S_4. — Atti IV ∼, Taormina 1951, **1** (Roma '53) 274–86: Matematici di Sicilia; 287–318: Questioni di geometria conforme; **2** ('53) 287–300: Sulle reti derivate dalle reti 0. — Repertorio di matematiche (Padova '51) 275–94: Problemi risolubili con riga e compasso e problemi classici.

W. Esercizi di geometria analitica e proiettiva (m. A. Nadile) (Messina '46) **443 S.**

Atti Accad. Gioenia Sci. natur. Catania Sugli enti proiettivi legati al generico punto di una superficie: (5) **19** ('32/33) Mem. 14, 6 S. — G. Marletta †: (6) **6** ('50) 1–24.

Atti reale Accad. nazion. Lincei, Rend. Sistemi di linee di una superficie invarianti rispetto a trasformazione per congruenza: (6) **25** ('37) 105f. — Alcune superficie di terzo e quarto ordine: 166–70. — Sulla deformazione delle reti di Voss di un S_4 euclideo: **28** ('39) 231–36.

Atti Accad. peloritana, Messina Quadrica per nove punti: **35** ('34) 19–22; **36** ('34) 91–94. — Sulla conica di Kommerell nella teoria delle superficie di un S_4: 45–52. — Sulla rappresentazione delle quadriche individuate da nove punti: **37** ('35) 313f. — Sui complessi lineari quasi osculatori alle asintotiche di una superficie: **38** ('37) 169–73. — Sui sistemi di geodetiche generalizzate appartenenti ad una superficie di un S_3: **41** ('39) 128–37.

Atti Soc. ital. Progr. Sci. Trasformazione, in termini finiti, di una qualunque superficie riferita alle linee di curvatura in superficie riferita alle asintotiche e questioni che vi si connettono: **22**, 2 ('34) 157f.

Boll. Unione mat. ital. Alcune superficie di Guichard e loro trasformazione in superficie R: **14** ('35) 78–83. – Intorno ad un teorema di B. Segre: 153–57. – Sulle superficie isoterme: (2) **1** ('39) 12–17.

Bull. Cl. Sci. Acad. roy. Belgique Sur les coniques de Godeaux et sur les complexes linéaires osculateurs aux asymptotiques d'une surface: (5) **18** ('32) 68–70.

C.R. (Dokl.) Acad. Sci. URSS Sur la configuration (T) de Finikoff et les éléments projectifs qui s'y rattachent: **2** ('35) 441–46 [russ. u. franz.].

Esercitazioni mat. Il rapporto anarmonico: **13** ('41) 48–71.

Matematiche Invarianti di una superficie rispetto ad una trasformazione asintotica: **5** ('50) 98–102.

Matematičeskij Sborn. Sur la configuration (T) de M. Finikoff et sur les éléments projectifs qui s'y rattachent: **42** ('35) 451–58. – Sur la configuration (T) de M. Finikoff à caractéristique –1: 461–64. – Sur les transformations des réseaux 0: 465–69. – Sur la formation des surfaces minimales-projectives: 471f.

Mathematica [Cluj] Ricerche sulle cubiche gobbe in contatto tripunto o quadripunto con le asintotiche di una data superficie: **11** ('35) 42–57.

Rend. Semin. mat. R. Univ. Padova Alcune esplicitazioni intorno ad una trasformazione di Lie: **6** ('35) 44–56.

Rend. Semin. mat., R. Univ. Roma Sulle reti di Voss di uno spazio lineare quadridimensionale: (4) **2** ('38) 276–311.

V, VI **CALCAGNI,** Luigi Gennaro. Chem. – 1920 Libero Doc., Univ. di Padova; in seguito Prof. incar. Metallurgia e Metallografia con esercizi, Univ. di Genova. – Weitere Daten unbekannt.

† Napoli.

W. Struttura dell'atomo e legami chimici (Genova '34) 62 S. – Lezioni di metallurgia generale, tenute all'Università di Genova (Genova '35) 953 S. – I fenomeni magnetici e le forze intermolecolari e interatomiche (Genova '36) 148 S. – La conducibilità elettrica (Genova '40) 56 S.

Annali Chim. appl. Studio sulla ricerca di una sostanza base dell'analisi acidimetrica[2]): **22** ('32) 16–24. – Preparazione tecnica degli acidi solforico e fosforico [2]): **23** ('33) 42–50. – Ossidazione e riduzione elettrolitica della calciocianamide[1]): **26** ('36) 43–49. – Fotoossidazione dei solfuri: **30** ('40) 147–52. – Catalisi fotochimiche: 153–56. – La potassa dalla leucite: **32** ('42) 290–93.

Gazz. chim. ital. Fotosintesi inorganiche: **65** ('35) 558–66.

Mit: [1]) G. Lazzari; [2]) M. Sturnajolo.

VI **CALDONAZZO,** Bruto. Mech., math. Physik. – 1931–56 Prof.ord., Dir. dell'Ist. di Meccanica razionale, '38–56 Prof. incar. Fisica mat., '56 Prof. fuori ruolo, Univ. di Firenze.

*1886, Juni 25, Valdagno, Vicenza; †1960, Jan. 27, Firenze.

Zur Emeritierung Festschrift: Rivista Mat. Univ. Parma **8** ('57) 5–41.

Nekr. A. Masotti, Rend., Ist. lombardo Sci. e Lettere, Parte gen. e Atti uffic. **94** ('60) 145–54 (m. Bildn., Faks., Schr.verz. 79 Nrn.). – G. Sestini, Boll. Unione mat. ital. (3) **15** ('60) 340f. – Rivista Mat. Univ. Parma (2) **1** ('60) 293–96 (m. Schr.verz. 70 Nrn.).

S. Enciclopedia italiana di scienze, lettere ed arti **34** (Milano '37) 830f.: Urto. – Atti I° Congresso dell'Unione matematica italiana, Firenze 1937 (Bologna '38) 550–53: Sorgenti distribuite sopra una circonferenza; 559f.: Coppia di sorgenti variabili aperte su una circonferenza. – Atti II° ~, Bologna 1940 (Roma '42) 411–14: Sopra alcune proprietà relative alle figure di equilibrio di liquidi rotanti. – Evangelista Torricelli nel terzo centenario della morte (Firenze '51) 49–57: Il contributo di Torricelli al progresso della meccanica.

W. Lezioni di meccanica razionale, redatte per uso degli studenti (Padova '35) 10 + 411 S.; ('39, '41) 477 S.; (Firenze '47, '53, '56, '59) 295 S. – Elementi di statica grafica (Firenze '36) 52 S. + 18 Taf. (litogr.).

Acta, Pontificia Acad. Sci. Lamina rettilinea in una corrente piana traslocircolatoria: **87** ('34) 273–322.

Annali Mat. pura ed appl. Sui moti liberi di un mezzo continuo: (4) **26** ('47) 43–55.

Atti reale Accad. nazion. Lincei, Rend. Osservazioni sui tensori quintupli emisotropi: (6) **15** ('32) 840–43. – Vortice libero regolarizzatore nel problema della lamina: **23** ('36) 36–40. – Sopra un problema idrodinamico relativo ad un arco di circonferenza: 322–28. – Effetti di zavorra dovuti ad una coppia di sorgenti: **24** ('36) 10–13.

Atti e Mem. Accad. Petrarca Sci., Lettere ed Arti Vittorio Fossombroni nelle matematiche pure e applicate[1]): (2) **33** ('45/46) 46–68.

Atti Soc. ital. Progr. Sci. Ricerche italiane di aerodinamica durante l'anno 1936/37: **26,** 2 ('38) 57–60.

Rend., Reale Ist. lombardo Sci. e Lettere Considerazioni geometriche sui potenziali gravitazionali: (3) **6** ('41/42) 239–59. – Considerazioni elementari sulla composizione di spostamenti rigidi: **7** ('42/43) 121–26. — Sugli invarianti cubici propri di un tensore doppio: **8** ('43/44) 24–30.

Rend. Semin. mat. e fisico Milano Due proprietà degli ellissoidi di Maclaurin e di Jacobi: **22** ('51) 212–22.

Mit: [1]) G. Sansone.

VI **CALEY,** Earle Radcliffe. Chem. (analyt.). — 1931–42 Assistant Prof., Princeton Univ., Princeton, N.J.; '42–46 Chief Chemist, Wallace Laboratories, New Brunswick, N.J.; '46–57 Associate Prof., '57– Prof., '49–60 Chairman of the Department of Chemistry, Ohio State Univ., Columbus, Ohio. — '40 Lewis Prize (Amer. Philos. Soc.); '52 Ohio Journal of Science Research Prize.

*1900, Mai 14, Cleveland, Ohio.

MUe. Theophrastus, On stones (Columbus, Ohio '56) 238 S.

S. Inorganic syntheses **1** (H. S. Booth) (New York '39) 1f.: Purification of lithium carbonate[11]); 159–62: Preparation of hydriodic acid by catalytic union of the elements[7]). — Centennial publication of the American Numismatic Society (New York '58) 167–79: Chemical composition of Alexandrian tetradrachms.

W. Analytical factors and their logarithms (New York '32) 5 + 112 S. — Composition of ancient Greek bronze coins (Philadelphia, Pa. '39) 8 + 203 S. — Chemical composition of Parthian coins (New York '55) 109 S. (Numismatic notes and monographs, 129). — Analyses of ancient glasses 1790–1957; a comprehensive and critical survey (Corning, N.Y. '62) 118 S. — Oxichalcum and related ancient alloys (New York '64) 115 S. (Numismatic notes and monographs, 151). — Analysis of ancient metals (New York '64) 173 S.

American Antiquity Smelting of sulfide ores of copper in preconquest Peru[9]): **25** ('59) 59–65. — A lead lip plug from Western Mexico[9]): **29** ('64) 497–500.

American J. Archaeol. Results of a chemical examination of some specimens of Roman glaze from Tarsus: **51** ('47) 389–93.

Analytical Chem. Technique for obtaining uncontaminated small samples of ceramic glazes and other hard siliceous materials: **19** ('47) 360. — Precipitation of oxalates from homogeneous solution. Application to separation and volumetric determination of magnesium[16]): **20** ('48) 560–63. — Trap for the determination of water by the distillation method[16]): **21** ('49) 749f. — Precipitation of oxalates from homogeneous solution[16])[28]): **22** ('50) 1060–62. — Thermal stability of potassium acid phthalate[6]): **25** ('53) 142–45. — Gravimetric determination of lithium by precipitation as trilithium phosphate[28]): 1386–89. — Ethylmethylpicrate as a reagent for barium[22]): **26** ('54) 939f. — Analysis of residues obtained on treatment of ancient base silver alloys with nitric acid[23]): **27** ('55) 1602–04. — Determination of fluorine as lithium fluoride[19]): **31** ('59) 1880f. — The sulfur dioxide test for selenious acid[18]): **32** ('60) 975–78. — Determination of cesium as permanganate[8]): **33** ('61) 309f.

Chemical and Engng. News Archæological chemistry: **27** ('49) 2140–42.

Ciencia e Investigac. Electrolytic restoration of ancient bronze and copper coins: **6** ('50) 100–05 [ ].

Hesperia [USA] Prehistoric use of arsenical copper in the Aegean region: **1949**, Suppl. 8, 60–63.

Industrial and Engng. Chem., Analyt. Edit. Slotted watch glasses for use in electroanalysis: **4** ('32) 223f. — Direct gravimetric determination of sodium in commercial aluminum: 340f. — Identification test for oxalic acid: 445. — Rapid centrifugal estimation of small amounts of sodium[5])[24]): **6** ('34) 202–05. — Detection of calcium in the presence of strontium and barium: 445–47. — Accurate separation of precipitated mercuric sulfide and sulfur in the gravimetric determination of mercury[7]): **8** ('36) 43. — Detection and separation of difficultly soluble compounds by concentrated hydriodic acid[7]): 63–67. — Separation of stannic oxide from various oxides by ignition with ammonium iodide. Application to the purification of ignited stannic oxide[7]): 114–18. — Separation of magnesium as oxalate by precipitation in concentrated acetic acid solution[11]): **9** ('37) 558–62. — Separation of calcium as sulfate by precipitation in concentrated methanol solution. Application to the analysis of magnesite and technical magnesium oxide[11]): **10** ('38) 264–69. — Sensitivity of the carbonate test for lithium[3]): **11** ('39) 101f. — Composition of lithium and potassium salts precipitated by uranyl acetate reagents for sodium[4]): 604–07. — Volumetric flasks for microanalysis: **13** ('41) 204. — Separation of lithium from potassium and sodium by treatment of the chlorides with higher aliphatic alcohols[2]): **14** ('42) 242–44. — New reagents for sodium[25]): **15** ('43) 32–36. — New selective reagent for lithium[25]): 209–11. — Determination of the capacity of shallow jars: **17** ('45) 442–44.

Isis The earliest known use of a material containing uranium: **38** ('48) 190–93.

J. amer. chem. Soc. Errors involved in the determination of minute amounts of sodium by the magnesium uranyl acetate method: **54** ('32) 432–37. – The indirect volumetric determination of sodium based on the reduction and titration of the uranium in magnesium sodium uranyl acetate[15])[26]): 1344–49. – The action of hydriodic acid on stannic oxide: 3240–43. – Reactions between hydriodic acid and highly insoluble compounds: 4112f. – The action of hydriodic acid on the difficultly soluble sulfates: **55** ('33) 3947–52. – The solubility of salts in H^2H^2O [30])[12]): 4334f. – Behavior of uranyl solutions in a mercury reductor[25]): **68** ('46) 2202–04.

J. chem. Educat. Ancient Greek pigments: **23** ('46) 314–16. – Potassium dichromate as a volumetric reagent[1]): **26** ('49) 203–05. – Klaproth as a pioneer in the chemical investigation of antiquities: 242–47, 268. – Early history and literature of archaeological chemistry: **28** ('51) 64–66. – Camphor as a cryoscopic solvent[27]): **35** ('58) 355–57.

J. Labor. and clin. Med. Pharmacology of mercury, 3[17])[10]): **28** ('43) 1835–41.

Mikrochimica Acta [Wien] Detection and estimation of minute amounts of fluorine by means of the etching test[13]): **1** ('37) 160–63.

Museum News, Amer. Assoc. Museums Composition of ancient bronzes: **15** ('37) Nr. 5, 9–11.

Museum Notes, Amer. numismat. (and archaeol.) Soc. Chemical composition of some early dirhems: **7** ('57) 211–17.

Nature [London] "Fissibactericidal" nature of penicillin action[20])[14]): **156** ('45) 49.

Ohio J. Sci. Application of chemistry to archaeology: **48** ('48) 1–14. – Validity of the specific gravity method for the determination of the fineness of gold objects: **49** ('49) 73–82. – Notes on the chemical composition of Parthian coins with special reference to the drachms of Orodes I: **50** ('50) 107–20. – Chemical investigation of two ancient bronze statuettes found in Greece: **51** ('51) 6–12. – Preparation of iron solutions free from chloride for titration with permanganate[23]): **54** ('54) 69–72. – An examination of metal specimens from an excavation of Shamshir Ghar, Afghanistan[8]): **55** ('55) 311–14. – Chemical composition of antoniniani of Trajan Decius, Trebonianus Gallus, and Valerian[21]): **56** ('56) 285–89. – Sulfur in Roman brass: **61** ('61) 151–54. – A new type of complexometric titration: **63** ('63) 92–96.

Proc. amer. philos. Soc. Corroded bronze of Corinth: **84** ('41) 689–761.

Proc. sci. Sect. Toilet Goods Assoc. Determination of the specific gravity and air content of cosmetic creams: **5** ('46) 14.

Science [USA] Changes in concentration of hydrogen ion during precipitation reactions between neutral salt solutions[29]): **118** ('53) 749f.

Studies Conservat. Coatings and incrustations on lead objects from the Agora and the methods used for their removal: **2** ('55) 49–54.

Technical Studies Field fine Arts Chemical investigation of an alleged ancient Greek bronze statuette: **2** ('34) 144–48. – Deposition of metallic copper on antique silver coins during electrolytic cleaning and a method for its removal: **3** ('35) 123–32. – Removal of lead from the electrolyte of baths used for cleaning ancient bronze and copper objects: **6** ('38) 194–97. – Analysis of a Byzantine bronze: **7** ('39) 196–99. – An analysis of the body materials of ancient faience found at Antioch-on-the-Orontes: **8** ('40) 151–54.

Mit: [1]) H. K. Anders; [2]) Axelrod; [3]) A. L. Baker, jr.; [4]) W. O. Baker; [5]) C. T. Brown; [6]) R. H. Brundin; [7]) M. G. Burford; [8]) W. H. Deebel; [9]) D. T. Easby, jr.; [10]) B. B. Edwards; [11]) P. J. Elving; [12]) H. Eyring; [13]) J. M. Ferrer, jr.; [14]) E. J. Foley; [15]) N. H. Furman; [16]) L. Gordon; [17]) W. C. Hand; [18]) C. L. Henderson; [19]) G. R. Kahle; [20]) S. W. Lee; [21]) H. D. McBride; [22]) C. E. Moore; [23]) C. D. Oviatt; [24]) H. P. Price; [25]) L. B. Rogers; [26]) I. C. Schoonover; [27]) E. R. Shaw; [28]) G. A. Simmons, jr.; [29]) R. L. Stoffer; [30]) H. S. Taylor.

VI **CALLOW,** Robert Kenneth. Biochem. — 1929– Research Chemist on the Staff of the Medical Research Council, National Institute for Medical Research, London.
*1901, Febr. 15, Goring-on-Thames, Oxfordshire.

MH. International series of monographs on pure and applied biology, Biochemistry division **1** (London–Oxford '59) – **2** ('61).

MHZ. Biochemical J. **40** ('46) – **57** ('54).

S. Chemistry at the centenary (1931) meeting of the British Association for the Advancement of Science (Cambridge, Engl. '32) 149–54: Crystalline preparations of vitamin D obtained by distillation. – Hormone assay (New York '50) 363–90: Chemical assay of steroids of the androgen and adrenocortical hormone groups.

Annual Rep. Progr. Chem. Organic chemistry: Steroids: **35** ('39) 281–306. – Metabolism of steroids: **53**.1956 ('57) 305–18. – Steroid lactones: **57**.1960 ('61) 325–28.

Annual Rep. Soc. chem. Industry Progr. appl. Chem. Fine chemicals and medicinal substances: Steroids: **38** ('53) 136–42.

Bee World The chemical constitution and synthesis of queen substance of honeybees (Apis mellifera)[24]): **41** ('60) 152f. – Chemical and biochemical problems of beeswax: **44** ('63) 95–101.

Biochemical J. Interaction of vitamin D and dietary factors in the healing of rickets in rats[5]): **28** ('34) 512–16. – Cereals and rickets. The rôle of inositolhexaphosphoric acid: 517–28. – Stability of the international standard of the oestrus-producing hormone in alcoholic solution[37]): **29** ('35) 837–41. – Quantitative studies on the response of the capon's comb to androsterone[3][20]): 1400–13. – Growth and maintenance of the fowl's comb by administration of androsterone[33]): 1414–23. – Effect of androsterone and of male hormone concentrates on the accessory reproductive organs of castrated rats, mice, and guinea pigs[13]): 1424–45. – The absorption spectra of oestrone and related compounds in alkaline solution: **30** ('36) 906–08. – Colorimetric determination of substances containing the grouping $-CH_2 \cdot CO-$ in urine extracts as an indication of androgen content[8][17]): **32** ('38) 1312–31. – The isolation of androsterone and transdehydroandrosterone from the urine of normal women[8]): 1759–62. – The isolation of 17-ketosteroids from the urine of normal women[8]): **33** ('39) 931–34. – Excretion of androgens by eunuchs: The isolation of 17-ketosteroids from the urine[8]): **34** ('40) 276–79. – Licheniformin, the antibiotic material from Bacillus licheniformis; concentration and some chemical and biological properties[19][1]): **41** ('47) XXVIIf. – Antibiotic peptides from Bacillus licheniformis. Licheniformins A, B, and C[49]): **51** ('52) 558–67.

British J. exper. Pathol. Licheniform, an antibiotic substance from Bacillus licheniformis, active against Mycobacterium tuberculosis[19][22][1]): **28** ('47) 418–40.

British J. Pharmacol. and Chemotherapy Histamine protection in guinea-pigs produced by plant tumour extracts[51][53][54]): **18** ('62) 87–100. – Histamine protection produced by plant tumour extracts. The active principle of tomato plants infected with crown-gall[52]): **22** ('64) 486–98.

British med. Bull. Biochemistry of the gonadal hormones: **11** ('55) 126–30.

British med. J. The chemistry and assay of male hormones[33]): **1937** I, 456–59. – Expedition to Nigeria. Medical Research Council search for tropical plants: **1950** I, 1484f.

Chemistry and Industry Steroid nomenclature[7][15][10][u.a.]): **1951**, 1–10. – The source of sarmentogenin[30][44]): 336f. – A source of hecogenin[11][42]): 699f. – Different configurations of the side chain in spirostan sapogenins [23]): **1954**, 691f. – The oxidation of pseudohecogenin[23]): **1956**, 112f. – Stereochemistry of the side chain of the steroidal sapogenins[29]): 1146f. – Deuteriation of steroid sapogenins [23][29]): R 26f.

Experientia 10-Hydroxy-Δ^2-decenoic acid in the honeybee (Apis mellifera)[24][39]): **15** ('59) 421f.

J. chem. Soc., London The action of selenium dioxide on sterols and bile acids, 1: Ergosterol and dihydroergosterol[36]): **1933**, 387–90; ~ 2: The formation of isomeric dihydroxycholadienic acids from apocholic acid and dihydroxycholenic acid and a note on the oxidation products of dihydroergosterol: **1936**, 462–69. – The cardio-active glycosides of Strophantus sarmentosus P.DC. "sarmentoside B" and its relation to an original sarmentobioside[44]): **1952**, 2299–304. – Epimerisation at $C_{(25)}$ of steroid sapogenins: Sarsasapogenin, neotigogenin, and sisalagenin[23]): **1955**, 1671. – Stereochemistry of the side-chain of the steroidal sapogenins: New isomers of the normal and iso-sapogenins[14][16][18][23][27][31][32]): 1966–77. – By-ways of synthesis of cortisone from hecogenin, 1: 9,11-Dehydrohecogenin as intermediate in preparation of 11-oxygenated compounds (11-oxotigogenin and 3β-acetoxy-17α-hydroxyallopregnane-11,20-dione)[23]): **1956, 4739–43**; ~ 2: A route to 11-oxygenated compounds through 3β,20β-diacetoxy-11-bromoallopregnan-12-one [23]): 4744–49. – The stereochemistry of the side-chain of the steroidal sapogenins: Configuration at $C_{(22)}$ of normal and iso-sapogenins[29]): **1957**, 4482–88. – Steroidal sapogenins: The isomerisation of normal to iso-sapogenins[29]): **1958**, 2645–53.

J. Endocrinology Methods of extracting compounds related to the steroid hormones from human urine[8][17][43]): **1** ('39) 76–98. – Effect of the administration of testosterone propionate on the urinary excretion of compounds allied to the steroid hormones[8][17]): 99–107. – 17-Ketosteroid, androgen and œstrogen excretion in the urine of cases of gonadal or adrenal cortical deficiency[8][17]): **2** ('40) 88–98.

J. exper. Biology Production of oestrogenic substance by the bird testis[33]): **13** ('36) 7–10.

J. Pharm. and Pharmacol. Polymorphism of cortisone acetate[25]): **13** ('61) 723–33.

J. Physiology The prolongation of the physiological activity of androsterone by esterification: **86** ('36) 49 P f. – The occurrence of oestrin and progestin in adrenal, testis and hypophysis[33]): **87** ('36) 28 P f.

Lancet Biological activity of derivatives of the male hormone androsterone[13]): **229** ('35) 77f. – Extraction of male hormone from urine for biological assay: **231** ('36) 565. – A chloro derivative of cortisone with enhanced activity [26][28]): **267** ('54) 20.

Medical World [London] The source of cortisone: **84** ('56) 477–81.

Nature [London] Antibiotic material from Bacillus licheniformis (Weigmann, emend. Gibson) active against species of mycobacteria[1]): **157** ('46) 334f. – Extraction and purification of "queen substance" from queen bees [6][24]): **184** ('59) 1871. – 9-Hydroxydec-trans-2-enoic acid, a pheromone stabilizing honeybee swarms[6][9]): **201** ('64) 733.

Proc. roy. Soc., London, Ser. A Relations between optical rotatory power and constitution in the steroids[50]): **157** ('36) 194–212.

Proc. roy. Soc., London, Ser. B Crystalline vitamin D [2])[4])[5])[34])[48]): **109** ('31/32) 488–506. – The isolation and synthesis of queen substance, 9-oxodec-trans-2-enoic acid, a honey-bee pheromone[6])[24]): **155** ('61/62) 417–32.

Proc. roy. Soc. Med. The significance of the excretion of sex hormones in the urine: **31** ('38) 841–56.

Quarterly J. Med. The differential diagnosis of forms of basophilism (Cushing's syndrome) particularly by the estimation of urinary androgens[12]): **8** ('39) 233–49.

Scientific J. roy. College Sci. Vitamin D: **4** ('34) 41–53.

Tagungsber., Dtsch. Akad. Landwirtschaftswiss. Berlin Steric arrangement of the molecules of the steroid sapogenins: **27.** 1959 ('61) 131–45.

West african med. J. Cortisone: a chapter in the history of medical research: **4** ('55) 67–72.

Mit: [1]) P. D'Arcy Hart; [2]) F. A. Askew; [3]) J. S. S. Blyth; [4]) R. B. Bourdillon; [5]) H. M. Bruce; [6]) C. G. Butler; [7]) R. S. Cahn; [8]) N. H. Callow; [9]) J. R. Chapman; [10]) J. Cook; [11]) J. W. Cornforth; [12]) A. C. Crooke; [13]) R. Deanesly; [14]) D. H. W. Dickson; [15]) E. C. Dodds; [16]) J. Elks; [17]) C. W. Emmens; [18]) R. M. Evans; [19]) R. E. Glover; [20]) A. W. Greenwood; [21]) –; [22]) G. M. Hills; [23]) V. H. T. James; [24]) N. C. Johnston; [25]) O. Kennard; [26]) J. Lloyd; [27]) A. G. Long; [28]) D. A. Long; [29]) P. N. Massy-Beresford; [30]) R. D. Meikle; [31]) J. F. Oughton; [32]) J. E. Page; [33]) A. S. Parkes; [34]) J. S. L. Philpot; [35]) –; [36]) O. Rosenheim; [37]) I. W. Rowlands; [38]) –; [39]) J. Simpson; [40]) –; [41]) –; [42]) P. C. Spensley; [43]) S. W. Stroud; [44]) D. A. H. Taylor; [45]) –; [46]) –; [47]) –; [48]) T. A. Webster; [49]) T. S. Work; [50]) F. G. Young; [51]) J. Broome; [52]) D. H. Calam; [53]) W. Feldberg; [54]) B. A. Kovacs.

VI **CALVERY,** Herbert Orion. Biochem. – 1927–35 Assistant Prof., Univ. of Michigan, Ann Arbor, Mich.; '35–36 Senior Pharmacologist, '36–45 Pharmacologist and Chief of the Division of Pharmacology, Food and Drug Administration, U. S. Department of Agriculture, Washington, D.C.

*1897, Dez. 9, near Eddy, Texas;

†1945, Sept. 23, Washington, D.C.

Nekr. Chemical and Engng. News **23** ('45) 2121.

American Scientist Safeguarding foods and drugs in wartime: **32** ('44) 103–19.

Archives Ophthalmology Effects of some silver salts on the eye[14])[23]): **25** ('41) 839–47.

Archives Pathology Pathological changes in rats and in dogs fed diets containing lead and arsenic compounds[4]): **27** ('39) 433–46.

Cancer Res. Neurofibromas of rat ears produced by prolonged feeding of crude ergot[5])[17])[18]): **2** ('42) 11–15.

Chemical and Engng. News Summary of toxicological studies of the insecticide DDT[3])[29])[18])u.a.) : **22** ('44) 1503f.

Food Packer DDT is poisonous: **26** ('45) Nr. 5, 61f.

Food Res. Trace elements in foods: **7** ('42) 313–31.

Industrial and Engng. Chem., Analyt. Edit. Quantitative determination of arsenic in small amounts in biological materials[17]): **9** ('37) 447f., 591.

J. amer. med. Assoc. Chronic effects of ingested lead and arsenic: **111** ('38) 1723–29.

J. biol. Chemistry Studies on crystallized egg albumin: **94** ('32) 613–34; **97** ('32) vor S. 1. – Vitellin of hen egg[28]): 635–39. – Some chemical investigations of embryonic metabolism, 6: Studies of some of the amino acids of the yolk, white, embryo, and shell membranes during development of the hen's egg: **95** ('32) 297–300. – Analysis of egg-shell keratin: **97** ('32) XXVI. – Some analyses of egg-shell keratin: **100** ('33) 183–86. – Crystalline egg albumin [, 1]: The hydrolysis of crystalline egg albumin by pepsin, papain-hydrocyanic acid, and pancreatic proteinase and the subsequent action of some other enzymes on the hydrolysis products produced by these enzymes: **102** ('33) 73–89; ~ 2: The fractionation of peptic hydrolysis products: **112** ('35) 171–74; ~ 3: Fractionation of peptic hydrolysis products by dialysis[25]): **113** ('36) 15–19; ~ 4: The rate of liberation of amino nitrogen and cystine, tyrosine, and tryptophane colorigenic values during peptic, acid, and alkaline hydrolysis of egg albumin[1])[25]): 21–25. – The composition of the proteins of eggs from hens on different diets[26]): **105** ('34) 683–89. – The specificity of the enzyme arginase[1]): **107** ('34) 155–60. – Some analyses of samples of Bence-Jones protein[6]): **109** ('35) 739–43, XV. – Chemical analysis of type II pneumococcus specific precipitate[8])[10]): XV. – Some analyses of crystalline pepsin[9])[21]): XVI. – Peptic hydrolysis of egg albumin[25]): XVI. – Analysis of type I pneumococcus specific precipitate: **112** ('35) 167f. – The determination of some amino acids in crystalline pepsin[9])[21]): **113** ('36) 11–14. – Enzymatic hydrolysis of lactalbumin[16]): **116** ('36) 393–408.

J. industr. Hyg. and Toxicol. Toxicology of some glycols and derivatives[13])[17])[29]): **21** ('39) 173–201. – Acute oral toxicity of acetic, chloroacetic, dichloroacetic and trichloroacetic acids[29])[12])[20]): **23** ('41) 78–82.

J. Pharmacol. and exper. Therapeut. The chronic effects on dogs of feeding diets containing lead acetate, lead arsenate, and arsenic trioxide in varying concentrations[13])[17]): **64**

('38) 364–87. — The influence of calcium and phosphorus on the storage and toxicity of lead and arsenic [7])[13])[17]): 446–57. — Variations in the arginase concentrations in the livers of white rats caused by the administration of arsenic and lead[14]): 458–64. — Chronic toxicities of propylene glycol, ethylene glycol, diethylene glycol, ethylene glycol monoethyl ether and diethylene glycol monoethyl ether [17])[18]): **74** ('42) 266–73. — Acute and subacute toxicity of DDT (2,2-bis(p-chlorophenyl)1,1,1-trichloro-ethane) for laboratory animals[29])[18]): **82** ('44) 152–58. — Percutaneous absorption of DDT in laboratory animals[3])[18]): 159–66. — Chronic toxicity of ergot[5])[18]): 364–76. — Methods for the study of irritation and toxicity of substances applied topically to the skin and mucous membranes[3])[29]): 377–90. — Chronic toxicity of quinacrine (atebrine)[5])[18]): **85** ('45) 207–21. — Determination of DDT and its metabolite in biological materials by use of the Schechter-Haller method[22]): 363–70. — Toxicities of compounds related to 2,3-dimercaptopropanol (BAL) with a note on their relative therapeutic efficiency[5])[29])[2])[u.a.]): **87** ('46) Suppl., 23–27. — Efficacy of 2,3-dimercaptopropanol (BAL) in therapy of poisoning by compounds of antimony, bismuth, chromium, mercury and nickel[2])[15]): 119–25.

Metal Finishing Illnesses traced to cadmium food containers: **40** ('42) 134f.

Naturwissenschaften Über den fraktionierten enzymatischen Abbau von Eieralbumin[27]) [24]): **21** ('33) 316.

Physiological Rev. Present status of the ergot question[19]): **18** ('38) 297–327. — Metabolism and permeability of normal skin[3])[13]): **26** ('46) 495–540.

Proc. sci. Sect. Toilet Goods Assoc. Toxicological properties of surface-active agents[29]): **1945**, Nr. 3, 1–4.

Proc. Soc. exper. Biol. and Med. Analysis of type II pneumococcus specific precipitate: **32** ('35) 1099f. — Rancid fat in experimental diets[5])[18]): **56** ('44) 129–31.

Southern med. J. Toxicity for human beings of diethylene glycol with sulfanilamide[11]): **32** ('39) 1105–09.

Mit: [1]) W. D. Block; [2]) H. A. Brown; [3]) J. H. Draize; [4]) L. L. Finner; [5]) O. G. Fitzhugh; [6]) R. H. Freyberg; [7]) R. L. Grant; [8]) M. Heidelberger; [9]) R. M. Herriott; [10]) F. E. Kendall; [11]) T. G. Klumpp; [12]) S. W. Lange; [13]) E. P. Laug; [14]) H. D. Lightbody; [15]) L. M. Lusky; [16]) L. Miller; [17]) H. J. Morris; [18]) A. A. Nelson; [19]) E. E. Nelson; [20]) K. W. Nelson; [21]) J. H. Northrop; [22]) R. R. Ofner; [23]) B. Rones; [24]) A. Schaffner; [25]) E. D. Schock; [26]) H. W. Titus; [27]) E. Waldschmidt-Leitz; [28]) A. White; [29]) G. Woodard.

V, VI **CAMBI,** Livio Ferdinando Gino. Chem. — 1917–41 Dir. della Scuola-laboratorio di Chimica industriale della Soc. di Incoraggiamento Arti e Mestieri di Milano; '25- Prof. ord. e Dir. dell'Ist. Chim. industriale, Univ. di Milano; Prof. Merceologia, Univ. Commerciale Luigi Bocconi, Milano. — Dr. Ing. h.c. (Politecnico di Milano); Medaglia d'Oro ai Benemeriti della Scuola, Cultura ed Arte; '56 Medaglia d'Oro di Benemerenza del Comune di Milano. (⊠)

*1885, Juni 14, Ancona.

Bildn. Chimica e Industria **20** ('38) 301.

Zur Biogr. Scienza e Tecnica **12** ('51) 70. — Annuario generale, Accademia Nazionale dei XL, Roma (Roma '61) 227–38 (m. Bildn., Faks., Schr.verz.).

S. Progressi dell'industria chimica italiana nel I° decennio di regime fascista (Roma '32) 13–23: La metallurgia dello zinco e del piombo; 25–37: Il processo e l'impianto per zinco elettrolitico di Monteponi. — Trabajos IX Congreso internacional de química pura y aplicada, Madrid 1934, **2** (Madrid '35) 199–208: Comportamento magnetico e costituzione dei complessi. — Atti X Congresso internazionale di chimica, Roma 1938, **3** (Roma '39) 546–54: Il cobalto nel trattamento elettrolitico delle blende. — Atti II Convegno di studi etruschi, Ancona 1958 (Firenze '59) 107–14: Leghe di rame ricche di piombo costituenti alcuni cimeli di stazioni preistoriche e protostoriche del Piceno. — Chimica inorganica. IV Corso estivo di chimica, Varenna 1959 (Roma '61) 97–111: Cianuri ferroso-ferrici: aspetti attuali.

Anales real Soc. españ. Física y Quím. Eisenhüttenchemie: Gegenwart und Aussichten: **36** ('40) 69–85 [ ].

Atti (reale) Accad. nazion. Lincei, Rend. L'azione di alcune sostanze organiche nella deposizione elettrolitica dello zinco[10]): (6) **15** ('32) 27–29. — Sul comportamento magnetico dei complessi, 4: N,N-Dipropil-ditiocarbammati ferrici[25])[5]): 266–71; ~ 5: Di-butil-ditiocarbammati ferrici[25])[5]): 329–35. — Sui solfosali di rame e ferro[25]): 599–602. — La costituzione dell'acido bleu e le reazioni delle camere di piombo: **17** ('33) 204–06. — Sui complessi dei metalli della I^a^ serie di transizione con il dipiridile e la fenantrolina[5]): **19** ('34) 458–61. — Complessi di Ni^{II} e Pd^{II} con le immidi[6])[9]): (8) **18** ('55) 467–72. — Suscettività magnetica dei complessi Co^{II}-Co^{III}: 581–83. — Complessi triazolici di $Cobalto^{II}$ e $Cobalto^{III}$ [, 1][6])[24]): 583–86; ~ 2[21]): **20** ('56) 735f. — Complessi cobaltosi e cobaltici del benzoimidazolo e del benzopirazolo[6]): 17f. — Cianuri cobalto dipiridilici e fenantrolinici [21]): **21** ('56) 372–74. — Cianurazione dell'oro e di metalli analoghi con acido cianidrico e ossigeno [,1]: **24** ('58) 129–31; ~ 2: Mercurio[21]): **26** ('59) 428–30. — Azione dell'acido cianidrico sui solfiti di Co^{II} [21]):

24 ('58) 378–80. — Sui cianuri complessi derivati per ossidazione del Co^{II}-pentacianuro[21]): 26 ('59) 326–34. — Alogenuri idrazinici di Rh^{III}, 1: Cloruri diamagnetici[21]): 28 ('60) 770–76; ~ 2: Cloruri paramagnetici[21])[13]): 29 ('60) 8–14; Complessi idrazinici del Rh^{III} [, 3]: Cianuri idrazinici[21]): 15–21; ~ 4: Ioduri idrazinici e cianuri derivati[21]): 253–56; ~ 5: Monocloruri e ipocloruri idrazinici[11]): 488–90; ~ 6: Cloruri, cloruri acetati, acetati[21]): 30 ('61) 429–36; ~ 7: Sali Rh^{III}-idrazinici di acidi carbossilici[21])[2]): 636–43. — Sui solfogermanati: Argirodite sintetica, 1[14]): 11–15. — Reazioni dell'idrazina sugli alogenuri di germanico, 1: Cloruri[21])[2]): 32 ('62) 13–16; ~ 2: Ioduri: 152–54.

Atti Congr. nazion. Chim. pura ed appl. I metalli non ferrosi pesanti in Italia: 4.1932 ('33) 49–63. — L'insegnamento superiore chimico in relazione a quanto è richiesto dalla vita pratica: 368f. — Gegenwärtiger Stand und Aussichten der naßmetallurgischen Verarbeitung der sardinischen Erze: 5.1935 I ('36) 135–43 [ital.].

Atti Soc. ital. Progr. Sci. Le recenti conquiste per l'autarchia dei metalli pesanti non ferrosi: 26, 4 ('38) 271–75.

Ber. dtsch. chem. Ges. Über die magnetische Susceptibilität der komplexen Verbindungen, 2[25]): 66 ('33) 656–61. — Über das Nitrosyl von A. Angeli: 69 ('36) 2027–33. — Magnetismus und Polymorphie innerer Komplexsalze: Eisensalze der Dithiocarbamidsäuren[15]): 70 ('37) 2067–78. — Kobaltglyoxime: 76 ('43) 543–53.

Boll. Soc. ital. Biol. sperim. Pharmacological and toxicological study of methyl-acetate and ethyl-acetate[16])[20])[23]): 18 ('43) 45–47 [ ].

Bullettino Paletnol. ital. I metalli dei cimeli della Grotta tombale di Monte Bradoni (Volterra): (N. S.) 12 ('58/59) 137–45.

Chimica e Industria Gli anodi di piombo nell'elettrolisi per zinco[22]): 20 ('38) 649–57. — Il cobalto nel trattamento elettrolitico dei minerali di zinco: Depurazione degli elettroliti e recupero: 21 ('39) 257–64. — Chimica siderurgica: Attualità e prospettive: 22 ('40) 51–58. — Rodolfo Battistoni†: 358. — Francesco Sartori†: 23 ('41) 417. — L'industria chimica dal 1914 ad oggi: 24 ('42) 385–89. — Sugli acidi esteri O,O'-diaril-ditiofosforici, 1: 26 ('44) 97–101. — Giovanni Devoto†: 182. — La regola di A. Angeli sul comportamento dei composti aromatici o-, p-disostituiti: 27 ('45) 13. — Sviluppi attuali della metallurgia elettrolitica dello zinco in Italia: 35 ('53) 73–76. — L'azione del fluoro sui processi anodici nella elettrolisi per zinco[4]): 397–402.

Chimica Industria Agric., Biol., Realizzaz. corporat. Phosphorsäure und die hochprozentigen Phosphatdünger: 16 ('40) 519–25 [ital.].

Gazz. chim. ital. A la memoria di Angelo Angeli: 63 ('33) 527–60. — Sui radicali liberi azotati: La struttura dei diarilnitrossidi: 579–84. — Struttura e suscettibilità magnetica dei complessi ferrosi[5]): 767–78. — Cianuro di nichel e complessi derivati: Studi magneto-chimici[5])[27]): 64 ('34) 758–72. — Su la suscettibilità magnetica dei sali ferrosi degli acidi α-piridin e α-chinolincarbonici[5]): 772f. — Complessi di cobalto, nichel, rame, delle ammidi e delle immidi: Studi magneto-chimici[27]): 65 ('35) 322–38. — Nitriti complessi di ferro, cobalto, nichelio e rame: Struttura e suscettibilità magnetica[12]): 1162–90. — Sali di cobalto delle gliossime, 1[7]): 66 ('36) 81–91; ~ 2: Sali cobaltici, digliossimici e sesquigliossimici[7]): 91–96; ~ 5[15]): 69 ('39) 547–61. — Sui solfosilicati, 1: Solfosilicati cuprosi[18]): 66 ('36) 696–700. — Sui ditiosali di rame[7]): 779–84. — Cianuri ferroso ferrici, 2: 77 ('47) 575–81; ~ 3[4])[17]): 78 ('48) 448–55. — Sul comportamento magnetico dei cobaltiesanitriti[12])[19]): 82 ('52) 816–22. — L'azione dell'acido cianidrico sui sali di Co^{II}: Solfossilato-, solfito-, tiosolfato-Co^{III} -cianuri[21]): 88 ('58) 691–703.

Giorn. Chim. industr. ed appl. Studi sugli elettroliti per zinco, 1: La depurazione dal nichel[26]): 14 ('32) 125–29. — Die Nichteisenschwermetalle in Italien: 341–47 [ital.].

Industria mineraria I trattamenti elettrolitici delle calamine italiane: 5 ('54) 121–27.

J. inorg. and nuclear Chem. Introduction to the international symposium on the chemistry of coordination compounds, September 15–21, 1957, Rome, Italy: 8 ('58) 5–9. — Cobalt dipyridyl and phenanthroline cyanides[21]): 249–67 [ital.].

Rend., (Reale) Ist. lombardo Sci. e Lettere La suscettibilità magnetica dei radicali liberi azotati[25]): (2) 66 ('33) 439–42. — La struttura delle catene azotate ed ossigenate dei composti organici atti a generale sali complessi, 1: Sali ferrosi degli isonitrosochetoni: 791–98. — Su la suscettibilità magnetica dei sali complessi di nichel: 1091–98. — Suscettibilità magnetica e struttura dell'emina[25]): 67 ('34) 275–78. — Nuovi tipi di sali complessi paramagnetici della serie del ferro[5]): 741–47. — Sui cianuri di cobalto: 68 ('35) 182–84. — Su l'influenza di sostanze organiche sulla polarizzazione catodica nella deposizione elettrolitica dello zinco[18]): 631–37. — Germanio, gallio, indio, nelle blende di Sardegna[15]): 69 ('36) 369–74. — Evoluzione catodica dell'arsenico negli elettroliti per zinco, 1[18]): 392–96. — Struttura dei complessi iponitrosi dei metalli della serie del ferro: 70 ('37) 9–12. — Sali di cobalto delle gliossime, 3: 71 ('38) 85–88; ~ 4[15]): 327–30. — Solfosali nitrosati del rutenio: Nitroso-Ru^{IV}-ditiocarbammati[15]): 118–20. — I sali dell'acido solfammico nella deposizione elettrolitica dei metalli[22]): 72 ('38/39) 128–32.

– Deposizione catodica di nichelio e cobalto dagli elettroliti solforici per zinco[4]): **86** ('53) 691–93. – Reazioni tra anidride solforosa e metallo. La formazione dei ditioniti di cadmio, tallio, indio[6])[4])[3]): **87** ('54) 251–56. – Sali complessi della prima serie di transizione degli acidi tioidrossammici, 1[1])[21]): **90** ('56) 577–93. – Sul metallo dei bottoni della tomba preistorica di Monte Bradoni presso Volterra[8]): **91** ('57) 371–77. – Sul metallo dei monili delle tombe de sepolcreto di Ponte S. Pietro (Castro d'Ischia: Viterbo) della facies culturale di Rinaldone: **92** ('57/58) 167–72.

Rend., Reale Ist. lombardo Sci. e Lettere, Parte gen. e Atti uffic. L'industria chimica dal 1914 ad oggi: **76** ('42/43) 57–74.

Studi etruschi Ricerche chimico-metallurgiche su leghe cupriche di oggetti ornamentali preistorici e protostorici dell'Italia centrale e settentrionale: **27** ('59) 191–98. – I metalli dei sepolcri di Ponte S. Pietro e di Garavicchio della cultura di Rinaldone (Ischia di Castro: Viterbo; Capalbio: Grosseto): 199–208. – Problemi della metallurgia etrusca: 415–32.

Z. anorg. u. allg. Chem. Über die Nitrososalze der Eisenreihe: **247** ('41) 22–30, 33f.

Mit: [1]) T. Bacchetti; [2]) G. Bargigia; [3]) I. Bellobono; [4]) E. Bertorelle; [5]) A. Cagnasso; [6]) L. Canonica; [7]) C. Coriselli; [8]) F. Cremascoli; [9]) R. DeLeone; [10]) G. Devoto; [11]) –; [12]) A. Ferrari; [13]) C. Giuffrida; [14]) M. Elli; [15]) L. Malatesta; [16]) M. A. Mancini; [17]) C. Marzorati; [18]) G. G. Monselise; [19]) M. Nardelli; [20]) G. Noferi; [21]) E. (Dubini-) Paglia; [22]) R. Piontelli; [23]) G. Schilling; [24]) C. Sironi; [25]) L. Szegö; [26]) V. Toja; [27]) E. Tremolada.

V, VI **CAMERON,** Alexander Thomas. Biochem. – 1923–47 Prof., Fac. Med., Univ. of Manitoba, Winnipeg, Can.; '30–47 Biochemist, Winnipeg General Hospital, Winnipeg, Can.; '34–47 Chairman, Fisheries Research Board of Canada.

*1882, Mai 24, London;

†1947, Sept. 25, Winnipeg, Can.

Nekr. J. B. Collip, Trans. roy. Soc. Canada, Sect. III **42** ('48) 83–85. – G. B. Reed, Revue canad. Biol. **7** ('48) 626–28 (m. Bildn.). – F. D. White, J. B. Collip, Biochemical J. **43** ('48) 1f.

W. Course in practical biochemistry for students of medicine (m. F. D. White) [2](New York–London '32) 248 S.; [3]('35); [4]('41); [5]('47); [6]('52) 12+222 S. – The biochemistry of medicine (m. C. R. Gilmour) (Baltimore, Md. '33) 516 S.; [2](Baltimore–London '35) 10+518 S. – A textbook of biochemistry: for students of medicine and science [4](New York–London '33) 568 S.; [5]('38); [6]('42) 384 S.; ('45). – Recent advances in endocrinology [2](London '35) 416 S.; [3](Philadelphia, Pa. '36); [4](Philadelphia–London '40); [5]('45); [6]('47); [7]('54) 348 S.; italien.: [5](Torino '47) 11+472 S. – Taste sense and the relative sweetness of sugars and other sweet substances (New York '47) 72 S. (Scientific report ser., Nr. 9).

American J. Cancer The effects of certain diets on the production of tar carcinoma in mice[6]): **30** ('37) 55–69. – The production of skin carcinoma in the white rat by ordinary gas-works tar[6]): 70–74.

American J. med. Sci. A human gall stone composed of calcium palmitate[8]): **194** ('37) 783–87.

Canadian J. Res. Rate of decomposition of creatine in acid and in alkaline solution[3]): **9** ('33) 360–72.

Canadian J. Res., Sect. E Relative sweetnesses of certain sugars, mixtures of sugars and glycerol: **22** ('44) 45–63. – Determination of bromide-bromine in the blood of patients undergoing treatment with bromide[3]): **23** ('45) 41–49. – Effect of certain dietary factors on the production of tar carcinoma in mice[6])[4]): 50–69. – Effects of estrogens and of mild chronic starvation on the white rat[3])[1]): **24** ('46) 105–18.

Canadian med. Assoc. J. Estimation of proteins of blood plasma[3])[8]): **35** ('36) 32–37. – Apparent instance of parathormone inactivity[5]): **36** ('37) 141–48. – Calcium carbonate in the human gall bladder[8])[6]): **39** ('38) 441–46.

J. Physiology The relation between plasma and cerebrospinal fluid calcium[7]): **91** ('37) 90–100.

Nature [London] Effect of acute starvation on the adrenals of the white rat[1]): **157** ('46) 483.

Proc. roy. Soc., London, Ser. A The electron diffraction of multilayers of esters of fatty acids, 1[2]): **178** ('41) 415–20.

Trans. roy. Soc. Canada, Sect. V Relative sweetness of sucrose, glucose, and fructose: **37** ('43) 11–27.

Mit: [1]) J. Carmichael; [2]) G. Coumoulos; [3]) J. S. Guthrie; [4]) J. M. Lederman; [5]) F. A. L. Mathewson; [6]) S. Meltzer; [7]) V. H. K. Moorhouse; [8]) F. D. White.

V, VI **CAMERON,** Frank Kenneth. Physikal. Chem. – 1915– Consulting Chemist and Chemical Engineer; '26–46 Prof., '46 Prof. Emeritus, Univ. of North-Carolina, Chapel Hill, N.C. – '39 Herty Medal (Amer. Inst. of Chemical Engineers).

*1869, Febr. 2, Baltimore, Md.;

†1958, Aug. 18.

Zur Biogr. W. D. Bancroft, Industrial and Engng. Chem., News Edit. **13** ('35) 425 (m. Bildn.).

Nekr. Chemical and Engng. News **37** ('59) 178.

MHZ. J. physic. Chem. **14** ('10) – **36** ('32).

S. Proc. 2nd Dearborn conference of agriculture, industry and science, Dearborn, Mich., 1936 (Dearborn, Mich. '36) Chapt. VII, 184–: Whole cotton as a source of oil and alpha cellulose.

W. Whole cotton, a source for oils and pulps (Raleigh, N. C. '47) 66 S.

Cotton Trade J. Utilization of whole cotton: **17** ('37) 112–.

Industrial and Engng. Chem. Mechanism of rubber aging[9]): **25** ('33) 1151f. – Unit cell of cellulose in cotton stalks and cusps[14]): 1371–73. – Utilization of alunite through alkali fusion[8]): **26** ('34) 1108–10; **28** ('36) 1238f. – Dark-field studies of fibers[5]): **26** ('34) 1209–13. – Utilization of alunite through fusion with alkali sulfides[8]): **28** ('36) 420–22. – Utilization of alunite through alkali fusion[18]): 1238–. – Pulps from the whole cotton plant. Comparison of soda and nitric acid pulps[10]): **29** ('37) 96f. – Pulping whole cotton with chlorine[12]): **31** ('39) 1076–78. – Cellulose content of cotton and southern woods[16]): **34** ('42) 224f. – Recovery of oil from whole cotton[13]): 358f. – Nitric acid pulping of whole cotton[6]): **35** ('43) 819–21.

J. amer. chem. Soc. Francis Preston Venable: **59** ('37) Proc., S. 27–30. – Charles Holmes Herty 1867–1938: **61** ('39) 1619–24. – The sulfites of aluminum and iron at 30°[17]): **62** ('40) 2240–.

J. Elisha Mitchell sci. Soc. Absorption of sulfur dioxide by calcium phosphate: **47** ('32) 30. – Growing and processing of whole cotton: **59** ('43) 1–13. – The importance of molecular structure in wetting agents: **61** ('45) 1–.

J. physic. Chem. Ferric oxide and aqueous sulfuric acid at 25°C [1]): **39** ('35) 769–79. – Ferric sulfate in aqueous solutions of other sulfates: **40** ('36) 689–96. – Properties of the floc in water purifications with bentonite[2]): **46** ('42) 93–98.

Manufacturer's Rec. Cellulose from cotton: **106** ('37) Nr. 7, S. 33, 64. – The growing and processing of "whole cotton": **107** ('38) Nr. 8, S. 27, 52. – Investigations on whole cotton: **110** ('41) Nr. 9, 30f., 64.

Rayon and Melliand Textile Monthly Untersuchung von Fasern im Dunkelfeld[5]): **16** ('35) 290f., 455–57 [engl.].

Textile Res. Fundamental properties of textile[-processing] waste [liquors], 1: Foreword: **8** ('38) 189–91; ~ 9: Concentration of sulfur black dyes by froth flotation[15])[11]): **11** ('40/41) 126–38. – Influence of electrolytes on the balloelectric effect[3])[11]): **10** ('40) 149–66. – Removal of a sulfur black dye from suspension by flotation methods[4])[11]): 201–06. – Factors influencing flocculation and precipitation[2])[11]): **11** ('40/41) 23–29. – Factors influencing flocculation[2])[11]): 139–53. – Direct processing of whole cotton[7]): 245–49.

Mit: [1]) W. H. Baskerville; [2]) E. M. Beavers; [3]) P. N. Burdett; [4]) B. R. Clanton; [5]) A. T. Clifford; [6]) J. D. Fleming; [7]) G. C. Holroyd; [8]) E. O. Huffman; [9]) B. L. Johnson; [10]) A. R. Macormac; [11]) J. E. Magoffin; [12]) D. T. Milne; [13]) E. L. Powell; [14]) J. P. Sanders; [15]) L. C. Surprenant; [16]) Wen-Hsien Wan Chen; [17]) W. F. Bartz; [18]) J. R. Taylor.

IV–VI **CAMICHEL,** Charles Moise. Physik. — 1907–41 Prof. Electricité industr., '07 Fondateur, puis Directeur de l'Inst. électrotechn. et de Mécanique appliquée, plus tard Directeur hon. de l'Ecole nationale supér. d'Electrotechn., d'Electronique et d'Hydraulique, Univ. de Toulouse. *1871, Sept. 15, Montagnac, Hérault; †1966, Jan. 27, Cap Dorat par Lavaur, Tarn.

Nekr. L. Escande, C. R. hebd. Séances Acad. Sci., Paris **262** ('66) Vie acad., 61–63. – M. Roy, ibid. **263** ('66) Vie acad., 125f.

Zur Bibliogr. 2e Supplément à la Notice sur les travaux scientifiques de Charles Camichel. Rapport sur les travaux effectués pendant les années 1932, 1933, 1934, 1935 (Paris '35) 54 S.

W. Quelques expériences sur des régimes transitoires dans les liquides (m. E. Crausse, J. Baubiac) (Paris '32) 10 S. (Expériences effectuées sous les auspices du Service des recherches de l'aéronautique et de la Caisse nationale des sciences). – Similitude hydrodynamique et technique des modèles réduits (m. L. Escande) (Paris '38) 7 + 3 + 356 S. (Publications scientifiques et techniques du Ministère de l'air, No. 127. Institut de mécanique des fluides de l'Université de Toulouse).

Bull. Soc. chim. France La vie et l'œuvre de Paul Sabatier: **1955**, 466–68.

C. R. hebd. Séances Acad. Sci., Paris Sur la similitude des barrages à contractions latérales[6])[10]): **194** ('32) 807–09. – Sur le régime non-turbulent au delà du critérium des tourbillons alternés[5])[12]): 1997–99. – La similitude des systèmes en charge sans dimensions linéaires propres[6]): 2105–08. – La similitude des ouvrages courts: expériences sur la grande forme de radoub du port du Havre[2])[6]): **195** ('32) 473–76. – Sur les régimes transitoires: 1200–02. – La similitude des barrages mobiles. Expériences de l'usine de la Gentille[6])[4]): **197** ('33) 434–37. – Remarques sur certains phénomènes de contractions latérales dans les barrages[6])[5]): 722–25. – Sur la similitude des ouvrages courts à surface libre[6])[10]): **198** ('34) 1001–04. – Sur l'emploi d'échelles verticales et horizontales différentes dans les études sur modèles réduits en hydraulique[13])[6]): **199** ('34)

593–96. — Contribution à l'étude sur modèles réduits des affouillements[6]): 992–95. — Sur les éléments linéaires engendrés par les mouvements des fluides à l'intérieur des systèmes en charge[6]): 1555–57. — Les indéterminations dans le phénomène de l'élargissement brusque; influence des conditions initiales[6])[5]): **200** ('35) 283–85. — Influence d'une perturbation sur le sillage en régime de Poiseuille d'un corps immergé[12]): 704–07. — Contribution à l'étude des veines liquides; solutions multiples; opérations non commutatives. Expériences effectuées sur des modèles réduits et au barrage de Vives-Eaux sur la Seine[8])[6]): 1808–10. — Sur les éléments linéaires hydrauliques et la résistance des corps immergés en régime permanent ou transitoire[6])[4])[1]): **201** ('35) 533–35. — Sur l'orientation des veines liquides[3])[12]): **218** ('44) 816–18. — Note sur l'orientation des veines liquides en régime transitoire[3]): **220** ('45) 418f. — Sur les veines liquides[3]): **222** ('46) 348–50. — Sur la formation des tourbillons: **236** ('53) 1518–20. — Indétermination d'un tourbillon: **243** ('56) 620–23. — Sur les tourbillons: **245** ('57) 870–75, 1352; **248** ('59) 331–36; **250** ('60) 30–34; **255** ('62) 2222–25; ∼[15]): **256** ('63) 4334–37. — Variations d'un tourbillon: **250** ('60) 3247–51. — Variations et turbulence d'un tourbillon contenant un colorant: **252** ('61) 483–86. — Sur les tourbillons: Périodicité: **254** ('62) 384–87. — Sur les tourbillons: Classement: 1548f. — Sur les tourbillons: Les variations de l'écoulement enregistrées par le tourbillon produit par celui-ci: **255** ('62) 3328–31.

Houille blanche Remarques sur certains phénomènes de contractions latérales dans les barrages[6])[u.a.]) : **32** ('33) 129–. — Sur l'emploi d'échelles verticales et horizontales différentes dans les études sur modèles réduits en hydraulique[13]) [.a.]) : **33** ('34) 99–.

J. Rheology Flow of a viscous liquid about an obstacle. Curves α, β. Alternating vortices of Bénard-Karman[5]): **3** ('32) 415–19. — Various modes of flow at the entrance of a nozzle[5]): 420–22. — Determination of the vorticity at a given point for different values of the Reynolds number[5]): 432f.

Notices et Discours, Acad. Sci., Paris Cérémonies du centenaire de la naissance de Paul Sabatier à Toulouse, les 4 et 5 novembre 1954: **3**.1949/56 ('57) 583–92.

Revue gén. Electr. La similitude des barrages à contractions latérales[6])[u.a.]): **32** ('32) 76–. — La similitude des ouvrages courts: Expériences sur la grande forme de radoub du port du Havre[2])[6]): **33** ('33) 13–.

Technique moderne Les évacuateurs de crues à galerie souterraine[14])[6]): **25** ('33) Nr. 17 u. 18, 16 S.

Mit: [1]) J. Baubiac; [2]) F. Beau; [3]) C. Bory; [4]) E. Crausse; [5]) P. Dupin; [6]) L. Escande; [7]) —; [8]) J. Parmentier; [9]) —; [10]) G. Sabathe; [11]) —; [12]) M. Teissié-Solier; [13]) E. Fischer; [14]) C. Crescent; [15]) L. Monferran.

V, VI **CAMP,** Burton Howard. Math. Statistik. — 1914–48 Prof., '48 Prof. Emeritus, Wesleyan Univ., Middletown, Conn.; '48–49, '51–52 Lecturer, Yale Univ., New Haven, Conn.

*1880, Sept. 20, Hartford, Conn.

American math. Monthly Definitions o probability: **39** ('32) 285–88.

Annals math. Statistics Methods of obtaining probability distribution: **8** ('37) 90–102. — Notes on the distribution of the geometric mean: **9** ('38) 221–26. — Some recent advances in mathematical statistics, 1: **13** ('42) 62–73. — Effect on a distribution of small changes in the population function: **17** ('46) 226–31. — Generalization to N dimensions of inequalities of the Tchebycheff type: **19** ('48) 568–74. — Approximation to the point binomial: **22** ('51) 130f.

Biometrika The converse of Spearman's two-factor theorem: **24** ('32) 418–27. — Spearman's general factor again: **26** ('34) 260f.

J. amer. statist. Assoc. Karl Pearson and mathematical statistics: **28** ('33) 395–401. — Suggested problems for mathematical research: **30** ('35) March Suppl., 257–62. — Further interpretations of the chi-square test: **33** ('38) 537–42. — Further comments on Berkson's problem: **35** ('40) 368–76.

Trans. amer. math. Soc. Correction to the paper "The multinomial solid and the chi test": **44** ('38) 151.

VI **CAMP,** Chester Claremont. Math. — 1929– Prof., Univ. of Nebraska, Lincoln, Nebr. (⊠)

*1890, Mai 20, Arispe, Iowa.

American J. Math. On multiparameter expansions associated with a differential system and auxiliary conditions at several points in each variable: **60** ('38) 447–52. — A convergence proof involving an inseparable multiple contour integral: **65** ('43) 216–20.

American math. Monthly New method for finding the numerical sum of an infinite series: **40** ('33) 537–42.

Annals math. Statistics Note on numerical evalution of double series: **8** ('37) 72–75.

IV–VI **CAMPANILE,** Filippo. Physik, Meteorol. — 1899–1934 Prof., R. Scuola Superiore di Agricoltura di Portici ('24–35 denominata R. Ist. Superiore Agrario di Portici, '35 denominata Facoltà di Agraria dell'Univ. di Napoli).

*1864, März 8, Napoli;
†1946, Okt. 21, Napoli.

VI **CAMPBELL,** Alan Ditchfield. Math. — 1927–42 Prof., Univ. of Syracuse, Syracuse, N.Y. (⊠)

*1891, Aug. 2, New Brunswick, N.J.; †1942, Sept. 23.

Todesanzeige Bull. amer. math. Soc. **49** ('43) 36.

W. Advanced analytic geometry (New York '38) 10+310 S.

Bull. amer. math. Soc. Apolarity in the Galois fields of order 2^n: **38** ('32) 52–56. — Pseudo-covariants of an n-ic in m variables in a Galois field that consist of terms of this n-ic: **39** ('33) 252–56. — Note on cubic surfaces in the Galois fields of order 2^n: 406–10. — Set-coordinates for lattices: **49** ('43) 395–98.

Revista, Univ. nacion. Tucumán, Ser. A Generalized homology groups[1]): **3** ('42) 155–94.

Tôhoku math. J. Plane quartic curves in the Galois fields of order 2^n: **37** ('33) 88–93. — Pseudo-covariants of n-ics in a Galois field: **43** ('37) 17–29.

Mit: [1]) W. Mayer.

VI **CAMPBELL,** Alan Newton. Physikal. Chem. — 1930–37 Assistant Prof., '37–45 Associate Prof., '45– Prof. and Head of Department of Chemistry, Univ. of Manitoba, Winnipeg, Man., Can.; '50–57 Member of the National Research Council of Canada.

*1899, Okt. 29, Halifax, Yorkshire, England.

MH. A. Findlay, Phase rule and its applications [8](New York '38, '45), [9]('51) (Textbooks on physical chemistry).

Canadian J. Res., Sect. B Alloys of aluminium and lead[1]): **18** ('40) 281–87. — System naphthalene - p-nitrophenol[8]): **19** ('41) 73–85. — System naphthalene–benzene considered as an ideal solution: 143–49. — Ternary alloy system: aluminium–lead–silver[46])[44])[1]): 212–30. — System: $AgNO_3$–water[5]): **21** ('43) 163–69. — Effect of a foreign substance on the transition: NH_4NO_3 IV ⇌ NH_4NO_3 III[8]): **24** ('46) 93–108. — Binary and ternary eutectics involving ammonium nitrate[8]): **25** ('47) 90–100. — Equilibrium diagrams and crystallization velocities of the systems: (a) picric acid - 2,4-dinitrophenol, (b) dinitrophenol–trinitrotoluene, (c) picric acid - dinitrophenol - trinitrotoluene[31]): 183–97. — Equilibrium data and crystallization characteristics of the system: picric acid - dinitrophenol - picramide[31])[8])[5]): 211–15. — A study of systems involving trinitrotoluene, RDX, NENO and dinitrobenzene with particular reference to the composition of the binary eutectics[26]): 216–27. — Method of analysis for the system: benzene - ethyl alcohol - carbon tetrachloride[30]): 228–42. — Chromates of silver and copper[27]): 243–54. — Conductances of strong solutions of strong electrolytes[23]): **28** ('50) 43–55. — Normal boiling points and other physical properties of strong solutions of silver nitrate and of ammonium nitrate[23]): 161–69.

Canadian J. Chem. The conductances of strong solutions of strong electrolytes at 95° [23]): **30** ('52) 128–34. — The conductance of aqueous solutions of sulfuric acid at 50° and 75° [23])[3])[2]): **31** ('53) 303–05. — Conductances, densities, and fluidities of solutions of silver nitrate and of ammonium nitrate at 35° [18])[23]): 617–30. — System lithium sulfate - ammonium sulfate - water[29])[23]): **32** ('54) 696–707. — Electric conductances of aqueous solutions of silver nitrate and ammonium nitrate at the temperatures 221.7° and 180.0°, respectively[23])[2])[20]): 1051–60. — Alloys of indium: the system indium–lead–tin[37])[36])[21]): **33** ('55) 511–26. — The electrical conductance of strong electrolytes: a test of Stokes' equation[23]): 887–94. — Conductances of aqueous lithium nitrate solutions at 25.0° and 110.0° [12])[23]): 1508–14. — The viscosities of ammonium nitrate solutions at 180° [12]): 1730f. — Vapor pressures of aqueous solutions of silver nitrate, of ammonium nitrate, and of lithium nitrate[17])[34])[36])[33]): **34** ('56) 151–59. — Application of the Wishaw-Stokes equation to the conductances of potassium chloride solutions at 25° [33]): 566–69. — System LiCl–NaCl–KCl–H_2O at 25° [23]): 672–78. — Conductances of lithium nitrate solutions in ethyl alcohol and ethyl alcohol - water mixture at 25.0° [12]): 1232–42. — The systems aluminium–tin and aluminium–lead–tin[23]): 1428–39. — The system lithium chlorate - lithium chloride - water at various temperatures [19]): 1647–61. — The limiting conductance of potassium iodate and of iodate ion at 25.00° [4]): **36** ('58) 1277–79. — Conductances of concentrated aqueous solutions of mixed electrolytes[23])[39]): 1325–31. — The system nicotine - methyl ethyl ketone - water[23])[16]): 1475–86. — Reciprocal salt pairs, involving cations Li_2, Na_2, and K_2, anions SO_4 and Cl_2, and water, at 25° [23])[28]): 1511–17. — The limiting conductance of aqueous solutions of potassium iodate, potassium chlorate, and silver nitrate at 35.00° [4]): **37** ('59) 889–92.

Industrial and Engng. Chem. System calcium oxide - phosphorus pentoxide - sulfur trioxide - water at 75.3° [11]): **40** ('48) 1295–99.

J. amer. chem. Soc. Velocity and mechanism of racemization, 1: Rochelle salt[8]): **54** ('32) 3834–41; ∼ 2: Mandelic acid [8]): 4581–85. — The preparation of racemic tartaric acid [41])[22]): **55** ('33) 2604f. — The systems (a) ammonium d-tartrate - lithium d-tartrate - water, and (b) ammonium lithium d-tartrate - ammonium lithium l-tartrate – water[41]): 3961–70. — The system $MgCl_2$–KCl–$MgSO_4$–K_2SO_4–H_2O at 100° [13])[35]): **56** ('34) 2507–21. — A study of precipitation from supersaturated solutions of strontium sulfate[10]): **57** ('35) 387–90. — The viscosity of liquid phosphorus[24]): 2051–55. — Concentrations, total and partial vapor pressures, surface tensions and viscosities, in the systems phenol – water and phenol – water – 4% succinic acid[8]): **59** ('37) 2481–88. — The action of carbon dioxide and of carbon monoxide on manganese[6]): **60** ('38) 3055–60. — The heats of solution, heats of formation, specific heats and equilibrium diagrams of certain molecular compounds[8]): **62** ('40) 291–97. — Density of selenium[15]): **64** ('42) 2679f. — Systems: $LiNO_3$–NH_4NO_3 and $LiNO_3$–NH_4NO_3–H_2O: 2680–84. — System Li_2SO_4–H_2O: **65** ('43) 2268–71. — System $PhNH_2$–PhOH–H_2O: **67** ('45) 981–87. — An apparatus for refined thermal analysis exemplified by a study of the system p-dichlorobenzene – p-dibromobenzene – p-chlorobromobenzene[32]): **70** ('48) 553–61. — Liquid and vapor curves in the system ethyl alcohol – benzene – carbon tetrachloride at constant pressure[14]): 1723–27. — System iron–tin: Liquidus only[45])[40]): **71** ('49) 1729–33. — Hydrates of beryllium sulfate[43])[25]): **73** ('51) 2831–35.

J. physic. Chem. Rotation of Rochelle salt in alkaline media[8]): **36** ('32) 2610–14.

Nature [London] Mechanism of racemisation[8]): **129** ('32) 281. — Constitution of binary alloys at room temperature: **131** ('33) 438. — Roozeboom's type II of solid solution: **153** ('44) 530. — Prof. Matthew A. Parker †: **173** ('54) 149.

Trans. electrochem. Soc. The electric arc discharge in water[9]): **63** ('33) 4 S. (preprint). — The affinity constant of aniline in acetone-water mixtures[7]): 291–95.

Trans. Faraday Soc. Electric discharges in liquids, 1: Arc discharge in water[9]): **28** ('32) 479–96, 634–44. — The system: nickel sulfate – calcium sulfate – water[47]): 657–61. — The system: aniline – acetone – water[7]): **29** ('33) 835–37. — The existence of a complex in racemizing solutions[8]): 1240–47. — The system: manganese – tin – mercury[9]): 1295–1300. — Thermodynamics of binary liquid mixtures: Formic acid and water[8]): **30** ('34) 1109–14. — Allotropy of phosphorus pentoxide[8]): **31** ('35) 1567–74. — The velocity of crystallisation from supersaturated solutions[8]): **33** ('37) 299–308. — Surface tension of intensively dried α-sulfur trioxide[42]): 545–51. — Salts from mixed halide solutions[8]): **35** ('39) 241–46.

Trans. roy. Soc. Canada, Sect. III System: iodine – bromine – chlorine at 29.8° [38]): **40** ('46) 17–23.

Mit: [1]) R. W. Ashley; [2]) M. E. Bednas; [3]) D. Bissett; [4]) E. Bock; [5]) M. L. Boyd; [6]) E. A. Brown; [7]) E. M. Brown; [8]) A. J. R. Campbell; [9]) H. D. Carter; [10]) E. J. R. Cook; [11]) J. W. Coutts; [12]) G. H. Debus; [13]) K. W. Downes; [14]) W. J. Dulmage; [15]) S. Epstein; [16]) W. E. Falconer; [17]) J. B. Fishman; [18]) A. P. Gray; [19]) J. E. Griffiths; [20]) J. T. Herron; [21]) C. M. Hovey; [22]) S. A. Johnston; [23]) E. M. Kartzmark; [24]) S. Katz; [25]) J. Koop; [26]) A. H. Kushnarov; [27]) H. P. Lemaire; [28]) E. G. Lovering; [29]) W. J. G. McCulloch; [30]) S. A. Miller; [31]) E. J. Pritchard; [32]) L. A. Prodan; [33]) L. Ross; [34]) G. Rutherford; [35]) C. S. Samis; [36]) T. P. Schaefer; [37]) R. M. Screaton; [38]) L. W. Shemilt; [39]) A. G. Sherwood; [40]) G. B. Skinner; [41]) L. Slotin; [42]) N. O. Smith; [43]) A. J. Sukava; [44]) W. G. Wallace; [45]) J. H. Wood; [46]) L. Yaffe; [47]) N. S. Yanick.

V, VI **CAMPBELL,** Albert. Physik. — 1901–19 Assist., National Physical Labor., Teddington; '19 retired for scientific work at home. — '25 Duddell Medal (Physic. Soc. London).

*1862, Apr. 16, Londonderry, Irland; †1954, Febr. 6, Cambridge, England.

Nekr. L. Hartshorn, Nature [London] **173** ('54) 471f.; Proc. physic. Soc. **67** ('54) Sect. A, 1199–222; Sect. B, 907–10. — Engineering **177** ('54) 197.

W. Measurement of inductance, capacitance, and frequency (m. E. C. Childs) (London '35) 24 + 488 S.

J. sci. Instruments Correction of frequency error in moving-iron voltmeters: **10** ('33) 24f., 121–23. — A bridge for small inductances: **11** ('34) 30.

Obituary Notices Fellows roy. Soc. London Alexander Russell †: **4** ('42/44) 427f.

Proc. physic. Soc. The mutual shunt method of measuring self inductance at radio frequencies: **50** ('38) 655–60. — Mutual and self inductors compensated for change of frequency: **51** ('39) 539–44. — Simple demonstration of the Peltier effect with approximate measurement: 545f.

VI **CAMPBELL,** George Ashley. Elektrotechnik. — 1897–1934 Research Engineer, American Telephone and Telegraph Company, New York, '34–35 Bell Telephone Laboratories, New York; '35 retired. — '36 D.S. Medal (Inst. of Radio Engineers); '39 Elliott Cresson Medal (Franklin Inst.); '40 Edison Medal (Amer. Inst. of Electrical Engineers). (☒)

*1870, Nov. 27, Hastings, Minn.; †1954, Nov. 10.

Zum 65. Geb.tag F. B. Jewett, Bell System techn. J. **14** ('35) 553–57; Dr. Campbell's Memoranda of 1907 and 1912: 558–72.

Nekr. Bell System techn. J. **34** ('55) 1–4.

Zur Bibliogr. Collected papers (New York '37) 12 + 548 S.

W. Fourier integrals for practical applications (m. R. M. Foster) ²(New York '48) 177 S.

Bell System techn. J. The impedance concept and its application to problems of reflection, refraction, shielding and power absorption¹): **17** ('38) 17–48.

Physical Rev. Three superfluous systems of electromagnetic units: (2) **40** ('32) 1051.

Physics Three superfluous systems of electromagnetic units: **3** ('32) 230–39.

Procès-Verbaux Séances, Comité int. Poids et Mesures Mémorandums présentés au Comité international des Poids et Mesures et à son Comité consultatif d'Electricité, 1: Présentation abrégée du „Système définitif": **17** ('35) 338–41; ~ 2: La quatrième unité indépendante de Giorgi pour le système M.K.S. des unités mécaniques électriques et magnétiques: 342 f.

Mit: ¹) S. A. Schelkunoff.

VI **CAMPBELL,** John William. Astron., Mechanik. — 1913 M.A., Queen's Univ., Kingston, Ont., Can.; '15 Ph.D., Univ. of Chicago, Ill.; '16–17 Associate, Univ. of Iowa, Iowa City; '20–26 Associate Prof., '26–54 Prof., '47–54 Head of Department, Univ. of Alberta, Edmonton, Alberta, Can.

*1889, Juli 18, Scotch Block, Ont., Can.;

†1955, Jan. 23, Edmonton, Alberta, Can.

Nekr. E. S. Keeping, J. roy. astron. Soc. Canada **49** ('55) 131; Proc. and Trans. roy. Soc. Canada **49** ('55) 79 f. (m. Bildn.).

W. Numerical tables of hyperbolic and other functions. New edition (Houghton '46) 86 S. — An introduction to mechanics (New York–London '47) 18 + 372 S.

American math. Monthly Motion with respect to moving axes: **51** ('44) 377–81. — A useful reduction integral: **62** ('55) 117 f.

Bull. amer. math. Soc. On the principles of Hamilton and Cartan: **42** ('36) 82–86, 685–87.

Canadian J. Res., Sect. F Mechanical behaviour of guy wires: **27** ('49) 167–76.

J. roy. astron. Soc. Canada Astronomical graph sheets: **35** ('41) 353–55. — The Wates telescope and the University of Alberta Observatory: **37** ('43) 265–68. — Eclipse predictions²): **39** ('45) 347–54. — C. G. Wates †: **40** ('46) 69–71. — The problem of space travel: **42** ('48) 49–70, 237. — The universe – whence ?: **43** ('49) 49–60.

Nature [London] The nature of time: **145** ('40) 426 f.

Philosophical Mag. and J. Sci. The clock problem in relativity, 1: (7) **15** ('33) 48–51; ~ 2: **16** ('33) 529–44; **19** ('35) 715–20. — Rocket flight to the moon: **31** ('41) 24–34.

Science [USA] A constant-vacuum apparatus¹): **100** ('44) 505 f.

Trans. roy. Soc. Canada, Sect. III Motion removing axes: **36** ('42) 1–6.

Mit: ¹) J. W. Beard; ²) H. E. Johns.

VI **CAMPBELL,** Leon. Astron. — 1915– Variable Star Investigator and Astronomer, Harvard Observatory, '28 Instructor, '31– Pickering Memorial Astronomer, Harvard Univ., Cambridge, Mass. (☒)

*1881, Jan. 20, Cambridge, Mass.;

†1951, Mai 10.

Zur Biogr. Publ. astron. Soc. Pacific **44** ('32) 67.

Nekr. M. W. Mayall, Popular Astron. **59** ('51) 339, 356–58 (m. Bildn.). — F. C. Leonard, ibid. 379 f. — Irish astron. J. **1** ('51) 250. — Publ. astron. Soc. Pacific **63** ('51) 212 f. — Sky and Telescope **10** ('51) 210, 230. — Universo [Mexico] **49** ('51) Nr. 17, 96.

W. The story of variable stars (m. L. Jacchia) (Cambridge, Mass.–Philadelphia, Pa. '41, '46, '51, London '47) 5 + 226 S. (Harvard books on astronomy). — Studies of long-period variables (Cambridge, Mass. '55) 247 S.

Annals Harvard College Observat. Changes of period in long-period variables¹): **105** ('38) 459–89.

Astronomical J. The light curve of Nova (T) Coronae Borealis: **52** ('47) 122.

Bull., Astron. Observat. Harvard College Light curves of three bright novae: **890** ('33) 3–9. — Nova (RS) Ophiuchi No. 3, 1901: **893** ('33) 9–11. — Some results of a statistical investigation of the light curve of SS Cygni¹): **897** ('34) 9–11. — The light curve of Nova Herculis, 180445: **898** ('35) 20–25. — Photometric observations of Uranus 1916–1918: **904** ('36) 32–35.

Circular, Astron. Observat. Harvard College Long period variables: Predicted maxima and minima, 1932: **370** ('32) 4 S.; ~ 1933: **379** ('32) 4 S. — Light curves of peculiar variables, 1931: **376** ('32) 8 S.; ~ 1932: **382** ('33) 12 S.; ~ 1933: **395** ('34) 12 S.; ~ 1934: **407** ('36) 12 S.; ~ 1935: **415** ('37) 12 S.; ~ 1936: **427** ('38) 12 S. — Observed maxima and minima of variable stars for 1931: **378** ('32) 8 S.; ~ 1932: **383** ('33) 7 S.; ~ 1933: **394** ('34) 8 S.; ~ 1934: **408** ('36) 8 S.; ~ 1935: **418** ('37) 8 S.; ~ 1936: **426** ('38) 12 S.; ~ 1937: **432** ('40) 8 S.; ~ 1938 and 1939: **435** ('40) 12 S.

Popular Astron. Dedication of the Astrophotographic Building of the Harvard Observatory: **40** ('32) 277–82. – William James Fisher, 1867–1934: **43** ('35) Nr. 8. – The role of the amateur in variable star astronomy: **49** ('41) 365–71. – D. B. Pickering, 1873–1946: **54** ('46) 374f. – C. H. Bouton †: **57** ('49) 38. – – Ferner: Variable star notes from the American Association of Variable Star Observers, 1936–1949 [auch als "Harvard Reprint" erschienen].

Proc. nation. Acad. Sci. USA Changes of period in variable stars of long period[1]): **23** ('37) 115–17.

Publ. amer. astron. Soc. Nova Herculis: **8** ('35) 138f. – Forty years of SS Cygni: **10** ('42/44) 248. – Mean light curves of 400 long-period variables: 328.

Publ. astron. Soc. Pacific William Henry Pickering: **50** ('38) 122–25.

Science [USA] Dedication of the Astrophotographic Building of the Harvard Observatory: **75** ('32) 328f.

Sky and Telescope More about Nova Puppis: **2** ('43) Nr. 6, S. 11. – Re-outburst of Nova (T) Pyxidis: **4** ('45) Nr. 7, S. 15. – The great refractor: **6** ('47) Nr. 8, 3–6.

Telescope The amateur in astronomy: **5** ('38) 91, 94. – The joint meeting of the Canadian and American astronomical groups: **7** ('40) 94f.

Weitere Beobachtungsmitteilungen in: "Annals Harvard College Observat.", "Harvard Announcement Card" u. a.

Mit: [1]) T. E. Sterne.

VI **CAMPBELL,** Leslie Lyle. Physik. – 1887 M.A., 1891 Ph.D., Washington and Lee Univ., Lexington, Va.; 1895–96 Prof., Clinton College of South Carolina; 1896–1903 Prof., Westminster College, Fulton, Mo.; '03–05 Assistant, '04 A.M., Harvard Univ., Cambridge, Mass.; '05–07 Instructor, '07–15 Assistant Prof., '15–18 Associate Prof., '18–32 Prof. and Head of Department, '32 Prof. Emeritus, Simmons College, Boston, Mass.; '44 Cooperative Expert, National Research Council.

*1863, Sept. 17, Powhatan Co., Va.;
†1964.

V, VI **CAMPBELL,** Norman Robert. Physik. – 1919–44 Member of the Staff of the Research Laboratories, General Electric Co., Ltd., London; '44 retired. (☒)

*1880, März 7, London;
†1949, Mai 18, Nottingham.

Nekr. Nature [London] **164** ('49) 14. – Proc. physic. Soc., Sect. A **62** ('49) 826–28; Sect. B **62** ('49) 855–57. – Isis **41** ('50) 55.

W. Photoelectric cells: their properties, use and applications (m. D. Ritchie) [3](New York–London '34) 7 + 223 S. – What is science? (New York '52) 186 S. – Foundations of science; the philosophy of theory and experiment (Neuaufl. von: Physics, the elements) (New York '57) 565 S.; (London '58).

J. Instn. electr. Engr. Electrophysics: **72** ('33) 153–59. – A theory of valve and circuit noise[3]): **93** ('46) 45–52.

J. sci. Instruments Recent improvements in photoelectric cells: **9** ('32) 369–73. – Compensating circuits for rectifier cells[4]): **11** ('34) 125f.

Nature [London] Leadership and the Royal Society: **129** ('32) 362f. – Quantitative estimates of sensory events: **130** ('32) 809f. – Convention and fact: **131** ('33) 237f. – References in textbooks: **132** ('33) 679. – The philosophy of Sir James Jeans: **134** ('34) 571. – Philosophy and modern science: **135** ('35) 1036. – Electrical units and the I.E.C.: **136** ('35) 148. – Academic freedom: **137** ('36) 361. – Time lag in the vacuum photo-cell: **139** ('37) 330. – Physical science and philosophy: 1005f. – Frequency interpretations in probability: **143** ('39) 601f. – Publication of scientific research carried out by industry: **150** ('42) 408. – Discoveries by accident: **151** ('43) 25. – Science, Christianity and truth: **152** ('43) 192. – Experiment and theory in statistics: **158** ('46) 521.

Philosophical Mag. (and J. Sci.) Time-lag in photo-cells and the Townsend discharge: (7) **14** ('32) 465–86. – The shot effect in a saturated diode[3]): **32** ('41) 239–44, 496–504. – Random fluctuations in a cathode-ray oscillograph[3]): **37** ('46) 289–310.

Proc. Cambridge philos. Soc. The fluctuation theorem (shot effect): **35** ('39) 127–29.

Proc. physic. Soc. The measurement of visual sensations: **45** ('33) 565–90. – The measurement of loudness[7]): **47** ('35) 153–70. – The statistical theory of errors: 800–09. – Time-lag in photoelectric cells[8])[11]): **48** ('36) 589–604. – The determination of absolute units: 708–18. – The effect of hydrogen on the time-lag of argon-filled photoelectric cells [10]): **49** ('37) 12f. – Die Genauigkeit von Gleichrichter- und Photoelementen[2])[9])[12]): **50** ('38) 934–46 [engl.]. – Experimental basis of electromagnetism[5]): **58** ('46) 634–53; ~ 2: Electrostatics[5]): **60** ('48) 27–51.

Proc. physic. Soc., Sect. A Experimental bases of electromagnetism, 3: Magnetic field[5]): **62** ('49) 422–29.

Proc. roy. Soc., London, Ser. A The effect of secondary emission upon the fluctuations of the current in a triode (shot effect)[1]): **151** ('35) 694–702.

Wireless Engr. Linear single-stage valve circuits[3])[6]): **22** ('45) 333–38. – Noise factor of valve amplifiers[3])[6]): **23** ('46) 74–83, 116–21. – Valve noise and transit time[3])[6]): **25** ('48) 148–57. – Common-cathode amplifiers[3])[6]): 180–91.

Mit: [1]) W. H. Aldous; [2]) J. R. Atkinson; [3]) V. J. Francis; [4]) M. K. Freeth; [5]) L. Hartshorn; [6]) E. G. James; [7]) G. C. Marris; [8]) H. R. Noble; [9]) E. H. Palmer; [10]) R. S. Rivlin; [11]) L. G. Stoodley; [12]) G. T. Winch.

IV–VI **CAMPBELL,** William Wallace. Astron. – 1901–30 Dir. of Lick Observatory, Berkeley, Calif.; '23–30 President, '30 President Emeritus, Univ. of California, Berkeley, Calif.; '31–35 President, Nation. Acad. of Sciences, Washington, D. C. – '32 Hon. D. Sc. (Univ. of Chicago). – '03 Prix Lalande (Acad. Sci. Paris); '06 Gold Medal (Roy. Astron. Soc.); '06 Draper Gold Medal (Nation. Acad. Sci.); '10 Médaille Janssen (Acad. Sci. Paris); '15 Bruce Gold Medal (Astron. Soc. of the Pacific). (☒)

*1862, Apr. 11, on a Farm in Hancock County, Ohio;

†1938, Juni 14, Berkeley, Calif.

Nekr. L. van Aerschodt, Ciel et Terre **55** ('39) 24–27, 110 (m. Bildn.). – W. Bragg, Proc. roy. Soc., London, Ser. A **169** ('38/39) 9; Ser. B **126** ('38/39) 271. – F. W. Dyson, Obituary Notices Fellows roy. Soc. London **2** ('39) 613–19 (m. Bildn. u. Faks.). – L. Goldberg, Proc. amer. Acad. Arts and Sci. **74** ('40) 114f. – C. B. Lipman, Scientific Monthly **47** ('38) 279 (m. Bildn.). – P. W. Merrill, Monthly Notices roy. astron. Soc. **99** ('39) 317–21. – J. H. Moore, Astrophysical J. **89** ('39) 143–51 (m. Bildn.). – F. Schlesinger, Popular Astron. **47** ('39) 2–5 (m. Bildn.). – W. H. Wright, Biographical Mem., Nation. Acad. Sci. USA **25** ('48) 35–74 (m. Bildn., Faks., Schr.verz.). – H. C. P., Nature [London] **142** ('38) 102f. – W. M. H. G., Proc. roy. Soc. Edinburgh **58** ('38) 262f. – Himmelswelt **48** ('38) 187. – Memorie Soc. astron. ital. **11** ('38) 315–19. – Nordisk astron. Tidsskr. **19** ('38) 121. – Observatory **61** ('38) 198f. – Populär astron. Tidskr. **19** ('38) 163f. – Popular Astron. **46** ('38) 420. – Publ. astron. Soc. Pacific **50** ('38) 204–09 (m. Bildn.). – Revista astron. **10** ('38) 333–35 (m. Bildn.). – Science [USA] **88** ('38) 25–27. – Yearb., Amer. philos. Soc. **1938**, 359–64.

Zum 100. Geb.tag A. A. Michajlov, Priroda [SSSR] **51** ('62) 96–98.

Carnegie Mag. Who shall go to college?: **7** ('33) 197–201.

Publ. astron. Soc. Pacific Ambrose Swasey, 1846–1937: **49** ('37) 179–85.

Science [USA] Address of the President of the National Academy of Sciences: **77** ('33) 549–52; **79** ('34) 391–96; **80** ('34) 535–37; **81** ('35) 409–14. – Simon Newcomb: a tribute to his personali y and his accomplishments: **84** ('36) 165–69.

V, VI **CAMPETTI,** Adolfo. Experimentalphysik. – 1929–36 Prof. ord., Univ. di Pavia; '29 Membro del Consiglio Nazion. delle Ricerche, Comitato Nazion. Fisico, '32 ~, Comitato Nazion. per l'Astronomia, la Matematica appl. e la Fisica. – '17 Premio (Accad. dei Lincei).

*1866, Juli 2, Lucca, Toscana;

†1947, Febr. 26, Pavia.

Atti reale Accad. Sci. Torino Sugli spettri di bande degli alogeni nella corrente positiva da punta: **70** ('35) 618–31.

Nuovo Cimento Gli spettri di bande e l'isotopia: **9** ('32) CLIII–CLXIV. – Sugli spettri di bande degli alogeni nella corrente positiva da punta: **13** ('36) 97–105.

Rend., Reale Ist. lombardo Sci. e Lettere Alcune osservazioni su spettri di assorbimento: (2) **65** ('32) 338–44.

VI **CANALS,** Etienne Joseph. Biophysik. – 1928–58 Prof. de Physique, '58 Prof. hon., Fac. de Pharmacie, Univ. de Montpellier; '46–58 Membre du Conseil d'Hygiène. – '32 Prix Lonchampt (Acad. Sci. Paris); '52 Prix Bordier (Acad. de Médecine, Paris).

*1888, Jan. 18, Palau-del-Vidre, Pyrénées Orientales.

S. Atti X Congresso internazionale di chimica, Roma 1938, **2** (Roma '39) 194–98: Le spectre Raman des poudres cristallines[23]). – Atti Convegno IX culturale e professionale dei farmacisti dell'alta Italia, Pavia 1957 (Pavia '59) 13–30: Impiego dei radioisotopi in farmacia.

W. Techniques physiques appliquées à la chimie et à la biologie (m. P. Peyrot) [1re série] **1** (Montpellier '36) 12 S.; **2** ('36) 8 S.; **3** ('36) 10 S.; **4** ('36) 16 S.; **5** ('36) 6 S.; **6** ('36) 11 S.; **7** ('36) 7 S.

Annales Falsificat. et Fraudes Spectres de fluorescence des vins[9]): **32** ('39) 163–71.

Annales pharm. franç. Adsorption de quelques ions métalliques en solutions très diluées

[, 1][16])[10]): **7** ('49) 502–09; ~ 2: Coefficients d'adsorption; nombre de centres actifs[16])[10]): **8** ('50) 368–72; ~ 3: Influence de la température[16])[10])[4]): 372–75. — Etude de l'assimilation de quelques médicaments phosphorés par les radioisotopes[16])[10]): 526–33. — Action de quelques adjuvants sur l'assimilation des médicaments phosphorés, 1: Influence de la lécithine[16])[10]): 698–700; ~ 2: Sucres[16])[10]): **9** ('51) 315–18. — Etude de l'assimilation du Ca par ^{45}Ca. Comparaison des voies orale et rectale[16])[10]): 318–21. — A propos de la dosologie de quelques médicaments phosphorés. Etude par ^{32}P[16])[10])[4]): 465–72. — Sur l'absorption des rayons β par des solutions, des colloïdes et des suspensions[16])[1]): **11** ('53) 588–94. — Coefficient de dialyse et grandeurs moléculaires[16])[1]): **13** ('55) 645–48.

Bull. Biologistes pharmaciens Réfractométrie, fiche de manipulation[23]): **1937**, 177–96. — Spectrométrie, fiche de manipulation[23]): 352–67. — Photométrie, fiche de manipulation [23]): 513–22. — Polarimétrie, fiche de manipulation[23]): **1938**, 94–113. — Ultra sons et biologie (conférence)[23]): 268–95.

Bull. Pharm. Sud-Est Les eaux de la Preste et les inondations de 1940 en Vallespir: **42** ('38) 314–18, 346–49. — Le microscope électronique (Exposé documentaire)[9]): **44** ('40) 23–27.

Bull. Soc. Chim. biol. A propos des essais colorimétriques[5]): **14** ('32) 238–62; ~[15]): 1273–78. — De l'emploi de la cellule photoélectrique en néphélométrie[15]): **15** ('33) 1535–51. — Recherches sur la médication phosphorée et calcique. Etude des inositohexaphosphates[16])[10]): **36** ('54) 1015–20.

Bull. Soc. chim. France, Mém. A propos de la diffusion moléculaire de la lumière dans les liquides[23]): (4) **53** ('33) 741–44. — Sur la fluorescence des sels de quinine[22])[23]): (5) **2** ('35) 21–26. — Sur la dépolarisation des raies Raman[12]): **4** ('37) 2042–48. — Sur le spectre Raman de quelques dérivés halogénés alicycliques[19])[14])[12]): 2048–51. — Sur la dépolarisation des raies Raman de quelques dérivés alicycliques[19])[27])[23]): **5** ('38) 79–83. — M. Godchot †: **6** ('39) 1280–. — Coefficient tampon des vins[28]): **7** ('40) 231–34. — Spectres de fluorescence des vins[9]): 234–40. — Les spectres Raman de quelques dérivés cyclohexaniques et cyclohexéniques[19])[23]): **10** ('43) 48f. — Sur les bandes Raman de l'eau et de l'ammoniac dans quelques poudres cristallines [23]): 49. — Moments dipolaires de quelques époxycyclanes[19])[6]): 424f. — Spectres Raman de quelques cyclohexadiènes substitués[19])[29]): **12** ('45) 72. — Sur les dosages néphélométriques[8]): 89–91. — Dosages néphélométriques [8])[26]): 1055–58. — Etude de l'eau de cristallisation par effet Raman[16]): **13** ('46) 217f. — Recherches en série alicyclique, 10: Etude des époxy-1,2-cyclanes[19])[25])[14]): 629–39.

C.R. hebd. Séances Acad. Sci., Paris Sur le spectre Raman de quelques carbures cyclohexaniques[13])[7]): **194** ('32) 176f., 327. — Sur le spectre Raman de quelques carbures cyclaniques[13])[7]): 1574–77, 2247. — Sur le spectre Raman de quelques carbures cycléniques[13])[7]): **196** ('33) 780f. — Sur le spectre Raman de quelques carbures cycléniques substitués[13])[7]): **197** ('33) 1407–09. — La diffusion moléculaire de la lumière dans les liquides[23])[7]): **198** ('34) 471–73. — La diffusion moléculaire de la lumière dans les liquides fluorescents[23]): 746–49. — Fluorescence de quelques corps purs[23]): 1992–94; ~[23])[20]): **201** ('35) 208–10, 1488f.; ~[23]): **203** ('36) 998f. — Sur le spectre Raman de quelques cyclohexènes substitués[19])[27])[23]): **202** ('36) 1519–21. — Sur le spectre Raman de quelques époxycyclopentanes substitués[19])[27]) [23]): 1989–92. — Sur le spectre Raman de quelques époxycyclohexanes substitués[19])[27]) [23]): 2084–86. — Sur le spectre Raman de quelques poudres cristallines[23]): **206** ('38) 1179–81. — Spectres Raman des poudres cristallines. Hydrates[23]): **207** ('38) 224–26; ~[9]): **209** ('39) 212–14. — Constantes physiques de quelques cyclohexadiènes substitués [19])[29]): **219** ('44) 210f. — Etude de l'eau de cristallisation par l'effet Raman[16]): **221** ('45) 505–07.

Galenica Acta [Madrid] Los radioisótopos en farmacia: **6** ('53) 7–27. — Investigaciones sobre la asimilación de la fitina[16])[10]): **7** ('54) 7–13.

J. Pharm. et Chim. Sur la viscosité des sirops pharmaceutiques[2]): (8) **15** ('32) 345–48. — La radioactivité des eaux sulfureuses de Thuès les Bains: 397–400. — Radioactivité des moûts et des vins[18]): **16** ('32) 62–67; **18** ('33) 154f. — La tension superficielle des huiles[24]): **16** ('32) 431–35; **17** ('33) 505–08; ~[11]): **20** ('34) 241–43. — La tension superficielle des huiles médicinales et alimentaires [24]): **18** ('33) 438–43; ~[11]): **22** ('35) 151–54. — Dispersion rotatoire des sels de quinine du Codex[19])[22]): **19** ('34) 578–89. — Le facteur de dépolarisation de la lumière diffusée par les liquides. Son utilisation en chimie[23]): **22** ('35) 364–79; **23** ('36) 292–303. — Essai polarimétrique des vins[9]): **29** ('39) 385–90. — Le potentiel oxydo-réducteur de quelques vins[3]): 503–10.

J. Physique et Radium Sur l'adsorption des ions Cu^{++} et Zn^{++} en solutions diluées par le carbonate de calcium[16])[10]): **11** ('50) Nr. 6, 51S. — Sur l'adsorption des ions cuivre et zinc en solutions très diluées par le carbonate de calcium[16])[10]): Nr. 8/9, 77S.

Revue Fermentat. et Industries aliment. Perméabilité des membranes et dialyse[16])[1]): **11** ('56) 7–10.

Schweizerische Apotheker-Ztg. Über die Viscosität der pharmazeutischen Sirupe[2]): **71**

('33) 15–17. – Oberflächenspannung von Ölen[24]): 25–28.

Trav. Soc. Pharm. Montpellier Le spectre Raman de l'eau de cristallisation[16])[10]): **8** ('48) 57–60. – Recherche spectrographique de traces d'ions métalliques lourds dans les eaux thermales[16])[21]): **9** ('49) 40–42. – Etude physicochimique des solutions de pénicilline [16])[17]): **13** ('53) 71–74. – A propos de la diffusion à travers les membranes[16])[1]): **14** ('54) 52–57.

Tunisie méd. La diffusion de la lumière par les milieux troubles en biologie[16])[10]): **39** ('51) 834–37.

Mit: [1]) L. Bardet; [2]) R. Baumelou; [3]) H. Baylet; [4]) J. Bonnier; [5]) E. Cabanes; [6]) S. Cabanes; [7]) G. Cauquil; [8]) A. Charra; [9]) H. Collet; [10]) S. Cordier; [11]) M.-E. Flous; [12]) J. Gastaud; [13]) M. Godchot; [14]) R. Granger; [15]) A. Hortala; [16]) R. Marignan; [17]) Y. Maury; [18]) A. Médaille; [19]) M. Mousseron; [20]) R. Noel; [21]) R. Ostrowsky; [22]) S. Perrottet; [23]) P. Peyrot; [24]) Ramahenina-Ranaivo; [25]) R. Richaud; [26]) G. Riety; [27]) L. Souche; [28]) P. Vergnes; [29]) F. Winternitz.

VI **CANDY,** Albert Luther. Math. — 1893–1935 Prof., '35 Prof. Emeritus, Univ. of Nebraska, Lincoln, Neb. (⊠)
*1857, März 12, Grant Co., Ind.;
†1945, Juli 18.

Todesanzeige Bull. amer. math. Soc. **52** ('46) 230.

W. Construction, classification and census of magic squares of an even order (Lincoln, Neb. '37) 6 + 182 S. – Construction, classification and census of magic squares of order five [2](Lincoln, Neb. '39) 9 + 221 S. – Pandiagonal magic squares of prime order (Lincoln, Neb. '40) 5 + 93 S. – Pandiagonal magic squares of composite order (Lincoln, Neb. '41) 10 + 155 S.

VI **CANNERI,** Giovanni. Chem. (analyt., anorg.). — 1927–34 Prof. incar., '34– Prof. ord., Univ. di Firenze.
*1897, Jan. 10, Montelupo Fiorentino.

W. Nozioni di chimica analitica (Bologna '47) 18 + 505 S.; [2]('57) 24 + 517 S.

Alluminio Le leghe tra praseodimio e alluminio: **2** ('33) 87–89.

Analytica chim. Acta New method for the determination of fluorine by means of the alteration of glass surface[2]): **2** ('48) 321–27.

Annali Chim. appl. L'influenza degli ossiacidi grassi sulla solubilità dei sali di terre rare di alcuni coloranti vitali: **23** ('33) 58–62. – Sulla composizione di alcuni mieli italiani[10]): **25** ('35) 397–406. – Misure di solubilità dei sali di tallio degli acidi grassi. Separazione degli acidi solidi dai liquidi[1]): **26** ('36) 430–36. – La determinazione del bismuto come iodobismutato di o.nitrochinolina[1]): 455–60. – Sopra la catalisi dell'acido solforico da parte di masse di contatto al vanadio[7]): 560–70. – La determinazione delle piretrine[1]): **28** ('38) 15–22. – La determinazione colorimetrica della piretrina, 1: Metodo di analisi di estratti di piretro profumati[5]): 432–40.

Chimica e Industria Il rotenone e gli insetticidi domestici[4]): **17** ('35) 595–601. – Sopra il meccanismo dell'azione catalitica degli ossidi di vanadio nella conversione dell'alcool metilico ad aldeide formica[2]): **21** ('39) 653–55. – Procedimento per l'analisi degli insetticidi a spruzzo contenenti DDT, piretro e olio di sesamo: **30** ('48) 165f. – Un saggio indiretto di riconoscimento degli olii esterificati[6]): **35** ('53) 560. – La determinazione dei metalli rari nella blenda coi metodi spettrografico e polarografico[2]): **36** ('54) 354–57.

Chimica Industria, Agric., Biol., Realizzaz. autarch. e corporat. Sui metodi di analisi del piretro: **18** ('42) 478–82.

Gazz. chim. ital. Il calore di formazione dei composti tra lantanio e magnesio e tra lantanio e alluminio[9]): **62** ('32) 202–11. – Sulla preparazione del praseodimio metallico[9]): 1160–63. – Il composto di addizione fra tetracloruro di vanadio e tetracloruro di zolfo [10]): 1164f. – Il calore di formazione dei composti tra praseodimio e magnesio e tra praseodimio e alluminio[9]): **63** ('33) 182–85. – La determinazione polarografica del cerio[2]): **71** ('41) 311–19. – Esteri dell'acido vanadico col fenolo[2]): **74** ('44) 13–19.

Metallurgia ital. Le leghe tra lantanio e alluminio: **24** ('32) 99–103. – Le leghe tra praseodimio e magnesio: **25** ('33) 250–52. – Le leghe tra praseodimio e argento: **26** ('34) 794–96. – Le leghe tra praseodimio e rame: 869–71.

Olearia [Roma] L'interesterificazione con alcole metilico dei grassi come la più recente fatturazione dell'olio di oliva: **13** ('59) 179–81.

Ricerca sci. Contributi alla conoscenza dei metalli e delle leghe delle terre rare, 1: Il sistema lantanio – zinco [8])[3])[11]): **12** ('41) 1216–26.

Wiener Chemiker-Ztg. Vanadinsäureester des Phenols[2]): **46** ('43) 193–95.

Z. Metallkunde Beiträge zur Kenntnis der Metalle und Legierungen der seltenen Erden, 2: Über homologe Verbindungen von Cer, Lanthan und Praseodym mit Kupfer, Silber, Gold, Magnesium, Aluminium, Thallium, Zinn und Blei[8])[3])[11]): **35** ('43) 29–42.

Mit: [1]) D. Bigalli; [2]) D. Cozzi; [3]) A. Iandelli; [4]) P. Magini; [5]) G. Manelli; [6]) M. Marconi; [7]) A. V. de Pava; [8]) L. Rolla; [9]) A. Rossi; [10]) R. Salani; [11]) R. Vogel.

VI **CANNON,** Annie Jump. Astron. — 1911–40 Curator of Astronomical Photographs, '38–40 William Cranch Bond

Astronomer, Harvard College Observatory, Cambridge, Mass. — '35 Hon. D. Sc. (Oglethorpe Univ., Atlanta, Georgia); '37 Hon. D. Sc. (Mount Holyoke College, South Hadley, Mass.). — '31 Henry Draper Gold Medal for Discoveries in Astronomical Physics (U. S. Nation. Acad. Sci.); '32 Ellen Richards Research Prize. (⊠)

'33 Founder of the Annie Jump Cannon Prize to be awarded every few years to some outstanding woman astronomer (Amer. Astron. Soc.).

*1863, Dez. 11, Dover, Del.;
†1941, Apr. 13, Cambridge, Mass.

Zur Biogr. E. Yost, American women of science (Philadelphia, Pa. '55) 27–43. – J. roy. astron. Soc. Canada **26** ('32) 217–20; **44** ('50) 126. – Observatory **55** ('32) 95. – Popular Astron. **40** ('32) 63. – Publ. astron. Soc. Pacific **44** ('32) 67. – Scientific Monthly **34** ('32) 379 (m. Bildn.).

Nekr. Gedenkschrift: The Annie J. Cannon Memorial Volume of the Henry Draper Extension: Annals Harvard College Observat. **112** ('49) 295 S. (m. Bildn.). – P. F. Bok, Publ. astron. Soc. Pacific **53** ('41) 168–70 (m. Bildn.). – H. A. Brück, Observatory **64** ('41) 59, 113–15. – P. W. Merrill, Monthly Notices roy. astron. Soc. **102** ('42) 74–76. – C. Payne-Gaposchkin, Science [USA] **93** ('41) 367, 443f.; Telescope **8** ('41) 62f. – H. Shapley, ibid. 53–55 (m. Bildn.); Yearb., Amer. philos. Soc. **1941** ('42) 362–64. – R. L. Waterfield, Nature [London] **147** ('41) 738. – Heelal **1** ('41) 81. – Nordisk astron. Tidsskr. **22** ('41) 70. – Populär astron. Tidskr. **22** ('41) 76. – Popular Astron. **49** ('41) 282, 345–47 (m. Bildn.).

Annals astron. Observat. Harvard College The Henry Draper Extension: **100** ('36) 205–26. – The Henry Draper charts of stellar spectra. Tercentenary papers: **105** ('37) 1–19.

Biographical Mem., Nation. Acad. Sci. USA Solon Irving Bailey, 1854–1931: **15** ('34) 193–203.

Bull., Astron. Observat. Harvard College Peculiar spectra in the Magellanic clouds: **891** ('33) 2–6. – Five new variable stars: 9. – Spectra of ninety-four variable stars: **897** ('34) 12. – The spectrum of Nova Sagittarii 1936.7. The variable star, Co.D. – 35° 11829: **907** ('38) 26f. – New peculiar spectra[1]): **908** ('38) 20f.; **913** ('40) 7.

Harvard Announcement Card Spectrum of BF Cygni[1]): **536** ('40).

Proc. amer. Acad. Arts and Sci. Joel Hastings Metcalf: **69** ('35) 521–24.

Publ., Amer. astron. Soc. Faint spectra for the study of galactic structure: **9** ('39) 256.

Science [USA] William Henry Pickering: **87** ('38) 179f.

Telescope William Henry Pickering: **5** ('38) 30–33. – The story of starlight: **8** ('41) 56–61.

Mit: [1]) M. W. Mayall.

VI **CANTELLI,** Francesco Paolo. Math. — Prof. ord. Mat. finanz., R. Ist. superiore di Scienze economiche e commerciali, Roma; fino a 1951 Prof. ord. Mat. generale e finanziaria, '51 Prof. Emeritus, Univ. di Roma. — '33 Premio di Matematica (Soc. Italiana delle Sci. dei XL); Premio della Comp. d'Assicuraz. di Milano (Accad. Nazion. Lincei). (⊠)

*1875, Dez. 20, Palermo.

S. Scritti matematici offerti a Luigi Berzolari (Paris '36) 439–47: Sulla estensione del principio delle probabilità totali ad una successione illimitata di eventi incompatibili. – Atti III Riunione scientifica della Società italiana di statistica, Roma 1941 (Spoleto '42): Sulla costruzione delle tavole di mortalità. – Atti IV Congresso dell'Unione matematica italiana, Taormina 1951, **1** (Roma' 53) 17–26: Calcolo delle probabilità e analisi matematica. – Atti XIV Riunione scientifica, Società italiana di statistica, Roma 1954 (Spoleto '55): Intorno a una equazione integrale della teoria della dispersione. – Scritti matematici in onore di Filippo Sibirani (Bologna '57): Su qualche applicazione della legge uniforme dei grandi numeri per la deduzione delle leggi di frequenza da considerazioni di probabilità.

W. Les fondements du calcul des probabilités (m. W. Feller, M. Fréchet, R. de Mises, J. F. Steffensen, A. Wald) (Paris '38) 99 S. (Colloque consacré à la théorie des probabilités, 2 = Actualités scientifiques et industrielles No. 735). – Riassunto delle lezioni di matematica attuariale (Roma '38) 131 S. – Lezioni di matematica attuariale. Anno accademico 1938–39 (Roma '39) 111 S. – Riassunto delle lezioni di matematica finanziaria. Anno accademico 1939–40 (Roma '40) 74 S. – Riassunto delle lezioni di matematica attuariale, **1** (Roma '46) 139 S.

Annales Inst. Henri Poincaré Considérations sur la convergence dans le calcul des probabilités: **5** ('35) 3–50.

Annales Univ. Lyon, Sci., Sect. A Considérations sur la loi uniforme des grands nombres et sur la généralisation d'un théorème fondamental de M. Paul Lévy: (3) **1** ('36) 7–29.

Atti Accad. nazion. Lincei, Rend. Sulle probabilità di Karup: (8) **6** ('49) 397–402. –

Considerazioni sulla legge uniforme dei grandi numeri: 550–55.

Atti Ist. nazion. Assicuraz. Sulla possibilità della costruzione delle tavole di mortalità quando si sconoscano i numeri degli esposti al rischio di morte: **4** ('32) 179–86.

Atti Soc. ital. Progr. Sci. Sulla convergenza nel calcolo della probabilità: **24,** 3 ('36) 50–63.

Giorn. Ist. ital. Attuari Una teoria astratta del calcolo delle probabilità: **3** ('32) 257–65. – Considerazioni sulla legge uniforme dei grandi numeri e sulla generalizzazione di un fondamentale del sig. Paul Lévy: **4** ('33) 327–50. – Sulla estensione del principio delle probabilità totali ad una successione illimitata di eventi incompatibili: **6** ('35) 415–27. – Considerazioni su alcuni concetti esposti nella introduzione della nota di R. de Mises: **7** ('36) 256–64. – Sulle leggi di mutualità e sulle equazioni delle riserve matematiche: **9** ('38) 159–69. – Su una teoria astratta del calcolo delle probabilità e sulla sua applicazione al teorema detto „delle probabilità zero e uno": **10** ('39) 1–9. – Osservazioni sulla nota: Su una teoria astratta del calcolo delle probabilità e sulla sua applicazione al teorema detto „delle probabilità zero e uno": **11** ('40) 101–06. – Osservazioni sulla formula di Hattendorff: 261–69. – I fondamenti matematici della tecnica delle assicurazioni: **13** ('42) 1–27.

Giorn. Mat. finanziaria Sui fondamenti della matematica finanziaria[2])[1]): (2) **11** ('42) 1–8, 9–23, 29–43, 44–55.

Mit: [1]) C. F. Bonferroni; [2]) F. Insolera.

IV–VI **CANTONE,** Michele. Physik. – 1904– Prof. ord., '08– Dir. dell'Istituto Fisico, Univ. di Napoli. (☒)
*1857, Aug. 12, Palermo;
†1932, März 26, Napoli.

Nekr. A. Carrelli, Nuovo Cimento **10** ('33) 45–51 (m. Bildn., Schr.verz.); Rend. reale Accad. Sci. fisiche e mat., Napoli (4) **2** ('32) 13–19 (m. Bildn., Schr.verz.). – E. Perucca, Atti reale Accad. Sci. Torino **67** ('32) 558–65. – G. Polvani, Rend., Reale Ist. lombardo Sci. e Lettere (2) **65** ('32) 307f.

VI **ČAPLYGIN,** Sergej Alekseevič. Hydrodyn., Aerodyn. – 1894–1903 Priv.-Doz., '02 Dr., '03–24 Prof., Univ. Moskva; 1895–1901 Doz., Inst. f. Landmeßkunde, 1896–1906 Doz., Höhere techn. Fachschule, '05–18 Dir. d. höheren Fachkurse für Frauen, Moskva; '18–21 Mitarbeiter, '21–42 Leiter des Zentralen Aero-Hydrodynamischen Instituts, Moskva.
1869, Apr. 5 (März 24), Ranenburg), Geb. Lipeck;
†1942, Okt. 8.

*) 1948 umbenannt in „Čaplygin".

Ehrung Čaplygin-Preis für hervorragende Forschungsarbeiten auf dem Gebiete der Mechanik (Akad. Wiss. UdSSR, seit 1945).

Bildn. Istoriko-matematičeskie issledovanija 8 (Moskva '55) nach S. 86.

Zur Biogr. N. S. Aržanikov, V. N. Mal'cev, Aėrodinamika (Moskva '52) 6–12. – Ja. L. Geronimus, Očerki o rabotach korifeev russkoj mechaniki [Kurze Übersicht über die Arbeiten der Koryphäen der russischen Mechanik] (Moskva '52) 274–327. – M. Gofman, S. A. Čaplygin, der Begründer der Aerodynamik großer Geschwindigkeiten: Vestn. vozdušn. Flota **1950,** Nr. 4, 8–13 [russ.]. – V. V. Golubev, Izvest. Akad. Nauk SSSR, Otdel. techn. Nauk **1941,** Nr. 3, 5–10 (m. Bildn.); Sergej Alekseevič Čaplygin (Moskva '47) 118 + 5 S. (m. Bildn. u. Faks.); Sergej Alekseevič Čaplygin (1869–1942) (Moskva '51) 56 S. (m. Bildn. u. Schr.verz. 84 Nrn.) (Zamečatel'nye učenye Moskovskogo universiteta, 13). – L. I. Gumilevskij, Die Begründer der Flugwissenschaft [N. E. Žukovskij und S. A. Čaplygin] in: Nauka i Žizn' [Wissenschaft und Leben] (Moskva '49) 313–32 [russ.] (m. Bildn.). – B. N. Jur'ev, Vestn. Akad. Nauk SSSR **1941,** Nr. 2/3, 117–19. – M. V. Kirpičev, A. P. Šachno in: Dom učenych [Das Haus der Wissenschaftler] 1922–1947 (Moskva–Leningrad '48) 79f. – A. A. Kosmodem'janskij in: Ljudi russkoj nauki [Vertreter der russischen Wissenschaft] 1 (Moskva–Leningrad '48) 250–59, (Moskva '61) 294–302; Uč. Zap. mosk. gos. Univ. **91** ('47) 105–28. – A. N. Krylov in: Sobranie trudov akademika A. N. Krylova [Sammlung von Arbeiten des Akademiemitglieds A. N. Krylov] 1, 2 (Moskva–Leningrad '51) 153–62. – D. S. Nikolaev, Vydajuščijsja russkij učenyj S. A. Čaplygin [Der hervorragende russische Wissenschaftler S. A. Č.] (Moskva '53) 5 S. – Technika vozdušn. Flota **15** ('41) Nr. 1, 4–13 (m. Bildn.). – Ž. prikl. Mat. i Mech. **5** ('41) Nr. 2, 132–48 (m. Schr.verz. 48 Nrn.). – Vestn. vozdušn. Flota **1949,** Nr. 3, 62f. (m. Bildn.).

Nekr. B. G. Galerkin, N. E. Kočin, V. L. Pozdjunin u. a., Vestn. Akad. Nauk SSSR **1942,** Nr. 9/10, 86–90 (m. Bildn.). – V. V. Golubev in: Obščee Sobranie Akad. Nauk SSSR [Hauptversammlung der Akad. d. Wiss. d. UdSSR], 14.–17. 2. 1944 (Moskva–Leningrad '44) 57–73; Nauka i Žizn' **1944,** Nr. 4/5, 31–36; Vestn. Akad. Nauk SSSR **1944,** Nr. 3, 50–65. – L. N. Sretenskij, Izvest. Akad.

Nauk SSSR, Otdel. techn. Nauk **1943**, Nr. 3/4, 3–8. – Technika vozdušn. Flota **16** ('42) Nr. 10, 3–5.

Zum 10. Todestag S. A. Čaplygin, Sbornik (Moskva '52) 91 S. (m. Bildn.), darin allgemeine und wissenschaftliche Biographien (Autoren: M. V. Keldyš, O. N. Cuberbiller, N. E. Žukovskij). – V. V. Golubev, Nauka i Žizn' **1952**, Nr. 10, 37f. (m. Bildn.); Priroda [SSSR] **1953**, Nr. 1, 79–88 (m. Bildn.); Vestn. Akad. Nauk SSSR **1953**, Nr. 4, 103–06. – L. N. Sretenskij, Izvest. Akad. Nauk SSSR, Otdel. techn. Nauk **1953**, Nr. 1, 106–08.

Zur Bibliogr. Polnoe sobranie sočinenij Sergeja Alekseeviča Čaplygina [Vollständige Sammlung der Veröffentlichungen S. A. Čaplygins] **1** (Leningrad '33) 7 + 300 S.; **2** ('33) 290 S.; **3** ('35) 339 S. – V. Vetčinkin, S. A. Čaplygins works on the induced drag theory: Ž. prikl. Mat. i Mech. **5** ('41) Nr. 2, 149–60; Review of papers by N. Žukovskij and S. Čaplygin which lay the basis of the wing theory: ibid. 161–64. – A. I. Nekrasov, Die Arbeiten S. A. Čaplygins auf dem Gebiet der Aerodynamik, in: Jubilejnij sbornik, posvjašč. tridcatiletiju Velikoj Oktjabr'skoj socialističeskoj revoljucii [Jubiläumsband zum 30. Jahrestag der Großen Sozialistischen Oktoberrevolution] **2** (Moskva–Leningrad '47) 524–44 [russ.]. – S. A. Čaplygin, Sobranie sočinenij [Sammlung von Arbeiten] **1**: Teoretičeskaja mechanika, Matematika (Moskva–Leningrad '48) 484 S. (m. Bildn.); **2**: Gidrodinamika, Aėrodinamika ('48) 644 S. (m. Bildn.); **3**: Matematika i mechanika, Reči i doklady [Reden und Vorträge] ('50) 467 S. (m. Bildn.), darin S. 363–422: mehrere Aufsätze über die Arbeiten Čaplygins (Autoren: M. V. Keldyš, D. Ju. Panov, L. N. Sretenskij, M. I. Gurevič, Ė. L. Bloch, N. V. Zvolinskij), 425–48: Biogr. (V. V. Golubev), 451–59: Schr.verz.; **4**: Kursy lekcij po teoretičeskoj mechanike ('49) 616 S. (m. Bildn.). – S. A. Čaplygin, Izbrannye raboty po teorii kryla [Ausgewählte Arbeiten über die Theorie der Tragfläche] (Moskva–Leningrad '49) 276 S. (m. Bildn.), darin S. 5–7: S. A. Christianovič, Über die Arbeiten S. A. Čaplygins zur Theorie der Tragfläche [russ.]. – S. A. Čaplygin, Issledovanija po dinamike negolonomnych sistem [Untersuchungen über die Dynamik nichtholonomer Systeme] (Moskva–Leningrad '49) 112 S. (m. Bildn.), darin L. I. Sretenskij, Über die Arbeiten S. A. Čaplygins zur Dynamik nichtholonomer Systeme [russ.]. – S. A. Čaplygin, O gazovych strujach [Über Gasströmungen] (Moskva–Leningrad '49) 144 S. (m. Bildn.), darin S. A. Christianovič, Über die Arbeiten S. A. Čaplygins zur Gasdynamik [russ.]. – A. Mel'nikov, Arbeiten S. A. Čaplygins auf dem Gebiet der theoretischen Aerodynamik: Vestn. vozdušn. Flota **1951**, Nr. 4, 40–43 [russ.]. – A. A. Kosmodem'janskij, Arbeiten S. A. Čaplygins zur Theorie der mechanisierten Tragfläche: Kryl'ja Rodiny **4** ('53) Nr. 4, 14f. [russ.]. – S. A. Čaplygin, Izbrannye trudy po mechanike i matematike [Ausgewählte Arbeiten über Mechanik und Mathematik] (Moskva '54) 567 S. (m. Bildnissen u. Schr.verz.), darin Biogr. (M. V. Keldyš) S. 539–49.

MH. Terminologie der Thermometrie und Calorimetrie [russ.] (Moskva–Leningrad '36). – Terminologie der Thermodynamik [russ.] (Moskva–Leningrad '37).

MHZ. (Mitredakt.) Bjul. Komiss. techn. Terminol. **1** ('34)–**46** ('40).

S. <N. P. Petrov,> Gidrodinamičeskaja teorija smazki [Hydrodynamische Theorie des Schmierens] (Moskva–Leningrad '34) <Moskva '48> 499–524 <485–505>: Über die Reibung der Schmierschicht zwischen Zapfen und Lager[6] [russ.]. – Matematika i estestvoznanie v SSSR [Mathematik und Naturwissenschaften in der UdSSR] [1917–1937] (Moskva–Leningrad '38) 101–20: Arbeiten über Hydromechanik in der UdSSR[3]) [russ.]. – A. N. Krylov, Moi vospominanija [Meine Erinnerungen] (Moskva '55) 533–42: Die wissenschaftliche Tätigkeit Aleksej Nikolaevič Krylovs [russ.].

Izvest. Akad. Nauk SSSR, Otdel. techn. Nauk Nikolaj Nikolaevič Pavlovskij †: **1937**, Nr. 3, 287f. [russ.]. – Aufgaben und Methoden der Arbeit für die Regelung der technischen Terminologie[5]): **1937**, Nr. 6, 867–83 [russ.].

Samolet Der Begründer der russischen Luftfahrt [N. E. Žukovskij]: **18** ('41) Nr. 3, 5–7 [russ.].

Technika vozdušn. Flota Neue theoretische Profile von Tragflächen und Propellern[2]): **16** ('42) Nr. 3, 5–11 [russ.].

Trudy central'n. aėro-gidrodinam. Inst. On the list and drag of a flat wing of infinite span (assuming discontinuous flow on its upper surface)[4]): **123** ('33) 3–12 [russ. m. engl. Zusammenfassg.]. – On the deformation of an eccentric tube subjected to uniform external pressure[1]): 13–25 [russ. m. engl. Zusammenfassg.]. – A new method of the approximate integration of differential equations: **130** ('32) 51 S. [russ. m. engl. Zusammenfassg.]. – Contribution to the theory of slats and flaps[3]): **171** ('35) 39 S. [russ. m. engl. Zusammenfassg.]. – On the theory of flow through the cylinders of internal combustion engines[3]): **175** ('34) 46 S. [russ. m. engl. Zusammenfassg.]. – Über Kräfte, die auf einen Zylinder wirken, der von einem Strom umflossen ist unter Ausbildung von Unstetigkeitsflächen: **240** ('35) 5–13 [russ.]. – Zur Theorie des Dreideckers: **296** ('36) 23 S. [russ.].

Trudy fiziko-mat. Inst. im. Steklova, Otdel mat. Die wissenschaftliche Tätigkeit A. N. Krylovs: **5** ('34) 6–12 [russ.].

Vestn. Akad. Nauk SSSR Nikolaj Nikolaevič Pavlovskij †: **1937**, Nr. 6, 66f.

Mit: [1]) N. S. Aržanikov; [2]) Ju. S. Čaplygin; [3]) V. V. Golubev; [4]) A. L. Lavrent'ev; [5]) D. S. Lotte; [6]) N. E. Žukovskij.

VI **CAPSTAFF,** John George. Photogr. — 1913– Research Photograph, Eastman Kodak Co., Rochester, N.Y. (⊠)

*1879, Febr. 24, Gateshead-on-Tyne, England;

†1960, Jan. 31.

Einige Arbeiten auf fototechn. Gebiet.

VI **CARDOSO,** Gabriel Martín. Kristallogr., Mineral. — 1932– Prof., Univ. Central, Dir. de la Sección de Mineralogía, Museo Nacional de Ciencias Naturales, Madrid; '51– Colaborador regional del Inst. geol. y minero de España.

*1896, März 21, Madrid;

†1954, Jan. 1, Madrid.

Nekr. R. C. Vila, Boletín real Soc. españ. Hist. natur., Secc. geol. **52.** 1954 ('55) 5–19 (m. Bildn., Schr.verz.). — Ciencia [Mexico] **16** ('56) 238– (m. Schr.verz.).

S. Rep. 18th International geological congress, London 1948 (London '50): Quimismo de algunos granitos de Pontevedra[3]). — Asociación española para el progreso de la ciencias, Congreso de Granada, **5** (–'51): Los minerales de las calizas cristalinas de Cervera de los Montes (Toledo). — R. Sociedad española de historia natural, Tomo homenaje E. Hernández-Pacheco (–'54) 445–52: Estudio roentgenográfico de los minerales derivados por alteración de la cordierita[1]).

Anales Asoc. españ. Progr. Ci. Hallazgo de la eosforita en El Son (Coruña)[3]): **2** ('35) 849f.

Boletín R. Soc. españ. Hist. natur. Sobre la caída de un meteorito en La Rinconada (Sevilla): **34** ('34) 201–03, 229. — Arrien Johnsen †: 298. — Georges Friedel †: 418. — Un meteorito caído en Mallorca el 17 de julio de 1935: **35** ('35) 453f. — Un yacimiento de columbita en Boiro (Coruña)[3]): **49** ('51) 101–03.

Conferencias y Reseñas ci. R. Soc. españ. Hist. natur. Friedrich Becke (1853–1931): **7** ('32) 147f. — Louis Cl. Duparc (1866–1932): 161–65. — Sobre el origen del carbón y del petróleo: 216f. — Don José Rodríguez Mourelo †: **8** ('33) 5–18. — Friedrich Rinne †: 131–42. — Victor Goldschmidt (1853–1933): 155f.

Notas y Comun. Inst. geol. y minero España Kotschubeíta de la Sierra de la Capelada, Cabo Ortegal, Galicia (España)[3]): Nr. **24** ('51) 93–100. — Estudio de la diáspora con corindón y andalucita de Goyán (provincia de Pontevedra)[3]): Nr. **25** ('52). — Nota informativa de la hoja núm. **44.** Carballo (La Coruña)[3])[2]): Nr. **28** ('52) 192–95. — Nota informativa de la hoja núm. **43.** Lage (La Coruña)[3])[2]): Nr. **29** ('53) 111–13. — Resumen y comentarios al estudio de Robert Clements Heim sobre el metamorfismo de la región de Buitrago, de la Sierra de Guadarrama: Nr. **31** ('53) 35–85. — Revisión de especies minerales: Nr. **32** ('53) 85–89.

Schweizerische mineral. u. petrogr. Mitt. Die Lithiumpegmatite von Lalín in Galizien (Prov. Pontevedra, Spanien)[3]): **28** ('48) 324–34.

Mit: [1]) I. Asensio Amor; [2]) J. M. López de Azcona; [3]) I. Parga-Pondal.

VI **CARIS,** Perry Aquila. Math. — 1925–36 Assistant Prof., '36– Associate Prof., Univ. of Pennsylvania, Philadelphia, Pa. (⊠)

*1890, März 3, Tylersville, Pa.

W. First course in calculus (m. E. S. Crawley) (New York '33) 10+342 S.

V, VI **CARLEMAN,** Tage Gillis Torsten. Math. — 1924–49 Prof., Dir. d. Math. Seminars, Univ. Stockholm; dazu '28–49 Dir. d. Math. Inst. Mittag-Leffler, Kgl. Schwedische Akad. d. Wiss., Djursholm. (⊠)

*1892, Juli 8, Visseltofta;

†1949, Jan. 11, Djursholm.

Nekr. F. Carlson, Acta math. **82** ('50) I–VI (m. Bildn., Faks., Schr.verz. 65 Nrn.); Kungl. Vet.-Soc. Årsb., Uppsala **1949** ('50) 33–36 (m. Bildn.). — G. Julia, C. R. hebd. Séances Acad. Sci., Paris **228** ('49) 445–47.

MHZ. Acta math. **50** ('27)–**80** ('48).

S. Verh. des 4. internationalen Mathematiker-Kongresses, Zürich 1932, **1** (Zürich–Leipzig '32) 138–51: Sur la théorie des équations intégrales et ses applications. — Åttonde skandinaviska matematikerkongressen, Stockholm 1934. C. R. 8e Congrès des mathématiciens scandinaves, Stockholm 1934 (Lund '35) 34–44: Propriétés asymptotiques des fonctions fondamentales des membranes vibrantes. — Colloques internationaux du Centre national des Recherches scientifiques, Nancy 1947, Nr. **15** ('49) 45–53: Sur l'application de la théorie des fonctions analytiques dans la théorie des transformées de Fourier.

W. L'intégrale de Fourier et questions qui s'y rattachent (Uppsala '44) 119 S. (Publ. sci. Inst. Mittag-Leffler, 1). — Problèmes mathématiques dans la théorie cinétique des gaz (Djursholm '57) 112 S. (∼ 2). – Lärobok i differential- och integralkalkyl jämte geometriska och mechaniska tillämpningar ²(Uppsala '45) 7 + 304 S.

Accad. Italia, Fondaz. A. Volta, Viaggi Studio ed Esploraz. Applications de la théorie des fonctions analytiques à la résolution de certaines équations fonctionnelles: **18** ('40).

Acta math. Application de la théorie des équations intégrales linéaires aux systèmes d'équations différentielles non linéaires: **59** ('32) 63–87. – Sur la théorie de l'équation intégrodifférentielle de Boltzmann: **60** ('33) 91–146. – Discours prononcé à l'inauguration d'un monument élevé à la mémoire de G. Mittag-Leffler: **64** ('35) I–IV. – L. E. Phragmén †: **69** ('38) XXXI–XXXIII. – Erik Albert Holmgren †: **76** ('45) I–III.

Arkiv Mat., Astron. och Fysik Sur quelques problèmes dans la théorie mathématique de la diffraction des ondes électromagnétiques: **22 B** ('30/32) Nr. 5, 1f. – Application de la théorie des équations intégrales singulières aux équations différentielles de la dynamique: Nr. 7, 1–5. – Sur la théorie de l'équation intégrodifférentielle de Boltzmann: **23 A** ('32/'33) Nr. 22, 1–7. – Sur une extension de la notion de transformation conforme aux espaces d'un nombre quelconque de dimensions: **24 B** ('34) Nr. 2, 1–3. – Sur la théorie mathématique de l'équation de Schrödinger: Nr. 11, 1–7. – Sur un problème d'unicité pour les systèmes d'équations aux dérivées partielles à deux variables indépendantes: **26 B** ('39) Nr. 17, 1–9. – Sur la détermination d'une fonction analytique par certaines valeurs moyennes de ses dérivées: **32 B** ('45/46) Nr. 4, 1–7. – Sur la propagation d'un mouvement à la surface libre d'un liquide: Nr. 8, 1f.

Ber. Verh. sächs. Akad. Wiss. Leipzig Über die asymptotische Verteilung der Eigenwerte partieller Differentialgleichungen: **88** ('36) 119–32.

C. R. hebd. Séances Acad. Sci., Paris Sur les caractéristiques du tore: **195** ('32) 478–81. – Sur une inégalité différentielle dans la théorie des fonctions analytiques: **196** ('33) 995–97. – Sur les systèmes linéaires aux dérivées partielles du premier ordre à deux variables: **197** ('33) 471–74.

Kungl. svenska Vetenskapsakad. Årsb. Magnus Gustav Mittag-Leffler †: **1944**, 241–53. – Über die Wechselwirkung zwischen Mathematik und den exakten Experimentalwissenschaften: 263–73. – – Alle Arbeiten schwed.

Notices et Discours, Acad. Sci., Paris Discours à la cérémonie de remise à M. Emile Picard de la Médaille d'Or de l'Institut Mittag-Leffler à l'Institut de France, mardi le 6 juillet 1937: **2** ('49) 84–86.

Vjschr. naturforsch. Ges. Zürich Sur les courbes paraboliquement convexes: **85** ('40) Beibl. 32, 61–63.

IV–VI **CARLHEIM-GYLLENSKÖLD,** Vilhelm. Geophysik. – 1907–11 Doz., '11–34 Prof., Högskola Stockholm. (⊠)
*1859, Okt. 17, Stockholm;
†1934, Dez. 13, Stockholm.

Nekr. G. S. Ljungdahl, Terrestrial Magnetism and atmospher. Electr. **40** ('35) 107–10 (m. Schr.verz.).

VI **de CARLI,** Felice. Chem. (pharmaz., industr.), Metallurgie. – Prof. straord. Chim. farmac., Dir. dell'Ist. Chim. farmaceut., Scuola di Farmacia, Univ. di Messina; poi Prof. ord. Chim. appl. e Prof. incar. Chim. industriale, Dir. del Laboratorio di Chim. appl., Univ. di Bologna; Prof. straord. Chim. generale, Dir. dell'Istituto di Chim. generale, Facoltà di Farmacia, Univ. di Perugia; poi Prof. Metallurgia e Metallografia, Fac. d'Ingegneria civile, industriale e mineraria, Univ. di Roma. (⊠)

S. Atti V° Congresso nazionale di chimica pura ed applicata, Roma 1935, **1** (Roma '36) 121–34: Der sardinische Kaolin als italienischer Rohstoff [ital.]; **2** ('36) 741–58: Tribromäthylalkohol[4]) [ital.]. – Atti del X° Congresso internazionale di Chimica, Roma 1938, **4** (Roma '39) 851: Neue vom Furfurol abgeleitete Farbstoffe[4]) [ital.].

W. Vita dei metalli (Milano '57) 269 S.

Annali Chim. (appl.) Über die Synthese von Äthylenbromid aus Acetylen und Bromwasserstoffsäure: **22** ('32) 455–62 [ital.]. – Il fluoruro di calcio come affinante del vetro e sua influenza sopra l'acidità di alcuni vetri per fiale: 479–83. – Untersuchung der Oxydationsreaktionen von Metallen nach einer Wärmewägemethode, 1: Eisen[2]): **40** ('50) 117–31 [ital.].

Atti reale Accad. nazion. Lincei, Rend. Solubilità del gluconato di calcio in presenza di fosfato sodico e di acido arsenioso: (6) **15** ('32) 579–83. – Proprietà delle soluzioni di cloruro di calcio ed urea: 584–90. – I composti dell'urea con i bromuri alcalino-terrosi: 747–52.

Atti Soc. ital. Progr. Sci. Ricerche sulla stabilizzazione delle soluzioni di Avertina[6]): **22**, **2** ('34) 272f. – Ricerche sui fosfati doppi del bismuto con i metalli alcalini, e sulla loro relazione con il „fosfato di bismuto solubile“[7]): 273f. – La funzione delle università nella ricerca scientifica, e i rapporti tra università e

Consiglio nazionale delle Ricerche: **26, 4** ('38) 25–39.

Boll. sci. Fac. Chim. industr. Bologna Verbesserungsmöglichkeiten in der Kalkstickstoffherstellung[3]: **1** ('40) 12–22. – Katalytische Dehydratation des Systems Butylalkohol–Ammoniak[3]: 62–70. – Untersuchungen über Bleicherden[5]: 105–15. – Entschwefelung von Gußeisen mit Soda: **8** ('50) 39–69. – – Alle Arbeiten italien.

Engineers' Digest Gravimetric investigation into the oxidation of copper–tin alloys at various temperatures[2]: **13** ('52) 183–85.

Giorn. Chim. industr. ed appl. Ricerche sull'alcool tribromoetilico (Avertina): **14** ('32) 322.

Chimica e Industria Il caolino sardo, materia prima nazionale: **17** ('35) 399–405. – I prodotti di combustione del celluloide e la sicurezza dei depositi e dei laboratori di pellicole cinematografiche[1]: **32** ('50) 585–92. – Studio termoponderale delle ossidazioni metalliche (rame)[2]: **33** ('51) 77–80.

Industria mineraria Italia e Oltremare Ricerche sui caolini sardi: **9** ('35) 401–07. – I giacimenti di caolino di S. Severa: **13** ('39) 373–88.

Metallurgia ital. Studio termoponderale delle ossidazioni metalliche, 3: Leghe rame–stagno[2]: **44** ('52) 1–5. – Aspetti chimicofisici della disossidazione dell'acciaio: **45** ('53) 100–09. – Attuali orientamenti nei criteri di scelta e nella tecnologia dei materiali refrattari: 317–27. – Impostazioni tecnologiche suggerite dagli attuali orientamenti nell'impiego dei refrattari: 355–62. – Esigenze della metallurgia per la preparazione scientifica e professionale: **48** ('56) 537–44.

Ricerca sci. Änderungen einiger kolloidaler Eigenschaften von sardinischem Kaolin[5]: (2) **7**, II ('36) 145–53. – Keramischer Ton von Sardinien: **8**, I ('37) 7–18. – Ton und Kaolin von Piemont[5]: 196–205. – Über die Aktivierbarkeit von Kaolin und Ton zur Herstellung von Bleicherden[5]: **8**, II ('37) 227f. – Über das Verhalten von Kieselsäure und Tonerde enthaltenden feuerfesten Produkten aus italienischen Rohstoffen[2]: 316–22. – – Alle Arbeiten italien.

Mit: [1]) A. Borgia; [2]) N. Collari; [3]) L. Galimbert; [4]) A. Mangini; [5]) U. Passarini; [6]) F. Monforte; [7]) M. Ragno.

V, VI **CARLSON,** Fritz David. Math. – 1920–28 o. Prof., Techn. Hochschule Stockholm; '28–52 Prof., Dir. d. Math. Seminars, Univ. Stockholm; '49–52 Dir. d. Math. Inst. Mittag-Leffler, Kgl. Schwed. Akad. d. Wiss., Djursholm. (⊠)

*1888, Juli 23, Vimmerby;

†1952, Nov. 28.

Nekr. O. Frostman, Acta math. **90** ('53) IX–XII (m. Bildn., Faks., Schr.verz. 36 Nrn.).

W. Lärobok i geometri **1** (Lund '43), [2]('46) 377 S.; **2** ('46) 349 S. – Rymdgeometri (Uppsala '49) 345+1 S.

Acta math. Torsten Carleman †: **82** ('50) I–VI.

Arkiv Mat., Astron. och Fysik Contributions à la théorie des séries de Dirichlet, 3: **23 A** ('33) Nr. 19, 8 S. – Sur une propriété arithmétique de quelques fonctions entières: **25 A** ('35) Nr. 7, 13 S. – Une inégalité: **25 B** ('35) Nr. 1, 5 S. – Sur le module maximum d'une fonction analytique uniforme, 1: **26 A** ('38) Nr. 9, 13 S. – Sur les coefficients d'une fonction bornée dans le cercle unité: **27 A** ('40) Nr. 1, 8 S. – Quelques inégalités concernant les fonctions analytiques: **29 B** ('43) Nr. 11, 6 S. – Sur les fonctions entières: **35 A** ('48) Nr. 14, 18 S.

Arkiv Mat. Contributions à la théorie des séries de Dirichlet, 4: **2** ('52) 293–98.

Elementa [Stockholm] Über einen Beweis für einen stereometrischen Satz: **18** ('35) [schwed.].

Matematisk Tidsskr., B Eine Minimum-Aufgabe bei Polynomen: **1934,** 25–32.

VI **CARMAN,** Albert Pruden. Physik. – 1896–1929 Prof., Head of Department, '29 Prof. Emeritus, Univ. of Illinois, Urbana, Ill. (⊠)

*1861, Juli, Woodbury, N. J.;

†1946, Febr. 10.

Zur Biogr. (W.) Thomas C. Carman and Phebe Pruden Carman; a family history, with historical and genealogical notes on branches of the Carman, Machet, Pruden, Kitchel and some related families (Urbana, Ill. '35) 62 S.

Nekr. F. W. Loomis, School Sci. and Math. **46** ('46) 596–98.

Science [USA] Ether structure: **77** ('33) 114.

V, VI **CARMICHAEL,** Robert Daniel. Math. – 1920–47 Prof., '47 Prof. Emeritus, '29–34 Head of Department, '33–34 Acting Dean of Graduate School, '34–47 Dean, '47 Dean Emeritus, Univ. of Illinois, Urbana, Ill.

*1879, März 1, Goodwater, Ala.

Bildn. Scientific Monthly **40** ('35) 94.

H. Mathematical tables and formulas (m. E. R. Smith) (New York '62).

MHZ. Trans. amer. math. Soc. **34** ('32)–**40** ('36).

S. Encyclopaedia Britannica. A new survey of universal knowledge 7 (Chicago–London–Toronto... '65) 439: Dimension.

W. Introduction to the theory of groups of finite order (Boston, Mass. '37) 14+447 S., ('56) 447 S. (Textbooks in mathematics). — Calculus (m. J. H. Weaver, Lincoln La Paz). Rev. edition (Boston '37) 16+384 S. (~). — What is man? A poem (Urbana, Ill. '50) 6+149 S. — Expectant creation [verse] (New York '53) 123 S. — The theory of numbers. Diophantine analysis (New York '59) 94+118 S.

American J. Math. On non-homogeneous linear differential equations of infinite order with constant coefficients: **58** ('36) 473–86.

American math. Monthly Some recent researches in the theory of numbers: **39** ('32) 139–60. — On numbers of the form $a^2 + \alpha b^2$: **44** ('37) 81–86.

Annals Math. Summation of functions of a complex variable: **34** ('33) 349–78.

Bull. amer. math. Soc. Note on triple systems: **38** ('32) 695f. — Functions of exponential type: **40** ('34) 241–61. — Linear differential equations of infinite order: **42** ('36) 193–218.

Duke math. J. Proof that every positive integer is a sum of four integral squares: **2** ('36) 243–45.

Proc. London math. Soc. Expansions of arithmetical functions in infinite series: (2) **34** ('32) 1–26.

Scientific Monthly Number and clear thinking. An aspect of human culture: **41** ('35) 490–500.

Trans. amer. math. Soc. Systems of linear difference equations and expansions in series of exponential functions: **35** ('33) 1–28. — On a classification of integral functions by means of certain invariant point properties[2])[1]): **40** ('36) 462–73.

Mit: [1]) M. T. Bird; [2]) T. W. Martin.

V, VI **CARNERA, Luigi.** Astron. —1919–32 Dir., R. Osservatorio Astronomico, Trieste; '32–50 Dir., Osservatorio Astronomico Capodimonte, Napoli; '50 emer.

*1875, Apr. 14, Trieste;

†1962, Juli 30, Firenze.

Zur Biogr. Porträtgalerie der Astronomischen Gesellschaft (Budapest '31) 15 (m. Bildn.).

Nekr. T. Nicolini, Atti Accad. pontaniana (N. S.) **12** ('63) 9 S. (= Contributi sci., Osservat. astron. Capodimonte–Napoli, 23) (m. Bildn., Schr.verz. 59 Nrn.).

S. Atti del Convegno astronomico di Milano–Merate 1951 (Pavia '52) 47–57: Problemi fondamentali urgenti di astrometria.

W. Rapporto sull'attività svolta nel triennio 1936–38 dall'Ufficio centrale per il Servizio internazionale delle Latitudini, presentato al congresso di Washington del settembre 1939 (Padova '39) 27 S. — Ricerche sulle variazioni della latitudine osservate nella stazione di Batavia (Tjililitan) (Napoli '39) 33 S. (R. Osservatorio astronomico di Capodimonte. Memorie astronomiche, 11). — Risultati del Servizio internazionale delle Latitudini dal 1935.0 al 1941.0 (Firenze '57) 263 S. (Unione Internazionale Astronomica. Associazione Geodetica Internazionale, Nr. 9).

Annali, R. Ist. sup. navale, Napoli Le variazioni di latitudine nelle osservazioni del 1871 del Prof. E. Fergola: **6** ('37) 105–10.

Annali, R. Ist. universit. navale, Napoli L'osservatorio astrofisico di Asiago: **11** ('42) 69–76.

Astronomische Nachr. Internationaler Breitendienst: **258** ('36) 63f. — Il movimento del polo di rotazione terrestre nel 1936 dalle osservazioni fatte nelle stazioni internazionali di latitudine: **263** ('37) 17–32; ~ 1937: **266** ('38) 181–96.

Atti reale Accad. Italia, Mem. La latitudine della Specola di Capodimonte a Napoli: **12** ('41) 945–1024.

Atti Accad. nazion. Lincei, Mem. I valori angolari dei micrometri nei telescopi zenitali delle stazioni internazionali di latitudine: (8) **1** ('47) 169–282. — Le livelle ed i micrometri dei telescopi zenitali nelle stazioni internazionali di latitudine: **4** ('53) 91–136.

Atti (reale) Accad. nazion. Lincei, Rend. Commemorazione del Socio straniero Federico Küstner: (6) **25** ('37) 66–71. — Risultati tratti dallo studio delle variazioni di latitudine negli anni 1936 e 1937: **27** ('38) 421–26. — Commemorazione del Corrispondente Luigi Volta: (8) **14** ('53) 156–62.

Atti Accad. pontaniana Commemorazione di Francesco Contarino: **53** ('35) 8 S.

Atti R. Accad. Sci. fisiche e mat., Napoli Ricerche sulle variazioni della latitudine osservate nella stazione di Batavia: (3) **1** ('40) 31 S.

Atti Soc. ital. Progr. Sci. Lo stato attuale del problema delle variazioni delle latitudini: **24**, **3** ('36) 94–99.

Boll. Comitato nazion. ital. Geod. e Geofis. Rapporto sul Servizio internazionale delle Latitudini: (2) **7** ('37) 166–83.

Boll. Soc. adriat. Sci. natur. Trieste Sessanta anni di studi sul movimento del polo: **45** ('50).

Bull. géodés. Bewegungen der Pole der Erdrotation während der Jahre 1938–1948: **1948**, 269–84 [ital.].

Coelum Ricordi d'un astronomo quasi ottuagenario: **19** ('51) 1–6; **21** ('53) 82–84, 108–14.

Memorie Soc. astron. ital. Fondamenti delle riduzioni per un nuovo catalogo di stelle: 8 ('34). — Über einen Meridiankreis neuerer Konstruktion der Askania-Werke von H. Ritter: 8 ('35). — Il problema delle variazioni di latitudine e le stazioni internazionali: **14** ('41) 149–53.

Rend. (reale) Accad. Sci. fisiche e mat., Napoli Eclisse totale di luna dell'8 gennaio 1936. Osservazioni fatte nel R. Osservatorio Astronomico di Capodimonte: (4) **6** ('36) 7–9. — Coppie di stelle per lo studio dei micrometri: 62–77. — L'eclisse totale di luna del 26 agosto 1942 e quella parziale di sole del 10 settembre 1942: **13** ('43/'5) 91–94. — L'Ufficio centrale delle Latitudini negli anni 1941–44: 3 S. — — Ferner: Zahlreiche Beobachtungsberichte über Pol- und Breitenveränderungen.

Rivista Fisica, Mat. e Sci. natur. Come Napoli, o le isole del suo golfo, non sono diventati le sede di un grande osservatorio astronomico tedesco: **7** ('32/33) 381.

VI **CAROBBI,** Guido. Mineral., physikal. Chem. — 1932–38 Prof. ord. Mineral., '32–39 Prof. incar. Chim. fisica e petrogr., Univ. di Modena; '37–38 Prof. ord. Mineral., Fac. di Chimica industr., Univ. di Bologna; '38– Prof. ord. Mineral. e Geol., Univ. di Firenze; Organizzatore e Collaboratore del Centro di Studio per la Geochimica, Membro della Commissione di Cristallografia e del Comitato Nazionale per le Scienze geologiche e minerarie, Consiglio Nazionale delle Ricerche.

*1900, Okt. 20, Pistoia.

Zur Biogr. Annuario generale, Accademia Nazionale dei XL, Roma (Roma '61) 397–406 (m. Bildn., Faks., Schr.verz.).

S. Atti X° Congresso internazionale di chimica, Roma 1938, **2** (Roma '39) 605–12: Ricerche chimiche sopra alcune arenarie appenniniche. — Enciclopedia cattolica, **6** (Città del Vaticano - Firenze '50/51) 41: Geochimica.

W. Lezioni di mineralogia con elementi di petrografia e geochimica (Firenze '47) 415 S. — Mineralogia (Firenze '58) 463 S.

American Mineralogist Spectrographic analysis of tourmalines from the Island of Elba, with correlation of color and composition[9]): **32** ('47) 121–30.

Annali reale Osservat. vesuviano Augite diopsidica dei blocchi calcarei metamorfosati del Monte Somma[1]): (4) **3.**1931/32 ('34/35) 45–59.

Annuario R. Univ. Studi Messina L'Istituto di Mineralogia e Geologia: **1931/32.** — Con i raggi χ nel regno dell'infinitamente piccolo: **1932/33.**

Atti reale Accad. Italia, Mem. Dosatura spettrografica del rame in alcune rocce sedimentarie dell'Appennino Tosco–Emiliano[9]): **14** ('43) 161–72.

Atti Accad. nazion. Lincei, Mem., Sez. II Sulla possibilità di una sostituzione parziale del calcio con uranio nel reticolo dell'apatite[8]): (8) **5** ('59) 159–71.

Atti (reale) Accad. nazion. Lincei, Rend. „Mercallite", nuovo minerale fra i prodotti dell'attività fumarolica vesuviana del 1933: (6) **21** ('35) 385–93. — I costituenti minori della pollucite elbana e della petalite dell'Elba e di Uto (Svezia)[14]): (8) **4** ('48) Nr. 6. — Celestina e apatite di stronzio sintetiche contenenti piccole quantità di mercurio: **8** ('50) 87–93. — Ralstonite e bisolfato sodico (matteuccite) fra i prodotti delle fumarole vesuviane[4]): **12** ('52) Nr. 1. — Il bromo in alcuni prodotti fumarolici del Vesuvio e dell'Etna[6]): **33** ('62) 3–12.

Atti e Mem. (reale) Accad. Sci., Lettere ed Arti Modena Fluoruro di alluminio, magnesio e calcio, bisolfato sodico, mercallite ed hieratite fra i prodotti dell'attività fumarolica vesuviana del 1934: (5) **1** ('36) 33–42. — Considerazioni sulla costituzione dei pirosseni contenenti elementi trivalenti: **2** ('37) 176–93. — Proposte per un sistema cristallochimico degli ioni: **7** ('47) 128–50.

Atti Soc. ital. Progr. Sci. Sulla presenza dell'alluminite fra i prodotti dell'attività fumarolica del Vesuvio: **21,** 2, Roma 1932 ('33) 406f. — Contributi allo studio della forsterite dei blocchi calcarei del Monte Somma (Vesuvio)[1]): 407.

Atti Soc. Naturalisti e Matematici Modena Contributi allo studio di alcuni prodotti delle fumaruole del fondo del cratere vesuviano: **64** ('33).

Atti Soc. toscana Sci. natur. Pisa, Mem., Ser. A Contributi alla conoscenza di alcune rocce sedimentarie di Passo delle Radici (Appennino Tosco–Emiliano): **49** ('41) 189–215. — Sulla presenza di piccole quantità di mercurio in alcune celestine e stronzianti[9]): **57** ('50) 32–37. — Sulla presenza di tracce spettrografiche di mercurio nelle celestine siciliane[9])[3]): **60** ('53) 11–23. — Carlo Minguzzi–Commemorazione: **60** ('53) Processi verbali, XIII–XV.

Boll. R. Uffic. geol. Italia Necrologia di Piero Aloisi: **63** ('38) LXXXII–XCV.

Boll. Soc. geol. ital. Necrologia di Piero Aloisi: **58** ('39) Nr. 2/3, 83–. — Sulle concentrazioni albitiche dell'Alta Val di Taro (Parma)[2]): **61** ('42) 273–88.

Bull. volcanol. Ricerche vesuviane: **7** ('40) 3–42.

Chimica [Milano] Notizie sulle ricerche eseguite nel Centro di Studi per la Geochimica e la Mineralogia del Consiglio Nazionale delle Ricerche: **6** ('51) 420–25.

Chimica Industria, Agric., Biol., Realizzaz. corporat. Problemi e conquiste della geochimica: **16** ('40) 310–14. – Ferruccio Zambonini e l'isomorfismo: **18** ('42) 73–78.

Periodico Mineral. [Roma] Sulla presenza dell'alluminite fra i prodotti dell'attività fumarolica del Vesuvio: **3** ('32) 204–10. – Contributi allo studio della forsterite dei blocchi calcarei metamorfosati del Monte Somma[1]): Nr. 3. – Sulla presenza di un nuovo minerale fra i prodotti dell'attività fumarolica del Vesuvio: **4** ('33) Nr. 3. – Ricerche chimiche sopra alcune arenarie appenniniche: **9** ('38) 378–80.

Rend. Soc. mineral. ital. Ricerche su alcuni prodotti delle fumarole vesuviane[4]): **7** ('51) 43f. – Discorso inaugurale per il IX° congresso nazionale di mineralogia: **9** ('53) 27–36. – Carlo Minguzzi – Commemorazione: **10** ('54) 41–43. – Ricerche geochimiche sulle acque minerali di Montecatini Terme (Pistoia)[4]): 226–52. – L'analisi delle rocce nelle ricerche geochimiche: **12** ('56) 72–76. – Ricerche di metodologia geochimica, 1: Applicazione dei versenati all'analisi delle rocce[5])[7])[10]): **13** ('57) 135.

Ricerca sci. Spectrographic analysis of tourmalines from the Island of Elba with correlation of color and composition[9]): **16** ('46) 1466f. [ital.]. – III Congresso internazionale di cristallografia, Parigi 21–30 luglio 1964[15])[13])[17]): **25** ('55) 1485–89. – La XX sessione del congresso geologico internazionale[11])[12])[16]): **27** ('57) 869–902. – Ricerche di metodologia geochimica[5])[6])[7])[10]): 1457–67. – Dieci anni di attività del Centro di Studio per la Geochimica e la Mineralogia del CNR: **28** ('58) 940–. – – Tätigkeitsberichte des Centro di Studio per la Geochimica e la Mineralogia: 1946ff.

Saggiatore Geochimica, scienza dell'avvenire: **1** ('40) 277–82.

Scientia La geochimica al servizio delle grandi attività produttive moderne: **1962.**

Spectrochimica Acta Sopra i costituenti minori di alcune rocce sedimentarie di Passo delle Radici (Appennino Tosco-Emiliano)[9]): **2** ('41) 32–44.

Universo [Firenze] La composizione quantitativa della litosfera e la distribuzione geochimica degli elementi: **21** ('40) 839–50.

Mit: [1]) M. Alfani; [2]) M. Anelli; [3]) B. Baldanza; [4]) C. Cipriani; [5]) G. Cocco; [6]) N. Coradossi; [7]) C. L. Garavelli; [8]) F. Mazzi; [9]) R. Pieruccini; [10]) F. Tonani; [11]) A. Desio; [12]) M. Fornaseri; [13]) P. Gallitelli; [14]) C. Minguzzi; [15]) E. Onorato; [16]) F. Penta; [17]) U. Ventriglia.

VI **CAROTHERS,** Wallace Hume. Chem. (org.). – 1928–37 Research Supervisor, E. I. du Pont de Nemours & Co., Wilmington, Del.

*1896, Apr. 27, Burlington, Iowa; †1937, Apr. 29, Philadelphia, Pa.

Ehrung Carothers Research Laboratory of E. I. du Pont de Nemours & Co.

Nekr. R. Adams, Biographical Mem., Nation. Acad. Sci. USA **20** ('39) 293–309 (m. Bildn., Faks., Schr.verz.).

Zur Biogr. R. Adams in: Great chemists (E. Farber) (New York '62) 1601–11. – D. Huhn, Plaste u. Kautschuk **2** ('55) 280 (m. Bildn.). – J. R. Johnson, J. chem. Soc., London **1940**, 100–02. – R. F. Wolf, Rich man, poor man: Scientific Monthly **74** ('52) 74f. – India Rubber J. **121** ('51) 930–34 (m. Bildn.). – SVF Fachorgan Textilveredlung **19** ('64) 212–19. – Chemische Rdsch. [Solothurn] **17** ('64) Nr. 22, 637.

Zur Bibliogr. Collected papers of Wallace Hume Carothers on high polymeric substances (H. Mark, G. S. Whitby) (New York '40) 19+459 S. (m. Bildn.) (High polymers, 1).

MHZ. (Editor-in-chief) Organic Syntheses **13** ('33).

Industrial and Engng. Chem. The synthetic-rubber problem: **26** ('34) 30–33.

J. amer. chem. Soc. Studies of polymerization and ring formation, 10: The reversible polymerization of six-membered cyclic esters[5])[10]): **54** ('32) 761–72; ∼ 11: The use of molecular evaporation as a means for propagating chemical reactions[7]): 1557–59; ∼ 12: Linear superpolyesters[7]): 1559–66; ∼ 13: Polyamides and mixed polyester-polyamides[7]): 1566–69; ∼ 14: A linear superpolyanhydride and a cyclic dimeric anhydride from sebacic acid[7]): 1569–79; ∼ 15: Artificial fibers from synthetic linear condensation superpolymers[7]): 1579–87; ∼ 16: A polyalcohol from decamethylene dimagnesium bromide[9]): 1588–90; ∼ 18: Polyesters from ω-hydroxydecanoic acid[10]): **55** ('33) 4714–19; ∼ 19: Many-membered cyclic anhydrides[7]): 5023–31; ∼ 20: Many-membered cyclic esters[7]): 5031–39; ∼ 21: Physical properties of macrocyclic esters and anhydrides; new types of synthetic musks[7]): 5039–43; ∼ 22: Stereochemistry and mechanism in the formation and stability of large rings[7]): 5043–53; **56** ('34) 2797; ∼ 23: ε-Caprolactone and its polymers[10])[7]): 455–57; ∼ 24: Cyclic and polymeric formulas[7]): **57** ('35) 925–28; ∼ 25: Macrocyclic esters[12]): 929–34; ∼ 26: Meta and para rings[12]): 935f.; ∼ 28: Preparation of macrocyclic lactones by depolymerization[12]): **58** ('36) 654–56. – Acetylene polymers and their derivatives, 3: The addition of hydrogen chloride to vinylacetylene[1])[3]): **54** ('32) 4066–70; ∼ 4: The addition of hydrogen bromide to vinylacetylene, bromoprene and dibromobutene[3])[9]): **55** ('33) 786–88; ∼ 5: The polymerization of bromoprene[9])[3]): 789–95; ∼ 6: Vinylethinylmagnesium bromide and some of its reactions[1]): 1094–96; ∼ 7: Sodium vinylacetylide and vinylethinylcarbinols[8]): 1097–101; ∼ 8: α-Alkyl-β-vinylacetylenes[8]): 1622–24; ∼

9: 1-Alkyl-2-chloro-1,3-butadienes and their polymers[8]): 1624–27; ~ 10: The chlorination of the hydrochlorides of vinylacetylene[1]): 1628–31; ~ 11: Dichloro-2,3-butadiene-1,3 and trichloro-1,2,3-butadiene-1,3 [1]): 2004–08; ~ 12: The addition of thio-p-cresol to divinylacetylene: 2008–12; ~ 13: The action of chlorine on divinylacetylene[2]): 2040–47; ~ 14: The dihydrochloride of divinylacetylene[2]) [11]): 2048–51; ~ 15: Halogen-4-butadienes-1,2; the mechanism of 1,4-addition and of α,γ-rearrangement[1]): 2807–13, 5077; ~ 16: The preparation of orthoprenes by the action of Grignard reagents on chloro-4-butadiene-1,2[1]): 2813–17; ~ 17: Mercury derivatives of vinylacetylene[8])[1]): 4665–67; ~ 18: 1-Halogen-2-vinylacetylenes[8]): 4667–69; [~ 19:] The structure of divinylacetylene polymers[4]): **56** ('34) 1167–69; [~ 20:] The addition of alcohols to vinylacetylene[8])[6]): 1169f. – Homologs of chloroprene and their polymers[2]): **54** ('32) 4071–76. – ε-Caprolactone[7])[10]): **58** ('36) 183.

Trans. Faraday Soc. Studies of polymerization and ring formation, 29: Polymers and polyfunctionality: **32** ('35) 39–53.

Mit: [1]) G. J. Berchet; [2]) D. D. Coffman; [3]) A. M. Collins; [4]) M. E. Cupery; [5]) G. L. Dorough; [6]) H. B. Dykstra; [7]) J. W. Hill; [8]) R. A. Jacobson; [9]) J. E. Kirby; [10]) F. J. van Natta; [11]) J. A. Nieuwland; [12]) E. W. Spanagel.

VI **CARPENTER,** Allen Fuller. Math. — 1909–13 Instructor, '13–18 Assist. Prof., '18–26 Assoc. Prof., '26–49 Prof., Univ. of Washington, Seattle, Wash.

*1880, Juni 12, Marengo, Iowa;
†1949, Okt. 16, Seattle, Wash.

Todesanzeige Bull. amer. math. Soc. **56** ('50) 88.

Bull. amer. math. Soc. A triad of ruled surfaces defined by reciprocal polars: **38** ('32) 95–100. – Involutory systems of curves on ruled surfaces: **45** ('39) 107–13.

Univ. Washington Publ., Math. Ruled surface symbionts: **2** ('30/40) Nr. 2, 35–45. – Complexes invariant under reciprocal polar transformations: Nr. 3, 29–32.

VI **CARPENTER,** Sir Henry Cort Harold. Physikal. Metallurgie. — 1913–40 Prof., Royal School of Mines, Imperial College of Science and Technology, London; '34–35 President of the Institution of Mining and Metallurgy; '35–36 President of the Iron and Steel Institute. — '36 D. Met. (Univ. of Sheffield). — '05 Carnegie Gold Medal (Iron and Steel Inst.); '20 Thomas Turner Gold Medal (Univ. of Birmingham); '31 Bessemer Gold Medal (Iron and Steel Inst.); '32 Gold Medal (Instn. of Mining and Metallurgy); '37 Carl Lueg Goldmedaille (Verein Deutscher Eisenhüttenleute); '38 Gold Medal (Amer. Inst. of Mining and Metallurgical Engineers); '39 Platinum Medal (Inst. of Metals); '40 Honda Gold Medal (Japan. Inst. of Metals).

*1875, Febr. 6, Clifton, Bristol;
†1940, Sept. 14, near Swansea, South Wales.

Nekr. W. Bragg, Proc. roy. Soc., London, Ser. A **177** ('40/41) 15f. – C. H. Desch, J. chem. Soc., London **1941**, 53f. – C. A. Edwards, J. Inst. Metals **66** ('40) 427–34 (m. Bildn.); Obituary Notices Fellows roy. Soc. London **3** ('39/41) 611–25 (m. Bildn., Faks.). – Chemistry and Industry **59** ('40) 666. – J. Iron and Steel Inst. **142** ('40) 291–93 (m. Bildn.).

W. Metals in the service of human life and industry (London '33) 39 S. (British Science Guild, Research and development lecture 1933). – Alloy steels. A historical survey (London '34) 4 S. (Thames House: Bureau of Information on Nickel). – Metals (m. J. Robertson) **1** (Oxford '39) 22+824 S.; **2** ('39) 12+660 S.

Bull. Instn. Mining and Metallurgy A metallographic investigation of native silver[1]): **41** ('32) 382–433. – The single crystal state of metals: **43** ('34) XLI–LXII.

Chemical Age Die Entwicklung der legierten Stähle: **31** ('34) Metallurg. Sect., 3–5 [engl.].

Engineer [London] Alloys – old and new: **159** ('35) 492–94.

Heat Treating and Forging Alloy steels in industry: **20** ('34) 227–32.

Iron and Coal Trades Rev. Structural changes in hypo-eutectoid steels on heating[2]): **126** ('33) 907.

J. Iron and Steel Inst. The austenite-pearlite inversion[2]): **125** ('32) 309–38. – Structural changes in hypo-eutectoid steels on heating: **127** ('33) 259–300. – Alloys – old and new: **131** ('35) 35–53.

Metal Industry [London] A metallographic investigation of native silver: **40** ('32) 344, 349. – The "single-crystal" state of metals: **44** ('34) 557–60, 584–87, 637f. – Alloys – old and new: **46** ('35) 509–12.

Metallurgia [Manchester] Alloy steels in industry: **9** ('34) 175–78.

Nature [London] An Egyptian axe head of great antiquity: **130** ('32) 625f. – Native iron from West Greenland: **136** ('35) 152f.

Mit: [1]) M. S. Fisher; [2]) J. M. Robertson.

VI **CARPENTER,** Thorne Martin. Chem., Physiologie. — 1907–37 Research Chemist of Nutrition Labor., '37–42 Acting Dir., '43–45 Dir., Carnegie Institution, Boston, Mass.; '45 retired. — '46 Hon. Sc. D. (Massachusetts Inst. of Technology, Cambridge, Mass.). (☒)

*1878, Sept. 18, Malden-on-Hudson, N.Y.

S. Encyclopaedia Britannica. A new survey of universal knowledge 1 (Chicago–London–Toronto . . . '65) 965–67: Animal heat.

W. Metabolism of alcohol in the animal body (Washington '37) 14 S. (Carnegie Institution, Supplementary publications, Nr. 31). — Tables, factors and formulas for computing respiratory exchange and biological transformations of energy [3](Washington '39) 142 S.; [4]('48) 147 S.

American J. med. Sci. Effect of glucose administration in diabetic acidosis[13]): **206** ('43) 234–43. — Respiratory quotient and blood pyruvate and lactate responses after oral ingestion of glucose and fructose in diabetes mellitus with and without insulin[13])[14]): **211** ('46) 189–97.

American J. Physiol. The effect of small quantities of galactose on the human respiratory exchange[10]): **102** ('32) 635–45. — A comparison of the respiratory exchange of men and women as affected by the ingestion of galactose[10]): 646–58. — A comparison of the effects on the human respiratory exchange of hexoses ingested separately and together[10]): 659–72. — The influence of glucose and of fructose on the effective dead space in human respiration[10]): **104** ('33) 10–17. — Voluntarily induced increases in the rates of certain "involuntary" physiological processes of a human subject[8])[7]): **110** ('34/35) 320–28. — Effects of hexoses on the respiratory exchange of rhesus monkeys[6]): **141** ('44) 249–54.

Annual Rev. Physiol. Energy metabolism: **3** ('41) 131–50; **8** ('46) 89–98.

Arbeitsphysiologie The effect of ingestion of alcohol on human respiratory exchange (oxygen consumption and R. Q.) during rest and muscular work[10]): **10** ('38/39) 130–57. — The effect of muscular work on the amounts of alcohol in urine, expired air, and blood, after its ingestion by man[10]): 158–71. — The effect of muscular work on the metabolism of man after the ingestion of sucrose and galactose[10]): 172–87.

Archives intern. Med. Carbohydrate combustion in human subjects after oral and after intravenous administration of dextrose[13]): **69** ('42) 997–1004.

Industrial and Engng. Chem., Analyt. Edit. A modified Noyons thermic diaferometer for respiratory gas analysis[2]): **14** ('42) 159–63.

J. amer. chem. Soc. The constancy of the atmosphere with respect to carbon dioxide and oxygen content: **59** ('37) 358–60.

J. amer. dietet. Assoc. Historical development of metabolism studies: **25** ('49) 837–41.

J. amer. med. Assoc. Absorption of insulin labeled with radioactive iodine in human diabetes[13])[9])[5])[11]): **124** ('44) 84–90.

J. Aviat. Med. Partial pressure of CO_2 and O_2 in expired air and alveolar air when O_2 is breathed at different atmospheric pressures[10]): **14** ('43) 240–49, 279.

J. biol. Chemistry Some considerations on precise analysis of air from respiration chambers: **101** ('33) 595–601. — A chemical hygrometer: **112** ('35) 123–33. — The partition of urinary nitrogen of fasting and hibernating woodchucks (Arctomys monax): **122** ('37/38) 343–47.

J. Nutrition [USA] The parallel determination of the respiratory quotient and alveolar air of man in the post-absorptive condition[10]): **6** ('33) 37–53. — Effect of glucose and fructose and the human respiratory quotient and alveolar air[10]): 55–82. — Effect of muscular exercise on metabolism of ethyl alcohol: 205–24. — Effect of galactose on the human respiratory quotient and alveolar carbon dioxide: **13** ('37) 583–600. — Effect of urea on the human respiratory exchange and alveolar carbon dioxide: **15** ('39) 499–512. — Food of the present-day Navajo Indians of New Mexico and Arizona: **18** ('39) 297–305. — Carbohydrate combustion in man after oral versus intravenous administration of dextrose [13]): **19** ('40) 10. — Composition of some common foods with respect to carbohydrate content: 415–22. — Combustion of carbohydrates in man after ingestion of common foods: 423–35. — Respiratory quotient of protein of the Dalmatian dog[15]): **23** ('42) 345–49. — Human respiratory quotients in relation to alveolar CO_2 and blood lactic acid after ingestion of glucose, fructose or galactose[4])[1])[3]): **27** ('44) 241–51. — Effects of glucose, fructose and galactose on the respiratory exchange of the goat[12]): **28** ('44) 71–79. — Effects of sugars on the respiratory exchange of cats: 315–23. — Effects of the dietary supply of carbohydrate on the response of the human respiratory quotient after glucose administration[13]): **30** ('45) 333–41.

J. Pharmacol. and exper. Therapeut. The effect of galactose on the metabolism of ethyl alcohol in man[10]): **60** ('37) 254–63. — The effect of glucose on the metabolism of ethyl alcohol in man[10]): 264–85. — The effect of fructose on the metabolism of ethyl alcohol in man[10]): 286–95.

Publ., Carnegie Instn. Washington Effect of voluntary changes in breathing on human respiratory exchange: **501** ('38) 425–33.

Quarterly J. Studies Alcohol Metabolism of alcohol: **1** ('40) 201–26.

Scientific Monthly The metabolism of alcohol in the animal body: **45** ('37) 5–18.

Mit: [1]) E. H. Bensley; [2]) V. S. Coropatchinsky; [3]) D. B. Dill; [4]) H. T. Edwards; [5]) R. D. Evans; [6]) C. G. Hartmann; [7]) F. A. Hitchcock; [8]) R. G. Hoskins; [9]) J. W. Irvine; [10]) R. C. Lee; [11]) L. Reiner; [12]) E. G. Ritzman; [13]) H. F. Root; [14]) E. Stotz; [15]) H. C. Trimble.

VI **CARR,** Francis Howard. Biochem. (angew.). — 1920–48 Director, '43–48 Chairman, British Drug Houses, Ltd., London; '48 retired. — '28 Hon. D. Sc. (Univ. of Manchester). — '59 Society Medal (Soc. Chem. Industry).

*1874, März 13, Croydon, Surrey.

Bildn. Chemistry and Industry **1959,** 1006.

Zur Biogr. Chemical and Engng. News **37** ('59) Nr. 31, 77 (m. Bildn.). — Nature [London] **152** ('43) 471.

American J. Ophthalmol. Effects of phospholine-iodine (217 MI) on intraocular pressure in man[1]): **49** ('60) 470–74.

Chemistry and Industry Biochemistry and the manufacture of fine chemicals: **12** ('34) 113–23. — The Empire and therapeutic drugs: **19** ('41) 329f. — C. A. Hill †: **1948,** 749. — Autonomy and automation in the chemical industry: **1959,** 1006–08.

J. chem. Soc., London Frank Lee Pyman (1887–1944)[2]): **1944,** 563–70.

Nature [London] Characteristics of highly active vitamin A[3]): **131** ('33) 92. — Dr. Henry Forster Morley †: **151** ('43) 608f. — Mr. C. A. Hill †: **162** ('48) 840f.

Mit: [1]) S. M. Drance; [2]) T. A. Henry; [3]) W. Jewell.

VI **CARRASCO,** P. Astrophysik. — Ord. Prof. Astrophysik u. math. Physik, Univ. Madrid. — Weitere Daten nicht bekannt. (⊠)

Boletín astron. Observat. Madrid Estudio del movimiento del centro de graduación de un círculo por rotación sobre muñones: **1** ('32/34) Nr. 6, 6 S. — Operación de longitudes 1933 [Observaciones de Madrid][1]): Nr. 23, 56 S.

Mit: [1]) E. Gullón.

VI **CARRÉ,** Pierre. Chem. (org.). — 1930–50 Prof. Technol. commerc. et industr., Ecole des Hautes Etudes Commericales, Paris.

*1879, Nov. 10, Luzarches, Seine-et-Oise.

W. Précis de technologie et de chimie industrielle, **1**: Les problèmes généraux de l'industrie chimique [4](Paris '38) 7 + 439 S., [5]('51) 603 S.; **2**: Les industries des produits minéraux [4](Paris '39) 8 + 594 S., [5]('53) 8 + 746 S.; **3**: Les industries des produits organiques [4](Paris '39) 12 + 781 S., [5]('52) 12 + 892 S.

Bull. Soc. chim. France, Mém. Sur l'acide α-phényl-γ-oxybutyrique et ses dérivés[3]): (4) **53** ('33) 264–66. — La thionylaniline comme réactif en chimie organique, son emploi pour la caractérisation des acides à l'état d'anilides: 293–95. — Sur les chlorures d'acides alcoyl- et arylsulfureux (chlorosulfites d'alcoyle et d'aryle) et sur les éthers sulfureux mixtes[3]): 1050–75. — Les mobilités relatives des radicaux organiques dans leurs chlorosulfites: 1075–84. — Sur les bromosulfites d'alcoyle[3]): (5) **1** ('34) 545–47. — Sur les mobilités relatives des radicaux organiques dans leurs bromosulfites: 742–44. — La décomposition des sulfites neutres d'alcoyle par la chaleur[3]): 1248–50. — Sur le sulfite neutre de cyclohexyle[3]): **2** ('35) 160f. — Sur la préparation du chlorure de vératryle et sur la formation du noyau dihydro-9,10-anthracénique[3]): 291–95. — La réaction du chlorure de thionyle sur l'acide phénylglycolique[3]): 1166–68. — Sur les éthers alcoyl- et arylsulfiniques[3]): 1700–03. — La réaction du chlorure de thionyle sur le cyclohexanol[3]): **3** ('36) 144. — Les mobilités relatives des radicaux alcoyles dans leurs chlorosulfites et dans leurs chloroformiates: 1064–73. — Essai d'interprétation des principales différences de propriétés des chlorosulfites et des chloroformiates d'alcoyle: 1073–82. — Sur la préparation du chlorure de thionyle chimiquement pur[3]): **6** ('39) 579f. — Remarque au sujet d'une communication de W. Gerrard: Etude sur les esters sulfureux et les chlorosulfites[3]): 1255. — Sur la détermination de la solubilité des phosphates de chaux agricoles dans l'acide citrique à 2% (Réactif de Wagner)[1]): **10** ('43) 322–24.

C.R. hebd. Séances Acad. Sci., Paris Sur les mobilités relatives des radicaux dans les chlorures de sulfites acides d'alcoyle: **194** ('32) 1835–37. — La thionylaniline comme réactif en chimie organique, son emploi pour la caractérisation des acides à l'état d'anilides[3]): 2218–20. — Sur les chlorures d'acides arylsulfureux et sur les sulfites mixtes d'aryle et d'alcoyle[3]): **195** ('32) 799–801. — Le mécanisme de la réaction du pentachlorure de phosphore sur les sulfites neutres d'alcoyles[3]): 1080–82. — Sur l'acide α-phényl-γ-oxybutyrique et sa lactone[3]): **196** ('33) 117f., 447. — La réaction du chlorure de thionyle sur le phénol[3]): 275–77; **197** ('33) 1072. — La réaction du pentachlorure de phosphore sur les sulfites neutres d'aryle[3]): **196** ('33) 864–66. — Sur les chlorures d'acides alcoylsulfureux[3]): 1419–21. — Sur les mobilités des radicaux alcoyles dans leurs chlorosulfites: 1806–09. – Sur les bromosulfites d'alcoyle et d'aryle[3]): 197 ('33) 1326–28. – Sur les mobilités des radicaux organiques dans leurs bromosulfites: 198 ('34) 181f. – L'influence du groupe phényle sur la réaction du chlorure de thionyle avec les alcools aliphatiques primaires[3]): 274–76. – Sur les mobilités relatives des radicaux propyle et isopropyle et de leurs dérivés mono- et dichlorés[4]): 939f. – Sur la préparation du chlorure de vératryle et sur la formation du noyau dihydro-9,10-anthracénique[3]): 199 ('34) 791–93. – Sur la préparation des chlorures d'acides au moyen du chlore de thionyle[3]): 1422f. – Les mobilités relatives des radicaux alcoyles primaires normaux de C^1 à C^{16} dans leurs chlorosulfites: 200 ('35) 555–57. – La réaction du chlorure de thionyle sur l'acide phénylglycolique[3]): 1215–17. – Les mobilités relatives des radicaux alcoyles primaires normaux de C^1 à C^{16} dans leurs chloroformiates[5]): 1767–69. – Sur les éthers alcoyl- et arylsulfiniques[3]): 2086–89. – La réaction du chlorure de thionyle avec les acides m- et p-aminobenzoïques[3]): 201 ('35) 147–49. – L'influence d'un élément ou d'un groupement négatif sur les mobilités relatives des radicaux alcoyles dans leurs chloroformiates[5]): 898–900. – Essai d'interprétation de quelques différences de propriétés des chlorosulfites et des chloroformiates d'alcoyle, du point de vue électronique: 202 ('36) 298–300. – Sur une règle pratique permettant d'interpréter certaines réactions de la chimie organique du point de vue électronique: 740–42, 1724. – Sur le chlorure de pyruvyle[2]): 1521–23. – Sur les mobilités relatives des radicaux alcoyles normaux dans leurs chlorothioformiates[6]): 2159–61. – L'influence du groupe terminal sur le point de fusion des composés aliphatiques à chaîne normale[5]): 204 ('37) 347–49. – Quelques effets antioxygènes du point de vue de la règle pratique de l'écart électronique[6]): 208 ('39) 108f.

Mit: [1]) J. Gasiorowski; [2]) P. Jullien; [3]) D. Libermann; [4]) J. Pasche; [5]) H. Passedouet; [6]) L. Peigné.

VI **CARRELLI,** Antonio. Physik. – Prof. incar. Fisica teoret., poi Prof. ord. Fisica sperimentale, Univ. di Napoli. (⊠)
*1900, Juli 1, Napoli.

MHZ. Nuovo Cimento **15** ('38) ff.

S. Giornata della scienza, IV Sessione indetta dal C.N.R. in occasione della XXXII Fiera di Milano. Convegno di elettrotecnica e televisione, Milano 1954, **2** (Roma '55): I materiali semiconduttori nella moderna elettronica. – Atti ufficiali del IV Convegno internazionale delle comunicazioni, Genova 1956 (Genova '57): L'energia nucleare applicata alle telecomunicazioni.

W. La teoria dei quanti (Roma '32) 152 S. – Le proprietà elastiche dei corpi solidi (Milano '35) 24 S. (Quaderni di attualità scientifica, 1). – Corso di fisica per i licei classici **1** (Napoli '40) 10 + 255 S.; **2** ('41) 308 S. – Limiti e possibilità della scienza. Considerazioni filosofiche di un fisico (Bari '47) 135 S. (Biblioteca di cultura moderna, 425). – Lezioni di fisica applicata alla biologia (Napoli '48) 495 S. – Appunti di lezioni di fisica superiore [2](Napoli '48) 207 S.; [4]('55) 425 S. – Lezioni di fisica sperimentale **1**: Meccanica, acustica, termologia [7](Napoli '50) 600 S., ('56) 543 S.; **2**: Ottica, elettricità [7]('51) 575 S., ('56) 533 S. – Manuale di fisica medica (Milano–Messina '50) 662 S. – Raccolta di esercizi di fisica (m. F. Cennamo) (Napoli '53) 4 + 414 S. – La materia (Roma '55) 112 S. (Universale studium, 41). – Corso di fisica per i licei classici **1**: Meccanica, termologia (Torino '56) 8 + 280 S.; **2**: Acustica, ottica, elettricità e magnetismo (Torino '57) 312 S.

Atti reale Accad. Italia, Mem. Sulle proprietà ottiche dei metalli: **11** ('40) 315–24.

Atti (reale) Accad. nazion. Lincei, Rend. Potere emissivo totale e parziale di alcune sostanze, 1: (6) **29** ('39) 241–47; ~ 2: 381–88; ~ 3: 435–41; ~ 4: 664–71. – Sul potere emissivo parziale di alcuni cloruri: (7) **2** ('40/41) 51–55. – Sul significato del principio di Hamilton[9]): 142–57. – Laureto Tieri †: (8) **16** ('54) 156–59. – Giancarlo Vallauri †: **24** ('58) 764–71.

J. Physique et Radium Vitesse de propagation des ondes thermostatiques dans les liquides[8]): **22** ('61) 385–87.

Memorie Soc. astron. ital. Sulla costante cosmologica: **25** ('54) 305–09.

Nuovo Cimento Michele Cantone †: (N.S.) **10** ('33) 45–51. – Sull'intensità dell'effetto Raman nell'acqua[4]): 329–32. – Sopra alcune regolarità esistenti fra gli isotopi: **11** ('34) 542–46. – Sugli spettri d'arco dei metalli alcalini con grande densità di vapore[1]): 685–89. – Assorbimento ultrarosso di soluzioni acquose: **12** ('35) 65–72. – Sul campo agente nell'interno dei ferromagnetici: 337–41. – Sull'assorbimento dell'ossigeno liquido: 423–25. – Sull'intensità del continuo Raman nei miscugli alcool-benzolo[4]): **14** ('37) 217–21. – Sullo spettro d'assorbimento dell'acqua allo stato liquido: 245–56. – Sulla relazione tra frequenza e massa ridotta nelle molecole biatomiche[14]): 301–09. – Paolo Trautteur †: 460. – Su alcune armoniche superiori dell'oscillazione C–H nel primo ultrarosso[15]): **15** ('38) 1–4. – Sull'emissione termica nella prima zona ultrarossa di alcuni silicati: **17** ('40) 271–74. – Sull'effetto Hall: (9) **3** ('46) 40–49; **6** ('49) 176–79. – Misure di conducibilità ad alte frequenze, 1[12]): **7** ('50) 1–8 (m. engl. Zusammenfassung); ~ 2[12]): 9–12 (m.

engl. Zus.). — Sulla propagazione di onde ultrasonore nei liquidi[10]): 94–98 (m. engl. Zus.). — Sulla compressibilità delle soluzioni elettrolitiche[2]): 190–95 (m. engl. Zus.). — Misure di conducibilità in alta frequenza con soluzioni dotate di notevole viscosità[12]): **8** ('51) 308–11 (m. engl. Zus.). — Visualizzazione delle onde di viscosità nei liquidi[2]): 889f. — Misure della costante dielettrica di soluzioni saline acquose in alta frequenza[12]): **9** ('52) 1–4 (m. engl. Zus.). — Ultrasonic grating remaining after stopping the supersonic waves [, 1][10]): 90f.; ~ 2[10]): **10** ('53) 98–102; ~ 3[10]): 883–92; ~ 4[10]): 1406–14; ~ 5[10]): (10) **1** ('55) 527–31 (alle m. ital. Zus.). — Diffrazione di raggi x da parte di soluzioni acquose di zucchero caramellato[13]): (9) **9** ('52) 440f. — Misure di conducibilità in alta frequenza con soluzioni viscose[12]): 618f. (m. engl. Zus.). — Misure di conducibilità di elettroliti forti e deboli in alta frequenza[12]): 719–21 (m. engl. Zus.). — Sul problema della separabilità delle variabili: **10** ('53) 1213–18 (m. engl. Zus.). — La viscosità di volume[4]), 1: **11** ('54) 429–35; ~ 2: **12** ('54) 1–4; ~ 3: (10) **1** ('55) 365–71 (alle m. engl. Zus.). — Su di un'onda di pressione nei liquidi[2]): (9) **11** ('54) 590–95 (m. engl. Zus.). — Duration of the diffraction grating in relation to the state of the powders in suspension[6]): (10) **2** ('55) 898–903 (m. ital. Zus.). — On thermoelastic waves in liquids[7]): **3** ('56) 1254–61 (m. ital. Zus.). — Dynamic determination of viscosity[16]): **4** ('56) 1009–16 (m. ital. Zus.); ~[11]): **8** ('58) 356–58. — A new method for the determination of the acoustic absorption coefficient in liquids[6]): **5** ('57) 773–83 (m. ital. Zus.). — Information on a 2.5 MeV microtron[10]): **6** ('57) 729–34 (m. ital. Zus.). — Measurement of the wind produced in liquids by an excited piezoelectric quartz[4]): **9** ('58) 303–08 (m. ital. Zus.). — The Debye effect in electrolytic and colloidal solutions in high frequency acoustic fields[5])[6]): **11** ('59) 139–41. — On the mechanical moment of rotation of mixtures of liquids in rotating electric fields[8]): 262–68 (m. ital. Zus.). — On the mass of elementary particles: 289f. — On the viscosity of fluids[11]): **13** ('59) 555–61 (m. ital. Zus.). — On Mach's principle: 853–56. — On the dielectric constant of some aqueous solutions[3]): **14** ('59) 161–67 (m. ital. Zus.). — On the viscosity of liquids[10]): **19** ('61) 197–209 (m. ital. Zus.). — Variation of the rotatory power in an optical antipode, produced by 2 MeV electrons[10]): 844–46. — Experimental behaviour of the complex coefficient of viscosity with the temperature for the frequency of 50 Hz[10]): **23** ('62) 665–68 (m. ital. Zus.). — On the intensity and shape of nuclear quadrupolar signals[7])[8]): **26** ('62) 1144–52 (m. ital. Zus.).

Physikalische Z. Über die Kernstruktur: **33** ('32) 73–76.

Rend. reale Accad. Sci. fisiche mat., Napoli Michele Cantone †: (4) **2** ('32) 13–19. — Sull'azione di allargamento di linee spettrali per effetto di aumento di densità: **3** ('33) 39–54; ~ 2: 101–09. — Sull'intensità dell'effetto Raman: 156–60. — Orso Mario Corbino †: **7** ('37) 178–82.

Ricerca sci. Aspetti moderni della fisica: **21** ('51) 2093–2101.

Scientia Moderne idee sulle forge nucleari: (4) **64** ('38) 178–89.

Z. Physik Über einige Regelmäßigkeiten im Aufbau der Isotopen: **75** ('32) 111–14. — Intensitätsmessungen im Raman-Spektrum[17]): **76** ('32) 236–49. — Über den Ramaneffekt in Flüssigkeiten[17]): **80** ('33) 232–36.

Mit: [1]) M. Battista; [2]) G. Branca; [3]) L. della Caggia; [4]) F. Cennamo; [5]) G. Cozza; [6]) F. S. Gaeta; [7]) E. Grossetti; [8]) M. Marinaro; [9]) G. D. Mattioli; [10]) F. Porreca; [11]) E. Ragozzino; [12]) L. Rescigno; [13]) E. Tartaglione; [14]) P. Trautteur; [15]) P. Tulipano; [16]) A. de Vito; [17]) J. J. Went.

VI **CARRIÈRE,** Zéphirin Numa Amédée André. Physik. — Prof. de Physique et Chimie, Ecole Supérieure des Sciences, Institut Catholique de Toulouse; 1952 en retraite.

*1876, Nov. 18, St. Rome de Dolan, Lozère.

S. Acoustique musicale, Marseille 1958 (Paris '59) (Colloques internationaux du Centre national de la recherche scientifique, 84) 215–19: Entretien d'un tuyau à anche libre.

Bull. (mens.) Soc. Astron. popul. Toulouse La répulsion du vide: **29** ('38) 25. — Un nouvel étalon de durée: l'horloge atomique: **1950,** 89–104.

Cahiers Physique Tuyaux sonores diaphragmés: **1945,** Nr. 27, 1–17. — Triboluminescence du caoutchouc: **1953,** Nr. 46, 63–80. — Exploration par le fouet des deux faces du mur du son: **9** ('55) Nr. 63, 1–17. — Petite chambre excitée par tuyau sonore. Accord et pompage: **12** ('58) Nr. 89, 1–7.

C.R. Congr. Soc. savantes Paris et Dép. Fréquence propre d'une lame métallique: **66. 1933,** 6 S.

J. Physique et Radium Courbes de Lissajous électro-acoustiques: (7) **3** ('32) 355–72. — Fréquencemètre radioélectrique: **5** ('34) 571–74. — Flammes microphoniques: **7** ('36) 145 Sf. — Analyseur mesurant les phases relatives des harmoniques d'un son: **10** ('39) 14–22. — L'inertie des régimes dans les fluides oscillants: (8) **1** ('40) 68–73. — Nuages lumineux diurnes: **5** ('44) 95f. — Critérium de sensibilité des jets gazeux et des flammes aux ondes sonores: **8** ('47) 225–33. — Virage du blanc au violet par vision stroboscopique: **9** ('48)

122–29. – Action chimique des ondes sonores sur les flammes sensibles: **11** ('50) 124–30.

Revue Acoustique Mesures absolues des grandeurs fondamentales en acoustiques: **1** ('32) 28–51, 110–25. – Modulation des forces électromagnétiques par flammes variables: **6** ('37) 24–50. – Flammes excitatrices pour signal: **8** ('39) 47–78.

VI **CARROLL,** Burt Haring. Chem. – 1933–45 Chemist, '45–51 Supervisory Scientist, '51– Research Associate, Eastman Kodak Co., Rochester, N.Y. – Médaille Janssen (Soc. Franç. Photogr.). (☒)

*1896, März 20, Tenafly, N.J.

S. Proc. 6th Summer conference at Massachusetts Institute of Technology on spectroscopy and its application, 1938 (New York '39) 151–56, ~ 7th ~, 1939 ('40) 161–66: Spectroscopic plates and their sensitization. – Fundamental mechanisms of photographic sensitivity (New York–London '51) 162–82: Optical sensitization of photographic emulsions.

Annals New York Acad. Sci. Adsorption of dyes to microcrystals of silver halide[12])[13]): **58** ('54) 893–909.

British J. Photogr. A summary of emulsion knowledge: **79** ('32) 622–25, 637–39, 654–56, 684–86. – The emulsion: Variations in sensitization by dyes[3]): **80** ('33) 207f., 223f.

Bur. Standards J. Res. The photographic emulsion: Silver-ion and hydrogen-ion concentrations and sensitivity[3]): **8** ('32) 481–505; ~: Analysis for non-halide silver and soluble bromide[3]): 711–27; ~: Variables in sensitization of emulsions by dyes[3]): **9** ('32) 529–45; ~: Mechanism of hypersensitization[3]): **10** ('33) 211–28; ~: Sensitization by sodium sulphite[3]): **11** ('33) 743–64; ~: Notes on the stability of finished plates[3])[4]): **12** ('34) 223–30. – Photographic reversal by desensitizing dyes[4]): **10** ('33) 449–64. – Kinetics of reaction between silver bromide and photographic sensitizers[3]): **12** ('34) 329–44.

Industrial and Engng. Chemistry, Analyt. Edit. Automatic apparatus for intermittent washing: **4** ('32) 323f.

J. amer. chem. Soc. On long range forces in solution: **72** ('50) 2763f.

J. chem. Physics Spectral sensitivity and light absorption of dye-sensitized photographic emulsions[5])[9]): **5** ('37) 878–88 [franz. in: Science et Industries photogr. (2) **9** ('38) 1–10]. – Surface-dye concentration relationships in sensitized photographic emulsions[5])[9]): 893–96. – Photoconductivity in photographic systems, I[12]): **15** ('47) 529–39; ~ 2: 539–43. – Small-angle x-ray scattering from metal deposits made by evaporation[1]): **16** ('48) 153f. – Spectral changes of dyes in colloidal solutions of hydrous oxides[10]): **17** ('49) 1336. – Energy transfer in the photosensitization of silver halide photographic emulsions[12]): **19** ('51) 417–27.

J. photogr. Sci. Some effects of gelatin on the adsorption of sensitizing dyes on silver halide grain surfaces[12])[13]): **1** ('53) 145–48.

J. physic. Chem. The adsorption of sensitizing dyes in photographic emulsions[12])[13]): **56** ('52) 1054–67. – The effect of impurities on the optical sensitization of the photographic emulsion[12]): **57** ('53) 797–801.

J. physic. and Colloid Chem. Desensitization by sensitizing dyes[8]): **52** ('48) 1090–1103.

J. Soc. Motion Picture Engr. The mechanism of hypersensitization[3]): **18** ('32) 600–08.

Photographic Sci. and Engng. Our present understanding of spectral sensitization: **5** ('61) 65–78. – Effect of chemical sensitization on spectral sensitization[6])[2]): 230–34.

Progress Photogr. Optical sensitization: **2** ('54) 80–83.

PSA Journal Effect of oxygen and moisture on desensitization in photographic emulsions [11])[7]): **18 B** ('52) 11–14 [franz. in: Science et Industries photogr. **23** ('52) 44–47].

Mit: [1]) I. Fankuchen; [2]) R. B. Henrickson; [3]) D. Hubbard; [4]) C. M. Kretchman; [5]) J. A. Leermakers; [6]) E. A. MacWilliam; [7]) R. F. Quirk; [8]) J. Spence; [9]) C. J. Staud; [10]) A. W. Thomas; [11]) W. Vanselow; [12]) W. West; [13]) D. L. Whitcomb.

VI **CARROLL,** Sir John Anthony. Astrophysik. – 1930–45 Prof. Natural Philos., Univ. of Aberdeen; '42–46 Assistant and Deputy Director of Scientific Research, '46–47 Director of Physical Research, Admiralty; '48– Deputy for Research and Development to Controller of the Navy, and Scientific Adviser to Board of Admiralty. (☒)

*1899, Jan. 8, Flixton, Lancashire, England.

S. Vistas in astronomy (A. Beer) **1** (London–New York '55) (Journal of atmospheric and terrestrial physics. Supplement Nr. 3) 704–07: Eclipse observing.

Monthly Notices roy. astron. Soc. The spectroscopic determination of stellar rotation and its effects on line profiles: **93** ('33) 478–507. – The rotational speeds of the stars[1]): 508–19. – On the effect of errors of observation on the spectroscopic determination of stellar rotation: 680–90. – On a proposed modification of Michelson's stellar interferometer: **99** ('39) 735–37.

Nature [London] Zones of apparent inhibition of sunspots on the solar disc: **131** ('33)

548f. — The total solar eclipse of june 19, 1936. Observations at Omsk: **138** ('36) 349–52. — A method of determining stellar rotation: **140** ('37) 162. — Dr. Alan Baxter and Mr. John H. Strong †: **159** ('47) 667. — An absolute scale of time: **184** ('59) 260f.

Quarterly J. Math., Oxford Ser. An application of Fourier transforms to the evaluation of a class of repeated integrals arising in calculations of probability: **9** ('38) 176–81.

Mit: [1]) L. J. Ingram.

v, vi **CARRUS,** Sauveur. Math. — 1911– Prof., Univ. d'Alger. — Weitere Daten nicht bekannt. (☒)

*1873, Dez. 15, Alger.

W. Cours de calcul différentiel et intégral et méthode de formation au raisonnement mathématique, 2: Fonctions de variables complexes. Equations aux dérivées partielles. Applications géométriques (Paris '32) 783 S.

Annales Fac. Sci. Toulouse Problèmes relatifs aux courbes et aux surfaces dont la solution générale peut s'obtenir sans aucun signe de quadrature: (3) **28** ('36) 149–87.

Bull. math. Fac. Sci. et grandes Ecoles, Marseille Sur une classe remarquable de courbes gauches: **2** ('35) 161–68.

C.R. hebd. Séances Acad. Sci., Paris Sur les trajectoires des méridiennes d'une surface de révolution: **199** ('34) 404f. — Sur les développées successives d'une courbe gauche: **201** ('35) 465–68.

J. Ecole polytechn., Paris Intégration sans signe de quadrature de certains systèmes d'équations différentielles: **138** ('32) 115–27. — Développées successives d'une courbe gauche: **144** ('38) 167–76.

iv–vi **CARSLAW,** Horatio Scott. Math. —1903–35 Prof., '35 Prof. Emeritus, Univ. of Sydney, N.S.W. — Hon. D. Sc. (Univ. of Adelaide). (☒)

*1870, Febr. 12, Helensburgh, Schottland;

†1954, Nov. 11, Burradoo.

Zur Biogr. Nature [London] **134** ('34) 132.

Nekr. R. A. Houstoun, Edinburgh math. Notes Nr. **40** ('56) 26. — J. C. Jaeger, J. London math. Soc. **31** ('56) 494–501 (m. Schr.verz. 66 Nrn.). — T. G. Room, J. and Proc. roy. Soc. New South Wales **89**.1955 ('56) XXVII; Nature [London] **175** ('55) 105f.; Yearb. roy. Soc. Edinburgh **1954/55** ('56) 9–11.

Ue. R. Bonola, Non-euclidean geometry; a critical and historical study of its developments. Übers. aus d. Ital., Neuauflagen (New York '55, London '56, New York '59).

W. An introduction to the infinitesimal calculus, Neuauflagen (New York '32, '35). — Plane trigonometry [4](New York '36); [5]('41); [6]('45). — Operational methods in applied mathematics (m. J. C. Jaeger) (New York–Oxford '41) 16 + 264 S.; [2](Oxford '48) 16 + 359 S. — Introduction to the mathematical theory of the conduction of heat in solids [2](New York '44) 12 + 268 S. — Conduction of heat in solids (m. J. C. Jaeger) (Oxford '47) 6 + 386 S.; [2]('59) 10 + 510 S. — Introduction to the theory of Fourier's series and integrals [3](New York '49) 368 S.; [4]('52), (London '57).

Australian Quarterly Federal incom tax: **10** ('32) 1–11.

Bull. amer. math. Soc. On Green's functions in the theory of heat conduction[2]): **45** ('39) 407–13.

Economic Rec. Federal and state income tax: **17** ('41) 19–. — The uniform income tax in Australia: **18** ('42) 158–. — Australian income tax, 1943: **19** ('43) 1–; ∼ 1945: **21** ('45) 40–. — The Australian Social Services contribution and income tax acts, 1946: **22** ('46) 219–; ∼ 1947: **23** ('47) 177–.

J. London math. Soc. The determination of Green's functions for the equation of conduction of heat in cylindrical coordinates by the Laplace transformation[2]): **15** ('40) 273–81. — John Raymond Wilton †[1]): **20** ('45) 58–64.

J. and Proc. roy. Soc. New South Wales Progressive rates of tax in Australia: **75** ('41) 31–; ∼ 2: **76** ('42) 304–.

Mathematical Gaz. Operational methods in mathematical physics: **22** ('38) 264–80.

Philosophical Mag. and J. Sci. A trigonometrical sum[3]): (7) **16** ('33) 1065–79. — Some problems in the mathematical theory of the conduction of heat[2]): **26** ('38) 473–95. — A simple application of the Laplace transformation: **30** ('40) 414–17. — Determination of Green's functions for line sources for the equation of conduction of heat in cylindrical coordinates by the Laplace transformation[2]): **31** ('41) 204–08.

Proc. Cambridge philos. Soc. A problem in conduction of heat[2]): **35** ('39) 394–404.

Proc. London math. Soc. Some two-dimensional problems in conduction of heat with circular symmetry[2]): (2) **46** ('40) 361–88.

Mit: [1]) G. H. Hardy; [2]) J. C. Jaeger; [3]) R. J. Lyons.

vi **CARSON,** John Renshaw. Elektrotechnik. — 1934–36 Transmission Theory Engineer, '36–40 Research Mathematician, Bell Telephone Laboratories, New York City. — '36 Hon. D.Sc. (Polytechnic Institute of Brooklyn, N.Y.). —

'24 Liebmann Memorial Prize (Institute of Radio Engineers); '39 Elliott Cresson Medal (Franklin Institute).

*1887, Juni 28, Pittsburgh, Pa.;
†1940, Okt. 31, New Hope, Pa.

Todesanzeigen Bull. amer. math. Soc. **47** ('41) 29. – Science [USA] **92** ('40) 421.

W. Electric circuit theory and the operational calculus ²(New York '53) 197 S.

Bell Labor. Rec. Mathematics and electrical communication: **14** ('36) 397–99.

Bell System techn. J. Hyperfrequency wave guides. Mathematical theory[2][3]): **15** ('36) 310–33. – Extension of operational calculus: 340–42. – Variable frequency electric circuit theory with application to the theory of frequency-modulation[1]): **16** ('37) 513–40. – Frequency-modulation: Theory of the feedback receiving circuit: **18** ('39) 395–403.

Wireless Engr. Amplitude, frequency, and phase angle modulation: **17** ('40) 477.

Mit: ¹) T. C. Fry; ²) S. P. Mead; ³) S. A. Schelkunoff.

VI **CARSTENS,** Carl Wilhelm. Geol., Kristallogr., Petrogr. – 1919–37 Dozent, Norges Tekniske Høgskole, Trondhjem; '37 Werksgeologe, Orkla Grube-Aktiebolag; Konsulent, A/S Christiania Spigerwerk u. A/S Norsk Hydro; '36–50 Direktor, Det Kongelige Norske Videnskabers Selskap, Museets mineralsamling; '47–48 Gastprof., Univ. Oslo. (⊠)

*1887, Dez. 6, Trondhjem;
†1950, Juli 5, Trondhjem.

Nekr. H. Bjørlykke, Norsk geol. Tidsskr. **29** ('52) 222–31 (m. Bildn., Schr.verz.). – St. Foslie, Norske Vid.-Akad. Oslo Årbok **1950** ('51) 71–75, 102 (m. Bildn.). – T. Vogt, Kongel. norske Vid. Selsk. Forh. **23**.1950 ('51) 72–82 (m. Bildn., Faks., Schr.verz. 78 Nrn.).

Zur Bibliographie Publikasjonsfortegnelse (Trondhjem '47) 7 S.

S. Norges Tekniske Høiskole. Avhandlingar til 25-års jubileet 1935 (Trondhjem '35) 171–208: Zur Genesis der Kiesvorkommen des Trondhjemgebiets [auch in: Kongel. norske Vid. Selsk. Skr. **1935**, Nr. 11, 1–40]. – Strinda Bygdebok **1** (Trondhjem '37) 1–18: Det faste fjell; 29–32: Eiendomsretten til mineraler og bergarter. – Det Kgl. Norske Vid. Selsk. Museet, Årsberetning for 1938 (Trondhjem '39) 56–60, ~ 1939 ('40) 56, ~ 1948 ('49) 40f.: Mineralsammlungen [norweg.].

W. Forelesninger i malmgeologi ved Oslo Universitet, vinteren 1947–48 (Oslo '48) 205 S. (hektogr.).

Geologiska Fören. Stockholm Förh. Schwefelkiesvorkommen im Trondhjemgebiet: **67** ('46) 569–71 [norweg.].

Kongel. norske Vid. Selsk. Forh. Über Antimonvorkommen in Norwegen: **9** ('36) 85–88. – Plumosit von Forvik, Helgeland (Norwegen): **10** ('37) 83–85. – Berthierit (Eisenantimonglanz) von Ringvassøy (Norwegen): 86–88. – Lauritz Dorenfeldt Jenssen †: **11** ('38) 30–32. – Zur Frage der Metamorphose der Schwefelkieserze: **14** ('41) 9–12. – Zur Geochemie einiger norwegischer Kiesvorkommen: 36–39. – Über sedimentäre Schwefelkiesvorkommen: 120–22. – Ein neuer Beitrag zur geochemischen Charakteristik norwegischer Schwefelkieserze: **15** ('42) 1–4. – Turmalin und Flußspat als Bestandteile von Schwefelkieserz: 13–16. – Über kupferhaltige Kiesvorkommen des Leksdalstypus: 161–64. – Über den Co–Ni-Gehalt norwegischer Schwefelkiesvorkommen: 165–68. – Über den Vanadiumgehalt norwegischer sedimentärer Eisenoxid- und Eisensulfiderze: **16** ('43) 1–4. – Über Formen norwegischen Schwefelkiesvorkommens: **17** ('44) 27*–54* [norweg.]. – Kupferkieskristalle von norwegischen Schwefelkiesvorkommen: **18** ('45) 61–63. – Kobaltglanz als Bestandteil von Schwefelkieserz: 64–66. – Über Pillow-tekstur im Schwefelkieserz: 79–82. – Zusammensetzung des norwegischen Ilmenit, 1: 83–86 [norweg.]; ~ 2: 113–16 [norweg.]. – Ein Kobaltvorkommen in „Vestranden": **20** ('47) 78–81 [norweg.].

Mineralogische u. petrogr. Mitt. Prof. Dr. J. H. L. Vogt als Forscher und Wissenschaftler: **44** ('33) 249–64.

Naturen Erzvorkommen in der Tiefe: **60** ('36) 168–77 [norweg.].

Norsk geol. Tidsskr. J. H. L. Vogts Forschungstätigkeit: **11** ('32) 440–53 [norweg.]. – Elektrische Metallsuchmethoden und ihre Bedeutung für die Schürfarbeit: 490 [norweg.]. – Zur chemisch-mineralogischen Zusammensetzung der titanhaltigen Eisenerzvorkommen: **19** ('40) 348–52. – Über geochemische Untersuchungen von Erzen: **21** ('42) 213–21 [norweg.]. – Über die chemische Zusammensetzung von Kalksteinen des Trondhjemgebiets: **25** ('45) 193–215 [norweg.].

Teknisk Ukeblad Seit wann hat die Welt Metalle?: **84** ('37) 164 [norweg.]. – Schürfeisen: 216. – Kurze Übersicht über Norwegens Eisenerzvorkommen (Oxiderze): **86** ('39) 195–97 [norweg.]. – Bergingenieure: **96** ('49) 897 [norweg.].

Tidsskr. Kjemi og Bergvesen Unsere Schwefelvorkommen und ihre ökonomische Bedeutung: **13** ('33) 79f. [norweg.]. – Jernsakens løsning: **16** ('36) 91. – Bergtechnische Definitionen: **18** ('38) 38–40 [norweg.]. – Ein Besuch in der ältesten Grube der Welt: **20** ('40) 69–71 [norweg.].

Tidsskr. Kjemi, Bergvesen og Metallurgi Wie wurde der verworfene Moltkegang gefunden?[1]: **6** ('46) 108–10 [norweg.]. — Norwegens Vorrat an nutzbaren Mineralien: **10** ('50) 21–24 [norweg.].

Z. dtsch. geol. Ges. Zur Genesis der norwegischen Schwefelkiesvorkommen: 88 ('36) 257–68.

Z. prakt. Geol. Zur Frage der Genesis der norwegischen Kiesvorkommen: **40** ('32) 97–99. — Eisen- und Manganwiesenerze in Tarmfjorddal: **41** ('33) 113–17.

Zbl. Mineral., Geol. u. Paläontol., Abt. A Tridymit als Schlackenmineral: **1933,** 321f.

Mit: [1]) J. Engzelius.

VI **CARTAN,** Elie Joseph. Math. — 1912–40 Prof. Géom. supér., Fac. des Sciences, Univ. de Paris; Prof., Ecole Municipale de Physique et de Chimie Industrielles, Paris; '47 Membre du Bureau des Longitudes. — '36 Hon. D. Sc. (Harvard Univ., Cambridge, Mass.); '47 Dr. h. c. (Univ. de Bruxelles); Dr. h. c. (Univ. de Liège); Dr. h. c. (Univ. cathol. Louvain). — Lobačevskij-Preis (Math. Inst. Kazan').
*1869, Apr. 9, Dolomieu, Isère;
†1951, Mai 6, Paris.

Bildn. Bull. Soc. math. France **79** ('51) V.

Zur Biogr. Nature [London] **159** ('47) 701.

Zum 70. Geb.tag E. Picard, Bull. Sci. math. (2) **63** ('39) 163–66.

Zum wiss. Jubiläum Festschrift: Selecta. Jubilé scientifique de Monsieur Elie Cartan (Paris '39) 1+260 S. (m. Bildn.).

Nekr. U. Amaldi, Atti Accad. nazion. Lincei, Rend. (8) **12** ('52) 767–73. — G. Bouligand, Revue gén. Sci. pures et appl. **58** ('51) 112. — S. S. Chern, C. Chevalley, Bull. amer. math. Soc. **58** ('52) 217–50 (m. Schr.-verz. 60 Nrn.). — W. V. D. Hodge, J. London math. Soc. **28** ('53) 115–19. — M. Javillier, C. R. hebd. Séances Acad. Sci., Paris **232** ('51) 1785–91. — N. Saltykov, Vesn. Druš. Matematičara i Fizičara Narodne Republ. Srbije **4** ('52) Nr. 3/4, 59–64 (m. Bildn.). — J. A. Schouten, Jaarb. koninkl. nederl. Akad. Wet. **1951/1952,** 196f. — J. H. C. Whitehead, Obituary Notices Fellows roy. Soc. London **8** ('52/53) 71–95 (m. Bildn., Faks., Schr.verz. 186 Nrn.). — Bull. Cl. Beaux-Arts, Acad. roy. Belgique **34** ('52) 62f. — Bull. Cl. Lettres et Sci. morales et polit., Acad. roy. Belgique **38** ('52) 246f.

Zur Bibliogr. Notices sur les travaux scientifiques de Monsieur Elie Cartan (Paris '31).

Gesammelte Werke Œuvres complètes, Partie I: Groupes de Lie **1** (Paris '52) 32 + 568 S. (m. Bildn., Biogr., Schr.verz.), **2** ('52) 8 + 788 S.; Partie **II**: Algèbre, systèmes différentiels et problèmes d'équivalence **1**: Algèbre, formes différentielles, systèmes différentiels ('54) 561 S. (m. Bildn.), **2**: Groupes infinis, systèmes différentiels, théories d'équivalence ('54) 821 S.; Partie **III**, **1**: Divers, géométrie différentielle ('55), **2**: Géométrie différentielle, suite ('55) (m. Bildn.).

S. Verhandlungen des internationalen Mathematiker-Kongresses, Zürich 1932, **1** (Zürich–Leipzig '33) 152–61: Les espaces riemanniens symétriques; **2** ('33) 54–56: Sur l'équivalence pseudo-conforme de deux hypersurfaces de l'espace de deux variables complexes. — C. R. Congrès international des mathématiciens, Oslo 1936, **1** (Oslo '37) 92–103: Le rôle de la théorie des groupes de Lie dans l'évolution de la géométrie moderne. — Travaux IXe Congrès international de philosophie, Congrès Descartes, Paris 1937, **6**: Logique et mathématiques (Paris '37) (Actualités scientifiques et industrielles, No. 535) 147–53: Le rôle de la géométrie analitique dans l'évolution de la géométrie. — Encyclopédie française, **1**: L'outillage mental (Paris '37) 3me partie (Mathématique) 1·66, 1–8: Les groupes; 1·88, 12–1·90, 2 (7 S.): La géométrie et la théorie des groupes; 1·90, 3–8: La géométrie riemannienne et ses généralisations. — C. R. Congrès des sciences mathématiques, Liège 1939 (Liège '39) 30–41: Sur quelques familles remarquables d'hypersurfaces. — Sbornik posvjaščennyj pamjati akademika D. A. Grave [Sammelband, gewidmet dem Akademiemitglied D. A. Grave] (Moskva–Leningrad '40) 72–78: Sur une classe de surfaces apparentées aux surfaces R et aux surfaces de Jonas. — Jubilé de Charles Maurain (Paris '41) 5–14 [Beitrag ohne Titel].

W. Le parallélisme absolu et la théorie unitaire du champ (Paris '32) 21 S. (Actualités scientifiques et industrielles, No. 44). — Les espaces métriques fondés sur la notion d'aire (Paris '33) 47 S. (∼ 72). — Les espaces de Finsler (Paris '34) 42 S. (∼ 79). — La méthode du repère mobile, la théorie des groupes continus, et les espaces généralisés (Paris '35) 66 S. (∼ 194). — La topologie des espaces représentatifs des groupes de Lie (Paris '36) 28 S. (∼ 358, Exposés de géométrie, publiés sous la direction de E. Cartan, 8). — Leçons sur la théorie des spineurs **1**: Les spineurs de l'espace à trois dimensions (Paris '38) 98 S. (∼ 643, ≈ 9); **2**: Les spineurs de l'espace à $n > 3$ dimensions. Les spineurs en géométrie riemannienne (Paris '38) 96 S. (∼ 701, ≈ 11). — Les systèmes différentiels et leurs applications géométriques (Paris '45) 215 S. (∼ 994, ≈ 12). — Sur la structure des groupes de transformations finis et continus [2](Paris '33) 159 S. — Leçons sur la géométrie des espaces de Riemann [2](Paris '46) 8 + 379 S.; ('51) 6+

378 S. (Cahiers scientifiques, Fasc. 2). — Leçons sur la géométrie projective complexe (Paris '50) 7+326 S. (∼ 10). — Leçons sur la théorie des espaces à connexion projective (Paris '37) 6+308 S. (∼ 17). — La théorie des groupes finis et continus et la géométrie différentielle traitées par la méthode du repère mobile (m. J. Leray) (Paris '37) 6+272 S. (∼ 18). — La théorie des groupes (Alençon '47) 28 S. (Université de Paris. Les Conférences du Palais de la Découverte, 2 décembre 1944). — Gaspard Monge, sa vie, son œuvre (Alençon '48) 31 S. (∼, 15 janv. 1945). — La théorie des groupes finis et continus et l'analysis situs (Paris '52) 63 S. (Mémorial des sciences mathématiques, publié sous le patronage de l'Académie des Sciences de Paris. Fasc. 42).

Abh. math. Semin. Univ. Hamburg Sur les domaines bornés homogènes de l'espace de *n* variables complexes: **11** ('35) 116–62.

Annales sci. Ecole norm. sup. Sur une classe d'espaces de Weyl: (3) **60** ('43) 1–16. — Sur un problème de géométrie différentielle projective: **62** ('45) 205–31.

Annales Soc. polon. Math. Sur l'espace anallagmatique réel à *n* dimensions: **20** ('47) 266–78.

Annali Mat. pura ed appl. Sur la géométrie pseudo-conforme des hypersurfaces de l'espace de deux variables complexes, 1: (4) **11** ('32) 18–90. — Familles de surfaces isoparamétriques dans les espaces à courbure constante: **17** ('38) 177–91. — Deux théorèmes de géométrie anallagmatique réelle à *n* dimensions: **28** ('49) 1–12.

Annali R. Scuola norm. sup., Pisa Sur la géométrie pseudo-conforme des hypersurfaces de l'espace de deux variables complexes, 2: (2) **1** ('32) 333–54.

Annals Math. L'extension du calcul tensoriel aux géométries non-affines: (2) **38** ('37) 1–13.

Annuaire Bur. Longitudes La vie et l'œuvre de Georges Perrier: **1949**, C1–C4.

Atti Convegni, Fondaz. Alessandro Volta Le calcul différentiel absolu et les problèmes récents de géométrie riemannienne: **9** ('39) 443–61.

Bull. math. Soc. roumaine Sci. La cinématique newtonienne et les espaces à connexion euclidienne: **35** ('33) 69–73.

Bull. Sci. math. Sur les couples de surfaces applicables avec conservation des courbures principales: (2) **66** ('42) 55–72, 74–85. — Les surfaces qui admettent une seconde forme fondamentale donnée: **67** ('43) 8–32. — Sur une classe de surfaces apparentées aux surfaces R et aux surfaces de Jonas: **68** ('44) 41–50. — Quelques remarques sur les 28 bitangentes d'une quartique plane et les 27 droites d'une surface cubique: **70** ('46) 42–45.

Bull. Soc. math. France La notion d'orientation dans les différentes géométries: **69** ('41) 47–70. — L'œuvre scientifique de M. Ernest Vessiot: **75** ('47) 1–8.

Commentarii math. helvet. Sur le groupe de la géométrie hypersphérique: **4** ('32) 158–71. — La théorie de Galois et ses généralisations: **11** ('38) 9–25.

C. R. Assoc. franç. Avancement Sci. Sur une dégénérescence de la géométrie euclidienne: **59** ('35) 128–30.

C. R. hebd. Séances Acad. Sci., Paris Observation sur: St. Golab, Sur la représentation conforme de l'espace de Finsler sur l'espace euclidien: **196** ('33) 27f. — Sur les espaces de Finsler: 582–86. — Remarques au sujet de: André Weil, Une propriété caractéristique des groupes de substitutions linéaires finis: **198** ('34) 1739. — Le calcul tensoriel en géométrie projective: 2033–37. — Remarques au sujet de la communication de L. Pontrjagin, Sur les nombres de Betti des groupes de Lie: **200** ('35) 1280. — Observations sur la note de Georges Bouligand, Sur les conditions de covariance de la sphère de Meusnier: **201** ('35) 702. — Sur les champs d'accélération uniforme en relativité restreinte: **202** ('36) 1125–28. — Les espaces généralisés et l'intégration de certaines classes d'équations différentielles: **206** ('38) 1689–93. — Sur un théorème de J. A. Schouten et W. van der Kulk: **211** ('40) 21–24. — Sur les surfaces admettant une seconde forme fondamentale donnée: **212** ('41) 825–28. — Tullio Levi-Civita †: **215** ('42) 233–35. — Georges Giraud †: **216** ('43) 516–18. — Antoine-François-Jacques-Justin-Georges Perrier †: **222** ('46) 421–23. — Thomas Hunt Morgan †: 705f. — Léon-Alexandre Guillet †: 1149–51. — Simon Flexner †: 1265f. — Louis Martin †: 1417–19. — Paul Langevin †: **223** ('46) 1069–72.

Enseignement math. Topologie des espaces représentatifs des groupes de Lie: **35** ('36) 177–200.

J. Math. pures et appl. La géométrie de l'intégrale $\int F(x, y, y', y'')dx$: (9) **15** ('36) 42–69. — Les représentations linéaires des groupes de Lie: **17** ('38) 1–12, 438.

Matematičeskij Sborn. Le calcul tensoriel projectif: **42** ('35) 131–47.

Mathematische Z. Observations sur: D. D. Kosambi, Parallelism and path-spaces: **37** ('33) 619–22. — Sur des familles remarquables d'hypersurfaces isoparamétriques dans les espaces sphériques: **45** ('39) 335–67.

Notices et Discours, Acad. Sci., Paris Discours prononcé à l'inauguration d'un buste élevé à la mémoire de Gaston Darboux à Nîmes, le dimanche 22 octobre 1933: **1.1924/36** ('37) 473–78.

Publ. math. Univ. Belgrade Sur les propriétés topologiques des quadriques complexes: **1** ('32) 55–74.

Revista mat. hisp.-amer. Geometrie von Differentialgleichungen dritter Ordnung: (4) **1** ('41) 3–33 [span.].

Revista, Univ. nacion. Tucumán, Ser. A Sur des familles d'hypersurfaces isoparamétriques des espaces sphériques à 5 et à 9 dimensions: **1** ('40) 5–22.

Trudy Semin. vektorn. i tenzorn. Analizu, Priloženijami Geometrii, Mech. i Fizike Les espaces de Finsler: **4** ('37) 70–81. — Les espaces à connexion projective: 147–59. — Topologie des espaces homogènes clos: 388–94.

Vjschr. naturforsch. Ges. Zürich Sur les groupes linéaires quaternioniens: **85** ('40) Beibl. 32, 191–203.

VI **CARTAN,** Henri Paul. Math. — 1931–40 Chargé de Cours ('35 Maître de Conférences), '45–47 Prof., Fac. des Sci., Univ. de Strasbourg; '40–45 Prof. sans chaire, '47– Prof. tit., Fac. des Sci., Univ. de Paris. — Dr. h. c.: '52 (Univ. Münster), '55 (Techn. Hochschule Zürich), '61 (Univ. Oslo). — '35 Prix Bordin, '44 Prix Carrière de mathématiques, '47 Prix Petit d'Ornoy, '59 Médaille Emile Picard (Acad. Sci. Paris).

*1904, Juli 8, Nancy.

Zur Bibliogr. Annales Univ. Paris **19** ('49) 535f.

S. P. Montel, F. Marty, Leçons sur les fonctions univalentes ou multivalentes (Collections de monographies sur la théorie des fonctions) (Paris '33) 129–55: Sur la possibilité d'étendre aux fonctions de plusieurs variables complexes la théorie des fonctions univalentes. — Colloques internationaux du Centre national des recherches scientifiques, Nr. **12**, Paris 1947 (Paris '49) 1f.: Sur la notion de Carapace en topologie algébrique; 83–85: Relation entre anneaux d'homologie et groupes de Poincaré[5]). — Colloque de topologie (espaces fibrés), Bruxelles 1950 (Centre belge de recherches mathématiques) **1** (Liège '51) 15–27: Notion d'algèbre différentielle; 57–71: Transgression dans un groupe de Lie et dans un espace fibré principal. — Proc. International congress of mathematicians, Cambridge, Mass., 1950, **1** (Providence, R. I. '52) 152–64: Problèmes globaux dans la théorie des fonctions analytiques de plusieurs variables complexes. — Colloque sur les fonctions de plusieurs variables, Bruxelles 1953 (Liège–Paris '53) 41–55: Variétés analytiques complexes et cohomologie. — Symposium internacional de topologia algebraica, Mexico 1956 (– '58) 16–23: Foundations of fibre bundles[9]); 97–121: Espaces fibrés analytiques. — Algebraic geometry and topology. Symposium in honor of S. Lefschetz (R. H. Fox et al.) (Princeton, N. J. '57) (Princeton math. ser., 12) 90–102: Quotient d'un espace analytique par une groupe d'automorphismes. — Structures algébriques et structures topologiques (Paris '58) (Monographies de l'enseignement mathématique, 7) 5–15: Structures algébriques; 163–74: Sur la notion de dimension. — Séminaire Bourbaki. Textes des conférences. 1re année 1948/49 [2](Paris '59) Exposé 1, 6 S.: Les travaux de Koszul, 1; Exposé 8, 8 S.: ∼ 2; Exposé 12, 4 S.: ∼ 3. — Proc. International congress of mathematicians, Edinburgh 1958 (J. A. Todd) (London '60) 33–52: Sur les fonctions de plusieurs variables complexes: les espaces analytiques.

W. Sur les groupes de transformations analytiques (Paris '35) 55 S. (Actualités scientifiques et industrielles, No. 198, Exposés mathématiques publiés à la mémoire de Jacques Herbrand, 9). — Sur les classes de fonctions définies par des inégalités portant sur leurs dérivées successives (Paris '40) 35 S. (∼ No. 867, Publications de l'Institut de mathématique de l'Université de Clermont-Ferrand, 3). — Ecole normale supérieure. Séminaire Henri Cartan [Exposés multigraphiés] 1re année 1948/49: Topologie algébrique (m. J. P. Serre, J. Cerf, P. Samuel, J. Dixmier, J. Frenkel) [2](Paris '55); 2e année 1949/50: Espaces fibrés et homotopie (m. J. P. Serre, A. Blanchard, A. Borel, Wu Wen-tsün) [2]('56); 3e année 1950/51: Cohomologie des groupes, suites spectrales, faisceaux (m. S. Eilenberg, J. P. Serre) [2]('55); 7e année 1954/55: Algèbres d'Eilenberg-MacLane et homotopie (m. J. P. Serre, J. C. Moore, R. Thom) ('55); 8e année 1955/56: Géométrie algébrique (m. J. Lafon, M. Lazard, P. Cartier, R. Godement) ('–); 9e année 1956/57: Quelques questions de topologie (m. A. Grothendieck, A. Haefliger, A. Kosinski) ('–); 10e année 1957/58: Fonctions automorphes (m. A. Weil, R. Godement, I. Satake, G. Shimura) ('58) 2 Bände; 11e année 1958/59: Invariant de Hopf et opérations cohomologiques secondaires (m. M. Zisman, A. Douady, M. Demazure, Shih Weishu, I. Giorgiutti) [2]('59) 2 Bände; 12e année 1959/60: Périodicité des groupes d'homotopie stables des groupes classiques d'après Bott (m. A. Delzant, M. Zisman, B. Morin, A. Douady, J. A. Wolf) [2]('61) 2 Bände; 13 année 1960/61: Familles d'espaces complexes et fondements de la géométrie analytique (m. A. Douady, C. Houzel, A. Grothendieck) ('–) 2 Bände; 14e année 1961/62: Topologie différentielle (m. A. Douady, C. Morlet, J. Cerf, J. P. Serre) ('–); 15e année 1962/63: Topologie différentielle (m. J. Cerf, B. Malgrange, I. Tamura) ('–). — Homological algebra (m. S.

Eilenberg) (Princeton, N. J. '56) 390 S. (Princeton math. ser., 19). – Théorie élémentaire des fonctions analytiques d'un ou plusieurs variables complexes (Paris '61) 323 S.; engl.: (Reading, Mass. '63).

Acta Litt. ac Sci. [Szeged], Sect. Sci. math. Sur les transformations localement topologiques: **6** ('33) 85–104.

Acta math. Solution du problème d'équivalence des classes de fonctions indéfiniment dérivables[6]): **72** ('40) 31–49.

Acta Sci. math. [Szeged] Le principe du maximum en théorie du potentiel et la notion de fonction surharmonique[2]): **12 A** ('50) 81–100.

Annales sci. Ecole norm. sup. Idéaux de fonctions analytiques de n variables complexes: (3) **61** ('44) 149–97. – Théorie de Galois pour les corps non commutatifs: **64** ('47) 59–77. – Théorie de la dualité et analyse harmonique dans les groupes abéliens localement compacts[4]): 79–99.

Annales Univ. Grenoble Théorie générale du balayage en potentiel newtonien: (2) **22** ('46/47) 221–80.

Archimede [Firenze] Strutture algebriche: **9** ('57) 10–19.

Bull. Sci. math. Détermination des points exceptionnels d'un système de p fonctions analytiques de n variables complexes: (2) **57** ('33) 334–44. – Un théorème sur les groupes ordonnés: **63** ('39) 201–05. – La théorie générale du potentiel dans les espaces homogènes: **66** ('42) 126–32, 136–44.

Bull. Soc. math. France Sur les fonctions de n variables complexes: Les transformations du produit topologique de deux domaines bornés: **64** ('36) 37–48. – Sur les fondements de la théorie du potentiel: **69** ('41) 71–96. – Théorie du potentiel newtonien: **73** ('45) 74–106. – Idéaux et modules de fonctions analytiques de variables complexes: **78** ('50) 29–64. – Variétés analytiques réelles et variétés analytiques complexes: **85** ('57) 77–99.

Commentarii math. helvet. Méthodes modernes en topologie algébrique: **18** ('45/46) 1–15. – Sur l'itération des opérations de Steenrod: **29** ('55) 40–58.

Compositio math. Sur l'itération des transformations conformes ou pseudo-conformes: **1** ('34) 223–27.

C. R. hebd. Séances Acad. Sci., Paris Sur les groupes de transformations pseudoconformes: **196** ('33) 669–71. – Sur les groupes de transformations pseudoconformes: 993–95. – Sur les transformations pseudoconformes du produit topologique de deux domaines: **199** ('34) 925–27. – Les problèmes de Poincaré et de Cousin pour les fonctions de plusieurs variables complexes: 1284–87. – Théorie des filtres: **205** ('37) 595–98. – Filtres et ultrafiltres: 777–79. – Sur le premier problème de Cousin: **207** ('38) 558–62. – Sur les inégalités entre les maxima des dérivées successives d'une fonction: **208** ('39) 414–16, 608. – Solution du problème de Carleman pour un intervalle ouvert fini[6]): 555–58. – Solution du problème de Carleman pour un intervalle fermé fini: 716–18. – Sur les maxima des dérivées successives d'une fonction: **210** ('40) 431–34. – Sur la mesure de Haar: **211** ('40) 759–62. – Capacité extérieure et suites convergentes de potentiels: **214** ('42) 944–46. – Sur les suites de potentiels de masses ponctuelles: 994–96. – Extension de la théorie de Galois aux corps non commutatifs: **224** ('47) 87–89. – Les principaux théorèmes de la théorie de Galois pour les corps non nécessairement commutatifs: 249–51. – Sur la cohomologie des espaces où opère un groupe: Notions algébriques préliminaires: **226** ('48) 148–50; ~: Etude d'un anneau différentiel où opère un groupe: 303–05. – Une théorie axiomatique des carrés de Steenrod: **230** ('50) 425–27. – Espaces fibrés et groupes d'homotopie, 1: Constructions générales[7]): **234** ('52) 288–90; ~ 2: Applications[7]): 393–95. – Un théorème de finitude concernant les variétés analytiques compactes[7]): **237** ('53) 128–30. – Sur la structure des sous-ensembles analytiques réels[1]): **244** ('57) 988–90. – Sur les composantes irréductibles d'un sous-ensemble analytique-réel[1]): 1123–26.

Enseignement math. Réflexions sur les rapports d'Aarhus et Dubrovnik: (2) **9** ('63) 84–90.

J. Analyse math. Fonctions automorphes et séries de Poincaré: **6** ('58) 169–75.

J. Math. pures et appl. Sur les matrices holomorphes de n variables complexes: **19** ('40) 1–26.

Mathematica [Cluj] Sur les zéros des combinaisons linéaires de p fonctions holomorphes données: **7** ('33) 5–31.

Mathematische Ann. Sur les transformations analytiques des domaines cerclés et semicerclés bornés: **106** ('32) 540–73. – Zur Theorie der Singularitäten der Funktionen mehrerer komplexen Veränderlichen. Regularitäts- und Konvergenzbereiche[8]): 617–47. – Sur une extension d'un théorème de Radó: **125** ('52) 49f. – Prolongement des espaces analytiques normaux: **136** ('58) 97–110.

Mathematische Z. Fonctions de plusieurs variables complexes: **35** ('32) 760–73.

Proc. nation. Acad. Sci. USA Sur les groupes d'Eilenberg-MacLane H (Π, n), 1: Méthode des constructions: **40** ('54) 467–71.

Rend. Mat. e Appl., Univ. Roma Extension du théorème des „chaînes de syzygies“: (5) **11** ('52) 156–66.

Revue sci. Notes de tératopologie, 3 [3]): **77** ('39) 413f. — Sur le fondement logique des mathématiques: **81** ('43) 3–11.

Suomalaisen Tiedeakatemian Toimituksia (A I) Sur un cas de prolongement analytique pour les fonctions de plusieurs variables complexes: Nr. **61** ('49) 6 S.

Veröff. Arbeitsgemeinsch. Forsch. des Landes Nordrhein-Westfalen Nicolas Bourbaki und die heutige Mathematik: Nr. **76** ('58) 18 S.

Mit: [1]) F. Bruhat; [2]) J. Deny; [3]) J. Dieudonné; [4]) R. Godement; [5]) J. Leray; [6]) S. Mandelbrojt; [7]) J.-P. Serre; [8]) P. Thullen; [9]) S. Eilenberg.

VI **CARTER,** Frederick William. Elektrotechnik. — 1903–45 Consulting Engineer, British Thomson Houston Co., Ltd., Rugby; '46 retired. — '26 Sc. D. (Univ. of Cambridge). — George Stephenson Medal and Telford Premium (Institution of Civil Engineers). (⊠)

*1870, Dez. 16, Aston, Birmingham; †1952, Mai 29, Long Itchington, Warwickshire.

Nekr. K. R. Hopkirk, Nature [London] **170** ('52) 15; Obituary Notices Fellows roy. Soc. London 8 ('52/53) 373–88 (m. Bildn., Faks., Schr.verz.). — Engineering **173** ('52) 720.

Engineering Magnetic noise in dynamo-electric machines: **134** ('32) 548–51, 579–81. — Elastic strength: **138** ('34) 20–, 232–. — Sighting of anti-aircraft guns: **158** ('44) 121f.

Proc. Cambridge philos. Soc. Foucault currents in cylindrical shells and ribbons: **30** ('33/34) 341–46.

Proc. roy. Soc., London, Ser. A Note on surges of voltage and current in transmission lines: **156** ('36) 1–5.

Proc. Rugby Engng. Soc. Relation between engineering and science: **27** ('32/33) 1–.

VI **CARTER,** Sydney Raymond. Physikal. Chem. — 1920–54 Senior Lecturer, Univ. of Birmingham; '54 retired. (⊠)

*1889, Mai 19, Oswestry, Shropshire; † 1966.

Annual Rep. Progr. Chem. Anorganische Chemie[2])[4]): **32** ('36) 138–80. — Fluor und seine Verbindungen[4]): **33** ('37) 145–52. — Metallcarbide[4]): 153–57. — Die seltenen Erden[4]): 178–84. — Einige Elemente und Verbindungen[4]): 184–95. — — Alle Arbeiten engl.

Chemistry and Industry Determination of particle size of polysaccharides by osmotic pressure measurements[3]): **14** ('36) 218f. — The Birmingham and Midland Institute: **1955,** 789f.

J. chem. Soc., London The osmotic pressure of solutions of polysaccharide derivatives, 1: A new form of osmometer[3]): **1939,** 660–64; ∼ 2: The osmotic pressure of derivatives of lichenin, inulin, glycogen, starch and starch dextrin[3]): 664–75.

J. physic. Chem. The influence of temperature on the oxidation potentials of mixtures of ferric and ferrous chlorides in hydrochloric acid solution[1]): **36** ('32) 679–87.

Mit: [1]) T. J. Glover; [2]) E. S. Hedges; [3]) B. R. Record; [4]) W. Wardlaw.

VI **CARTLEDGE,** Groves Howard. Chem. (anorg. u. physikal.). — 1931–45 Prof., Head of Department, Univ. of Buffalo, N.Y.; '46–51 Prof., Dean of Faculty, King College, Bristol, Tenn.; '51–61 Prof., Group Leader, Chemistry Division, '61– Consultant, Oak Ridge National Laboratory, Tenn. — '37 Hon. Sc. D. (Davidson College, Davidson, N.C.).

*1891, Febr. 10, Gainesville, Ga.

Bildn. Corrosion [USA] **15** ('59) 469t.

S. Radioisotopes in the physical sciences and industry. Proceedings of the conference held by the International Atomic Energy Agency, Copenhagen 1960, **3** (Wien '62) 549–57: Radioisotopes in the physical chemistry of corrosion processes and their inhibition. — Encyclopaedia Britannica. A new survey of universal knowledge **6** (Chicago–London–Toronto ... '65) 546–49: Corrosion and oxidation of metals[13]).

W. Laboratory exercises in inorganic chemistry (m. H. M. Woodburn) (Ann Arbor, Mich. '34) 46 S.; (Boston, Mass. '35) 5+149 S. — Introduction to inorganic chemistry (Boston, Mass. '35) 7+609 S.

Corrosion [USA] The pertechnetate ion as an inhibitor of the corrosion of iron and steel: **11** ('55) 335t–342t. — Action of the XO_4^{n-} inhibitors: **15** ('59) 469t–472t. — Recent studies on the action of inorganic inhibitors: **18** ('62) 316t–322t.

Corrosion et Anti-Corros. Aspects chimiques et électrochimiques de la corrosion des réacteurs nucléaires: **6** ('58) 387–401.

Industrial and Engng. Chem., Analyt. Edit. Determination of cobalt as trioxalatocobaltiate[5]): **13** ('41) 20f.

Isotopes and Radiat. Quarterly Inhibition of corrosion by the pertechnetate ion: **1** ('64) 125–29.

J. amer. chem. Soc. The catalysis of Eder's reaction by cobalt compounds[1]): **55** ('33) 3214–21. — Complex compounds in Eder's solution[3]): 3583–94. — Oxalato complex compounds of tervalent manganese[2]): **58** ('36) 2061–65. — Equilibrium between the trioxalatomanganiate and dioxalatodiaquomanganiate ions[2]): 2065–69. — An oxalato complex of quadrivalent manganese[2]): 2069–72. — Malonatomanganiates[5]): **62** ('40) 3057–60. — Chain carriers in Eder's reaction: **63** ('41) 906–12. — Equilibrium between the complexes of trivalent manganese with 2,4-pentane-dione: **73** ('51) 4416–19. — Bispentanedione diaquo manganese(III) compounds: **74** ('52) 6015–18. — The pertechnetate ion as an inhibitor of corrosion: **77** ('55) 2658f. — Coordination properties of the thiocyanato radical, 1: The bonding of silver and mercury ions by thiocyanato complexes of cobalt(III) and chromium(III)[9])[4]): **81** ('59) 2958–66.

J. electrochem. Soc. The activation and passivation of stainless steel in aerated sulfuric acid: **104** ('57) 420–26. — Kinetic studies on corrosion systems, 2: The reduction of cupric ion on passive stainless steel electrodes[10])[6]): **106** ('59) 582–89. — Influence of iodide ions and carbon monoxide on the anodic dissolution of active iron[11]): **108** ('61) 732–40. — Ion-exchange properties of the film on passive iron and steel[12]): **110** ('63) 644–50.

J. physic. Chem. Correlation of thermochemical data by the ionic potential: **55** ('51) 248–56. — The mechanism of the inhibition of corrosion by the pertechnetate ion, 1: The origin and nature of reaction products: **59** ('55) 979–84; ~ 2: The reversibility of the inhibiting mechanism: **60** ('56) 28–32; ~ 3: Studies on the perrhenate ion: 32–36; ~ 4: Comparison with other XO_4^{n-} inhibitors[8]): 1037–43. — Revision of the electrode-potential diagram for technetium[7]): **59** ('55) 1111f. — The electrode potential of the OsO_4^{-}–OsO_4 couple: **60** ('56) 1468–70. — The passivation of iron by osmium(VIII) oxide and the origin of the Flade potential: 1571–75. — The existence of a Flade potential on iron inhibited by ions of the XO_4^{n-} type[8]): **61** ('57) 973–80. — The comparative roles of oxygen and inhibitors in the passivation of iron, 1: Non-oxidizing inhibitors: **64** ('60) 1877–82; ~ 2: The pertechnetate ion: 1882–87; ~ 3: The chromate ion: **65** ('61) 1009–15; ~ 4: Osmium(VIII) oxide: 1361–67.

Korrosion [Weinheim] Chemische und elektrochemische Aspekte der Korrosion im Kernreaktor: **12** ('60) 1–11.

Nature [London] Electrochemistry of stainless steel in sulphuric acid: **177** ('56) 181f. — Significance of the "equivalent redox potential" in aqueous solutions under ionizing radiation: **186** ('60) 370–72.

Scientific American Studies in corrosion: **194** ('56) 35–39.

U. S. Atomic Energy Commiss. Cathodic processes in corrosion: **TID 7587** ('59) 12–29.

Werkstoffe u. Korrosion Chemische und elektrochemische Aspekte der Korrosion im Kernreaktor: **9** ('58) 493–503.

Z. Elektrochem., Ber. Bunsenges. physik. Chem. The passivation process in the presence of the XO_4^{n-} inhibitors: **62** ('58) 684–90.

Mit: [1]) T. G. Djang; [2]) W. P. Ericks; [3]) S. L. Goldheim; [4]) J. A. Mattern; [5]) P. M. Nichols; [6]) F. A. Posey; [7]) Wm. T. Smith, jr.; [8]) R. F. Sympson; [9]) W. C. Waggener; [10]) R. P. Yaffe; [11]) K. E. Heusler; [12]) D. H. Spohrbier; [13]) U. R. Evans.

VI **CARTY,** John Joseph. Radiotelegraphie. — 1930 retired from active service, after having been connected with the Bell Telephone System in America for many years. — '03 Edward Longstreth Medal, '16 Franklin Medal (Franklin Institute); '18 Edison Medal (Amer. Inst. of Electrical Engineers); '27 John Fritz Gold Medal (United Engineering Soc.); '33 (posthumously) John J. Carty Medal and Award for the Advancement in Science (Nation. Acad. of Sciences, Washington, D.C.). (☒)

*1861, Apr. 14, Cambridge, Mass.;
†1932, Dez. 27, Baltimore, Md.

Nekr. F. B. Jewett, Biographical Mem., Nation. Acad. Sci. USA **18** ('38) 69–91 (m. Bildn., Faks., Schr.verz.); Proc. amer. Acad. Arts and Sci. **68** ('33) 610–13. — But., Elektrotechnische Z. **54** ('33) 270. — Nature [London] **131** ('33) 85. — Scientific Monthly **36** ('33) 286–88 (m. Bildn.).

Ehrung '30 John J. Carty Medal and Award for the Advancement in Science (Nation. Acad. of Sciences, Washington, D.C.).

IV–VI **CARVALLO,** Emmanuel. Physik. — 1921–45 Dir. honoraire, Ecole Polytechnique, Paris. (☒)

*1856, Okt. 17, Narbonne, Aude;
†1945, Jan. 30.

W. La théorie d'Einstein démenti par l'expérience (Paris '34) 56 S. — La mécanique. Galilée contre Einstein (Paris '35) 12 S. (Revue générale des sciences, 15 déc. 1934).

C.R. hebd. Séances Acad. Sci., Paris C'est l'effet Esclangon qui fut observé par M. Miller au Mont Wilson: **195** ('32) 769–71. — Vitesse de la terre mesurée par des expériences purement terrestres: **198** ('34) 247–49.

Revue sci. Vitesse de la terre et relativité: **72** ('34) 405–10.

V, VI **CARVER,** Walter Buckingham. Math. — 1925–48 Prof., '38–40 Chairman of Department, '48 Prof. Emeritus, Cornell

Univ., Ithaca, N.Y. — '29 Hon. Sc. D. (Dickinson College, Carlisle, Pa.).
*1879, Jan. 11, Town Hill, Pa.; †1961, Juli 4, Ithaca, N.Y.

Nekr. R. P. Agnew, M. L. Hulse, J. B. Rosser, Necrology Fac. Cornell Univ. **1961/62**, [11]f.

HZ. American math. Monthly 1932–36.

American math. Monthly Polygonal regions into which a plane is divided by n straight lines: **48** ('41) 667–75. — The problem of eight points: **57** ('50) 307–16. — The conjugate coordinate system for plane euclidean geometry: **63** ('56) 84f. — W. D. Cairns †: 204f. — Cyclic polygons: **68** ('61) 533–40. — — Ferner zahlreiche Aufgaben und Lösungen zu Aufgaben.

VI, VIIa **CASSEL,** Hans Maurice (Moritz). Physikal. Chem. — 1927–33 Priv.-Doz., Techn. Hochschule Berlin; '34–36 Research Associate, Stanford Univ., Calif.; '36 Research Chemist, Great Western Electrochemical Company; '37–40 Consulting Physical Chemist, Colgate-Palmolive-Peet Company, '41 International Filter Co., '42–44 Dearborn Chemical Co., Chicago, Ill., '44–46 General Ceramics Co., New Jersey; '47–63 Physical Chemist, U. S. Bureau of Mines, Pittsburgh, Pa.; '64– Consulting Physical Chemist. — '56 Emer. o. Prof. (Techn. Univ. Berlin).
*1891, Jan. 19, Berlin.

S. 3rd Symposium on combustion, flame and explosion phenomena, Univ. of Wisconsin 1948 (Baltimore, Md. '49) 185–: Factors affecting flame propagation through dust clouds[14])[13]). — 6th Symposium (international) on combustion, New Haven, Conn., 1956 (New York '57) 602–05: Radiative transfer in dust flames[5])[7]). — Proc. United States technical conference on air pollution, 1950 (New York '52) 634–: A sonic method of determining particle size in aerosols[15]). — Proc. 2nd Midwestern conference on fluid mechanics, Columbus, Ohio, 1952 (Columbus, Ohio '52) 124–: Capillary jump and capillary vortex in liquid flow along flat plates.

Acta physicochim. URSS Über die Stabilität von Emulsionen: **6** ('37) 289–96.

J. amer. chem. Soc. Dimensions of soap molecules as supposedly deduced from surface tension measurements: **57** ('35) 2009. — Specific heat and binding conditions of adsorbed argon on charcoal: 2724. — The catalytic oxidation of carbon: **58** ('36) 1309f.

J. appl. Physics [USA] Physical aspects of foaming in steam generation: **15** ('44) 792–.

J. chem. Physics Remark on the photovoltaic effect: **9** ('41) 377. — Surface tension of micelle forming solutions: **10** ('42) 246. — Condensation and supersaturation of adsorbed phases: **12** ('44) 115f. — On the possibility of estimating the average surface area of solid particles: **13** ('45) 249; **14** ('46) 217. — Jones-Ray effect, wettability and zeta-potential: 462. — Condensation coefficient and adsorption: **17** ('49) 1000f. — The sublimation of ammonium perchlorate[5]): **34** ('61) 343.

J. physic. Chem. The adsorption of the heavier rare gases by mercury[8]): **40** ('36) 523–30. — Adsorption on curved surfaces and emulsification: **42** ('38) 475–81. — A new aspect of the colloidal gold reactions: 955–60. — Cluster formation and phase transitions in the adsorbed state: **48** ('44) 195–201.

Kolloid-Z. Über die Adsorption von Paraffindämpfen an Wasser. Ein Beitrag zur Deutung der Traubeschen Regel[2]): **61** ('32) 18–26.

Korrosion u. Metallschutz Korrosion und Keimbildung: **8** ('32) 113–15.

Nature [London] Stability of emulsions: **137** ('36) 405.

Naturwissenschaften Zur Druckelektrolyse des Wassers[12]): **21** ('33) 331. — Über Kapillaraktivität und Assoziation wässeriger Lösungen: **22** ('34) 60. — Einfluß der Adsorption von Atomen und Molekülen auf den Photoeffekt am Quecksilber (Anregung adsorbierter Moleküle)[9]): 464f.

Rep. Investigat., U. S. Dep. Interior, Bur. Mines Thermodynamic properties of the combustion products of graphite and oxygen in idealized dust flames[10])[1]): Nr. **5668** ('60) 12 S. — Some fundamental aspects of dust flames: Nr. **6551** ('64).

Science [USA] The movement of water from concentrated to dilute solutions through liquid membranes[6]): **89** ('39) 58.

Trans. Faraday Soc. Thickness of adsorbed films on mercury: **28** ('32) 177–79.

Z. Elektrochem. u. angew. physik. Chem. Über Photoeffekt und Adsorption an der Grenze Wasser/Luft: **39** ('33) 571f.

Ber. Bunsenges. physik. Chem. Induction periods in the ignition of formaldehyde-oxygen mixtures: **68** ('64) 516–.

Z. Physik Über den Photoeffekt dünnster Schichten organischer Moleküle an der Grenze Wasser/Luft[11]): **90** ('34) 427–32.

Z. physik. Chem., Abt. A Über den Druckeinfluß auf die Überspannung der Elektrolyse des Wassers[4]): **171** ('34) 70–82.

Z. physik. Chem., Abt. B Über den Zerfall von Stickoxydul am glühenden Platin, 2[3]): **17** ('32) 380–84. — Über den Einfluß des

Sauerstoffs auf die thermische Elektronenemission des Platins[3]): **18** ('32) 347–59. – Über den Verlauf der Reaktion zwischen Stickoxydul und Wasserstoff am Platinkontakt[3]): **19** ('32) 47–62.

Z. VDI Die Wirtschaftlichkeit der Druckelektrolyse des Wassers[12]): **77**, 1 ('33) 636–38.

Mit: [1]) E. B. Cook; [2]) M. Formstecher; [3]) E. Glückauf; [4]) E. Krumbein; [5]) I. Liebman; [6]) G. D. Miles; [7]) W. K. Mock; [8]) K. Neugebauer; [9]) W. A. Schneider; [10]) R. W. Smith, jr.; [11]) E. Tohmfor; [12]) I. Voigt; [13]) A. DasGupta; [14]) S. Guruswamy; [15]) H. Schultz.

VI **CASSINA,** Ugo Gaetano Carlo. Math. — 1926–42 Prof. incar., Univ. di Milano; '42–48 Prof. straord., Accad. aeronaut. e poi Univ. di Pavia; '51– Prof. ord., Univ. di Milano.

*1897, Apr. 1, Polesine parmense, Parma;

†1964, Okt. 5.

Nekr. C. F. Manara, Rend., Ist. lombardo Sci. e Lettere, Parte gen. e Atti uffic. **98** ('64) 109–11 (m. Bildn.).

Zur Bibliogr. Annuario, Univ. Studi Pavia **1948/1949** ('49) 110–14.

H. G. Peano, Opere scelte **1**: Analisi matematica, Calcolo numerico (Roma '57), darin eig. Beitrag: Introduzione; **2**: Logica matematica, Interlingua e algebra della grammatica ('58); **3**: Geometria e fondamenti, Meccanica razionale, Varie ('59).

S. Atti II Congresso dell'Unione matematica italiana, Bologna 1940 (Roma '42) 281f.: Riduzione delle ipotesi nel teorema fondamentale della geometria proiettiva; 897f.: Sulla geometria egiziana. – Enciclopedia delle matematiche elementari e complementi con estensione alle principali teorie analitiche, geometriche e fisiche. Loro applicazioni e notizie storico-bibliografiche **2**, 1 (Milano '37) 369–481: Trasformazioni geometriche elementari; **3**, 2 ('50) 1–191: Approssimazioni numeriche. – Repertorio di matematiche a cura di Mario Villa (Padova '51) 295–318: Sulla teoria delle grandezze e dell'equivalenza; 319–35: Lunghezze, aree e volumi. – Actes VIe Congrès d'histoire des sciences, Amsterdam 1950 (Paris '51) 172–77: Sur les manuscrits et la correspondance de A. Genocchi. – Atti del Congresso di studi metodologici promosso dal Centro di studi metodologici, Torino 1952 (Torino '54) 155–61: Sulle definizioni per astrazione. – In memoria di Giuseppe Peano (Cuneo '55) 71–102: Sul "formulario mathematico" di Peano. – Ai partecipanti all'VIII Congresso internazionale di storia delle scienze (Roma '56) 52–54: Sull'insegnamento della storia delle matematiche in Italia. – Scritti matematici in onore di Filippo Sibirani (Bologna '57) 49–61: Sulla formola sommatoria di Euler col resto di Malmsten. – Actes du Symposium international des sciences physiques et mathématiques dans la première moitié du XVIIe siècle, Pise-Vinci 1958 (Firenze '60) (Collection des travaux de l'Académie internationale d'histoire des sciences, 11) 8–18: Il concetto di limite in Luca Valerio e Pietro Mengoli.

W. Interlingua: Il latino vivente come lingua ausiliaria internazionale. Grammatica, Antologia (m. M. Gliozzi) (Milano '38) 125 S.; ('45) 158 S. – Il linguaggio visto da un matematico (Milano '54) 196 S. – Sur l'histoire des concepts fondamentaux de la géométrie projective (Paris '57) 36 S. (Université de Paris, Les Conférences du Palais de la découverte, Série D, No. 50, 1er juin 1957). – Critica dei principî della matematica e questioni di logica (Roma '61) 7 + 518 S. – Dalla geometria egiziana alla matematica moderna (Roma '61) 6 + 535 S.

Annali Mat. pura ed appl. Le dimostrazioni in matematica: (4) **29** ('49) 131–46.

Archives int. Hist. Sci. Giovanni Vacca: **6** ('53) 300–05. – Programma del corso di „Storia delle matematiche": **10** ('57) 197–200.

Atti Accad. lucchese Sci., Lettere ed Arti Nel centenario della nascita del matematico lucchese Mario Pieri: (2) **11** ('61) 191–208.

Atti reale Accad. nazion. Lincei, Rend. Sul pendolo di lunghezza variabile: (6) **15** ('32) 950–52. – Sulla costruzione del piano osculatore ad una quartica di prima specie: **21** ('35) 681f. – Su una nuova costruzione grafica del piano osculatore: **24** ('36) 50–53. – Su di un'equazione integro-differenziale: **25** ('37) 301–08. – Nuove formole sommatorie e di quadratura: **29** ('39) 253–58.

Atti reale Accad. Sci. Torino Sui fondamenti della geometria secondo Hilbert, 1: Gli assiomi del I gruppo: **72** ('37) 337–57; ∼ 2: Gli assiomi del II gruppo: 358–72. – Formule sommatorie e di quadratura con l'ordinata media: **74** ('39) 300–25.

Atti Soc. ital. Progr. Sci. Sulla pretesa scala dei numeri cardinali transfiniti: **21**, 2, Roma 1932 ('33) 127f.

Atti Soc. ital. Sci. fisiche e mat. „Mathesis" Studio comparativo dei metodi di introduzione alla geometria: **1958**, 79–85.

Boll. Unione mat. ital. Su la logica matematica di G. Peano: (2) **12** ('33) 57–65. – Sul numero delle operazioni elementari necessarie per la risoluzione dei sistemi di equazioni lineari: (3) **3** ('48) 142–47. – Sulla critica di Grandjot all'aritmetica di Peano: **8** ('53) 442–47. – Storia ed analisi del „Formulario completo" di Peano: **10** ('55) 244–65; ∼ 2, ∼ 3: 544–74. – Un chiarimento sulla biografia di G. Peano: **12** ('57) 310–12.

Periodico Mat. In occasione di un nuovo libro di geometria descrittiva: (4) **15** ('35) 185–92. – Storia del concetto di limite: **16** ('36) 1–19, 82–103, 144–67. – Su l'equivalenza fra figure geometriche e le nozioni di volume, area e lunghezza: **17** ('37) 1–13. – Parallelo fra la logica teoretica di Hilbert e quella di Peano: 129–38. – Curva di Peano in base due: **19** ('39) 113–25. – Sul teorema fondamentale della geometria proiettiva ed i principi della geometria: **20** ('40) 65–83. – Sulle equazioni cubiche di Al Biruni: **21** ('41) 3–20. – La trisezione dell'angolo in Al Biruni: 77–87. – Sulla geometria egiziana: **22** ('42) 1–29. – Nuova teoria della congruenza geometrica: **25** ('47) 196–213. – Sull'origine ed evoluzione storica della geometria, 1: **28** ('50) 1–12; ~ 2: 73–84. – Ideografia e logica matematica: **30** ('52) 65–78. – Elementi della teoria degli insiemi: **33** ('55) 193–214; ~ 2: **34** ('56) 85–108. – Sulla dimostrazione di Wallis del postulato quinto di Euclide: 197–219.

Rend. Accad. nazion. XL Su quattro proprietà equivalenti per i connessi irriducibili e sulla nozione di arco: (4) **2** ('52) 139–53.

Rend., (Reale) Ist. lombardo Sci. e Lettere Sulle affinità piane e spaziali, 1: Affinità piane: **66** ('33) 1105–20; ~ 2: Affinità spaziali: 1121–40. – Sulla podaria di una superficie: **68** ('35) 281–98. – Sulla rappresentazione di una superficie sulla sua podaria: 299–319. – Sulla costruzione grafica del piano osculatore ad una quartica di prima specie e ad una linea qualunque: 503–17. – Teoria dei limiti, 1: **69** ('36) 1025–40; ~ 2: 1041–56; ~ 3: **70** ('37) 13–30; ~ 4: 31–48. – Rettifica alla nota: Sulla podaria di una superficie: 249–52. – Formole sommatorie e di quadratura ad ordinate estreme: **72** ('39) 225–74. – Estensione del teorema di Rolle al calcolo delle differenze ed applicazioni: 323–32. – Riduzione delle ipotesi nel teorema fondamentale della geometria proiettiva: **73** ('40) 389–402. – Su un nuovo metodo per la risoluzione numerica delle equazioni algebriche o trascendenti: **76** ('43) 35–61. – Ancora sui fondamenti della geometria secondo Hilbert, 1: **81** ('48) 71–94; ~ 2: **82** ('49) 67–84; ~ 3: 85–94. – L'area di una superficie curva nel carteggio inedito di Genocchi con Schwarz ed Hermite: **83** ('50) 311–28. – L'arco nella teoria degli insiemi liberato dal principio della scelta, 1: **84** ('51) 75–88; ~ 2: 89–101; ~ 3: 102–10. – Su di un sistema di numerazione a basi variabili, 1: 223–34; ~ 2: 235–40. – Alcune lettere e documenti inediti sul trattato di calcolo di Genocchi-Peano: **85** ('52) 337–62. – Su un teorema di Peano ed il moto del polo: **92 A** ('57/58) 631–55.

Rend., Ist. lombardo Sci. e Lettere, Parte gen. e Atti uffic. Giovanni Vacca, la vita e le opere: **86** ('53) 185–200.

Rend. Semin. mat. e fisico Milano L'opera scientifica di Giuseppe Peano: **7** ('33) 323–89. – Sul principio della scelta ed alcuni problemi dell'infinito: **10** ('36) 53–81. – Sulla risoluzione numerica delle equazioni e dei sistemi di equazioni algebriche o trascendenti: **16** ('42) 156–81. – Nozione di arco di linea nella teoria degli insiemi: **25** ('56) 73–92.

Revue Métaphysique et Morale L'œuvre philosophique de G. Peano: **40** ('33) 481–91.

Rivista Mat. Univ. Parma Il concetto di linea piana e la curva di Peano: **1** ('50) 275–92.

Schola et Vita [Milano] Paradoxo mathematico: **7** ('32) 40f. – Vita et opera de Giuseppe Peano: 117–48. – De vocabulario internationale: 296–305. – Supplemento ad vocabulario commune (Glossario non latino classico): **9** ('34) 51–56. – Principio de selectione et aliquo problemas de infinito: **11** ('36) 35–52.

VI **CASSINIS,** Gino Manfredo. Geodäsie, Topographie. — 1932–55 Prof. ord., Dir. degli Gabinetti di Topografia e di Geodesia, (R.) Scuola di Ingegneria (Politecnico), '44–60 Rettore del Politecnico di Milano; Prof. incar. Geodesia, Univ. di Milano.

*1885, Jan. 27, Milano;

†1964, Jan. 13, Roma.

Zum 75. Geb.tag Fascicolo speciale in onore del prof. G. Cassinis, Boll. Geod. e Sci. affini **19** ('60) No. 4 spec. (S. 523–762) (m. Bildn.).

Nekr. H. Bonneval, Bull. Soc. franç. Photogr. et Cinématogr. **1964**, Nr. 13 (m. Bildn.). – L. Solaini, Boll., Soc. ital. Fotogrammetria e Topografia **1964**, Nr. 2; Bull. géodés. **1964**, Nr. 72; Photogrammetria [Amsterdam] **19** ('62/64) Nr. 4 (m. Bildn.). – P. Tardi, Bull. géodés. **1964**, Nr. 72; C. R. hebd. Séances Acad. Sci., Paris **258** ('64) 1946–48. – Boll. Geod. e Sci. affini **1964**, Nr. 2.

S. Enciclopedia italiana di scienze, lettere ed arti **15** (Roma–Milano '32) 6 S.: Fotogrammetria; **17** ('33) 8 S.: Gravimetria; **19** ('33) 4 S.: Isostasia; ferner Biographien (Bouguer, Defforges, Helmert u. a.) in verschiedenen Bänden. – Rapporti sull'attività del Comitato nazionale italiano per la geodesia e la geofisica nel triennio 1930–32, presentati alla V Assemblea generale dell'Unione geodetica e geofisica internazionale, Lisbona 1933 (Padova '33) 8 S.: Rapporto sull'attività esplicata nel triennio 1930–32 nel campo della geodesia. – Annuario 1934–35 dell'Associazione ottica italiana. Atti della I^a riunione dell'Associazione, Firenze 1934 (Firenze '35) (Suppl. al No. 6 del Boll. Assoc. ottica ital. 1934): La fotografia aerea e la sua importanza tecnica ed economica. – Corso di fotogrammetria per geometri (Firenze '38) 6–: Parallelo fra i metodi topografici e quelli fotogrammetrici. – G. Colombo, Manuale dell'ingegnere civile e industriale (Milano '39) 698–715: Topografia. – Enciclopedia delle matematiche elementari e complementi con estensione alle principali teorie analitiche, geometriche e fisiche, **3** (Milano '50): Elementi di geodesia[5]). – Conferenze di fotogrammetria. Settimane fiorentine di cultura fotogrammetrica, Firenze 1955 (Firenze '55) 1–18: Il contributo italiano al progresso della fotogrammetria. – Inaugurazione del Centro di calcoli numerici (Politecnico di Milano) (Milano '56): Discorsi. – Aspetti, problemi, realizzazioni di Milano. Raccolta di scritti in onore di Cesare Chiodi (Milano '57): Il Politecnico di Milano e i suoi compiti.

W. Note di fotogrammetria: Esposizione riassuntiva di principi, strumenti e metodi (m. L. Solaini) (Roma '38); [2](Milano '46) 188 S. – Preparazione degli ingegneri. Sezione di chiusura dell'XI corso di cultura per dirigenti di aziende presso il Politecnico di Milano, tenuta il 23 giugno 1946 (Milano '46) 16 S. – – Ferner zahlreiche Vorlesungsskripten über Geodäsie und Topologie.

Annali idrogr. La crociera gravimetrica del R. sommergibile „V. Pisani", anno 1931[2]): **13** ('35) 66–.

Archives int. Photogrammétrie Rapport sur le développement de la photogrammétrie en Italie entre 1930 et 1934: **8**, 1 ('34) 2–. – Photostéréographe Nistri: **8**, 2 ('37) 185–88.

Atti reale Accad. Italia, Rend. La crociera gravimetrica del R. sommergibile „Des Geneys", anno 1935: (7) **2** ('40/41) 1038–48.

Atti Accad. nazion. Lincei, Rend. Commemorazione del Corrispondente Ubaldo Barbieri: (8) **1** ('46) 1222f. – Sulla teoria degli strumenti goniometrici: 1233–42.

Atti Sindacati provinc. fasc. Ingegneri Lombardia I rilevamenti aerofotogrammetrici a grande scala e il contributo italiano: **12** ('34) Nr. 6, 16–.

Atti Soc. ital. Progr. Sci. I risultati della crociera gravimetrica del R. sommergibile „V. Pisani" e la gravità in Italia[1])[2]): **22**, 2 ('34) 15–32. – Un nuovo apparato restitutore stereoscopico universale per fotogrammetria. (Il fotostereografo di U. Nistri): **23**, 2 ('35) 426. – Relazione preliminare sulla seconda crociera gravimetrica in sommergibile nel Mediterraneo: **24**, 2 ('36) 48–50.

Bildmessung u. Luftbildwesen Untersuchungen über das luftphotogrammetrische Verfahren Nistri und über seine Anwendung bei Katasteraufnahmen: **7** ('32) 34–38.

Boll. Assoc. ottica ital. La fotogrammetria nel momento attuale: **1936**, Nr. 4, S. 2–.

Boll. Comitato nazion. ital. Geod. e Geofis. Relazione sull'attività del Comitato durante l'anno 1931: **2** ('32) 3 S. – La crociera gravimetrica del R. sommergibile „Vettor Pisani": 8 S. – La distribuzione delle misure di gravità nei due emisferi: 4 S. – Nicola Vacchelli †: 4 S. – Le tavole fondamentali per la riduzione delle misure di gravità[1]): **4** ('34) 1–19, 97–106. – Relazione preliminare sulla seconda crociera gravimetrica italiana in sommergibile nel Mediterraneo: **5** ('35) Nr. 4, 8–.

Boll. Soc. ital. Fotogrammetria e Topografia Spigolando tra i compiti della Sifet: **1951**, Nr. 1.

Bull. géodés. Tables de valeurs de la pesanteur normale internationale: **32** ('33) 14 S.

Filotecnica L'opera di Ignazio Porro documentata all'esposizione di Chicago: **4** ('33) Juli-Nr., 8–.

Ingegnere Topografia e fotogrammetria: **12** ('38) Nr. 8.

Memorie Soc. astron. ital. Emanuele Soler †: **13** ('40) 145f.

Palladio Riproduzione di un bassorilievo con procedimenti fotogrammetrici: **6** ('42/43) Nr. 5/6.

Pubbl. Ist. Topogr. e Geod., Milano Inaugurazione del I° corso di cultura in fotogrammetria, 1935: Prolusione: Importanza nazionale della fotogrammetria: **7** ('35). – Il fotostereografo Nistri: **14** ('35) 8 S. – Relazione preliminare sulla seconda crociera gravimetrica italiana in sommergibile nel Mediterraneo: **17** ('35). – La fotogrammetria nel momento attuale: **20** ('36). – Tavole fondamentali per la riduzione dei valori osservati della gravità[1])[3]): **22** ('37) 27 + 119 S. [auch engl.]. – Problemi attuali della fotogrammetria: **23** ('37) 10 S.

Rend., Reale Ist. lombardo Sci. e Lettere, Parte gen. e Atti uffic. Gaudenzio Fantoli †: **73** ('39/40) 159.

Rend. Semin. mat. e fisico Milano Questioni di gravimetria: 8 ('34) 127–67. – Risoluzione dei sistemi di equazioni algebriche lineari: **17** ('46) 62–78.

Ricerca sci. La fotogrammetria aerea e la sua importanza tecnica ed economica: **5**, 2 ('34) Nr. 1/2. – Riunione della Commissione permanente dell'Associazione Geodetica Internazionale (AGI), Parigi, 5–8 agosto 1946: **16** ('46) Nr. 10. – Unione Geodetica e Geofisica Internazionale: Relazione sulla assemblea straordinaria (Cambridge, 29 luglio – 3 agosto 1946): ibid. – La sessione 1946 del Comitato internazionale Pesi e Misure (Parigi, 22–29 ottobre 1946): **17** ('47) Nr. 2/3. – Convegno della Société chronométrique de France (Lyon 13–15 maggio 1950)[4]): **20** ('50) 999f. – X Conferenza generale dei pesi e delle misure (Parigi-Sèvres 5–14 ottobre 1954): **25** ('55) 150–55.

Rivista Catasto e Serv. tecn. erariali Per lo sviluppo dell'industria fotogrammetrica italiana: 1 ('34) Nr. 1, 7–. – Note di fotogrammetria: Esposizione riassuntiva dei principi, strumenti e metodi: 4 ('37) 11–29, 154–69, 285–97, 439–49, 589–606, 715–32. – V Congresso internazionale di fotogrammetria: 5 ('38) Nr. 6, 6–. – Sul collaudo diretto e sulla determinazione della precisione globale delle carte fotogrammetriche: 7 ('40). – I metodi di H. Bolz per la risoluzione dei sistemi di equazioni lineari e il loro impiego nella compensazione delle triangolazioni: 11 ('44) Nr. 1.

Scienza e Tecnica Progressi nello studio della forma delle terra: 5 ('41) Nr. 11.

Universo [Firenze] Il Generale Nicola Vacchelli per la geodesia e la geofisica italiane: 14 ('33) 4 S.

Vie Italia La fotogrammetria: 42 ('36) 6–.

Ferner zahlreiche gedruckt erschienene Reden und Ansprachen.

Mit: [1]) P. Dore; [2]) M. De Pisa; [3]) S. Ballarin; [4]) G. Silva; [5]) L. Solaini.

VI **CASTEELS,** Maria Lodewijk Leonard (Louis). Math. – 1923–51 Prof., '51 Prof. Emeritus, Univ. Gent.

*1881, Juni 28, Steenhuffel.

Zur Biogr. Liber memorialis der Rijksuniversiteit te Gent. 1913–1960 (T. Luykx) 4 (Gent'60) 123–26 (m. Bildn. u. Schr.verz.).

Bruxelles-médical Une enquête scientifique de "radiesthésie" dite médicale [1])[4])[5]): 28 ('48) Nr. 6, 7 S. – Un divertissant essai de diagnostic "radiesthésique" du sexe[1])[3]): 32 ('52) 273–82.

Mededelingen K. vlaamse Acad. Wet., Letteren en schone Kunsten Belgie Extensie van een snijpuntenstelling van J. Bacharach: 16 ('54) Nr. 10, 18 S. – De stelling van de 3n–1 punten in de constructie van een A_n: Nr. 16, 11 S. – Het algemeen theorema der $\Phi(n, q) = q(n - q + 3) - 1$ punten in de constructie van een A_n, met aan de variant Φ verbonden K- en Φ-puntgroepen[2]): 17 ('55) Nr. 4, 35 S. – Drie hoofdstellingen betreffende de theorie van de onafhankelijke puntgroepen in de constructie van een A_n: Nr. 10, 20 S. – Over de verdelingsmogelijkheden van de onafhankelijke basispunten in ontaarde A_n-bundels $A_a A_{n-a}$ met vaste A_a: 18 ('56) Nr. 2, 22 S. – Over de verdelingsmogelijkheden van de

$$nq - \frac{1}{2}(q - 1)(q - 2) \text{ op een } C_q \equiv A_a C_{q-a}$$

voorkomende punten ($n > q$) die onafhankelijk zijn voor een $A_n \equiv A_a A_{n-a}$ met vaste A_a: 19 ('57) Nr. 4, 22 S. – – Alle Arbeiten mit franz. Zusammenfassung.

Verhandelingen K. vlaamse Acad. Wet., Letteren en schone Kunsten Belgie Fundamenten en eerste ontwikkelingen van een snijpuntentheorie der algebraische krommen: Nr. 41 ('53) 200 S. [m. franz. Zusammenfassg.].

Mit: [1]) A. Bessemans; [2]) R. Broeckx; [3]) A. Hougardy; [4]) M. De Laet; [5]) R. Nyssen.

IV–VI **CASTELNUOVO,** Guido. Math. – 1891–1935 Prof. di Geometria analitica e proiettiva, '35 Prof. emerito, Univ. di Roma; Commissario generale del Consiglio Nazionale delle Ricerche; Presidente della Delegazione Italiana all'UNESCO e della Società Europea di Cultura. (⊠)

*1865, Aug. 14, Venezia;

†1952, Apr. 27, Roma.

Zum 80. Geb.tag Nature [London] 155 ('45) 385f.

Zur Biogr. L. Godeaux, Guido Castelnuovo, Federigo Enriques et la géométrie algébrique: Revue gén. Sci. pures et appl. 60 ('53) 8–14.

Nekr. L. Campedelli, Boll. Unione mat. ital. (3) 7 ('52) 241–46. – G. Colonetti, Ricerca sci. 22 ('52) 1697f. – R. Garnier, C. R. hebd. Séances Acad. Sci., Paris 234 ('52) 2241–44. – W. V. D. Hodge, J. London math. Soc. 28 ('53) 120–25. – A. Pensa, Rend., Ist. lombardo Sci. e Lettere, Parte gen. e Atti uffic. (3) 16 ('52) 123f. – L. Roth, Nature [London] 169 ('52) 992. – J. Sebastião e Silva, Gazeta Mat. [Lisboa] 13 ('52) 1–3. – F. Severi, Archimede [Firenze] 4 ('52) 130f. – B. Segre, Nachr. österr. math. Ges. Nr. 19/20 ('52) 20–22. – A. Terracini, Atti Accad. Sci. Torino 86 ('52) 366–77 (m. Bildn.).

Ehrungen 1952 Enthüllung einer Medaille mit dem Bildnis von Guido Castelnuovo im Sitzungssaal der Accademia dei Lincei in Rom. – Istituto matematico „Guido Castelnuovo", Città universitaria, Roma.

Zur Bibliogr. Memorie scelte di Castelnuovo (Bologna '37) 10 + 588 S. (m. Schr.verz. S. 581–84).

H. G. Galilei, Dialoghi dei massimi sistemi, 2–3 giornata (Roma '47).

W. Calcolo delle probabilità 1: Fondamenti della teoria, applicazioni alla statistica, alla teoria degli errori, alla balistica ed alla fisica [2](Bologna '33) 31 + 266 S.; [3]('47) 27 + 321 S. – Lezioni di geometria analitica. Geometria analitica del piano e dello spazio. I concetti fondamentali della geometria proiettiva. Curve e superficie di secondo ordine [8](Roma '35) 8 + 605 S.; [9]('38); [10]('48); [11]('51); [12]('56) 8 + 607 S.; span.: (La Plata '43) 655 S. – La probabilité dans les différentes branches de la science (Paris '37) 61 S. (Actualités scientifiques et industrielles No. 463. Philosophie et histoire de la pensée scientifique, 2). — Le origini del calcolo infinitesimale nell'era moderna (Bologna '38) 7 + 165 S.

Annales Inst. Henri Poincaré Sur quelques problèmes se rattachant au calcul des probabilités: **3** ('33) 465–90.

Archimede [Firenze] Giuseppe Veronese: **10** ('58) 165–69.

Atti (reale) Accad. nazion. Lincei, Rend. Eugenio Bertini †: (6) **17** ('33) 745–48. — Federigo Enriques †: (8) **2** ('47) 3–21. — Sul numero dei moduli di una superficie irregolare, 1: **7** ('49) 3–7; ~ 2: 8–11.

Atti Soc. ital. Progr. Sci. Determinismo e probabilità: **21**, 2, Roma 1932 ('33) 48–60.

Memorie Soc. ital. Sci. Vito Volterra †: (3) **25** ('43) 87–95.

Periodico Mat. Federigo Enriques †: (4) **25** ('47) 81–94.

Scientia Determinismo e probabilità: **53** ('33) 1–12. — Principio di causalità: **60** ('36) 61–68.

VI **CASTLEMAN,** Robert Allen, jr. Physik. — 1917–32 Scientist, Bureau of Standards, Washington, D.C. (☒)

*1892, Jan. 4, Westmoreland County, Va.;

†1953, März 15, Washington, D.C.

Physical Rev. The mechanism of atomization accompanying solid injection: (2) **40** ('32) 1025f. — On the independence of energy released from the atom of surrounding atmospheric conditions: **72** ('47) 182.

Physics A hydrodynamical theory of piston ring lubrication: **7** ('36) 364–67.

Ferner Übersetzung zahlreicher technischer Fachbücher aus dem Deutschen ins Englische, erschienen im Eigenverlag, Falls Church, Va.

V, VI **CASTORO,** Nicola. Pharmazie. — Doc., Scuola di Farmacia, Univ. di Bari.

*1869, Nov. 7, Toritto;

†1928, Apr. 4, Bari.

VI **CASWELL,** Albert Edward. Physik. — 1917–32 Prof., '34–49 Prof. and Head of Department, '49 Prof. Emeritus, Univ. of Oregon, Eugene, Oreg.; '32–34 Prof., Oregon State Agricultural College, Corvallis, Oreg.; '42–45 Staff Member of the Radiation Labor., Massachusetts Institute of Technology.

*1884, Mai 24, Winnipeg, Manit., Can.;

†1954, Juni 18, Eugene, Oreg.

Nekr. American J. Physics **22** ('54) 373.

W. An outline of physics. Revised edition (New York '38) 9 + 590 S.

American Physics Teacher Content of the first year course in college physics: **2** ('34) 95–98.

American J. Physics A proposed reorganization of undergraduate physics[1]): **13** ('45) 315–17.

Physical Rev. Hooke's law and crystal structure: (2) **44** ('33) 320.

Popular Astron. A note on the quantization of the solar system: **40** ('32) 17–21.

Mit: [1]) W. Gordy.

VI **CATALÁN,** Miguel Antonio. Physik. — 1930– Prof. f. Spektroskopie, Instituto Nacional de Física y Química (Rockefeller Institute), Madrid; dazu '32– Prof. f. Spektroskopie, Academia de Madrid; dazu '34–57 Prof., Univ. de Madrid, '49–57 Leiter der spektroskopischen Abteilung des Instituts für Optik in Madrid; '47–48, '50, '51, '54 in USA: National Bureau of Standards, Massachusetts Institute of Technology, Princeton Univ. und an anderen Institutionen; '56–57 Vorlesungen in Caracas, Venezuela und Buenos Aires; '52–57 beratendes Mitglied des gemeinsamen Ausschusses für Spektroskopie im „International Council of Scientific Unions". (☒)

*1894, Okt. 9, Zaragoza;

†1957, Nov. 11, Madrid.

Nekr. R. Velasco, Nature [London] **181** ('58) 234. — Anales real Soc. españ. Física y Quím. **53** ('57) Ser. A, vor S. 217; ~ Ser. B, 733f. — J. opt. Soc. America **48** ('58) 138.

S. Verhandelingen, op 25 Mei 1935 aangeboden aan P. Zeeman ('s-Gravenhage '35) 387–92: Determination of the g-values of the terms of a spectrum[7]).

W. Exposición de la enseñanza cíclica de la física y química (m. A. León) (Madrid '35) 242 S.

Anales real Soc. españ. Física y Quím. Strukturanalyse des Molybdän-I-Spektrums, 2[5]): **31** ('33) 707–34. — Der Zeemaneffekt des Wolframspektrums[7]): **32** ('34) 255–70. — Dem Co I fremde Linien im Bogenspektrum des Kobalts[1]): **33** ('35) 391–432. — Über das Ramanspektrum von Schwefelsäure[14]): **34** ('36) 26–47. — Struktur des Spektrums vom neutralen Kobalt[1]): 103–45, 207–97. — Messungen der Linien des Funkenspektrums von Molybdän zwischen 2195 Å und 2000 Å[10]): 146–64. — — Alle Arbeiten span.

Anales real Soc. españ. Física y Quím., Ser. A Changes of the g-values in the partial Paschen-Back effect[13]): **47** ('51) 7–14 [span.]. — Measurements on the Zeeman effect in the spectrum of manganese, 1[3]): 173–80 [span.]. — Series y potenciales de ionización en los espectros I, II y III de los elementos del grupo del hierro[13]): **48** ('52) 247–66. — Series y potenciales de ionización en los espectros I y II de los elementos del grupo del paladio[8]): 328–38. — Las configuraciones electrónicas $3d^{n-2}\,4s^2$ y $3d^{n-2}\,4s\,5s$ en los elementos del primer grupo de transición: **49** ('53) 67–76. — General relations between the lowest atomic configurations l^m, $l^m s$, and $l^m s^2$ [1]): **51** ('55) 5–18 [span.]. — Series and ionization potentials in the M III spectra of the elements of the Pd group[8]): **53** ('57) 85–94 [span.]. — Far ultraviolet spectra of Mn III: 179–84 [span.]. — Structure of the spectra of (the series) B I to Na I, C II to Mg II, and N III to Al III[8]): **54** ('58) 5–16 [span.]. — Ionization potentials of the particles Al to K, Si^+ to Ca^+, and P^{++} to Sc^{++} [8]): 289–300 [span.]. — The $4p^{m-1}ns$ series in the spectra of Ga I to Rb I and Ge II to Sr II [8]): 301–10 [span.].

J. opt. Soc. America Changes in g-values, in a spectrum, for different magnetic fields[13]): **40** ('50) 653–55.

J. Res. nation. Bur. Standards Asymmetries of Zeeman patterns and g-values for neutral manganese: **47** ('51) 502–24. — Term analysis of the first spectrum of rhenium (Re I)[4])[6])[13]): **59** ('57) 319–48. — Term analysis of the second spectrum of rhenium (Re II)[6]) [11]): **61** ('58) 441–61.

Proc. physic. Soc., Sect. A Unequal g-values for the different magnetic levels of an atomic energy level[13]): **63** ('50) 917–19.

Proc. roy. Soc., London, Ser. A Relations between the low atomic configurations in the long periods[9])[12]): **221** ('54) 421–37.

Spectrochimica Acta The configurations in the spectra of the third group of transition elements[13]): 8 ('56) 288.

Z. Physik Beziehungen zwischen den tiefen Termen der Elemente der Eisenreihe[1]): **102** ('36) 432–60. — Beziehungen zwischen den Rydbergschen Nennern der tiefen Terme in der Eisenreihe [7]): 461–79.

Mit: [1]) M. T. Antunes; [2]) —; [3]) O. Garcia Riquelme; [4]) P. F. A. Klinkenberg; [5]) P. de Madariaga; [6]) W. F. Meggers; [7]) F. Poggio; [8]) F. R. Rico; [9]) F. Rohrlich; [10]) J. M. Román; [11]) M. Sales; [12]) A. G. Shenstone; [13]) R. Velasco; [14]) L. Yzu.

VI **CATTELAIN,** Eugène Albert. Chemie (analyt.). — Pendant plus de trente ans Assist. de la Chaire de Chimie analytique, puis de la Chaire de Chimie biol., après cela Chef de Laboratoire honoraire, 1943 Dr. ès sci. physiques, Fac. de Pharmacie, Univ. de Paris; en outre Inspecteur des Etablissements classés du Département de la Seine. — Prix Lebeault (Fac. de Pharmacie, Paris); '48 Prix Montyon de Chimie et Médaille Berthelot (Acad. Sci., Paris); Prix de Martignoni (Acad. nationale de Médecine).

*1887, Juli 14, Hargicourt, Aisne; †1955, Febr. 1/2, Paris.

Nekr. R. Weitz, Annales pharm. franç. **13** ('55) 17f.

S. Atti X Congresso internazionale di chimica, Roma 1938, **2** (Roma '39) 158–65: Sur le nickel de Raney[1])[2]).

W. Pour comprendre la chimie moderne (Paris '33) 255 S.; ²('35); ³('41); ⁴('51); ⁵('57) 302 S. (Bibliothèque d'éducation scientifique. Collection des "Pour comprendre"). — Pour comprendre la chimie organique (Paris '52) 335 S. (~). — Une remarquable conquête de la chimie moderne: le camphre de synthèse (Paris '35) 7 S. (Revue générale des sciences, 31 déc. 1934). — L'ypérite ou gaz moutarde: historique, production, propriétés, action, protection, thérapeutique (Paris '40) 111 S. (Extrait, revu et mis à jour, de la Revue générale des sciences, 30 avril, 15 et 30 juin 1937).

Annales Chim. analyt. et Chim. appl. Sur le dosage du chlore et du brome dans un mélange de chlorure et de bromure[1]): **14** ('32) 289–91. — De l'utilisation de l'alliage de Raney en remplacement de l'alliage de Devarda[2]): **20** ('38) 285. — De la normalisation des grilles à analyses organiques[4]): **22** ('40) 68f. — La phénolphtaléine, indicateur de fin de réaction en oxydimétrie. Dosage bromométrique de la thiocéto-3 céto-5 benzyl-6 triazine-1,2,4: **24** ('42) 150f. — L'affaire des cidres falsifiés du Pays d'Auge ou l'invraisemblable erreur de Monsieur de la Folie: **25** ('43) 186f.

Annales Falsificat. et Fraudes Recherche de très faibles quantités d'anhydride sulfureux[1]): **25** ('32) 138–40. — Contribution à l'essai du bleu de méthylène: **27** ('34) 236f. — Conserves de pois frais et conserves de pois secs régénérés: **31** ('38) 458–63.

Annales pharm. franç. Sur quelques dérivés des aldéhydes bromo-5 et diiodo-3,5 salicyliques[1])[2])[5]): **7** ('49) 163–75. — Point d'histoire sur quelques réactions classiques utilisées en biochimie pour caractériser les pigments et sels biliaires: 8 ('50) 579–85. — Point d'histoire sur quelques réactions classiques utilisées pour la caractérisation des protides: **9** ('51) 226–30. — Point d'histoire sur quelques réactions classiques utilisées pour la caractérisation des pigments sanguins: **10** ('52) 121–26. — Sur quelques points d'histoire dans le domaine de la chimie organique, 1: **12** ('54)

392–94; ∼ 2: 487–90. – Contribution à l'histoire de la pharmacie en Angleterre. L'industrie chimique pharmaceutique en Grande-Bretagne: **13** ('55) 139–43.

Bull. Soc. Chim. biol. Sur l'élimination de l'ion phosphorique à l'état de phosphate triplombique dans le dosage du sodium par la méthode acéto-uranimagnésienne[1]): **14** ('32) 275–77. – Contribution à l'essai du bleu de méthylène: **16** ('34) 957f. – Nouvelle méthode de dosage volumétrique de l'ion phosphorique dans les liquides organiques[2]): **20** ('38) 128–30.

Bull. Soc. chim. France, Mém. Antoine Villiers-Moriamé † [1]): (4) **53** ('33) 1–11. – Sur un complexe argento-mercurique[1]): (5) **2** ('35) 996–1000. – Recherches potentiométriques sur les acides fumarique, maléique et succinique[3]): **4** ('37) 499–502. – Contribution à l'étude du nickel de Raney, 1 [1])[2]): **5** ('38) 1699–1712; ∼ 2: Le nickel de Raney, agent de désulfuration, 1 [1])[2]): **7** ('40) 781–89. – Sur les amalgames de nickel[1])[2]): **6** ('39) 864–66. – Nouvelle méthode pour l'obtention de benzène et de toluène exempts de thiophène et de méthylthiophène[1])[2]): **7** ('40) 780f. – Sur les alcoyl-2-thiosemicarbazides: 791–95. – Sur quelques dérivés de l'acide oxo-1 anisyl-2 n-butyrique ou acide (p-méthoxyphényl) méthylpyruvique: **9** ('42) 907–16; ∼ 2: **11** ('44) 18–22. – Contribution à l'étude des as-triazines, 1: Dérivés monoalcoylés-2 de la thiocéto-3 céto-5 benzyl-6 triazine-1,2,4: 249–56; ∼ 2: Dérivés monoalcoylés-3 de la thiocéto-3 céto-5 benzyl-6 triazine-1,2,4: 256–73; ∼ 3: Dérivés monoalcoylés-4 de la thiocéto-3 céto-5 benzyl-6 triazine-1,2,4: 273–81; ∼ 4: Sur les dérivés dialcoylés isomères de position de la thiocéto-3 céto-5 benzyl-6 triazine-1,2,4: **12** ('45) 39–47; ∼ 5: Sur quelques propriétés nouvelles de la thiocéto-3 céto-5 benzyl-6 triazine-1,2,4: 47–53; ∼ 6: Sur quelques propriétés nouvelles de la dioxo-3,5 benzyl-6 triazine-1,2,4: 53–59; ∼ 7: Dioxo-3,5 alcoyl-(ou aryl)-6 triazines-1,2,4 et thiocéto-3 céto-5 alcoyl (ou aryl)-6 triazines-1,2,4; comparaison des deux hétérocycles: 59f. – Sur quelques propriétés des thiohydantoïnes disubstituées en 5.5, 1: Comparaison entre les cycles sulfoxotriazinique et thiohydantoïnique[2]): **1947**, 639–42; ∼ 2: Comparaison entre les cycles sulfoxotriazinique et thiohydantoïnique[2]): **1948**, 700–02. – Action comparée de la semicarbazide et de la thiosemicarbazide sur l'acide benzoylpyruvique[2]): **1947**, 1098–1101. – Transformation de la monosemicarbazone de l'acide benzoylpyruvique en acide isopyrazole-4 carboxylique-5 [2]): 1101–03. – Sur la préparation de l'anisile d'après la méthode de Bösler[2]): 1103. – Action de l'amalgame de sodium sur les semicarbazones d'acides cétoniques[1])[2]): **1948**, 786–88. – Sur quelques dérivés halogénés de l'aldéhyde salicylique, 1 [1])[5]): **1949**, 433–36; ∼ 2: Préparation des diacétylacétales des aldéhydes bromo-5 et diiodo-3,5 acétylsalicyliques et de l'aldéhyde diiodo-3,5 acétylsalicylique[1])[2])[5]): 630–32. – Contribution à l'étude des composés organiques soufrés, 3: Thiosemicarbazones, hydrazothiazolinones et alcoyl-imino-1 diaza-2,3 thia-6 cyclohexanones-4 [2]): **1950**, 48–61.

Chimie analyt. Nettoyage et séchage de la verrerie jaugée ou graduée: (4) **27** ('45) 28–30.

C.R. hebd. Séances Acad. Sci., Paris Contribution à la séparation de l'ion phosphorique et à son dosage par voie volumétrique[2]): **205** ('37) 49–52, 344. – Sur quelques dérivés de l'acide β-[4-méthoxyphényl]méthylpyruvique: **207** ('38) 998–1000. – Sur les amalgames de nickel[1])[2]): **208** ('39) 193f. – Action du nickel de Raney sur quelques composés organiques soufrés[1])[2]): 657–59. – Sur les éthers des dioxytriazines: 1656–58. – Sur les éthers des sulfoxytriazines: 1912–14. – Sur les 2-alcoylthiosemicarbazides: **209** ('39) 799–801. – Sur une nouvelle série de dérivés alcoylés des as-sulfoxytriazines: **210** ('40) 301–03. – Sur une nouvelle série de dérivés mono- et dialcoylés des as-sulfoxytriazines: dérivés 4 et 3,4: 763–65. – Sur quelques dérivés nouveaux de l'acide α-oxo-β[méthoxy-4-phényl]-butyrique ou acide β[méthoxy-4-phenyl]méthylpyruvique: **212** ('41) 551–53. – Sur les dérivés diméthylés-2,3 et 3,4 de la thiosemicarbazide: **213** ('41) 308–10. – Action de l'amalgame de sodium sur les dérivés monoalcoylés isomères de position de la thiocéto-3 céto-5 benzyl-6 triazine-1,2,4: **214** ('42) 429–31. – Action de quelques réactifs oxydants sur la thiocéto-3 céto-5 benzyl-6 triazine-1,2,4: **215** ('42) 257–59. – Sur quelques propriétés des thiohydantoïnes disubstituées en 5,5. Comparaison entre les cycles sulfoxotriazinique et thiohydantoïnique[2]): **218** ('44) 623f. – Sur l'acide benzoylpyruvique: différence d'activité de la semicarbazide et de la thiosemicarbazide[2]): **224** ('47) 1571f. – Sur une transformation inattendue de la monosemicarbazone de l'acide benzoylpyruvique[2]): 1721f. – Contribution à l'étude des acides cétoniques: particularités de la réduction de leurs semicarbazones[1])[2]): **225** ('47) 876–78.

J. Pharm. et Chim. Sur l'élimination de l'ion phosphorique à l'état de phosphate triplombique dans le dosage du sodium par la méthode acéto-uranimagnésienne[1]): (8) **15** ('32) 97–99. – Sur la méthode de Devarda: **20** ('34) 118–21. – Une remarquable conquête de la chimie moderne: Le camphre de synthèse: **21** ('35) 406–26. – Sur une réaction très sensible permettant de caractériser et de doser le citral[1]): 437–49. – Sur un complexe argento-mercurique[1]): 581–85. – Nouvelle contribution au dosage du mercure dans le cyanure de mercure: **22** ('35) 454–56. – Le physicien César Despretz et la découverte de l'ypérite: 512–14. – Sur un cas d'empoisonnement volontaire par ingestion d'un sel de quinine et d'un barbiturique: **28** ('38) 158f.

Revue gén. Sci. pures et appl. Une remarquable conquête de la chimie moderne: le camphre de synthèse: **45** ('34) 681–87. – L'ypérite ou gaz moutarde. Son histoire, le secret de sa puissance, son avenir: **49** ('38) 205–11, 292–301, 322–27.

Revue sci. Histoire de la pénicilline. Découverte, préparation, propriétés, applications: **85** ('47) 169–81. – Utilisation des réactifs organiques en analyse minérale: **86** ('48) 234–41.

Mit: [1]) J. Bougault; [2]) P. Chabrier; [3]) G. Couchet; [4]) R. Gros; [5]) A. Quevauviller.

VI **CAVALLARO,** Vincenzo Giuseppe. Math., Physik. — Stud., 1913 Dr. d. Physik, Univ. Palermo; '13–15 Prof. Physik, Techn. Inst., Palermo; später bis '21 Lehrtätigkeit an Gymnasien und Fachschulen in Palermo und Trapani; '21 Aufgabe der Lehrtätigkeit infolge Krankheit.

*1886, Juli 12, Cefalù, Prov. Palermo, Sizilien;

†1961, Nov. 18, Cefalù, Prov. Palermo, Sizilien.

Anais Fac. Ci., Pôrto Su l'approssimata rappresentazione delle serie per lati di poligoni regolari: **22** ('37) 57–64. – Nouvelles formules pour l'approchée construction de séries, des côtés de polygones réguliers supérieurs, des racines des équations transcendantes très remarquables: 134–44. – Recueil de nouvelles formules approchées sur la constante d'Euler, sur les nombres e, π et dérivés et sur la multiplication du cube: **24** ('39) 5–17. – Sur les triangles ayant singulière la distance du centre de l'ellipse de Brocard au centre du cercle des neuf points: **25** ('40) 129–40. – Sur les distances mutuelles des points remarquables de la géométrie du triangle: **29** ('44) 5–10. – Formules brocardiennes pour le triangle singulier ayant les côtés en progression arithmétique: 11–14. – Les triangles brosteinériens: **33** ('48) 65–81. – Notes sur la géométrie du triangle: **34** ('49) 5–22. – Sur les points isodynamiques: **36** ('52) 5–20. – Sur les triangles brosteinériens: 21–25.

Boletín mat. Propriedades del triángulo que se conservan en el limite colineal: **13** ('40) 102–05.

Boll. Mat. Angolo di Brocard e relazioni areolari: **28** ('32) 145f. – Le metamorfosi costruttive del pentagono regolare: **30** ('34) 23–34. – Arbeli, Salinon, Pelecoidi, ... ellittici: 170–73. – Generalizzazione d'una proposizione d'Erone: **31** ('35) 77. – Generalizzazione d'una proposizione di Huygens: 77f. – Due funzioni continue e due proposizioni geometriche concomitanti: **33** ('37) 130f. – Sul quadrangolo: 131. – Sul segmento di Brocard: **34** ('38) 87. – Storia della geometria del triangolo in Italia: XLI–XLVII, LXI–LXVII. – La discendenza particolarissima d'un classico teorema sul punto di Lemoine: **36** ('40) 27f. – Proprietà del triangolo che si conservano al limite collineare: 42f. – Due notevoli teoremi geometrici: **37** ('41) 11. – Per la quadratura approssimata del circolo: 26–29. – Sull'approssimata rappresentazione di due serie sur un circolo di raggio unitario: 62. – Su l'ettagono e su l'ennagono regolari: 75f. – Su una procedura costruttiva del punto simediano e dei poli essimediani associati: 95f. – Proprietà del quadrangolo che si conservano al limite collineare: **38** ('42) 32f. – Proprietà dell'iperbole: 42–44. – Il punto di Lemoine come punto triplo per i centri dei rettangoli inscritti in un triangolo: Nr. 5/6. – Formule areali di triangoli podari: Nr. 5/6. – Sulla deduzione d'un elegante relazione pei fuochi di Steiner: **39** ('43) 5. – Geometria baricentrica del triangolo al limite collineare: 21–23. – Tetraedro trirettangolo: (5) **2** ('48) 9–13. – Sull'appartenenza di punti notevoli del triangolo alla circonferenza del suo incerchio: 33–35.

Archimede [Firenze] I determinanti dell'area d'un triangolo: **1** ('49) 87. – Sulla rappresentazione approssimata d'una classica frazione continua: 196f. – Triangoli isoclini: 273f. – Per la storia dei teoremi attribuiti a Napoleone Buonaparte e a Frank Morley: 286f. – La sezione aurea in computisteria: **2** ('50) 68f. – Alcune semplici relazioni approssimate tra celebri costanti: 118f. – Un problema di trigonometria: 158f. – Il teorema di Pitagora dedotto dal punto di Lemoine e note bibliografiche: **3** ('51) 36–38. – Sull'approssimata rappresentazione di alcune serie con polinomi semplici costruibili elementarmente: 78–82. – Caratteri di divisibilità (Nota storico-bibliografica): **4** ('52) 84f. – Teoremi di geometria piana dedotti dal tetraedro al limite planimetrico: 175–77. – Trisezione dell'angolo: 259–61. – Sulle serie a termini positivi: **5** ('53) 125. – Poligoni disuguali con elementi uguali: 125f. – Per una grande raccolta delle varie dimostrazioni del teorema di Pitagora: 126. – Teorema di Napoleone generalizzato; Poligoni orlati di poligoni (Nota storico-bibliografica): 207–09. – Nuovi metodi dimostrativi delle formule di Chapple-Landen-Euler e del teorema di Feuerbach: **6** ('54) 70–73. – Quadrilatero completo (Nota storico-bibliografica): 213f. – Ottica geometrica; Formule d'addizione in trigonometria (Note storico-bibliografiche): **7** ('55) 40–43. – Su i poligoni regolari (Note storico-bibliografiche): 136–39. – Formula d'Erone: 275–78. – Note storico-bibliografiche: **8** ('56) 232–36; **9** ('57) 221–23; **10** ('58) 40–44; **11** ('59) 111–15; **12** ('60) 45–49. – Sull'esistenza di triangoli soggetti a prestabilite condizioni: **9** ('57) 31–33. – Triangoli T' = x · T: **10** ('58) 115–18. – Formule notevoli per i quadrati inscritti in un triangolo: 158–60. – Equibrocardiani: **12** ('60) 256–58.

Boll. Unione mat. ital. Una raccolta di nuove formule approssimate rappresentanti il numero e, la costante d'Eulero, il numero π e derivati, lati di poligoni superiori etc.: **11** ('32) 164–68. – Sulla nota "Pentagono regolare e dodecaedro regolare" del prof. Vacca: (2) **2** ('40) 371. – Sulla formula che esprime una distanza variabile in funzione di tre distanze assegnate: 501f. – Sul centro di gravità del semicerchio eterogeneo con densità proporzionale alla distanza da centro: **3** ('41) 325–27. – Funzioni continue e proposizioni geometriche concomitanti: (3) **5** ('50) 174–77.

Bull. sci. Ecole polytechn. Timişoara Notes sur la géométrie du triangle: **8** ('39) 167–71; **9** ('39/40) 7–16, 235–44. – Sur la nouvelle géométrie du triangle. La configuration ayant pour éléments partiels la polaire trilinéaire du point de Lemoine et la distance brocardienne: **10** ('41) 73–86. – Notes sur l'approchée représentation et construction de la série Φ_6, de quelques séries hyperboliques et exponentielles, de séries ayant les nombres eulériens et bernoulliens, de nombres transcédants remarquables: **11** ('43) 35–41.

Elemente Math. Propositions remarquables par rapport à la quadrature approchée du cercle: **8** ('53) 39f.

Esercitazioni mat. Fondamenti vincolati e completi delle geometrografie, elementi per la riduzione simbolica del linguaggio costruttivo: (2) **11** ('39) 164–75. – Punti di Feuerbach: **13** ('41) 128–34. – Appunti per un'attraente lezione di trigonometria: 135–37.

Euclides [Madrid] Sull'approssimata rappresentazione sur un circolo di raggio unitario d'una classica frazione continua: **9** ('49) 296. – Relazioni areali di triangoli podari e omopodari: **10** ('50) 65–68. – Geometria dilettevole: Poligono a spirale: **11** ('51) 20–22. – Sui triangoli notevoli: 126–29. – Note di generalizzazione sulla geometria del triangolo: **12** ('52) 30–34. – Sul teorema di Napoleone generalizzato teoremi al limite collineare: 235–38.

Gazeta Mat. [Lisboa] Sull'approssimata rappresentazione di alcune serie con polinomi semplici costruibili elementarmente: **12** ('51) 9–11.

Giorn. Mat. Battaglini Una nuova raccolta di formule approssimate relative al numero e, alla costante d'Eulero, a lati di poligoni superiori, al numero π e derivati, etc.: **72** ('34) 76–86. – Nuove formule approssimate relative a lati di poligoni superiori, ai numeri e, π, alla costante d'Eulero, etc.: **74** ('36) 71–80. – La genesi e lo sviluppo naturale delle costruzioni classiche relative ai punti di Brocard, di Lemoine etc.: 194–206. – Sviluppo naturale e visione unitaria nella geometria del triangolo: **75** ('37) 161–91. – Divina proporzione: **81** ('53) 203–18. – Equazioni diofantee brocardiane: **82** ('54) 301–08. – Triangoli ortogonalmente associati: 423–27. – Dalle identità aritmetiche di Gergonne, di Cauchy e di Lamé all'ellisse di Lemoine: **83** ('55) 69–75. – Alcune brevi note sulla geometria del triangolo: 211–22. – Sui segmenti torricelliani: **84** ('56) 81–91. – Note sulla geometria del triangolo: 248–60. – Geometria brocardiana prismatica: **86** ('58) 111–21. – Sulla geometria del triangolo e del tetraedro trirettangolo: **87** ('59) 34–50. – Sulla geometria del triangolo: **88** ('60) 70–82. – Segmenti torricelliani; Angolo prismatico; Ellisse di Lemoine, etc.: **89** ('61) 110–19. – Cotg brocardiane: Nr. 3.

Mathematical Gaz. On Lemoine's ellipse: **34** ('50) 266–68. – Stereometry: **36** ('52) 273–75. – Expressions for the a˙es of the Brocard and Lemoine ellipses: **38** ('54) 194–96.

Mathésis Sur la résolution approchée de quelques problèmes transcendants et du troisième degré: **51** ('37) 173–78. – Sur l'emploi des côtés de polygones réguliers dans l'évaluation approchée des racines de certaines équations transcendantes: **52** ('38) 83–88. – Détermination des tangentes des angles de Brocard et de Steiner en fonction des segments torricelliens: 174f. – Sur les segments torricelliens: 290–93. – Sur le triangle spécial dont la distance des points de Brocard est maximum: **53** ('39) 155–60. – Sur les triangles spéciaux dont les distances brocardiennes sont singulières: **54** ('45) 422–28. – Sur l'ellipse de Steiner par les segments torricelliens: **62** ('53) 21–30. – Sur l'emploi des axes de l'ellipse de Steiner: **63** ('54) 29–36. – Formules remarquables pour le triangle des centres de carrés construits sur les côtés d'un triangle: 357–63. – Triangles brosteinériens: **66** ('57) 34–39. – Angle prismatique; Axes de Steiner; Triangles des centres des carrés: **67** ('58) 245–49.

National Math. Mag. On Brocard's ellipse: **14** ('40) 445–48.

Periodico Mat. Su un interessante teorema di minimo: (4) **12** ('32) 275–78. – Generalizzazione d'una proposizione d'Erone e d'una proposizione d'Huygens: **15** ('35) 293f. – Antiparallele, punto potenziale d'ordine p, relazioni potenziali che contengono molto particolarmente i teoremi di Euclide e di Pitagora, etc.: **17** ('37) 101–11. – La dimostrazione di Huygens del teorema pitagorico conformente generalizzata sur un triangolo qualunque: **19** ('39) 45–49. – Su la generalizzazione del triangolo delle mediane: **21** ('41) 245–48. – Sui triangoli aventi singolare la distanza tra le due direttrici dell'ellisse di Brocard: **23** ('43) Nr. 1/2. – Classiche frazioni continue; Serie logaritmiche; Loro approssimata espressione costruibile elementarmente: **32** ('54) 308–10.

Revista mat. Timişoara Vision trigonométrique d'un théorème important: **19** ('39) 53f. – Pour le théorème de Bramegupta: Nr. 11. – La génération des cercles de Neuberg par les segments torricelliens: **27** ('48) Nr. 3. – Sur les triangles harmoniques: **28** ('49) Nr. 11.

Rivista Fisica, Mat. e Sci. natur. Su la formula classica delle velocità molecolari dei gas: **10** ('35/36) 290–92. – Trattazione vincolata delle costruzioni del raggio rifratto: **11** ('36/37) 565–69. – La trigonometria quadratica: **14** ('39/40) 62–65. – Sul diottro sferico. Genesi della costruzione di Weierstrass: **15** ('40/41) 317–24.

Tôhoku math. J. L'approssimata rappresentazione e la quasi simultanea costruzione rettilinea di varie serie, di elementi e problemi notevoli non costruibili elementarmente: **42** ('36) 372–80. – Some notable properties on the new geometry of the triangle: 381.

Ferner zahlreiche Arbeiten in „Boll. Soc. mat. calabrese" (1957–1962), 9 Artikel in „Schola et Vita" [Milano] (1932–1938) sowie mehrere populärwissenschaftliche Veröffentlichungen.

VI **CAVEN,** Robert Martin. Chem. — 1920–34 Prof. inorg. and analyt. Chem., Royal Technical College, Glasgow; Member of the Council and Chairman of the Glasgow Section of the Institute of Chemistry. (☒)
*1870, Apr. 26, Freemantle, Southampton;
†1934, Juli 16.

Nekr. W. M. Cumming, J. chem. Soc., London **1934,** 1469–71. – Chemistry and Industry **53** ('34) 662.

W. Joseph Priestley, 1733–1804 (London '33) 25 S. – Systematic inorganic chemistry from the standpoint of the periodic law (m. G. D. Lander) [5](London '36) 25 + 546 S.; [6]('39). – Quantitative chemical analysis and inorganic preparations [2](London '62) 428 S.

J. chem. Soc., London The system manganese sulphate – thorium sulphate – water at 30°. A new type of double salt: **1932,** 2417–20. – Equilibria in the systems $(NH_4)_2SO_4$–$NiSO_4$–H_2O, $(NH_4)_2$-SO_4–$CoSO_4$–H_2O, $(NH_4)_2$-SO_4–$ZnSO_4$–H_2O, Na_2SO_4–$NiSO_4$–H_2O, and Na_2SO_4–$CoSO_4$–H_2O, at 25°[2]): **1933,** 943–46. – Isotherms of some ternary systems of metal perchlorates in aqueous solution at 30°[1]): **1934,** 514–17.

J. roy. techn. College, Glasgow Theory of double salts: manganous thorium sulfate – a new type of double salt: **3** ('33/34) 36–40. – The double sulfates $M_2^+SO_4$–$M^{++}SO_4$–nH_2O – a summary[4])[3])[2]): 218–22.

Nature [London] Date and place of Priestley's discovery of oxygen: **132** ('33) 25f.

Mit: [1]) G. Bryce; [2]) W. K. Gardener; [3]) W. Johnston; [4]) T. C. Mitchell.

IV–VI **CAZENEUVE,** Paul Jean Baptiste. Pharmazie. — Prof. honoraire, Fac. Méd., Univ. de Lyon. — Médaille d'Or de l'Hygiène publique. (☒)
*1852, Jan. 10, Lyon;
†1934, März 30.

Nekr. M. Chambon, Bull. Sci. pharmacol. **41** ('34) 357–67; Bull. Soc. chim. France, Mém. (5) **1** ('34) 911f.; J. Méd. Lyon **15** ('34) 473–75. – M. Hugounenq, Bull. Acad. Méd. (3) **111** ('34) 832f. – Tanon, Paris méd. **1** ('34) VII. – Bull. Acad. Méd. (3) **111** ('34) 447. – Lyon méd. **153** ('34) 425f.

Annales Falsificat. et Fraudes Sur une fraude des sulfures solubles à usage pharmaceutique[1]): **26** ('33) 417f.

Annales Hyg. publ., industr. et soc. Sur des mesures d'hygiène préventive à prendre dans les restaurants, les salons de coiffure, les instituts de beauté, chez les manucures, pédicures et masseurs: **10** ('32) 88–95. – Über das Ausmaß des Schutzes gegen Brände von Kohlenwasserstofflagern und Automobilgaragen: 260–66 [franz.]. – L'hygiène et l'industrie des soies artificielles[3])[2]): 465–81. – A propos des mesures préventives contre l'incendie des paquebots: **11** ('33) 189–95. – Une cause fréquente d'accident d'automobile: essence, alcool, intoxication bulbaire[5])[4]): 272–77. – La lutte contre l'alcoolisme: 512–21. – Les margarines et l'hygiène alimentaire: **12** ('34) 197–208.

Avenir méd. A propos des maisons à cancer: **30** ('33) 143–45.

Bull. Acad. Méd. L'hygiène et l'industrie des soies artificielles[3])[2]): (3) **107** ('32) 812–20. – Sur une cause fréquente d'accidents professionnels dans l'automobilisme: intoxication bulbaire par le carburant, essence et alcool[5])[4]): **108** ('32) 1624–29. – Sur la création de deux mille nouveaux débits de boissons spiritueuses dans les communes de France: **109** ('33) 734–38. – Les margarines et l'hygiène alimentaire: **110** ('33) 776–81.

J. Pharm. et Chim. Sur une fraude des sulfures solubles à usage pharmaceutique[1]): (8) **18** ('33) 96–98.

Lyon méd. Sur certaines précisions chimiques et toxicologiques, nécessaires pour le thérapeute: **152** ('33) 3–5.

Siglo méd. Die Hygiene in der Kunstseidenindustrie: **90** ('32) 455–59 [span.].

Mit: [1]) L. Hugounenq; [2]) H. L. de Leeuw; [3]) A. Morel; [4]) Neveu; [5]) L. Tanon.

VI **ČEBOTAREV,** Nikolaj Grigor'evič. Math. — 1927–47 Prof. f. Algebra u. Dir. d. Inst. f. Math. u. Mech., Univ. Kazan'. — '43 Verdienter Wissenschaftler der RSFSR; '48 (posthum) Staatspreis 1. Kl. (UdSSR).

*1894, Juni 15 (3), Kamenec-Podol'sk; †1947, Juli 2, Moskva.

Ehrungen „Čebotarev-Preis" für hervorragende Arbeiten auf dem Gebiet der Algebra (Akad. Wiss. UdSSR). — „Čebotarev-Inst." f. Math. u. Mech., Univ. Kazan'.

Zum 50. Geb.tag Usp. mat. Nauk (N.S.) **1** ('46) Nr. 2, 189–91.

Nekr. B. Delone, Izvest. Akad. Nauk SSSR, Ser. mat. **12** ('48) 337–40. — Usp. mat. Nauk (N.S.) Nr. **22** [**2** ('47) Nr. 6] 68–71.

Zur Biogr. B. M. Urazbaev, Vestn. Akad. Nauk Kazachsk. SSR **1952**, Nr. 7, 74–80.

Zur Biobibliogr. V. V. Morozov, L. A. Famina, Nikolaj Grigor'evič Čebo arev (Materialy k biobibliografii) (Kazan' '45) 49 S. (m. Bildn.).

Zur Bibliogr. Sobranie sočinenij [Gesammelte Werke] **1–3** (Moskva-Leningrad '49/50). — Pamjati N.G. Čebotareva (1894–1947) [Zum 70. Geburtstag]. Sbornik statej [Sammlung von Aufsätzen] (Kazan' '64) 132 S.

Autobiogr. Usp. mat. Nauk Nr. **26** [**3** ('48) Nr. 4] 3–66.

MH. (Mitredakt.) Sbornik posvjaščennyj pamjati akademika Dmitrija Aleksandrovič Grave [Gedenkband für das Akademiemitglied D. A. Grave] (Moskva '40); darin eig. Beiträge: 3–14: Das Akademiemitglied Dmitrij Aleksandrovič Grave [russ.]; 268–82: Über fortsetzbare Polynome, 1: Allgemeine Problemstellung[russ.]; 283–90: Eine Aufgabe der algebraischen Zahlentheorie [russ.]. — (Mitredakt.) N. I. Lobačevskij, Polnoe sobranie sočinenij [Vollständige Sammlung der Werke] **4** (Moskva–Leningrad '48); darin als eigene Beiträge Einführungen und Kommentare: 9–22, 357–439, 441–44, 460–71 [russ.].

S. Verhandlungen des internationalen Mathematiker-Kongresses, Zürich 1932, **1** (Zürich–Leipzig '33) 123–37: Die Probleme der modernen Galoisschen Theorie. — Matematika (Moskva–Leningrad '32) (Nauka v SSSR za 15 let. 1917–1932) 5–36: Algebra [russ.]. — Bol'šaja sovetskaja ėnciklopedija [Große sowjetische Enzyklopädie] **61** (Moskva '34) 109f.: Pafnutij L'vovič Čebyšev, 1821–1894 [russ.]. — Ė. Galua, Sočinenija [E. Galois, Aufsätze] (Moskva–Leningrad '36) 181–254: Probleme einer modernen Galoisschen Theorie [russ.]. — Trudy 2-go Vsesojuznogo matematičeskogo s-ezda [Arbeiten der 2. Mathematischen Allunionskonferenz], Leningrad 1935, **1** (Leningrad '35) 164–205: Probleme der modernen Galoisschen Theorie [russ.]; **2** ('35) 4f.: Über integrierbare R-Polynome [russ.]; 6–9: Über R-fortsetzbare Polynome[3]) [russ.]. — Žosef Lui Lagranž [Joseph Louis Lagrange] 1736–1936 (Moskva–Leningrad '37) 85–104: Über die Bedeutung der Arbeiten Lagranges für die Zahlentheorie und die Algebra [russ.]. — Matematika i estestvoznanie v SSSR, 1917–1937 [Mathematik und Naturwissenschaften in der UdSSR, 1917–1937] (Moskva–Leningrad '38) 3–10: Algebra [russ.]. — Nikolaj Ivanovič Lobačevskij, 1793–1856. Sbornik statej [Sammlung von Aufsätzen] (Moskva–Leningrad '43) 56–82: Die Geometrie Lobačevskijs und ihre Bedeutung für die moderne Wissenschaft [russ.]. — Isaak N'juton [Isaac Newton] 1643–1727. Sbornik statej [Sammlung von Aufsätzen] (Moskva–Leningrad '43) 99–126: Das Newtonsche Polygon und seine Rolle bei der Entwicklung der modernen Mathematik [russ.]. — Jubilejnij sbornik, posvjaščennyj tridcatiletiju Velikoj Oktjabr'skoj socialističeskoj revoljucii [Jubiläumsband (der Akademie der Wissenschaften) zum 30. Jahrestag der Großen Sozialistischen Oktoberrevolution] **1** (Moskva–Leningrad '47) 80–95: Das Resolventenproblem [russ.]. — Matematika v SSSR za 30 let [30 Jahre Mathematik in der UdSSR] (Moskva–Leningrad '48) 85–105: Algebra, **1**: Polynome und Körper [russ.].

W. Lehrgang der Topologie [ukrain.] (Char'kov–Kiev '34) 103 S. — Osnovy teorii Galua [Grundlagen der Galoisschen Theorie] **1** (Moskva–Leningrad '34) 221 S.; **2** ('37) 160 S.; deutsch in einem Band: (Groningen–Djakarta '50) 16 + 432 S. — Teorija Galua [Galoissche Theorie] (Moskva–Leningrad '36) 154 S. — Teorija grupp Li [Theorie der Lieschen Gruppen] (Moskva–Leningrad '40) 396 S. — Teorija algebraičeskich funkcij [Theorie der algebraischen Funktionen] (Moskva–Leningrad '48) 396 S. — Vvedenie v teoriju algebr [Einführung in die Theorie der Algebren] (Moskva–Leningrad '49) 88 S.

Acta arithmet. [Warszawa] Kurzer Beweis des Diskriminantensatzes: **1** ('35) 78–82. — Eine Aufgabe aus der algebraischen Zahlentheorie: **2** ('37) 221–29.

Compositio math. Über irreguläre Darstellungen von halbeinfachen Lieschen Gruppen: **6** ('39) 103–17.

Dokl. Akad. Nauk SSSR Über die Fortsetzbarkeit von Polynomen auf geschlossenen

Kurven: **32** ('41) 3–6. – Zum Problem von Hurwitz für ganze transzendente Funktionen: **33** ('41) 483–86. – Über eine Modifizierung der Methoden von Sturm und Fourier für transzendente Funktionen: **34** ('42) 3–6. – Über einen besonderen Typ transzendenter Gleichungen: 42–45. – Über R-integrierbare Polynome: **35** ('42) 67–69. – Über ganze Funktionen: 219–22. – Über die Modifizierung eines Satzes von Hurwitz: 251f. – Über ein allgemeines Minimum-Maximum-Kriterium: **39** ('43) 373–76. – Über die Darstellung Liescher Gruppen: **40** ('43) 11–14. – – Alle Arbeiten russ.

Izvest. Akad. Nauk SSSR, Ser. mat. The problem of resolvents and critical manifolds: **7** ('43) 123–46 [russ. m. engl. Zusammenfassg.].

Izvest. fiz.-mat. Obšč. kazansk. Univ. Über das Klein-Hilbertsche Resolventenproblem: (3) **6** ('34) 5–22. – Über F-Polynome, 1: Allgemeines: **8** ('36/37) 103–08; ∼ 2: Über M-integrierbare Polynome: 109–23.

Izvest. kazansk. fiz.-mat. Obšč. kazansk. gos. Univ. Über fortsetzbare Polynome, 6: Über K-fortsetzbare Polynome mit verschobenem Zentrum[2]): (3) **12** ('40) 183–95 [russ. m. deutscher Zusammenfassg.]. – Zum Problem der N-fortsetzbaren Polynome: **13** ('45) 133–51 [russ.]. – Über die Nullstellen endlicher trigonometrischer Summen: 153–72 [russ.].

J. reine u. angew. Math. Untersuchungen über relativ Abelsche Zahlkörper: **167** ('32) 98–121.

Matematičeskij Sborn. A theorem of the theory of semi-simple Lie groups: (N.S.) **11** ('42) 239–44 [m. russ. Zusammenfassg.].

Mathematische Z. Über quadrierbare Kreisbogenzweiecke, 1: **39** ('35) 161–75.

Soobšč. Akad. Nauk Gruz. SSR Notice on the theory of algebras: **3** ('42) 405–12.

Trudy mat. Inst. im. Steklova Das Routh-Hurwitzsche Problem für Polynome und ganze Funktionen[3]): **26** ('49) 332 S.

Trudy Semin. vektorn. i tenzorn. Analizu, Priloženijami Geometrii, Mech. i Fizike Über verallgemeinerte Schiebflächen: **4** ('37) 348–50.

Uč. Zap. kazansk. gos. Univ. Notizen zur Algebra und Zahlentheorie: **94** ('34) Nr. 7, 3–16 [russ.]. – Über ein Theorem von Minkovskij: Nr. 7. – Einige Aufgaben aus verschiedenen Gebieten der Algebra und der Zahlentheorie: **98** ('39) Nr. 7, 71–74. – Arbeiten von Mathematikern aus Kazan' 1917–1939: **101** ('41) Nr. 1, 57–78. – Über das Riemannsche Randwertproblem für ein System von n Funktionspaaren[1]): **110** ('50) Nr. 7, 45–50. – – Alle Arbeiten russisch.

Usp. mat. Nauk Über die Bedeutung der Arbeiten Lagranges für die Algebra und Zahlentheorie: Nr. **2** ('36) 17–31. – Akademiemitglied Dmitrij Aleksandrovič Grave. Zur 50jährigen wissenschaftlichen Tätigkeit: Nr. **3** ('37) 222–33. – Samuil Osipovič Šatunovskij zum 10. Todestag: Nr. **7** ('40) 316–21. – Diskrete unendliche Gruppen und ihr Platz in der allgemeinen Gruppentheorie: Nr. 8 ('41) 336–64. – Über die Darstellung Abelscher Integrale durch elementare Funktionen: Nr. **18** [**2** ('47) Nr. 2] 3–20. – Über die Begründung der Idealtheorie durch Zolotarev: Nr. **22** [**2** ('47) Nr. 6] 52–67. – – Alle Arbeiten russisch.

Vjschr. naturforsch. Ges. Zürich Beweis des Minkowskischen Satzes über lineare inhomogene Formen: **85** ('40) Beibl. 32, 27–30.

Zap. naučno-issled. Inst. Mat. i Mech. i char'kovsk. mat. Obšč. Über die Bestimmung des Volumens in Lieschen Gruppen: (4) **14** ('37) 3–20; **15** ('38) 98 [ukrain. u. deutsch]. – Über die Maßbestimmung von Lieschen Gruppen: **14** ('37) 21–46 [ukrain. u. deutsch].

Mit: [1]) F. D. Gachov; [2]) L. I. Gavrilov; [3]) N. N. Mejman.

VI **CECCHINI,** Gino. Astron. — 1927– Astronomo, '31– Libero Doc., Osservatorio Astronomico di Merate, Como; '42–47 Dir. incar., '47– Dir. dell'Osservatorio Astronomico di Torino, Pino Torinese; '42–47 Prof. incar., '47– Prof. ord., Univ. di Torino; '49–62 Dir. dell'Ufficio Centrale del Servizio Internaz. delle Latitudini. — '29 Premio Stambucchi Astronomo (Osservatorio di Brera); Premio ordinario Cagnola e Medaglia d'Oro (Istituto Lombardo di Scienze e Lettere); '34 Premio Reina per l'Astron. (Soc. Italiana per il Progresso delle Scienze); '39 Premio A. Susca (Accad. d'Italia).

*1896, März 3, Viareggio, Lucca.

Ue. P. Moore, L'Astronomia (Firenze '59) 375 S.

W. Le variazioni della latitudine dell'Osservatorio di Merate nel periodo 1928,9–1932, 3 (Milano '34) 173 S. (Pubbl. R. Osservatorio astron. di Merate (Como), 6). – Il cielo. Luci ed ombre nell'universo **1** (Torino '52) 20 + 533 S.; **2** ('52) 19 + 614 S.

Atti reale Accad. Italia, Mem. Studio spettrofotometrico della Nova Herculis 1934[2]): **8** ('37) 655–716. – Le stelle nuove[2]): **13** ('42) 1–553.

Atti reale Accad. nazion. Lincei, Rend. Sulla variazione della latitudine dell'Osservatorio di Merate, nel periodo 1928,9–1932,3: (6) **19** ('34) 37–43.

Atti (reale) Accad. Sci. Torino Inconsistenza di un „ammasso del Sole" in senso fisico: **79**

('44) 371–88. – Il metodo più rapido per la deduzione di posizioni fotografiche da tre o più stelle di riferimento: 389–414. – Giovanni Silva †: **92** ('57/58) 675–83. – G. Armellini †: **93** ('59) 587–96.

Boll. Unione mat. ital. G. Armellini †: **13** ('58) 615–17.

Bull. géodés. Le variazioni di latitudine e il movimento del polo di rotazione terrestre: **17** ('50) 325–60. – Le variazioni di latitudine e il movimento del polo di rotazione terrestre in base alle osservazioni fatte nelle Stazioni Internazionali di Latitudine nel biennio 1949–50: **21** ('51) 275–97. – Sulla eventuale riorganizzazione del Servizio Internazionale delle Latitudini: **59** ('60) 23–25.

Coelum Il VI Congresso dell'Unione Astronomica Internazionale: **8** ('38) 161–68. – Il R. Osservatorio astronomico di Torino in Pino Torinese: **13** ('43) 5 S. – Il movimento dei poli di rotazione della Terra nell'ultimo sessennio: **29** ('61) 161–64.

Contributi Osservat. astron. Torino Determinazione di orbite fotometriche. Procedimento teorico preliminare: **12** ('46) 12 S.

Geofisica pura e appl. Variazioni delle latitudini terrestri e fenomeni geofisici: **18** ('50) 78–98 [m. engl. Zusammenfassg.].

Memorie Soc. astron. ital. Su di una pretesa spiegazione della variazione non polare delle latitudini: **7** ('33) 137–42. – Studio del macromicrometro Mioni della R. Specola di Merate: **8** ('34) 259–77. – Studio preliminare dello spettro della Nova Herculis 1934[2]): **9** ('35) 29–63. – Studio spettrografico preliminare della Nova 605–1936 Lacertae[2]): **10** ('36) 13–25. – Considerazioni statistiche sulle stelle nuove[2]): **12** ('38) 303–18. – Fotometria fotografica dell'eclisse totale di luna del 7–8 novembre 1938 nelle zone spettrali attorno a 4700, 5600 e 7050 Å: **13** ('39) 193–223. – Contenuto di calcio nelle atmosfere delle stelle di tipo spettrale A, e necessità di alterazioni sistematiche nella classificazione H. D. di Harvard: **17** ('45/46) 45–90. – Sopra alcuni procedimenti di determinazione fotografica dei moti stellari: 97–105. – Federico Sacco †: **20** ('49) 87f. – Osservazioni di comete, piccoli pianeti e varie (1942–1948)[1])[3])[4]): **21** ('50) 105–18.

Nachrichtenbl. astron. Zentralstelle, Karlsruhe Polbewegung: **9** ('55) 32.

Rend. Semin. mat. e fisico Milano Le stelle variabili e la teoria balistica del Prof. La Rosa: **6** ('32) 18 S. – Le stelle nuove[2]): **11** ('37) 40 S.

Rend. Semin. mat., Univ. e Politecn. Torino Sguardo alla struttura geometrico-dinamica del nostro universo: **8** ('49) 32–47. – Leggi ed incognite nel fenomeno dello spostamento dei poli di rotazione della Terra e della variazione delle latitudini terrestri: **13** ('53/54) 71–128.

Mehrere weitere Veröffentlichungen, insbesondere über Pol- und Koordinatenveränderungen, in Kongreßberichten (8.–11. Hauptversammlung der Internationalen Astronomischen Union 1952–1961, 10.–12. Hauptversammlung des Internationalen Vereins für Geodäsie und Geophysik 1954–1960), ferner in: Pubbl., Ufficio centr. Latitudini UAI, Torino u. a.

Mit: [1]) A. Fresa; [2]) L. Gratton; [3]) E. Tedeschini; [4]) A. M. Vergnano.

VI **ČECH,** Eduard. Math. – 1923–45 Prof., Masaryk Univ., Brno; '45–47, '54–60 Prof., '56–60 Dir. d. Math. Institutes, Karlova Univ., Praha; '47– Leiter des Math. Forschungsinstitutes der tschechischen Akademie für Kunst und Wissenschaft; '50– Leiter des Math. Zentralinstitutes. – '60 Dr. h. c. (Univ. di Bologna). – '51 Staatspreis I. Klasse (ČSR).

*1893, Juni 29, Stračov;

†1960, März 15, Praha.

Zur Biogr. Čechoslovackij mat. Ž. **9** ('59) 158. – Čas. Pěst. Mat. **84** ('59) 123. – J. Novák, Čechoslovackij mat. Ž. **11** ('61) 156–58 [russ. u. ital.]; Čas. Pěst. Mat. **86** ('61) 123f.

Zum 60. Geb.tag J. Novák, F. Vyčichlo, R. Zelinka, Čechoslovackij mat. Ž. **3** ('53) 181–98 (m. Bildn., Schr.verz. 87 Nrn.).

Nekr. P. S. Aleksandrov, S. P. Finikov, Usp. mat. Nauk **16** ('61) Nr. 1, 119–26 (m. Bildn., Schr.verz. 1921–1957, 87 Nrn.). – M. Katětov, J. Novák, A. Švec, Čechoslovackij mat. Ž. **10** ('60) 614–30 (m. Bildn., Schr.verz. 104 Nrn.); Čas. Pěst. Mat. **85** ('60) 477–91 (m. Bildn., Schr.verz.); Rend. Semin. mat., Univ. e Politecn. Torino **19** ('61) 61–88 (m. Schr.verz.). – J. Novák, Věstn., Českoslov. Akad. Věd **69** ('60) 381–86 (m. Schr.verz. 103 Nrn.). – A. Urban, Čas. Pěst. Mat. **86** ('61) 497. – O. Borůvka, ibid. 498f. – M. Villa, Boll. Unione mat. ital. (3) **15** ('60) 342f. (m. Schr.verz.). – Čechoslovackij mat. Ž. **10** ('60) 316f. [russ. u. engl.]. – Pokroky Mat., Fysiky a Astron. **5** ('60) 341f. – Čas. Pěst. Mat. **85** ('60) 217 (m. Bildn.).

HZ. (Redakt.) Čechoslovackij mat. Ž. **3** (78) ('53)–**6** (81) ('56).

MHZ. (Mitredakt.) Čechoslovackij mat. Ž. **7** (82) ('57)–**10** (85) ('60).

S. Verhandlungen des internationalen Mathematiker-Kongresses, Zürich 1932, **2** (Zürich '33) 194: La notion de variété et les théorèmes de dualité; 203: Höherdimensionale Homotopiegruppen. – Convegno internazionale di geometria differenziale, Italia 1953

(Roma '54) 266–73: Deformazione proiettiva di strati d'ipersuperficie. — Conferenze. Seminario di matematica dell'Università di Bari 9 (Bari '55) 1–12: Deformazioni proiettive nel senso di Fubini e generalizzazioni. — Der Begriff des Raumes in der Geometrie. Bericht von der Riemann-Tagung des Forschungsinstituts für Mathematik bei der Deutschen Akademie der Wissenschaften zu Berlin (J. Naas, K. Schröder) (Berlin '57) (Schriftenreihe Forschungsinst. Math., Deutsche Akad. Wiss., 1) 138–42: Zur projektiven Differentialgeometrie.

W. Bodové množiny [Punktmengen] 1 (Praha '36) 275 S. — Co je a nač je vyšší matematika? [Warum und wozu höhere Mathematik?] (Praha '42) 124 S. — Elementární funkce [Elementarfunktionen] (Praha '44) 86 S. — Základy analytické geometrie [Grundlagen der analytischen Geometrie] 1 (Praha '51) 218 S.; 2 ('52) 220 S. — Topologické prostory [Topologische Räume] (Praha '59) 524 S.

Acta math. Acad. Sci. hungar. Remarques au sujet de la géométrie différentielle projective: **5** Suppl. ('54) 137–44 [m. russ. Zusammenfassg.].

Annali Mat. pura ed appl. Sulla differenziabilità del triedro di Frenet: (4) **49** ('60) 91–96.

Annals Math. Théorie générale des variétés et de leurs théorèmes de dualité: (2) **34** ('33) 621–730. — Sur les nombres de Betti Locaux: **35** ('34) 678–701. — Multiplications on a complex: **37** ('36) 681–97. — On bicompact spaces: **38** ('37) 823–44.

Buletinul Inst. politehn. Iaşi Classe différentielle des courbes. Circles osculateurs et sphères osculatrices: **5** ('59) Nr. 1/2, 1–4 [m. russ. u. rumän. Zusammenfassg.].

Bull. int., Acad. tchèque Sci. Sur la dimension des espaces parfaitement normaux: **33** ('32) 38–55.

Čas. Pěst. Mat. a Fysiky Sur les ensembles connexes irréductibles entre n points: **61** ('32) 109–29 [tschech. m. franz. Zusammenfassg.]. — Contribution à la théorie de la dimension: **62** ('33) 277–91 [~]. — Théorèmes de dualité en topologie: **64** ('35) 17–25. — Topologische Räume: **66** ('37) D225–D264 [tschech.]. — Das wissenschaftliche Werk Bedrich Pospíšils: **72** ('47) D1–D9 [~]. — On regular and combinatorial imbedding[1]): 7–16 [m. tschech. Zusammenfassg.]. — Géométrie projective différentielle des correspondances entre deux espaces, 1: **74** ('49) 32–46; ~ 2: **75** ('50) 123–36; ~ 3: 137–58. — Wege und Erfolge der sowjetischen Mathematik: **77** ('52) 109–24 [tschech.].

Čechoslovackij mat. Ž. Projektive Differentialgeometrie der Korrespondenzen zwischen zwei Räumen, 1: **2** ('52) 91–107 [russ.]; ~ 2: 109–23 [~]; ~ 3: 125–48 [~]; ~ 4: 149–66 [russ. m. franz. Zusammenfassg.]; ~ 5: 167–88 [~]; ~ 6: 297–331 [~]; ~ 7: **3** ('53) 123–37 [~]; ~ 8: **4** ('54) 143–74 [~]. — Déformation ponctuelle des congruences de droites: **5** ('55) 234–73 [russ. m. franz. Zusammenfassung]. — Transformations développables des congruences des droites: **6** ('56) 260–86 [m. russ. Zusammenfassg.]. — Déformation projective des congruences W: 401–14 [m. russ. Zusammenfassg.]; **9** ('59) 289–96 [~]. — Détermination du type différentiel d'une courbe de l'espace à deux, trois ou quatre dimensions: **7** ('57) 599–631 [m. russ. Zusammenfassg.].

Colloquium math. [Polonia] Sur le type différentiel anallagmatique d'une courbe plane ou gauche: **6** ('58) 141–43.

Compositio math. Sur la connexité locale d'ordre supérieur: **2** ('35) 1–25.

C.R. hebd. Séances Acad. Sci., Paris Sur la décomposition d'une pseudovariété par un sous-ensemble fermé: **198** ('34) 1342–45.

C.R. Soc. Sci. et Lettres Wrocław Quadriques osculatrices à centre donné et leur signification projective: **7** ('52) 9 S.

Ergebn. math. Kolloquiums Über einen kurventheoretischen Satz von Ayres: **5** ('33) 24f. — Verallgemeinerung des Jordan-Brouwerschen Satzes: 29–31. — Über die Bettischen Gruppen kompakter Räume: **7** ('36) 47–50.

Fundamenta Math. [Warszawa] Une nouvelle classe de continus: **18** ('32) 85–87. — Théorie générale de l'homologie dans un espace quelconque: **19** ('32) 149–83. — Sur les continus péaniens unicohérents: **20** ('33) 232–43. — Les groupes de Betti d'un complexe infini: **25** ('35) 33–44.

Izvest. mat. Inst., Bulgarsk. Akad. Nauk. Sur la déformation projective des surfaces développables: **3** ('59) 81–97.

Matematičeskij Sborn. Accessibility and homology: **1** ('36) 661.

Proc. nation. Acad. Sci. USA On general manifolds: **22** ('36) 110f.

Publicationes math. [Debrecen] Déformation projective des congruences paraboliques: **7** ('60) 108–21.

Rend. Semin. mat., Univ. e Politecn. Torino Deformazioni di congruenze di rette: **14** ('54/55) 55–66.

Revista mat. hisp.-amer. Sobre las seudovariedades: **11** ('36) 7–10.

Revue Math. pures et appl. [Bucureşti] Classe différentielle des courbes. Sections et projections: **2** ('57) 151–59.

Rozpr., České Akad. Věd a Umění Dimense dokonale normálních prostorů: **42** ('32) Nr. 13, 22 S.

Spisy vydávané přírod. Fak. Masarykovy Univ., Brno Introduction à la théorie de l'homologie: **184** ('33) 36 S. [tschech. m. franz. Zusammenfassg.]. — Applications de la théorie de l'homologie à la théorie de la connexité, 1: **188** ('33) 40 S. [tschech. m. franz. Zusammenfassg.]. — Sur les arcs indépendants dans un continu localement connexe: **193** ('34) 10 S. — Sur les espaces compacts. Sur les caractères des points dans les espaces L [2]): **258** ('38) 14 S.

Außerdem mathematische Lehrbücher für Mittelschulen und Gymnasien.

Mit: [1]) J. Novák; [2]) B. Pospíšil.

VI **CECIONI,** Francesco. Math. — 1929–60 Prof., '62 Prof. emerito, Univ. di Pisa. — '58 Medaglia d'Oro Iª Classe pei Benemeriti della Scuola, della Cultura e dell'Arte (Pres. Repubblica Italiana).
*1884, Dez. 1, Livorno.

S. Scritti matematici offerti a Luigi Berzolari (Pavia '36) 487–509: Alcune diseguaglianze fra un sistema di moduli trascendenti delle curve algebriche presentanti il caso di Harnack.

W. Corso di matematiche complementari (G. Gargani) (Pisa '39) 260 S. — Aritmetica pratica per la I e II classe della scuola media (Roma '41) 7 + 374 S. — Nozioni di algebra per la III classe della scuola media (Roma '42) 1 + 228 S. — Lezioni di analisi matematica **1** [3](Pisa '53) 4 + 607 S. — Corso di matematiche complementari. Principi di geometria. Anno accademico 1947–48 (Pisa–Roma '48) 328 S. — Lezioni sui fondamenti della matematica, **1**: Premesse e questioni generali (Padova '58) 4 + 145 S.

Annali mat. pura ed appl. Qualche osservazione sulle antinomie, ed in particolare su quella di Burali-Forti: (4) **48** ('59) 341–51; **51** ('60) 381 f.

Annali R. Scuola norm. sup., Pisa Un teorema su alcune funzioni analitiche, relative ai campi piani pluriconnessi, usate nella teoria della rappresentazione conforme: (2) **4** ('35) 1–14.

Boll. Unione mat. ital. Alcune osservazioni sulla teoria delle divisibilità: (3) **10** ('55) 382–400.

Rend. Circolo mat. Palermo Osservazioni sopra alcuni tipi di aree e sulle loro curve caratteristiche nella teoria della rappresentazione conforme: **57** ('33) 101–22.

V, VI **ČELINCEV,** Vladimir Vasil'evič. Org. Chem. — Stud., 1902–03 Assist., '03–08 Dozent, '10–17 Prof., Univ. Moskva; '17–47 Prof., Univ. Saratov; dazu Prof., Staatl. Pädagog. Inst., Saratov. — Rotbanner-Orden (UdSSR); '35 Verdienter Wissenschaftler.
*1877, Febr. 22 (10), Saratov;
†1947, Apr. 3, Saratov.

Nekr. E. K. Nikitin, Uč. Zap., Saratovsk. gos. Univ. im. Černyševskogo **18** ('49) Chim., 3–9.

Zum 5. Todestag K. M. Rodionov, E. K. Nikitin, Ž. obščej Chim. **22** ('52) 1271–78 (m. Bildn., Schr.verz. 86 Nrn.).

MH. Ölschiefer und ihre technische Verwertung. Gesammelte Abhandlungen [russ.] (Leningrad '32); darin eig. Beitrag: 391–436: Die letzten Entwicklungen hinsichtlich der Destillation von Ölschiefer und der chemischen Behandlung von Schieferteeren [russ.].

S. Trudy VI vsesojuznogo mendeleevskogo s-ezda po teoretičeskoj i prikladnoj chimii [Arbeiten des VI. Allunions-Mendeleev-Kongresses für theoretische und angewandte Chemie], Char'kov 1932, **2**, 1 (Char'kov–Kiev '35) 151–65: Erdöl und Erdgas als Rohstoffquellen [russ.].

W. Organičeskie katalizatory i kompleksnye organičeskie soedinenija kak promežutočnye veščestva pri katalize [Organische Katalysatoren und organische Komplexverbindungen als Zwischensubstanzen bei der Katalyse] (Moskva–Leningrad '39) 176 S. — Pervye russkie chimiki i osnovanie pervych russkich chimičeskich škol [Die ersten russischen Chemiker und die Gründung der ersten russischen chemischen Schulen] (Saratov '41) 69 + 3 S.

Bull. Soc. chim. France, Mém. Condensations des composés furaniques, 1: Transformations réciproques de la furfurylidène-acétone avec les autres produits de condensation de l'acétone[6]): (4) **51** ('32) 875–83; ∼ 2: Produits colorés de la série furylidénique et nouvelle méthode de détermination de petites quantités d'acétone, basée sur l'obtention de ces produits[6]): **53** ('33) 1130–39; ∼ 3: Obtention des produits de condensation du furfurol avec l'acétone en milieu acide et alcalin et nouvelle méthode de dosage de petites quantités de furfurol[6]): (5) **1** ('34) 184–89; ∼ 6: Sur la théorie de doubles liaisons: **3** ('36) 1035–48; ∼ 7: Obtention des alcools de la série furanique à l'aide des composés organo-magnésiens éthérés et individuels et leur conversion en substances non saturées et en résines: **4** ('37) 819–24; ∼ 8: Déplacement du furfurol par des aldéhydes de composés lidéniques et son emploi comme mesure des concentrations de formaldéhyde et d'acétaldéhyde[6]): 1727–34; ∼ 9: Eutectiques des systèmes céto-phénoliques et fixation parmi eux à l'aide des points distectiques des complexes oxoniens[3])[4]): **6** ('39)

256–65; ∼ 10: Systèmes furaniques du type des chalcones: 70–79.

Chimija tverd. Topliva Bestimmung der Kohlenwasserstoffgruppen in Brennschieferbenzinen[9]): **4** ('33) 573–77 [russ.].

C.R. (Dokl.) Acad. Sci. URSS Composés oxoniens: Complexes acidiques oxoniens des composés organiques oxygénés: **1934**, IV, 304–07 [russ.], 307–09 [franz.]; ∼: Complexes acidiques des chinones et leur chlorination et bromuration: **1935**, II, 244–47 [russ.], 248–50 [franz.]; ∼: Complexes des chinones avec HCl, H_3PO_4, CH_3COOH et leur chloration: **14** ('37) 289–91. – The structure of magnesium-organic complexes: 337–40. – Explanation of the disposition and inclination of rows of molecules in layers of organic acids according to roentgenograms: **16** ('37) 95–97. – Furfurylidene- and benzylidene-phenol systems and their fusibility diagrams: 347–50. – Structure of associated molecules of organic acids on the basis of Raman spectra: **19** ('38) 489–91. – Les nouveaux pétroles du bassin du Volga: **23** ('39) 641–48. – Les nouveaux pétroles du bassin de Volga et leur cracking oxydant en phase de vapeur à étages: **26** ('40) 354–57. – New mineral oils of the Volga basin (the second Baku): Buguruslan mineral oil and its oxidizing cracking in the vapour phase: **30** ('41) 144–47; ∼: Novo-Stepanov mineral oil and its oxidizing cracking in the vapour phase: 148–51. – Formation of oxonium compounds from alcohols and sulfuric acid during the esterification process and the study of their viscosity: **55** ('47) 323–26.

Gorjučie Slancy Über den Wasserstoff in den bei der Destillation von Brennschiefern erhaltenen Gasen, im Vergleich mit den Gasen aus Torfen, Kohlen, Sapropelen und Erdölen: **4** ('34) Nr. 4, 56–60 [russ.].

Referaty naučnych Rabot Inst., Naučno-issled. Inst. Ispolkoma Sojuza Obšč. krasnogo Kresta i krasnogo Polumesjaca SSSR Saratove Gewinnung von Furfurol und seiner Derivate in Saratov: **1936**, Nr. 8, 3–7 [russ.].

Trudy Inst. Istorii Nauki i Techn. Der fünfzigste Jahrestag einer chemischen Reaktion (Kučerov-Reaktion)[8]): Nr. **4** ('34) 337–47 [russ.]. – Die Situation der organischen Chemie zu Anfang der sechziger Jahre [des 18. Jahrhunderts]: Nr. **5** ('35) 101–55 [russ.].

Uč. Zap., Saratovsk. gos. Univ. im. Černyševskogo Über Schiefer der unteren Wolga und ihre Untersuchung: **14** ('36) Nr. 1, 37–46 [russ.]. – Über A. A. Voskresenskij, den Senior der organischen Chemie: **15** ('40) Nr. 4, 3–10 [russ.]. – Ungesättigte Furfurylidenketone und ihre Umwandlung in Alkohole[11]): 24–31 [russ. m. franz. Zusammenfassg.].

Vestn. vysšej Školy Hundert Jahre Schule der russischen Chemiker: **1945**, Nr. 5/6, 52–55 [russ.].

Vysšaja Škola Ein unbegründeter Vorschlag. Zu Ja. I. Michajlenko: Soll man die Lehrstühle der allgemeinen anorganischen und der analytischen Chemie vereinigen?: **1938**, Nr. 3, 108–11 [russ.].

Ž. chim. Promyšl. Furfural. Untersuchung der verschiedenen Rohstoffe zu seiner Gewinnung sowie Vergleich der technischen Eigenschaften von aus verschiedenen Rohstoffen gewonnenem Furfural[12]): **1933**, Nr. 2, 27–35 [russ.].

Ž. obšč. Chim. Untersuchung der Reaktion von Oxalsäureestern mit Phosphorpentabromid bei gewöhnlichem und erhöhtem Druck[2]): **2** ('32) 217–23. – Kondensation von Furanderivaten, 1: Sekundärreaktion des Furfurylidenacetons mit anderen Produkten der Acetonkondensation[6]): 224–30; ∼ 2: Farbige Verbindungen der Furylallen-Reihe und die Bestimmung kleiner Acetonmengen[6]): **3** ('33) 319–28; ∼ 3: Gewinnung von Kondensationsprodukten des Furfurols mit Aceton in saurer und alkalischer Lösung sowie eine darauf gegründete Bestimmung geringer Mengen von Furfurol[6]): **4** ('34) 438–43; ∼ 4: Die Natur der farbigen Kondensationsprodukte des Furfurols mit Aceton in schwefel- oder salzsaurem Mittel und die Theorie der Reaktion von Alkoholen und Olefinen mit Furfurol[6]): **5** ('35) 256–64; ∼ 5: Die Anwendung der Furfurylidenmethode zur Untersuchung des Kondensationsprozesses von Aceton mit Formaldehyd[10]): 265–73; ∼ 6: Über die Theorie der Doppelbindungen; die besondere Doppelbindung[6])[1]): **6** ('36) 1355–64; ∼ 7: Darstellung von Alkoholen der Furanreihe durch Organomagnesiumverbindungen oder ihre Ätheraddukte und ihre Umwandlung in ungesättigte Körper und in Harze[5]): **7** ('37) 1515–19; ∼ 8: Die Verdrängung des Furfurols durch Aldehyde aus Furfurylidenverbindungen als Mittel zur Konzentrationsbestimmung des Formaldehyds und Acetaldehyds[6]): 2324–31; ∼ 9: Eutektika von Keton–Phenol-Systemen und die Bestimmung von Oxoniumkomplexen in denselben[3])[4]): **9** ('39) 160–66; ∼ 10: Chalkonähnliche Furansysteme: 532–38; ∼ 11: Aliphatische und Furan-Dienketone und ihre Polymerisation[4]): 1858–64; ∼ 12: Polyenverbindungen der Fett- und der Furanreihe und ihre Kondensation[3]): 1901–06; ∼ 13: Verdrängung von Aldehyden durch andere Aldehyde aus Carbonyläthylenverbindungen [6]): **10** ('40) 1453–56. – Ketole und ungesättigte Ketone, 1: Darstellung der isomeren Ketole und ungesättigten Ketone durch eine Kondensation vermittels substituierter Magnesiumammine[7]): **11** ('41) 461–66. – – Alle Arbeiten russisch.

Mit: [1]) M. A. Abramova; [2]) V. I. Esafov; [3]) V. I. Kuznecov; [4]) G. I. Kuznecova; [5]) A. S. Larionov; [6]) E. K. Nikitin; [7]) A. V. Pataraja; [8]) K. B. Piotrovskij; [9]) A. P. Sivercev; [10]) M. N. Tiličenko; [11]) Z. V. Till; [12]) A. F. Vorob'eva.

IV–VI **CENTNERSZWER,** Mieczysław. Physikal. u. anorg. Chem. – 1929–39 o. Prof., Univ. Warszawa. – '29 Dr. h.c. (Univ. Riga).

*1874, Juli 10, Warszawa;

†1944, März 27, Warszawa.

Zur Bibliogr. Roczn. polsk. Akad. Umiejetności **1928/29,** XXX–XXXIII.

Nekr. M. Łaźniewski, Przemysł chem. **37** ('58) 246–51 (m. Bildn., Schr.verz.).

H. J. Zawidzki, Chemia nieorganiczna **1** (Warszawa '32); **2** ('36).

S. Trabajos del IX Congreso internacional de química pura y aplicada, Madrid 1934, **3** (Madrid '35) 201–22: Bildung und Dissoziation der Peroxyde der Alkalimetalle[1]). – Trudy jubilejnogo mendeleevskogo s-ezda [Arbeiten des Mendeleev-Jubiläumskongresses] **2** (Moskva '37) 217–66: Über den Mechanismus der Auflösung von reinen Metallen und Legierungen [poln. u. russ.]. – Atti X Congresso internazionale di chimica, Roma 1938, **2** (Roma '39) 207–12: Die thermische Dissoziation der Nitrate vom Standpunkt der Phasenlehre; **3** ('39) 555–65: Über die Geschwindigkeit der Auflösung und Korrosion von Metallen.

W. Coup d'œil sur l'histoire de la chimie en Pologne (Kraków '33) 22 S. – Chemia fizyczna, **1**: Przemiany materii (Warszawa '33) 320 S.; **2**: Przemiany energii ('34) 199 S.

Bull. int. Acad. polon. Sci. et Lettres, Cl. Sci. math. et natur., Sér. A Über eine Anwendung des Differentialtensimeters zur Messung der Dissoziationsspannungen und über die Dissoziation der Ammoniumsalze[7]): **1932,** 50–64. – Electrolyse des cyanures alcalins fondus[17]): 267–70. – Einfluß der Temperatur auf die Lösungsgeschwindigkeit des chemisch reinen Thalliums in Salpetersäure[11]): 362–68. – Über die Verdampfungsgeschwindigkeit einiger Flüssigkeiten in strömender Luft[20])[12]): 369–82. – Über die Dissoziation der Nitrite der Erdalkalimetalle[13]): **1933,** 389–96. – Bildung und Dissoziation der Peroxyde der Alkalimetalle[1]): 499–522. – Die thermische Dissoziation des Silbernitrits[3]): **1935,** 156–65. – Bildung und Dissoziation der Peroxyde der Erdalkalimetalle[1]): 540–50. – Siedepunktserniedrigung durch nichtflüchtige Stoffe in ternären Systemen, 1: Einfluß des Calciumchlorids auf die Siedetemperaturen wäßriger Lösungen von Calciumchlorid[15]): 551–58; ∼ 2: Verhalten konzentrierter Lösungen von Kobalt(II)-chlorid und Natriumnitrat in Wasser[9]): **1938,** 438–48; ∼ 3: Konzentrierte Lösungen von Calciumnitrat in Wasser[21]): 449–55; ∼ 4: Über einige Eigenschaften der isozeonischen Lösungen: 456–65. – Electrolyse de quelques sels dans la glycérine anhydre[17]): **1936,** 378–81. – Die thermische Dissoziation des Lithiumnitrats[1]): 470–81. – Die thermische Dissoziation des Silbernitrats [1]): 482–92. – Studien zur Elektrolyse kolloider Silberlösungen[2]): **1937,** 530–45. – Über die angebliche Atomisierung von Metallen in Flüssigkeiten unter dem Einfluß ultravioletten Lichts[19]): **1939,** 50–59.

Bull. Soc. chim. France, Mém. Sur un thermorégulateur, travaillant sans relais[17]): (5) **2** ('35) 495f. – Le titrage des manganates en présence des permanganates[16]): **5** ('38) 1530f. – Action de l'azote sur la vapeur d'eau dans l'arc voltaïque[8]): 1690–93.

Fundamenta radiol. Über die Natur des Leuchtens von Aluminiumanoden in elektrolytischen Gleichrichtern[5]): **4** ('39) 18–24.

J. amer. chem. Soc. The influence of small percentages of certain metals on the solution rate of cadmium[4]): **60** ('38) 435–40.

J. Chim. physique Essai d'une explication du mécanisme de la dissolution des métaux, basée sur la théorie d'adsorption[6]): **34** ('37) 217–26.

J. Four électr. et Industries électrochim. Elektrolyse geschmolzener Alkalicyanide[17]): **41** ('32) 297f. [ ].

Métaux et Corrosion Auflösungsgeschwindigkeit des Kupfers in Salpetersäure[6]): (2) **14** ('39) 37–43.

Przegląd elektrotechn. Über die elektrolytischen Konstanten: **16** ('34) Nr. 17, 4 S. [poln.].

Przemysł chem. Mendeleev-Jubiläumskongreß zu Ehren des 100. Geburtstages D. I. Mendeleevs, Leningrad 1934: **18** ('34) 153–56 [poln.]. – Die Einwirkung von Stickstoff auf Wasserdampf im elektrischen Lichtbogen[8]): **22** ('38) 290–92 [poln.].

Roczn. Chem. Über das dunkelblaue Nickeloxid[22]): **12** ('32) 681–85. – Wilhelm Ostwald, 1853–1932: 869–74. – Über den Mechanismus der Auflösung der Metalle[6]): **14** ('34) 525–59. – Ein neuer Thermoregulator ohne Relais[17]): **15** ('35) 26–28. – Waldemar Fischer †: 105–13. – Siedepunktserniedrigung von ternären Systemen durch nichtflüchtige Substanzen[15]): **17** ('37) 642–48. – Die thermische Dissoziation der Nitrate vom Standpunkt der Phasenlehre: **18** ('38) 419–24. – Geschwindigkeit der Auflösung des Kupfers in Salpetersäure[6]): 425–33. – – Alle Arbeiten poln.

Z. anorg. u. allg. Chem. Über ein dunkelblaues Nickeloxid[22]): **206** ('32) 252–56.

Z. physik. Chem., Abt. A Ebullioskopische Versuche[10]): **160** ('32) 257–71. – Kinetik der Umwandlung der Metallionen in Neutralatome unter der Einwirkung des metallischen Zinks[6]): **161** ('32) 113–28. – Die Geschwindigkeit der Auflösung des Carbonyleisens in Salz- und Schwefelsäure[14]): **162** ('32) 94–102. – Über die Zusammensetzung und Dissoziation des Thalliumperoxids[18]): **165** ('33) 367–71. –

Lösungsgeschwindigkeit des elektrolytischen Zinks in Säuren[14]): **167** ('34) 421–30.

Mit: [1]) M. Blumenthal; [2]) J. Borowicz; [3]) T. Chęciński; [4]) F. Gonet; [5]) K. Guminski; [6]) W. Heller; [7]) St. Kowalski; [8]) Z. Kozuchowski; [9]) H. Ładzińska; [10]) M. Łazniewski; [11]) S. Lewi; [12]) Z. Majewska; [13]) W. Piekielny; [14]) M. Straumanis; [15]) M. Świerczewska; [16]) J. Szedrowicz; [17]) J. Szper; [18]) T. Trebaczkiewicz; [19]) A. Woldenberg; [20]) C. Wekerówna; [21]) K. Zołatkowska; [22]) H. Zyskowiczówna.

VI **CERF,** Georges. Math. — 1927–61 Prof., Univ. de Strasbourg; en retraite depuis '61. — '27 Prix Francœur (Acad. Sci. Paris).

*1888, Jan. 16, Nancy.

S. Verhandlungen des Internationalen Mathematiker-Kongresses, Zürich 1932, **2** (Zürich '33) 75f.: Sur l'intégration d'une classe d'équations aux dérivées partielles du deuxième ordre à trois variables indépendantes.

Annali Mat. pura ed appl. Sur l'intégration de certaines équations linéaires aux dérivées partielles: (4) **54** ('61) 57–63.

C.R. hebd. Séances Acad. Sci., Paris Sur l'intégration des équations aux dérivées partielles: **194** ('32) 1544–46. — Sur les équations aux dérivées partielles à deux variables indépendantes de la forme F[G(z)] = 0: **197** ('33) 892f.

J. Math. pures et appl. Sur des transformations d'équations aux dérivées partielles du second ordre à n variables indépendantes obtenues par une propriété d'invariance du groupe des transformations de contact: (9) **15** ('36) 1–10. — Les équations linéaires aux dérivées partielles et la méthode de la variation des constantes: **18** ('39) 291–302. — Sur certaines équations aux dérivées partielles du second ordre à deux variables indépendantes: **37** ('58) 207–23. — Sur des équations aux dérivées partielles à deux variables indépendantes admettant des caractéristiques multiples: **41** ('62) 107–25.

VI **ČERNJAEV,** Il'ja Il'ič. Chem. (anorg.). — Stud., 1918 Assist., '25–30 Lehrbeauftragter, '30–32 Dozent, '32– Prof. u. Leiter der Abteilung f. anorg. Chem. am Chemischen Forschungsinst., '33–35 Leiter d. Lehrstuhls f. anorg. Chem., Univ. Petersburg; '17 Mitarbeiter an der Platinabteilung, Kommission f. d. Erforschung d. natürl. Produktionskräfte, Akad. Wiss. UdSSR; '18–30 Wiss. Mitarbeiter 1. Kl., '30–33 Chefchemiker, Inst. für die Untersuchung des Platins und anderer Edelmetalle, Akad. Wiss. UdSSR; '34–41 Leiter d. Abteilung f. Komplexverbindungen, '41–48 Dir., Inst. f. allg. u. anorg. Chem., Akad. Wiss. UdSSR; '35 Dr. d. chem. Wiss.; '35–42 Prof. u. Leiter d. Lehrstuhls f. anorg. Chem., Erdöl-Inst. „I. M. Gubkin", Moskva; '45– Prof., Univ. Moskva. — '31 Zinin-Voskesenskij-Preis; '40 Pisarževskij-Preis (Akad. Wiss. UdSSR); '44 Leninorden (UdSSR); '45 Rotbannerorden (UdSSR); '46, '52 Staatspreis (UdSSR).

*1893, Jan. 8 (20), Spasskoe, Gouv. Vologda.

Zum 50. Geb.tag Vestn. Akad. Nauk SSSR **1943**, Nr. 11/12, S. 96.

Zum 60. Geb.tag A. V. Babaeva, Ž. obščej Chim. **23** ('53) 713–17 (m. Bildn.). — V. V. Lebedinskij, A. M. Rubinštejn, Usp. Chim. **22** ('53) Nr. 3, 241–52 (m. Bildn.). — Izvest. Akad. Nauk SSSR, Otdel. chim. Nauk **1953**, 401f. (m. Bildn.). — Izvest. Sekt. fiziko-chim. Analiza **22** ('53) 5 (m. Bildn.).

Zum 70. Geb.tag Vestn. mosk. Univ., Ser. II **1963**, Nr. 2, 63–65 (m. Bildn.).

Zur Biogr. B. M. Berkengejm, Usp. Chim. **14** ('45) 115f. — Chimičeskie nauki (S. I. Vol'fkovič) (Moskva–Leningrad '45) 41, 51–55. — Obščee sobranie Akademii nauk SSSR 25–30 sentjabrja 1943 g. [Hauptversammlung der Akad. Wiss. UdSSR, 25.–30. 9. 1943] (Moskva–Leningrad '44) S. 239 (m. Bildn.). — Vestn. Akad. Nauk SSSR **1944**, Nr. 11/12, S. 18.

Zur Biobibliogr. I. I. Černjaev (Moskva–Leningrad '48) 36 + 3 S. (m. Bildn., Faks.) (Akad. Nauk SSSR, Materialy k biobibliogr. učenych SSSR, Ser. chim. Nauk, Nr. 9).

H. Kompleksnye soedinenija urana [Komplexverbindungen des Urans] (Moskva '64).

MH. N. S. Kurnakov, Trudy po chimii kompleksnych soedinenij [Arbeiten zur Chemie der Komplexverbindungen] (Moskva '63).

HZ. (Redakt.) Ž. neorg. Chim. **1** ('56) ff.

S. Trudy jubilejnogo mendeleevskogo s-ezda [Arbeiten des Mendeleev-Jubiläumskongresses] **1** (Moskva '36) 455–59: Der Chemismus der inneren Sphäre von Komplexverbindungen [russ.]. — Matematika i estestvoznanie v SSSR [Mathematik und Naturwissenschaften in der UdSSR] 1917–37 (Moskva–Leningrad '38) 331–63: Untersuchungen auf dem Gebiet der Komplexverbindungen und der physikalisch-chemischen Analyse[23])[20]) [russ.]. — Techničeskaja ėnciklopedija **10** ²(Moskva '38) 716–25: Komplexverbindungen [russ.]. — 10 Let Moskovskogo neftjanogo instituta imeni akademika I. M. Gubkina [10 Jahre Moskauer Erdölinstitut „I. M. Gubkin"] (Moskva '40) 13: Der Lehrstuhl für allgemeine und physikalische Chemie [russ.]. — Jubilejnaja sessija Akademii nauk SSSR 1945 [Jubiläumssitzung der Akademie der Wissenschaften der UdSSR] 2 (Moskva-Leningrad '47) 159–68: Über Reaktionen der Salze vom Blomstrand-Typ [russ.]. — Ljudi russkoj nauki [Vertreter der russischen Wissenschaft] 1 (Moskva-Leningrad '48) 364–70: Lev Aleksandrovič Čugaev, 1873–1922 [russ.]. — L. A. Čugaev, Izbrannye trudy [Ausgewählte Arbeiten] 1 (Moskva '54) 5–9: Über die Arbeiten L. A. Čugaevs zur Chemie der Komplexverbindungen [russ.]. — Akademik Nikolaj Semenovič Kurnakov. Raboty v oblasti cvetnoj metallurgii [Akademiemitglied N. S. Kurnakov. Arbeiten auf dem Gebiet der Metallurgie der Buntmetalle] (Moskva '54) 356–61: Über die Arbeiten N. S. Kurnakovs auf dem Gebiete der Komplexverbindungen [russ.]. — Proc. United Nations international conference on the peaceful uses of atomic energy, 2nd conference, Geneva 1958, 28 (New York '59) 235–49: Die Struktur komplexer Uranylverbindungen[13][7][44][29] [ ].

Atomnaja Ėnergija Komplexbildungsreaktionen auf dem Gebiete der chemischen Technologie des Urans[7]: **14** ('63) 383–94 [russ.].

Chemické Zvesti Über Pentamminplatin-(IV)-Verbindungen[39][35][25]: **13** ('59) 646–55 [russ.].

Dokl. Akad. Nauk SSSR The reaction of pyridine with Cleve's and Gérard's salts[43]: **1934** I, 187–92 [russ. u. engl.]. — Strömholm's triamine sulfite[43]: **1934** II, 179–84 [russ. u. engl.]. — Reaktion von Pyridin mit dem Chlorid und dem Bromid des Blomstrand-Salzes[43]: **1936** II, 107–10. — Isomerie von Äthylenverbindungen des Platins[11]: **1936** IV, 173–76. — Hydroxylamin-Pyridin-Verbindungen des zweiwertigen Platins[14]: **15** ('37) 343–45. — Oxydation von Hydroxylaminverbindungen des Platins[14]: 345–47. — Über das Triammin von Cleve: **18** ('38) 579f. — Über das cis-Tetrammin des vierwertigen Platins: 581f. — Optische Aktivität von Ammoniumverbindungen des vierwertigen Platins[27]: **32** ('41) 336–39. — Neue Methode zur Darstellung spektralreinen Platins[43]: **48** ('45) 353f. — Verbindungen des zweiwertigen Platins mit dem Hydrazid der Dithiokohlensäure[30]: **60** ('48) 243–46. — Über die Wärmekapazität räumlicher Isomeren des Diamindichlorids des Platins[49][48]: **62** ('48) 235–38. — Über die Reaktionen von Chlorammoniakverbindungen des zweiwertigen Platins mit dem Hydrazid der Dithiokohlensäure[30]: **79** ('51) 803–06. — Neue Methoden zur Darstellung von Hexafluoroplatinaten[37][15]: **130** ('60) 1041–43. — Neue Methoden zur Darstellung von Hexafluorplatinaten. Fluorierung mit Chlortrifluorid[37][15]: **132** ('60) 378f. — Über die Synthese des Kaliumcyanoplatinats[3]: **152** ('63) 882f. — — Alle Arbeiten russ.

Izvest. Akad. Nauk SSSR, Otdel. chim. Nauk Die 2. Allunionskonferenz über die Chemie der Komplexverbindungen: **1941**, Nr. 2, 340–45. — Über Reaktionen von Salzen des Blomstrand-Typs: **1945**, 203–09 [m. engl. Zusammenfassg.]. — Geometrische Isomerie und die Eigenschaften von Komplexverbindungen: **1953**, 197–203. — Über die geometrische und die Spiegelbild-Isomerie der Triammine [$En(NH_3)PtClBr(NO_2)$]X, 1[1]): 204–14. — Thermochemische Untersuchung der isomeren Platinverbindungen[40][49]: 215–19. — Komplexverbindungen des Platins mit Acetamid[35]: 220–26. — — Alle Arbeiten russ.

Izvest. Inst. Izučeniju Platiny i drugich blagorodnych Metallov Über die Komplexverbindungen des Platins: Nr. **10** ('32) 33–46. — Über die Nitroverbindungen des Platins, 11: Äthylaminverbindungen[52]: Nr. **11** ('33) 21–32; ~ 12: Diäthylaminverbindungen[41]: 33–38; ~ 13: Die Reaktion der Nitrierung[12]: 45–53; ~ 14: Stickstoffbestimmung: 61f. — Über ein asymmetrisches Chlorsalz vom Cleve-Typus[55]: 39–43. — Über die Einwirkung von Ammoniak auf das Grossche Salz: 55–59. — Die Einführung von Pyridin in die innere Sphäre des vierwertigen Platins[43]: 63–71. — Über die Umsetzung von Pyridin mit dem Cleveschen und dem Gérardschen Salz[43]: Nr. **12** ('35) 103–14. — Über das Stromholmsche Triamminsulfit[43]: 115–18. — — Alle Arbeiten russ.

Izvest. Sekt. Platiny i drugich blagorodnych Metallov Über das Absorptionsspektrum des Rutheniumtetroxids[21][9]: Nr. **13** ('36) 19f. — Beitrag zur Frage der Oxydation der cis- und trans-Nichtelektrolyte des zweiwertigen Platins mittels Salpetersäure[2]: 59–71. — Über die Sprengung des Ringes in komplexen Platinverbindungen[8]: Nr. **14** ('37) 9–18. — Über die Äthylenverbindungen des Platins[11]: 77–121. — Untersuchung der Reaktion zwischen Ammoniumsalzen und den komplexen Nitroverbindungen des Kobalts[42]: 123–56. — Isomerie der äthylierten Platinchloride[11]: Nr. **15** ('38) 5–12. — Über die Reduktion der Ammoniumchloriridate durch Zucker[47]: 63–99. — Über Triammine des vierwertigen Platins: Nr. **16** ('39) 5–11. — Über cis-Tetrammine des vierwertigen Platins: 13–19. — Über die Geschwindigkeit der Hydratationsreaktion der Diammine des zweiwertigen Platins[17]: Nr. **17** ('40) 29–54. — Über die Bestimmung des Palladiums nach der Methode von B. G. Karpov[16]: 139–42. — Arbeiten über die Chemie der Komplexverbindungen des Platins (Dem Andenken L. V. Pisarževskijs): Nr. **18** ('45) 8–18. — Optische Aktivität von Verbindungen des vierwertigen Platins[27]: Nr. **20** ('47) 107–14. — Über die Arbeiten N. S. Kurnakovs über Komplexverbindungen: Nr. **21** ('48) 7–11. — Das Prinzip des trans-Effekts: 27–31. — Geometrische Isomerie des Triammins $[En(NH_3)PtClBr(NO_2)]Cl$ [1]): Nr. **23** ('49) 9–38. – Innere Komplexe von Säurehydraziden, 1: Dithiocarbazolsäure-Verbindungen des zweiwertigen Platins[30]): 72–83; ∼ 2 [30]): Nr. **26** ('51) 62–68. – Reaktionen der Salze vom Blomstrand-Typ[34]): Nr. **24** ('49) 39–71. – Komplexverbindungen von Platin mit Acetamid, 1[35]): Nr. **26** ('51) 101–14; ∼ 2[35]): Nr. **27** ('52) 175–86; ∼ 4[35]): Nr. **30** ('55) 21–25. – Experimenteller Nachweis der Gesetzmäßigkeit des trans-Einflusses: Nr. **28** ('54) 14–44, 56–125. – Calorimeter zur Bestimmung kleiner thermischer Effekte langsamer chemischer Reaktionen[49])[40]): 142–60. – Komplexverbindungen des Platins mit Propionamid[35]): Nr. **30** ('55) 26–30. – Die Gitterenergie von Komplexverbindungen des zweiwertigen Platins[40]): 92–98. – Die geometrische Isomerie der Diamminodinitroverbindungen des vierwertigen Platins[34]): Nr. **31** ('55) 5–25. – Über die geometrische Isomerie des Triammins $[EnMeNH_2PtClBrNO_2]X$ [1]): 26–33. – Über die geometrische Isomerie des Triammins der Zusammensetzung $[EnNH_3Pt \cdot ClBrNO_2]X$ [1]): 34–38. – – Alle Arbeiten russ.

Izvest. Sekt. fiziko-chim. Analiza Über die Arbeiten N. S. Kurnakovs über Komplexverbindungen: Nr. **14** ('41) 141–44 [russ.].

Uč. Zap. leningr. gos. Univ. Entwicklung der Wernerschen Theorie in ihrer Anwendung auf Komplexverbindungen: **3** ('37) 181–88 [russ.].

Usp. Chim. Untersuchungen des Instituts für allgemeine und anorganische Chemie [der Akademie der Wissenschaften] auf dem Gebiet der Komplexverbindungen des Platins: **5** ('36) 1130–40. – Fragen der Chemie der Komplexverbindungen: 1169–1215. – Entwicklung der stereochemischen Vorstellungen van't Hoffs in der anorganischen Chemie: **6** ('37) 129–32. – Beratung der Chemischen Gruppe der Akademie der Wissenschaften der UdSSR über Komplexverbindungen: 741–52. – Lev Aleksandrovič Čugaev: **14** ('45) 330–33. – Über die geometrische Isomerie der Verbindungen des vierwertigen Platins: **16** ('47) 385–402. – 40 Jahre der Entwicklung der anorganischen Chemie in der UdSSR: **26** ('57) 1230–40. – – Alle Arbeiten russ.

Vestn. Akad. Nauk SSSR 25 Jahre Institut für allgemeine und anorganische Chemie der Akademie der Wissenschaften der UdSSR: **1945**, Nr. 1/2, 79–86. – Die Chemie der Komplexverbindungen: **29** ('59) Nr. 9, 3–8. – – Beide Arbeiten russ.

Vestn. leningr. Univ. Komplexbildung und individuelle Eigenschaften der chemischen Elemente des Periodensystems von Mendeleev: Nr. **22** (Ser. fiz. chim. **4**) ('57) 158–68 [russ. m. engl. Zusammenfassg.].

Ž. neorg. Chim. Über die Entwicklung verschiedener Tendenzen auf dem Gebiet der anorganischen Chemie in der UdSSR: **1** ('56) 5–7. – Lösungswärme und Gitterenergie der Tetrammine des zweiwertigen Platins[40]): 890–93. – Aquocarbonatverbindungen des Uranyls, 1: Zur Synthese des $UO_2 \cdot CO_3$ und des $UO_2CO_3 \cdot H_2O$ [13])[7]): 2726–35. – Spiegelbildisomerie der Komplexverbindungen von vierwertigem Platin, 1: Untersuchung der optischen Aktivität des Triammins $[En(NH_3) \cdot (NO_2)(NO_2)BrPtCl]$ [1]): **2** ('57) 298–306. – Neue Untersuchungen über die Wirkung des trans-Einflusses: 475–90. – Über die Reaktionen von Dinitrodimethylaminoverbindungen des vierwertigen Platins $(CH_3NH_2NO_2)_2 \cdot X_2Pt$ [34]): 536–51. – Ammoniaknitropyridinverbindungen des dreiwertigen Kobalts[10]): 760–64. – Über Triammine des dreiwertigen Kobalts[10]): 765–71. – Nitrierung von Chloropalladat(II)[34]): 772–75. – Aufrechterhaltung der auf Mendeleev zurückgehenden Traditionen in der modernen anorganischen Chemie: 1212. – Über die Hydrate von Ammoniumuranyldioxalat[13])[44]): 1763–67. – Über die geometrische Isomerie von Diamminodinitratodichloriden von Platin(IV), 1[22]): 2349–59. – Calorimeter zur Bestimmung der wahren Wärmekapazität von Komplexverbindungen der Platinmetalle[40])[4]): **3** ('58) 1512–20. – Geometrische Isomerie von Dihydroxodiammindichlor-Verbindungen des vierwertigen Platins[22]): 2024–38. – Der trans-Einfluß der Hydroxogruppe in den Komplexen des vierwertigen Platins[22]): 2281–88. – Hydratisierte Formen des Natriumpentacarbonatothorats [13])[32]): 2671–86. – Nitroverbindungen des vierwertigen Platins[35])[31]): **4** ('59) 747–54. – Über die geometrische Isomerie der Halogenide des vierwertigen Platins der Diammin-Reihe[22]): 1002–11. – Über das cis-Triammin des vierwertigen Platins[22]): 1012–17. – Über Chloronitrodiamminpalladium $[PdCl(NH_3)_2NO_2]$ [34]): 1533–41. – Marija Semenovna Skanavi-Grigor'eva: 1705–07. – Geometrische Isomerie von Diammintetrahydroxoplatin(IV)[22]): **5** ('60) 39–47. – Über die geometrische Isomerie von Diamminhydroxotrichloroplatin(IV)[22]): 271–79. – Bildungswärmen und Wärmekapazitäten des Tetrammins und Triammins von Platin(II)[40])[4]): 821–31. – Komplexverbindungen des Rhodiums mit Thiosulfat und Äthylendiamin[28]): 1074–84. – Formiate des einwertigen Rhodiums[46])[19]): 1163. – Thiosulfato-Komplexverbindungen des Rhodiums mit Ammoniak[28]): 1208–20. – Bildungswärmen und Wärmekapazitäten der Chloroammin-Verbindungen des zweiwertigen Platins[40])[4])[24]): 1428–40. – Aquooxalatosulfatouranyl-Verbindungen[13]) [44]): 1454–66. – Über die Komplexnatur der Uranate[13])[7]): 1481–91. – Untersuchung des trans-Einflusses der Hydroxogruppe in isomeren Diammindibromodihydroxoverbindungen des vierwertigen Platins[54])[6]): 2690–99. – Optische Aktivität der Triamminkomplexe $[PtEn(NH_3)(NO_2)(NO_2)Cl]Cl$ und $[PtEn(CH_3) \cdot$

$(NH_2)(NO_2)(NO_2)Cl]Cl$[1]): **6** ('61) 34–43. – Einige Eigenschaften von Tetramminverbindungen des vierwertigen Platins[54])[45]): 44–47. – Über die geometrische Isomerie von Diamminotrihydroxochlor-Derivaten des vierwertigen Platins[54]): 48–53. – Über einige Eigenschaften der Nitratogruppe in Komplexverbindungen des vierwertigen Platins[54])[3]): 54–60. – Gemischte Pentammine des Platins[25]): 71–80. – Säure–Base-Eigenschaften einiger Tetrammine des vierwertigen Platins[25]): 81–89. – Bromo- und Jodonitroverbindungen des vierwertigen Platins[35])[33]): 283–96. – Über die Synthese komplexer Monocarbonate vom Typ $Me^{+}[UO_2(OH)CO_3(H_2O)_3]$[13])[7]): 376–85. – Über die Synthese von Verbindungen des Typs $Me_3^{+}[(UO_2)_2(OH)(CO_3)_3(H_2O)_5]$[13])[7]): 386–93. – Über das Ammoniumpentacarbonatothorat[13])[32]): 394–99. – Über die Nitrosierung innersphärischer Aminkomplexe[1])[26]): 497–99. – Komplexe Dioxocarbonatooxalatoaquouranat(VI)-Verbindungen[13])[44]): 549–56. – Komplexe Dioxofluorooxalatoaquouranat(VI)-Verbindungen der Aquopentacidoreihe[44]): 557–65. – Über das Pentacarbonatothorat des Guanidins[32]): 587–92. – Über die komplexe Natur der Peroxidverbindungen des Uranyls[13])[7]): 790–98. – Über das Hexamminkobalt(III)-pentacarbonatothorat $[Co(NH_3)_6]_2 \cdot Th(CO_3)_5 \cdot nH_2O$[32]): 809–15. – Jodopentamminplatinverbindungen[39]): 1272–80. – Über das Kaliumhexanitroplatinat(IV)[35])[31]): 2444–50. – Nitrosulfito-Verbindungen des dreiwertigen Iridiums[38]): 2462–69. – Untersuchung der Eigenschaften der Cyanogruppe in Verbindungen des zweiwertigen Platins[54])[3]): 2627–34. – Über die Möglichkeit des Nachweises eines trans-Einflusses in Komplexverbindungen des zweiwertigen Kupfers[54])[18])[5]): **7** ('62) 472–78. – Über die optische Aktivität der Triammine des vierwertigen Platins[1])[26]): 749–55. – Gemischte Jodpentammine des Platins[25]): 756–61. – Säure–Base-Eigenschaften von Äthylendiamin und Ammoniak enthaltenden Pentaminkomplexen des Platins[25]): 762–68. – Die Reaktion der Nitrierung komplexer Chloride des Iridiums[34])[50]): **8** ('63) 578–82. – Über das Kaliumtrinitrotrichloroiridit $K_3Ir(NO_2)_3Cl_3$[34])[50]): 583–89. – Über die Polymerie der Nitrochloroaquohydroxo-Verbindungen des dreiwertigen Iridiums[34])[50]): 847–52. – Synthese und Eigenschaften des Äthylendiamindicyanoplatins[3])[54]): 1355–60. – Komplexe Oxalat–Halogenid-Verbindungen des Uranyls der Pentacido-Reihe[44]): 1530f. – Komplexe Sulfat–Fluorid-Verbindungen des Uranyls[7])[51])[44]): 1584–93. – Komplexe Uranylhydroxooxalat-Verbindungen der Pentacid-Reihe[44]): 1990f. – Über den Artikel von Griffith, Lewis und Wilkinson: „Untersuchung von Komplexverbindungen der Übergangsmetalle mit Stickstoffoxid"[35]): 2013f. – Über die Wechselwirkung zwischen der Carbonat- und der Fluorgruppe in der inneren Sphäre komplexer Uranyle[7])[44])[51]): 2232–39. – Physikalisch-chemische Eigenschaften oxydierter Derivate des Kaliumcyanoplatinats[3])[54]): 2441–46. – – Alle Arbeiten russ.

Ž. prikl. Chim. Die Chemie der inneren Sphäre der Komplexverbindungen: **7** ('34) 1559f. – Orest Evgen'evič Zvjagincev zum 60. Geburtstag[53])[36]): **28** ('55) 121f. – – Beide Arbeiten russ.

Zavodskaja Labor. Boris Grigor'evič Karpov, 1870–1940: **1940**, Nr. 4, S. 488 [russ.].

Mit: [1]) O. N. Adrianova; [2]) A. V. Babaeva; [3]) A. V. Babkov; [4]) R. A. Baranova; [5]) A. A. Bezzubenko; [6]) V.A. Cingister; [7]) G. V. Ėllert; [8]) A. N. Fedorova; [9]) A. N. Filippov; [10]) A. Ganiev; [11]) A. D. Gel'man; [12]) L. Ju. Gening; [13]) V. A. Golovnja; [14]) V. I. Goremykin; [15]) E. G. Ippolitov; [16]) A. V. Jakovlev; [17]) M. M. Jakšin; [18]) T. M. Kanter; [19]) A. A. Karjagina; [20]) I. I. Kornilov; [21]) S. E. Krasikov; [22]) N. N. Krasovskaja; [23]) N. S. Kurnakov; [24]) N. N. Kuz'mina; [25]) N. T. Kuznecov; [26]) N. Š. Lejtes; [27]) I. B. Litvak; [28]) A. G. Majorova; [29]) V. P. Markov; [30]) A. I. Mašencev; [31]) A. S. Mironova; [32]) A. K. Molodkin; [33]) A. S. Morozova; [34]) G. S. Muravejskaja; [35]) L. A. Nazarova; [36]) A. V. Nikolaev; [37]) N. S. Nikolaev; [38]) Z. M. Novoženjuk; [39]) V. S. Orlova; [40]) V. A. Palkin; [41]) T. B. Pejzner; [42]) Ja. Ja. Plakan; [43]) A. M. Rubinštejn; [44]) R. N. Ščelokov; [45]) M. N. Semenenko; [46]) E. V. Šendereckaja; [47]) V. N. Širokova; [48]) N. E. Šmidt; [49]) V. A. Sokolov; [50]) V. F. Sorokina; [51]) L. K. Šubočkin; [52]) N. V. Val'denberg; [53]) S. I. Vol'fkovič; [54]) N. N. Želigovskaja; [55]) A. S. Samsonova.

V, VI **ČERNYJ,** Sergej Daniilovič. Astron. — 1922–39 Prof., Univ. Kiev, u. Dir. des Astronomischen Observatoriums, Kiev [seit '33 Universitätssternwarte]; '39–52 Prof., Pädagog. Inst., Kursk.

*1874, Jan. 12 (a. St.), Dorf Lebedin, Gouv. Kiev;
†1956, Febr. 11.

Nekr. P. Duchnovskij, Astronomičeskij Cirk. Nr. **176** ('56) 23 [russ.].

Zur Biogr. D. B. Pjaskovskij, Publikacii kievsk. astron. Observat. Nr. **9** ('61) 75–77 (m. Bildn.).

Astronomical J. Secular motion of the periastron in the system of u Herculis: **48** ('39/40) 16f. – The triple system of S Sagittae: **49** ('40/42) 49f. – The state of the evolution of R Scuti: 50f. – Eight eclipsing variables in the cluster Messier 5: 51f. – A wonderful eclipsing binary in Praesepe: 76f. – The quadruple system b^2 28 Cygni: 79f. – The triple system R Lyrae: 107f. – The nature of RU Camelopardalis: 147f.

Astronomische Nachr. Zur Frage über das zulässige Krümmungsmaß des Raumes: **245** ('32) 323f. – Über den Zusammenhang zwischen der Bahnbewegung und den periodischen Temperaturveränderungen im System von β Lyrae: 347–50. – Mikrometrische Beobachtungen des Planeten Neptun: **247** ('32) 151f. — M. Dičenko †: 295f. — Beobachtungen von kleinen Planeten und Kometen: **248** ('33) 41–48. — Über die Dimensionen der Atmosphären der Komponenten von β Lyrae: **249** ('33) 205–08. — Die beiden hypothetischen Doppelsternsysteme von β Lyrae: **250** ('33) 9f. — Beobachtungen von Planeten: **251** ('33) 7–12. — Periastronlänge und Exzentrizität der Bahn im System von β Lyrae von 1842–1926: **252** ('34) 387. — Säkulare Zunahme der großen Achse der Bahn im System von β Lyrae: **256** ('35) 361f. — Beobachtungen des Planeten 4 Vesta: **258** ('36) 367f. — Beobachtungen von Erscheinungen der Jupitertrabanten: **259** ('36) 397f. — Beobachtungen von kleinen Planeten, Kometen und der Nova CP Lacertae: **260** ('36) 429–34.

Bjul. Inst. teoret. Astron. Die Bewegung eines materiellen Punktes unter der Wirkung einer Kraft, die ihm die Beschleunigung — $\mu_1 r^{-2} - 3\ \mu_2 r^{-4}$ erteilt: **4** Nr. 6 (59) ('49) 287–308 [russ.].

Monthly Notices roy. astron. Soc. Occultations of stars by the moon, observed at the Astronomical Observatory, Kiev, 1934–1935: **95** ('35) 499; **96** ('36) 556.

Publ. Inst. math., Acad. serbe Sci. Freie Nutation der Erde: **6** ('54) 57–62 [russ.].

Publikacii kievsk. astron. Observat. Die Stabilität der Bedeckungsveränderlichen: **1** ('46) 215f.; **2** ('48) 47–69 [beide Arbeiten russ.].

Uč. Zap., Rostovsk.-na-Donu gos. Univ. im. Molotova Mathematischer Erwartungswert des Winkels der Neigung der Bahnebene von Doppelsternen gegenüber der Ebene senkrecht zum Sehstrahl: **14** (Trudy fiz.-mat. Fak. **1**) ('51) 81–83 [russ.].

IV–VI **CESÀRO,** Giuseppe Raimondo Pio. Kristallogr., Mineral. — 1921 Prof. émér., Dir. hon. Musée Minéral., Univ. de Liège. — Prix Gegner (Acad. Sci. Paris). (⊠)
*1849, Sept. 7, Napoli;
†1939, Jan. 20, Comblain-au-Pont, Belgique.

Nekr. H. Buttgenbach, Annuaire Acad. roy. Belgique **108** ('42) Notices biogr., 35–98 (m. Bildn., Schr.verz. 287 Nrn.); Annales Soc. géol. Belgique, Bull. **62** ('38/39) 286–95. — A. Lacroix, Bull. Soc. franç. Minéral. **62** ('39) 91–95; C.R. hebd. Séances Acad. Sci., Paris **208** ('39) 397–99. — L. J. Spencer, Mineralogical Mag. and J. mineral. Soc. **25** ('39) 285f. (m. Bildn.). — C.R. hebd. Séances Acad. Sci., Paris **209** ('39) 913.

Bull. Cl. Sci., Acad. roy. Belgique Surface qui remplace d'ellipsoïde inverse lorsqu'à la formule de Fresnel on substitue la formule approximative des biréfringences: (5) **18** ('32) 8–25. — Sur deux formules par lesquelles on remplace la formule de Fresnel dans les calculs de cristallographie optique: 753–58. — Sur les points d'égale inertie du triangle: **20** ('34) 87–102. — Variation de la somme des lignes trigonométriques d'un arc lorsque celui-ci se meut de 0° à 360°: 415–32. — Contribution à l'étude des minéraux: Pyrite; aragonite; mélanite; grenats vésuviens; barytine; bityite; palmiérite: 674–85. — Equation et forme de la courbe pour laquelle, si δ est la longueur de la perpendiculaire menée de l'origine à une de ses tangentes et α l'angle que cette perpendiculaire fait avec l'axe des x, on a $\delta = k \cdot (\sin \alpha)/\alpha$, k étant une constante: **21** ('35) 7–28. — Quelques remarques sur les lignes hyperboliques: 253–73. — Sur la cryolite: indice de réfraction, biréfringences et formes cristallines[1]): **22** ('36) 362–72. — Sur la forme cristalline de l'acmite[1]): **23** ('37) 439–55; **24** ('38) 180–212, 362. — Sur la méthode plane d'identification des substances cristallisables. Etude des lamelles de $Na_2S_2O_3 + 5H_2O$ déposées par une mince couche de sa solution aqueuse sur une lame plane de verre. Nouvelle zone des faces parallèles à l'axe binaire[1]): 558–65.

Bull. Soc. roy. Sci. Liège Sur les formules qui, dans un triangle, donnent la distance du centre du cercle circonscrit au centre d'un cercle tritangent (inscrit, ou ex-inscrit) en fonction des rayons des deux cercles. Problèmes: **1** ('32) 149–57. — Angles dont toutes les lignes trigonométriques sont rationnelles, et angles dont la somme des lignes trigonométriques est rationnelle: **3** ('34) 18–26.

Mémoires, Acad. roy. Belgique, Cl. Sci., Collect. in-8° Sur les ellipses circonscrites à un triangle et ayant un point donné pour centre. Quatrième point d'intersection de deux de ces courbes: **11** ('32) Nr. 10, 99 S. — Sur la guarinite. Formules à attribuer à ce minéral, à la hiortdahlite et à la wöhlérite. Relation entre les compositions chimiques de ces trois minéraux, ainsi qu'entre leurs formes cristallines et entre l'orientation des plans de leurs axes optiques: **12** ('32/34) Nr. 3, 29 S.

Mémoires Soc. roy. Sci. Liège Sur une propriété du décagone régulier: (3) **17** ('32) Nr. 16, 1–8. — Sur une équation à coefficients entiers dont π est très approximativement la racine: 11–13. — Segments déterminés sur les médianes d'un triangle sphérique par leur point d'intersection: 17–22. — Relation entre le périmètre, 2 p, et les rayons, r et R, des cercles inscrit et circonscrit dans un triangle rectiligne isocèle: 25–30.

Mit: [1]) J. Mélon.

VI **CESEVIČ,** Vladimir Platonovič. Astrophysik. — Stud. Univ. Leningrad; Mitbegründer und 1933–37 Direktor d. Observatoriums Stalinabad; '37–42 Mitarbeiter d. Astron. Inst. (jetziges Inst. f. theoret. Astron. d. Akad. d. Wiss. d. UdSSR); '45– Prof. u. Dir. d. Astron. Observat., Univ. Odessa. (☒)

*1907, Sept. 28 (Okt. 11).

Ue. S. Rosseland, The pulsation theory of variable stars (Übers. ins Russische) (Moskva '52) 168 S.

S. Trudy 4-go Soveščanija po voprosam kosmogonii [Abhandlungen der 4. Konferenz über Fragen der Kosmogonie] (Moskva '55) 400–07: Über die physikalischen Verhältnisse in der Hülle der Sterne vom RV-Tauri-Typ [russ.]. – K simpoziumu po nestacionarnym zvezdam [Zum Symposium über veränderliche Sterne] (Moskva '55) 182–91: The stars with double envelopes [russ. u. engl.]. – Bol'šaja sovetskaja ènciklopedija [Große Sowjetenzyklopädie] **32** ²(Moskva '55) 428–30: Veränderungen der Sterne, 2: Die Geschichte des Studiums der veränderlichen Sterne; 3: Theoretische Untersuchungen der veränderlichen Sterne; 4: Untersuchungen über Aufbau und Entwicklung der Sternsysteme als Grundlage des Studiums der veränderlichen Sterne[1]) [russ.]. – Istoriko-astron. issledovanija [Historisch-astronomische Untersuchungen] **2** (Moskva '56) 289–352: Aleksandr Konstantinovič Kononovič – ein hervorragender ukrainischer Astrophysiker; seine Vorgänger und Schüler[3]) [russ.]. – Nonstable stars (G. H. Herbig) (Cambridge, Engl. '57) (IAU Symposium Nr. 3) 116–19: The stars with double envelopes.

W. Catalogue and ephemerids of short period cepheids for 1935–1936 (Stalinabad '35) 63 S. – Atom i ego ènergija [Das Atom und seine Energie] (Odessa '46) 42 S. – Metody izučenija peremennych zvezd [Methoden zur Untersuchung veränderlicher Sterne] (m. M. S. Zverev, B. V. Kukarkin, D. Ja. Martynov, P. P. Parenago, N. F. Florja) (Moskva–Leningrad '47) 659 S. (Peremennye zvezdy, 3). – Die veränderlichen Sterne und ihre Bedeutung für die Erforschung des Universums [russ. u. ukrain.] (Kiev '49) 111 S. – Čto i kak nabljudat' na nebe. Rukovodstvo k organizacii i provedeniju ljubitel'skich naučnych nabljudenij nad nebesnymi svetilami [Das Beobachten des Himmels. Leitfaden zur Organisation und Durchführung wissenschaftlicher Amateurbeobachtungen von Himmelskörpern] (Moskva–Leningrad '50) 348 S.; ²('55); ³('63) 452 S. – Velikie russkie astronomy [Hervorragende russische Astronomen]: F. A. Bredichin i A. L. Belopol'skij (Kiev '50) 12 S. – Die Sonne und ihre Bedeutung für das Leben der Erde [ukrain.] (Kiev '51) 24 S. – Akademik Aleksandr Michajlovič Ljapunov (m. A. Šul'berg) (Odessa '51) 58 S. – Vnutrennee stroenie Solnca i zvezd [Der innere Aufbau der Sonne und der Sterne] (Moskva '55) 32 S. (Vsesojuz. obščestvo po rasprostraneniju polit. i naučn. znanij, Ser. 3, Nr. 50). – Astronomičeskie problemy Meždunarodnogo geofizičeskogo goda [Die astronomischen Probleme des Internationalen Geophysikalischen Jahres] (Moskva '57) 40 S. (∼ Ser. 8, Nr. 48). – Vorträge über das Weltall [ukrain.] (Kiev '53) 168 S. – Die Sonne und das Leben [ukrain.] (Kiev '54) 24 S. – Nauka i religija o proischoždenii Zemli [Die Meinungen der Wissenschaft und der Religion über die Entstehung der Erde] (Odessa '55) 44 S. – Est' li žizn' na drugich planetach? [Gibt es Leben auf anderen Planeten?] (Moskva '56) 40 S. (Nauč.-prosvet. biblioteka, 15); ukrain: (Kiev '50, '55) 36 S.; kirgis.: (Frunze '58) 43 S.; auch lettisch und turkmen. – Meždunarodnyj geofizičeskij god [Das Internationale Geophysikalische Jahr] (Moskva '57) 136 S.; ukrain.: (Kiev '57) 48 S. – Die sowjetische Astronomie der Sonne, der Sterne und der Planeten [ukrain.] (m. S. K. Vsechsvjatskij) (Kiev '59) 38 S. – Die Eroberung des Kosmos [ukrain.] (Odessa '59) 72 S. – Die ersten Resultate des Internationalen Geophysikalischen Jahres [ukrain.] (Kiev '59) 51 S. – Put' v kosmos otkryt! [Der Weg in den Kosmos ist frei!] (Kiev '61) 30 S. – I. A. Timčenko – ein Erfinder auf dem Gebiete der Mechanik [ukrain.] (m. Ja. Ju. Korpun) (Kiev '61) 62 S.

Astronomičeskij Cirk. Notizen über Bedeckungsveränderliche: Nr. **27** ('44) 6–8. – Neue Elemente einiger veränderlicher Sterne: Nr. **29** ('44) 1–6. – Nova oder novaähnlicher Stern in Aquila: Nr. **35** ('45) 7. – Ephemeride der Helligkeitsschwankungen von Eros: Nr. **38** ('45) 3, 6. – Helligkeit und Farbe von Nova Aquilae (1945): Nr. **44** ('45) 3. – Elemente von Bedeckungsveränderlichen: Nr. **100** ('50) 18. – Über die RV-Tauri-Sterne: Nr. **106** ('50) 1f. – Über die Periode von AQ Lyrae[9]): Nr. **125** ('52) 11f. – Untersuchung der Radialgeschwindigkeiten von RV Tauri: Nr. **131** ('52) 8–11. – Über die Periode von ν Eridani: Nr. **134** ('53) 9–11. – Über die physikalische Natur der RV-Tauri-Sterne[8]): Nr. **135** ('53) 9f. – Über die Natur der Mare des Mars: Nr. **154** ('54) 17f. – Über eine statistische Gesetzmäßigkeit der halbregelmäßig Veränderlichen: Nr. **157** ('55) 13–15. – Über die Richtung der Rotationsachse der Venus: Nr. **158** ('55) 15–18. – Über die physikalische Natur des Veränderlichen AG Draconis: Nr. **167** ('56) 23f. – Minima von Bedeckungsveränderlichen: Nr. **174** ('56) 17f. – Helligkeitsänderungen des zweiten künstlichen Erdbegleiters[6])[2]): Nr. **188** ('58) 1f. – Über die Rotation des zweiten künstlichen Satelliten: Nr. **190** ('58) 5. – Über die Rotation des zweiten künstlichen Erdbegleiters[6])[2]): Nr. **191** ('58) 6–8. – Empfehlungen zur Beobachtung veränderlicher Sterne: Nr. **199** ('59) 30f. – – Alle Arbeiten russ.

Astronomičeskij Ž. ν Eridani, ein bemerkenswerter Stern vom Typ β: **21** ('44) Nr. 3, 94–98 [russ.]. – The variable star 150.1936 Her: **38** ('61) 293–303 [russ. m. engl. Zusammenfassg.].

Astronomische Nachr. Die Bestimmung der Winkelelemente der inneren Bewegung von Eros: **246** ('32) 441–50.

Bjul. astron. Inst. (Akad. Nauk SSSR) Tables for the computation of the orbits of eclipsing systems [, 1]: Partial phases: Nr. **45** [**3**, 5] ('39) 115–52 [russ. m. engl. Zusammenfassg.]. – Tables for the computation of the orbits of eclipsing binary systems, 2: Nr. **50** [**3**, 10] ('40) 283–366 [russ. m. engl. Zusammenfassg.].

Bjul., Astronomičeskij Observat. leningr. gos. Univ. On the periods of μ Cephei-type stars: Nr. **2** ('33) 2f. – Catalogue and ephemerids of short-period cepheids for 1933–1934: Nr. **3** ('33) 1–50; ~ 1934–1935: Nr. **4** ('34) 1–56.

Bjul., Astronomičeskij Observat. odessk. gos. Univ. Über zwei Cepheiden: Nr. **2** ('47) [ ]. – Über acht halbregelmäßige Veränderliche: Nr. **3** ('47) [ ].

Bjul. Stancij opt. Nabljudenija iskusstvennych Sputnikov Zemli Über die Helligkeitsänderung einer Trägerrakete: Nr. **7** ('59) 3–8. – Über die Rotationsperiode der Trägerrakete des dritten sowjetischen künstlichen Erdsatelliten: 8–14. – – Beide Arbeiten russ.

Bjul. vses. astronomo-geod. Obšč. Instruction for observations of meteor trains: Nr. **5** ('40) 13f. [russ.].

Cirkuljar glavn. astron. Observat. Pulkove Tables for determining the elements of orbits of Algol type stars accounting for the darkening to the limb for the case when the large star is in front of the small one: Nr. **24** ('38) 41–45. – On two faint RR Lyrae variables: SW Canium Venaticorum and AK Geminorum: 47–52.

Cirkuljar tadžiksk. astron. Observat. The width of the meteoric trains: Nr. **5** ('35) 3 [ ]. – Antalgols service in 1935–1936: Nr. **6** ('35) [ ]. – Tables for computing the orbits of the eclipsing stars, 1: Nr. **7** ('35) [ ]; ~ 2: Nr. **12** ('35) [ ]. – The variability of the periods of Antalgols: Nr. **8** ('35) [ ]. – Beobachtung der Helligkeit von 433 Eros: Nr. **11** ('35) [ ].

Dokl. Akad. Nauk SSSR Über die Drift von Meteorspuren: **74** ('50) 677–80 [russ.].

Izvest. Akad. Nauk Kazachsk. SSR Über die Helligkeit der Kleinen Planeten[5]): Nr. **90** (Ser. astrobotan. **1/2**) ('50) 53–61 [russ.].

Izvest. Akad. Nauk SSSR, Ser. fizič. Arbeiten des Observatoriums Stalinabad bezüglich der Überprüfung der Berggebiete Tadžikistans: **1936**, Nr. 6, 775f. [russ.].

Izvest. astron. Observat., Odessk. gos. Univ. AA Aquilae: **1**, Nr. 2 ('48) 3–12. – BB Virginis: 13f. – CY Aquarii: 15–17. – U Leporis: 18–20. – AD Virginis: 21–24. – UY Bootis: 25f. – W Crateris: 27–30. – RX Eridani: 31–33. – Beobachtung von EE und EP Herculis: 34–36. – 38.1935 Serpentis: 37–39. – Über die Periode von TW Capricorni: 40–45. – VZ Herculis: 46–56. – 5.1935 Leonis: 57–60. – Erforschung des Veränderlichen SVS 589 Scuti[5]): 61–63. – Photographische Beobachtung Kleiner Planeten: **2**, Nr. 1 ('49) 3. – BR Aquarii[4]): Nr. 2 ('52) 93–97. – AS Aurigae: 98–100. – AT Serpentis: 100–102. – CR Serpentis: 102–05. – CW Serpentis: 106–08. – KK Cassiopeiae: 108f. – DW Cassiopeiae: 109. – IX Cassiopeiae: 110. – VX Herculis: 111–15. – V 439 Ophiuchi: 116 f. – Über die physikalische Natur der RV-Tauri-Sterne[8]): **3** ('53) 3–60. – DL Herculis, ein Veränderlicher mit Blažko-Effekt: 257–65. – DF Cygni: 293–312. – Untersuchung von Bedeckungsveränderlichen, 1: Andromeda-Cygnus: **4**, Nr. 1 ('53) 3–283; ~ 2: Delphinus-Scutum: Nr. 2 ('54) 3–367; ~ 3: Serpens-Vulpecula: Nr. 3 ('54) 3–114. – Über die Rolle des Astronomischen Observatoriums Odessa im Rahmen der Erfüllung des Programms des Internationalen Geophysikalischen Jahres: **5**, Nr. 1 ('59) 5–8. – Über die Bearbeitung der Radarbeobachtungen von Meteoren: 9–23. – – Alle Arbeiten russ.

Izvest. glavn. astron. Observat., Akad. Nauk Ukrainsk. SSR Aufstellung eines großen photometrischen Standards in Aquarius: **1**, Nr. 1 ('53) 3–66 [russ.].

Mirovedenie Ursachen der Helligkeitsänderung von Eros: **21** ('32) Nr. 6, 17–21 [russ.].

Observatory On the rotation of Eros: **60** ('37) 289–92.

Peremennye Zvezdy Über sechs kurzperiodische Cepheiden: **6** ('48) 174–91. – Über die RV-Tauri-Sterne: **8** ('51) 121–44. – Untersuchung des Lichtwechsels von 60 Veränderlichen, 1: 321–50. – Über die Periode von AQ Lyrae[9]): **9** ('52/53) 69–73. – Über den Wechsel der Periodizität der Helligkeitsänderung des Veränderlichen UU Herculis: 83–85. – Frühe Beobachtungen von Sternen vom RV-Tauri-Typ: 215–17. – Der bemerkenswerte veränderliche Stern RZ Piscium: **10** ('55) 406–09. – AG Draconis: **11** ('56/58) 103–10. – Über drei Bedeckungsveränderliche: 123–28. – On the periods of twenty eclipsing variable stars: 403–37 [m. engl. Zusammenfassung]. – FM Delphini, ein langperiodischer Cepheide mit in Wirklichkeit kurzer Periode: **12** ('59/60) 67–69. – UY Eridani, ein Cepheide mit bemerkenswerter Form der Helligkeitskurve: 72–74. – Der bemerkenswerte veränderliche Stern S 4732

Aurigae: 306–08. — SPZ 850 Orel: 368–70. — — Alle Arbeiten russ.

Priroda [Sofija] Über die Rotation der Venus um ihre Achse: 4 ('55) Nr. 6, 86f. [bulgar.].

Priroda [SSSR] Das Astronomische Hauptobservatorium der Akademie der Wissenschaften der Ukrainischen Sowjetrepublik: **1950**, Nr. 1, 86f. — Über die Rotation der Venus um ihre Achse: **1955**, Nr. 7, 82f. — Was und wie am Himmel beobachten?: Nr. 12, 123. — Über die Helligkeitsänderungen des zweiten künstlichen Erdbegleiters: **1958**, Nr. 4, 78f. — Das Astronomische Observatorium am Dnestr: Nr. 10, 86f. — — Alle Arbeiten russ.

Publikacii kievsk. astron. Observat. Untersuchung des Blažko-Effektes: Nr. **2** ('48) 71–74 [russ.]. — Aufstellung eines räumlichen Modells des Nebels bei der Nova Persei 1901: 75f. [russ.].

Trudy astron. Observat. leningr. gos. Univ. On the construction of the tables for the calculation of orbits of eclipsing binaries in the case of "D" hypothesis: Nr. **6** ('36) 46–65 [russ. m. engl. Zusammenfassg.].

Trudy gos. astron. Inst. im. Šternberga Untersuchung des Blažko-Effektes[7]): **23** ('53) 62–249 [russ.].

Trudy odessk. gos. Univ. Die schöpferische Zusammenarbeit der russischen und ukrainischen Astronomen: **1954**, 173–80 [russ.].

Mit: [1]) P. N. Cholopov; [2]) V. M. Grigorevskij; [3]) Ja. Ju. Korpun; [4]) O. K. Odynskaja; [5]) I. E. Pelišenko; [6]) E. A. Satanova; [7]) B. A. Ustinov; [8]) I. G. Ždanova; [9]) M. S. Zverev.

VI **CHADWELL,** Harris Marshall. Physikal. Chem. — 1932–46 Prof., '39–40 Chairman, Department of Chem. and Chemical Engineering, Tufts College, Medford, Mass.; '40–46 Technical Aid and Division Chief, National Defence Research Committee; '41–47 Chairman, Division of Chemistry and Chemical Technol., National Research Council; '46–48 Associate Director, Natural Sciences, Rockefeller Foundation; '48–50 Deputy Manager, New York Operations Office, U.S. Atomic Energy Commission; '50– Consultant, U.S. Government, Washington, D.C.; '55–58 Attaché, U.S. Embassy, London. — '48 King's Medal for Service in Cause of Freedom; '48 Medal for Merit. (⊠)

*1898, Juli 20, Amesbury, Mass.

J. amer. chem. Soc. The reactions of atomic hydrogen with several alkyl halides[2]): **55** ('33) 1363–76. — The freezing points of concentrated aqueous solutions of urea, urethan, and acetamide[1]): **60** ('38) 1291–93.

Mit: [1]) F. W. Politi; [2]) T. Titani.

VI **CHADWICK,** Sir James. Kernphysik. — 1921–35, '58– Fellow, '45–48 Hon. Fellow, '48–58 Master, Gonville and Caius College, Univ. of Cambridge; '27–35 Assistant Director, Radioact. Research, Cavendish Laboratory, Cambridge; '35–48 Prof., Univ. of Liverpool. — Hon. D. Sc. (Universities of Reading, Oxford, Birmingham, Dublin, Leeds, Exeter; McGill Univ., Montreal, Can.); Hon. LL. D. (Universities of Liverpool and Edinburgh). — '35 Nobel Prize; '32 Hughes Medal (Roy. Soc. London); '50 Copley Medal (Roy. Soc. London); '50 Faraday Medal (Institution of Electrical Engineers); '51 Franklin Medal (Franklin Institute, Philadelphia, Pa.).

*1891, Okt. 20, Bollington, Cheshire.

Zur Biogr. N. de V. Heathcote, Nobel Prize winners in physics 1901–50 (New York '53) 331–38 (m. Bildn.). — F. G. Hopkins, Proc. roy. Soc., London, Ser. A **139** ('33) 25. — R. A. Millikan, Scientific Monthly **42** ('36) 87f. (m. Bildn.). — R. Robinson, Proc. roy. Soc., London, Ser. A **205** ('51) 1. — N. K. Saha, Science and Culture **1** ('35) 402f. — G. J. Sizoo, Nederlandsch Tijdschr. Natuurkunde **3** ('36) 1–8. — E. Schneider, Von Röntgen zu Einstein, von Planck zu Heisenberg (Berlin–München '53) 200–05. — Les Prix Nobel en 1935 (Stockholm '37) 53 (m. Bildn., Faks.). — The Nobel Prize winners and the Nobel Foundation 1901–37 (Zürich '38) 100 (m. Bildn. auf S. 432). — Nature [London] **130** ('32) 898f.; **135** ('35) 463; **136** ('35) 824; **161** ('48) 964; **165** ('50) 99; **166** ('50) 924.

H. The collected papers of Lord Rutherford of Nelson **1** (London '62); **2** ('63).

S. Institut international de physique Solvay. 7e Conseil de physique: Structures et propriétés des noyaux atomiques, Bruxelles **1933.** Rapports et discussions (Paris '34) 81–120: Anomale Diffusion von α-Teilchen, Umwandlung von Elementen durch α-Teilchen, das Neutron [ ]. — Les Prix Nobel en 1935 (Stockholm '37) 1–10: The neutron and its properties. — Progress in nuclear energy, Ser. 3: Process chemistry (New York '56) 356–62: Preparation from irradiated uranium of iodine-131 and certain other fission products[2])[8]). — Encyclopaedia Britannica. A new survey of universal knowledge **18** (Chicago–London–Toronto ... '65) 896F/P–902: Natural radioactivity[20])[11]).

W. Radioactivity and radioactive substances; an introduction to the study of radioactive substances and their radioactions; the nature of radioactivity and the bearing of radioactive transformations on the structure of the atom [3](New York '47) 12 + 116 S.; [4]('53, '62). — Radiations from radioactive substances (m. E. Rutherford, C. D. Ellis) (New York '52) 588 S. — Prospects for atomic power (Toronto '54) 16 S.

Biographical Mem. Fellows roy. Soc. Frederick John Marrian Stratton, 1881–1960: **7** ('61) 281–93.

British J. Radiol. The neutron and its properties: **6** ('33) 24–32.

J. Franklin Inst. The beginnings of the atomic bomb: **252** ('51) 453–55.

J. Inst. Fuel Atomic energy and its applications: **20** ('46) 34–41.

J. Instn. electr. Engr. The elementary particles of matter: **81** ('37) 697–700.

Memoirs and Proc. Manchester lit. and philos. Soc. New applications of physics to medicine: **84** ('42) 9–22.

Nature [London] Possible existence of a neutron: **129** ('32) 312. — New evidence for the positive electron[4])[16]): **131** ('33) 473. — A "nuclear photo-effect": Disintegration of the deuton by γ-rays[13]): **134** ('34) 237f. — Disintegration by slow neutrons[13]): **135** ('35) 65. — Lord Rutherford †: **140** ('37) 749–51. — The cyclotron and its applications: **142** ('38) 630–34. — Excited states of stable nuclei[18])[15])[17]): **145** ('40) 893f. — Excited states of stable nuclei: **146** ('40) 401. — Atomic energy and its applications: **159** ('47) 421–25. — J. F. Cameron †: **169** ('52) 777. — Irène Joliot-Curie †: **177** ('56) 964f.

Proc. Cambridge philos. Soc. An attempt to detect a neutral particle of small mass[14]): **30** ('34) 59–61. — Evidence for a new type of disintegration produced by neutrons[11])[10]): 357–64. — Disintegration by slow neutrons[13]): **31** ('35) 612–16.

Proc. roy. Soc., London, Ser. A Artificial disintegration by α-particles, 2: Fluorine and aluminium[7]): **135** ('32) 48–68. — The existence of a neutron: **136** ('32) 692–708. — The neutron: **142** ('33) 1–25. — Some experiments on the production of positive electrons[4])[16]): **144** ('34) 235–49. — The nuclear photoelectric effect[13]): **151** ('35) 479–93. — Measurements of range and angle of projection for the protons produced in the photo-disintegration of deuterium[11])[5]): **163** ('37) 366–75. — An investigation of the scattering of high-energy particles from the cyclotron by the photographic method, 1: The experimental method[15])[17])[18]): **183** ('44) 1–25. — The Rutherford Memorial Lecture, 1953: **224** ('54) 435–47.

Usp. fizič. Nauk Neutronen: **12** ('32) 557–. — Das Neutron: **14** ('34) 183–. — Der Kern-Photoeffekt (Zerfall des Deutons durch γ-Strahlung)[13]): 953–. — — Alle Arbeiten russ.

Z. Elektrochem. u. angew. physik. Chem. Über das Neutron: **38** ('32) 546.

Mit: [1]) —; [2]) W.J. Arrol; [3]) —; [4]) P. M. S. Blackett; [5]) E. Bretscher; [6]) —; [7]) J. E. R. Constable; [8]) J. Eakins; [9]) C. D. Ellis; [10]) W. T. Davies; [11]) N. Feather; [12]) —; [13]) M. Goldhaber; [14]) D. E. Lea; [15]) A. N. May; [16]) G.P.S. Occhialini; [17]) T. G. Pickavance; [18]) C. F. Powell; [19]) —; [20]) E. Rutherford.

VI **CHAFFEE,** Emory Leon. Physik. — 1926–53 Prof., '40–48 Dir. of Cruft Laboratory, '47–53 Codir. of Lyman Physics Laboratories, '48–53 Dir. of Laboratories of Engineering Sciences and Applied Physics, '53 Prof. Emeritus, Harvard Univ., Cambridge, Mass. — '44 Hon. Sc. D. (Harvard Univ., Cambridge, Mass.). — '12 Longstreth Medal (Franklin Inst.). (☒)

*1885, Apr. 15, Somerville, Mass.

Zur Biogr. J. appl. Physics [USA] **9** ('38) 470 (m. Bildn.).

W. Theory of thermionic vacuum tubes; fundamentals, amplifiers, detectors (New York '33) 23 + 652 S. (Electrical engineering texts).

American J. Physics Letter symbols for physics[3])[4])[9])[11])[13])[14])[8]): **6** ('38) 217–.

Electronics Power tube characteristics: **11** ('38) 34–37, 42.

J. appl. Physics [USA] The operating characteristics of power tubes: **9** ('38) 471–82. — High frequency impedance of low pressure gaseous diodes[1]): **21** ('50) 981–86.

J. Franklin Inst. A method of determining the operating characteristics of a power oscillator[10]): **221** ('36) 237–49.

Physical Rev. Secondary electron emission from a hot nickel target due to bombardment by hydrogen ions[5]): (2) **49** ('36) 925–30.

Proc. Inst. Radio Engr. Characteristics of the negative resistance magnetron oscillator[6]): **28** ('40) 519–23. — Characteristic curves of the triode: **30** ('42) 383–95.

Review sci. Instruments A mechanical model of coupled electrical circuits: **6** ('35) 231–38. — A simplified harmonic analysis: **7** ('36) 384–89; **8** ('37) 227.

Yale J. Biol. and Med. A method for the remote control of electrical stimulation of the nervous system[15]): **7** ('34) 45 S.

Mit: [1]) Chai Yeh; [2]) —; [3]) A. W. Foster; [4]) G. O. Gale; [5]) M. Healea; [6]) Hsu Chang; [7]) —; [8]) H. K. Hughes; [9]) A.T. Jones; [10]) C.N. Kimball; [11]) V.F. Lenzen; [12]) —; [13]) M. M. Mitchell; [14]) D. Roller; [15]) R. U. Light.

VI **CHAKRAVARTI,** Duhkhaharan. Chem. — 1934–50 Lecturer, '50–54 Secretary, Councils of Post-Graduate Teaching in Science and Technology, '54–60 Registrar, '61– Prof., Univ. of Calcutta.

*1903, Jan. 18, Calcutta.

Indian and eastern Chemist Barbiturates as hypnotics: **32** ('41) 227–.

J. indian chem. Soc. Synthesis of chromones, 1: Condensation of halogenated phenols and cresols with alkyl acetoacetic esters: **9** ('32) 25–30; ∼ 2: Condensation of nitrophenols with alkyl acetoacetic esters: 31–35; ∼ 3: Condensation of β-naphthol with alkyl acetoacetic esters: 389–92. — Mercuration of coumarins: **12** ('35) 139f. — Synthesis of coumarins from phenols and β-ketonic esters, 3: Use of various condensing agents: 536–39; ∼ 4: Coumarins from 4-chloro- and 2-nitroresorcins: 622–26; ∼ 5: Constitution of chlororesorcin and chlororesorcyl aldehyde: 791–97. — Synthesis of coumarins and chromones from halogenated and nitro-cresols: **13** ('36) 619–26. — Synthesis of coumarins and chromones from 4-chloro- and 4-bromo-1-naphthol: 649–56. — On the limited applicability of Kostanecki's reaction: 689–96. — On the constitution of nitro-β-methyl-umbelliferone methyl ether and of chlororesorcin: **14** ('37) 37f. — Pechmann's condensation of methyl β-resorcylate and β-resorcylic acid with ethyl acetoacetate: 717–20. — Synthesis of coumarins from phenols and acetoacetic esters. Constitution of halogenated resorcins and orcins: 725–32. — Synthesis of coumarins from o-hydroxyaryl alkyl ketones, 1: **15** ('38) 136–38; ∼ 2: Formation of o-coumaric acids from o-hydroxyaldehydes: **16** ('39) 389–92; ∼ 3: **17** ('40) 65–71; ∼ 4: Formation of o-coumaric acids from o-hydroxyaldehydes: **20** ('43) 338–40; ∼ 5: Formation of coumarins from o-hydroxyphenyl benzyl ketones: **21** ('44) 44–46. — Constitution of halogenated resaceto and propiophenones: **16** ('39) 144–50. — Limited applicability of Kostanecki's reaction. The influence of halogen atom on the reaction: 151–59. — Synthetical experiments in the pyrone series, 1: Attempted oxidation of chromanones with selenium dioxide: 639–44. — Synthesis of coumarins from o-hydroxybenzophenones: **21** ('44) 109–11. — Crystalline components of the bark of Prunus puddum Roxb., 1: Identity of puddumetin with genkwanin: 171–74; ∼ 2: On the constitution of prunusetin: **22** ('45) 301–04; ∼ 3: **25** ('48) 329–32. — Crystalline components of the seeds of Heracleum nepalense (N. O. Umbellifereae), 1: 139–. — Note on the isolation of sakuranin, a glucoside from the bark of Prunus puddum: **27** ('50) 148–50. — Synthetic investigations on fused-ring compounds, 1: Synthesis of cis-β-decalone and α-methyl-cis-β-decalone: **39** ('62) 391–95.

Proc. nation. Inst. Sci., India Synthesis of coumarins and chromones: **5** ('39) 235–42.

Science and Culture Condensation of resacetophenone with ethyl acetoacetate: **3** ('37) 244f. — Synthesis of coumarins from o-hydroxyaryl alkyl ketones: **4** ('38) 64. — Isolation of a new flavone from the bark of Prunus puddum (N. O. Rosaceae): **8** ('42/43) 498. — Isolation of a new isoflavone from the bark of Prunus puddum (N. O. Rosaceae): 498–. — Crystalline components of the seeds of Heracleum nepalense: **12** ('47) 504–. — Chemical investigation of the bark of Prunus acumunata: **14** ('48/49) 35–. — Chemical investigation of the bark of Prunus nepalensis: **15** ('50) 329. — Synthesis toward cadinene: **18** ('53) 550. — Triterpenoids, 1: Entagenic acid, a new triterpenoid from the seeds of Entada pursaetha DC: **20** ('54) 199f. — Synthesis of isoflavanones and isoflavones: **27** ('61) 407; **28** ('62) 242f. — Synthesis of β-decalone: 81–. — A new synthesis of 10-methyldecal-1-one: 245f.

Mit Mitarbeitern.

VI **CHAKRAVARTI,** Satyendra Nath. Chem. — 1929–45 Prof., Dean of the Faculty of Science, '36–45 Vice-Chancellor, Annamalai Univ., Annamalai-Nagar, Madras. — '39 Hon. D. Sc. (Univ. of Oxford). (⊠)

*1903, Aug. 15, Calcutta;

†1945, Aug. 28.

Nekr. K. Ganapathi, J. chem. Soc., London **1946**, 840. — M. Swaminathan, J. indian chem. Soc. **22** ('45) 254f.

Analyst New colorimetric test for procaine and primary amines[9]): **62** ('37) 603.

Current Sci. Synthesis of substituted o-aldehydocarboxylic acids: **2** ('33/34) 172–74. — Synthesis of pseudoopianic acid, and a new general method of synthesising phthalonic acids[12]): 472f. — Nitration of methyl ether of salicylaldehyde: **4** ('35) 26–28. — Indirect method of estimating cocaine in mixtures of cocaine and novocaine[9]): **6** ('37) 219f.

J. Annamalai Univ. Chemical investigation of Indian medical plants, 1: Preliminary chemical examination of the root bark of Capparis horrida[14]): **1** ('32) 176–80; ∼ 2: Preliminary chemical examination of the leaves of Pithecolobium bigeminum[3]): 181–85; ∼ 3: Chemical examination of the leaves of Erythrina indica[11])[14]): **2** ('33) 238–42; ∼ 4: Preliminary chemical examination of Teramus labialis[3]): **3** ('34) 216–22; ∼ 5: Preliminary chemical examination of Cryptocryne spiralis [4]): **5** ('36) 269f. — New synthesis of 3,10-dimethoxytetrahydroprotoberberine[1])[14]): **1** ('32) 190–93. — Preliminary synthetic experiments in the cytisine group, 1: Attempted synthesis of Ewins' structure for cytisine[14]): 2 ('33) 227–37; ~ 2: Further experiments on the synthesis of Ewins' structure for cytisine[8]): 5 ('36) 254–58; ~ 3: Exploratory experiments on the synthesis of cytisine, sparteine, lupinine and allied alkaloids[8]): 259–68. — Synthesis of paraberine, 1: Synthesis of 8,17-diketo-6,17-dihydroparaberine[3]): **3** ('34) 208–15. — Synthesis of peri-N,N-quinolinazole, 1: Attempted synthesis of tetrahydro-peri-N,N-quinolinazole[3]): 223–28.

J. chem. Soc., London A new synthesis of 3,11-dimethoxyoxyprotoberberine, and syntheses of 2,3-methylenedioxy-11,12-dimethoxyoxyprotoberberine and 2,3,11,12-tetramethoxyoxyprotoberberine[12]): **1935**, 293–95. — Studies in the naphthalene series, 1: Preparation of polyhydroxy derivatives of naphthalene[7]): **1937**, 1859–62. — Nitration of m-methoxycinnamic acid[3])[2]): **1938**, 171f. — Synthetical experiments in the paraberine group, 2: Synthesis of 17-keto-3,12-dimethoxy-6,15,16,17-tetrahydroparaberine[8]): 172–75.

J. indian chem. Soc. Behaviour of nitrophenols with p-toluenesulphonyl chloride, 2[10])[6]): **9** ('32) 55–57. — A new synthesis of 3,10-dimethoxytetrahydroprotoberberine [13]) [14]): 573–76. — An attempted synthesis of oxyprotoberberine and a synthesis of 3-methoxyoxyprotoberberine[5]): 577–81. — A new general method for synthesis of o-aldehydocarboxylic acids. A preliminary note: **10** ('33) 693–97. — Synthesis of 5,6-dimethoxyhomophthalic acid and of some monomethoxyhomophthalic acids [12]): **11** ('34) 101–05. — A synthesis of 2,3-methylenedioxy-11,12-dimethoxytetrahydroprotoberberine, an isomer of tetrahydroberberine and a synthesis of 2,3,11,12-tetramethoxytetrahydroprotoberberine, an isomer of tetrahydropalmatine[12]): 107–13. — o-Aldehydocarboxylic acids, 1: A new general method of synthesising phthalonic acids; a synthesis of ψ-opianic acid and a new synthesis of m-opianic acid[12]): 715–19; ~ 2: A synthesis of 4-methoxyphthalaldehydic acid and a new synthesis of opianic acid[12]): 873–75. — — Synthesis of o-cyanoaldehydes, 1[3]): **14** ('37) 463–67.

Mit: [1]) N. Ananthavaidyanathan; [2]) S. Aravamudhachari; [3]) K. Ganapati; [4]) T. S. Kuppuswamy; [5]) A. P. Madhavan Nair; [6]) B. Nath Parmanick; [7]) V. Pasupati; [8]) P. L. N. Rao; [9]) M. B. Roy; [10]) S. M. Sane; [11]) M. L. Sitaraman; [12]) M. Swaminathan; [13]) N. Anantha Vaidyanathan; [14]) A. Venkatasubban.

VI **CHALKLEY,** Lyman. Chem. (org.), Photochem. — 1932–34 Director of Bristol-Myers Company, New York; '34–38 Director of Benton & Bowles, Inc., New York; '41–42 Administrator of Laboratory Priorities, War Production Board, '43–46 Assistant to the Director, Office of Scientific Research and Development, '47 Scientific Advisor to the President's Scientific Research Board, U. S. Government, Washington, D. C.; '47– Consultant. — '46 King's Medal for Service in the Cause of Freedom (Great Britain).

*1898, Juni 1, Staunton, Va.

W. Technology and the economics of total war (Washington '43) 24 S.

J. amer. chem. Soc. Organic mercury derivatives of basic triphenylmethane dyes: **63** ('41) 981–87. — Hydrophilic dye cyanides, 1: Ethyl green and xylene blue cyanides: **77** ('55) 1848–50.

J. opt. Soc. America Photometric papers sensitive only to short wave ultraviolet: **42** ('52) 387–92. — Experimental photographic systems based on phosphotungstic acid: **44** ('54) 699–702.

J. org. Chemistry Hydrophilic dye cyanides, 2: Rhodamine B cyanide: **26** ('61) 408–12.

J. photogr. Sci. Printed out dodging masks: **11** ('63) 42–45.

J. physic. Chem. The extent of the photochemical reduction of phosphotungstic acid: **56** ('52) 1084–86.

Photographic Sci. and Engng. Conditions for projection copying on dye cyanide sensitized materials: **3** ('59) 174–77.

Science [USA] Organic mercury derivatives of basic triphenylmethane dyes: **91** ('40) 300. — Science, technology and public policy: **102** ('45) 289–92.

VI **CHALLENGER,** Frederick. Chem. (org.). — 1930–53 Prof., '53 Prof. Emeritus, Univ. of Leeds.

*1887, Dez. 15, Halifax, Yorkshire.

Zur Biogr. Endeavour **12** ('53) 224. — Nature [London] **171** ('53) 418. — University Leeds Rev. **1953**, 376–80 (m. Bildn.).

S. Proc. 3rd International congress of biochemistry, Brussels 1955 (Bruxelles '56) 238f.: Aspects of mycological methylation and their relation to analogous processes in plants and animals, and to purely chemical reactions. — Organic sulfur compounds (N. Kharasch) **1** (Oxford–London '61) 339–49: Properties of some N-chloroamides (chloramines) and sulfilimines.

W. Aspects of the organic chemistry of sulphur (London '59) 253 S.

Advances Enzymol. and related Subj. Biological methylation: **12** ('51) 429–91.

Annual Rep. Progr. Chem. Biological methylation: **43** ('46) 262–79.

Archives Biochem. and Biophysics Studies on biological methylation, 17: Natural occurrence and chemical reactions of some thetins [8][45][23]: **69** ('57) 514–23.

Biochemical J. The production of trimethylarsine by Penicillium brevicaule (Scopulariopsis brevicaulis)[24]: **29** ('35) 1757–78. – Studies on biological methylation, 11: The action of moulds on inorganic and organic compounds of arsenic[4][9][42]: **43** ('48) 78–83. – The elimination of methylthiol and dimethylsulphide from methylthiol- and dimethylsulphonium compounds by moulds[31]: XXXVIIf. – Sulphur compounds of the genus Allium. Detection of n-propylthiol in the onion. The fission and methylation of diallyl disulphide in cultures of Scopulariopsis brevicaulis[21]: **44** ('49) 87–91. – Experiments on the mechanism of the formation of methylthiol from S-methyl-l-cysteine in cultures of Scopulariopsis brevicaulis[32]: **46** ('50) XVIIIf. – The evolution of dimethyl sulphide by Enteromorpha intestinalis. Isolation of dimethyl-β-carboxyethyl sulphonium chloride from the alga[8]: **53** ('53) XXVI. – Alkyl sulphides evolved from dog's urine by sodium hydroxide[29][47]: **56** ('54) II. – Methyl mercaptan in relation to foetor hepaticus[46]: **59** ('55) 372–75. – Paul Hass † (1877–1960): **80** ('61) 1–4.

Chemical Reviews Biological methylation: **36** ('45) 315–61.

Chemistry and Industry The biological methylation of compounds of arsenic and selenium: **13** ('35) 657–62. – The methylation of glycine: **14** ('36) 900f. – Studies on biological methylation, 8: A summary of recent work on biological methylation and some hypotheses regarding its mechanism: **20** ('42) 397–99; ~ 8a: ~: 413–15; ~ 8b: ~: 456–58. – The occurrence of a methylsulphonium derivative of methionine-(α-aminodimethyl-γ-butyrothetin) in Asparagus[23]: **1954**, 729f.

Endeavour Die Bedeutung organischer Schwefelverbindungen in der Biologie: **12** ('53) 173–81.

J. chem. Soc., London The formation of organo-metalloidal compounds by microorganisms, 1: Trimethylarsine and dimethylethylarsine[24][14]: **1933**, 95–101; ~ 2: Dimethyl selenide[35]: **1934**, 68–71; ~ 3: Methylated alkyl- and dialkyl-arsines[14]: **1935**, 396–400; ~ 4: Dimethyl-n-propylarsine and methylethyl-n-propylarsine[37]: **1936**, 264–67; ~ 5: Methylated alkyl sulphides: The fission of the disulphide link [37]: **1937**, 868–75; ~ 6: Further studies on the fission of the disulphide link[5]: **1938**, 1872–78; ~ 7: Dimethyl telluride [4]: **1939**, 163–68; Studies in biological methylation, 9[4]: **1942**, 574–77; ~ 10: Fission of the mono- and disulphide links by moulds[9]: **1947**, 424–29; ~ 12: A precursor of the dimethyl sulphide evolved by Polysiphonia fastigiata; dimethyl-2-carboxy ethylsulphonium hydroxide and its salts[41]: **1948**, 1591–97; ~ 14: The formation of trimethylarsine and dimethyl selenide in mould cultures from methyl sources containing ^{14}C [30][12]: **1954**, 1760–71; ~ 15: The formation of dimethyl selenide in mould cultures in presence of d- and l-methionine, or of thetins, all containing the $^{14}CH_3$ group [12]: **1955**, 1153–60; ~ 16: Natural sulphonium compounds; the alkyl methyl sulphides evolved from the urine of dogs by boiling alkali[29]: **1957**, 39–46. – Organo-derivatives of bismuth and thallium[38]: **1934**, 405–11. – The nitration of phenyl derivatives of mercury, thallium, lead, bismuth, tin, and iodine[39]: 1258–63. – The nitration of phenyl selenocyanate[28]: **1936**, 1609–14. – The introduction of the MgBr group into anisole and phenetole [34]: **1938**, 894–99. – The self-condensation of ethyl methylenebisthioacetate. A new method for the preparation of derivatives of 1,3-dithian[34]: **1939**, 347f. – The mercuration of thionaphthen[34]: 1005–08. – Some substitution products of thiopheno-[2′,3′,3,2]-thiophen[19]: **1940**, 305–09. – Mercuration of some simple derivatives of γ-pyrone[16]: 663–70. – Interaction of betaine with primary aromatic amines, organic disulphides and sodium sulphite[44][43]: **1942**, 48–55. – Potassium alkaneselenonates and other alkyl derivatives of selenium[4]: 570–74. – 2-Thienyl- and 3-thienyl-thioacetic acids and their derivatives[34][19]: **1948**, 769–71. – Derivatives of 2,4,6-trinitrotoluene[11]: 1612–15. – Some derivatives of thionaphthene[11]: 1615–18. – Formation of kojic acid from ethyl alcohol by Aspergillus oryzae and the action of this mould on some carbohydrate derivatives[3]: **1949**, 110–17. – Substitution in the γ-pyrone nucleus: derivatives of pyromeconic acid[40]: 1185–87. – Struc ure of diallyl di ulphide [21]: **1950**, 26–30. – Frederic Stanley Kipping †: **1951**, 849–62. – The isomerisation of diallyl sulphilimines[, 1][2][21]: 1877–82; ~ 2 [2]: **1952**, 2792–96; ~ 3: The action of chloramine-T on cinnamyl phenyl sulphide, and the hydrolysis and oxidation of N-substituted toluene-p-sulphonamides[6][13]: **1955**, 1755–68. – The isomeric dithiacyclopentenethiones[33] [25][15]: **1953**, 292–304. – The orientation of substitution in the isomeric thiophthens. The synthesis of solid thiophthen[thiopheno(3′,2′-2,3)thiophen][27]: 1837–42. – The abnormal hydrolysis of methyl β-methylthio- and β-ethylthio-propionate[26]: **1959**, 61–69.

J. Instn. Petroleum Technologists Sulphur compounds of technical interest. The isomeric thiophthens[22]: **21** ('35) 135–54.

J. Inst. Petroleum Substitution and polymerisation reactions of thiophen and the isomeric thiophthens[7)][20)][1)]: **34** ('48) 226–35. — Substitution products of the liquid isomer of thiophthen[11)][15)]: 922–29. — Substitution products of the isomeric thiophthens. The structure of liquid thiophthen(thiopheno-2′,3′,2,3-thiophen)[15)]: **37** ('51) 396–405. — The isomeric thiophthens and their ethyl homologues. The orientation of derivatives of liquid thiophthen(thiopheno-2′,3′,2,3-thiophen)[17)]: **39** ('53) 220–36. — The synthesis and properties of tertiary methanes[36)]: **40** ('54) 37–44.

J. and Proc. roy. Inst. Chem. Great Britain and Ireland Personal background of some fundamental investigations: **1943**, 217f. — Moulds and animals as methylating agents: **1945**, 105f.

J. roy. Inst. Chem. Schools of chemistry in Great Britain and Ireland, 4: The Chemistry Department of the University of Leeds: **1953**, 161–71. — Former presidents of the Institute: Percy Faraday Frankland: **1956**, 3–5; Sir Edward Frankland: 275–78. — Victor Meyer and Paul Jacobson's „Lehrbuch der organischen Chemie": The authors and their work: **1958**, 164–69. — Foreign languages and the chemist: **1959**, 1–7. — Otto Wallach in Bonn and Göttingen: 359–65.

Lancet Fetor hepaticus[46)]: **268** ('55) 1239–41.

Manufacturing Chemist Organic compounds of sulfur: **25** ('54) 151–57.

Nature [London] F. S. Kipping †: **164** ('49) 93f. — R. W. Whytlaw-Gray †: **181** ('58) 527. — H. J. Backer †: **184** ('59) 1187. — F. Richter †: **194** ('62) 430.

Obituary Notices Fellows roy. Soc. London F. S. Kipping †: **7** ('50) 183–219 (m. Bildn., Faks., Schr.verz.).

Pharmaceutical J. Formation of organometalloidal compounds by microorganisms: **130** ('33) 63f.

Proc. chem. Soc., London Hilmar Johannes Backer, 1882–1959: **1960**, 126–28.

Quarterly Rev., Chemical Soc., London Biological methylation: **9** ('55) 255–86.

Recueil Trav. chim. Pays-Bas [Studies on biological methylation, 13:] The elimination of methylthiol and dimethyl sulphide from methylthiol- and dimethylsulphonium compounds by moulds[31)]: **69** ('50) 334–42.

Science Progr. [London] Biological methylation: **35** ('47) 396–416. — Some aspects of the biochemistry of sulfur: **37** ('49) 450–70. — Properties and structure of some heterocyclic and other compounds of sulfur: **41** ('53) 593–616.

Mit: [1)] W. Allenby; [2)] A. S. F. Ash; [3)] D. Barnard; [4)] M. L. Bird; [5)] S. Blackburn; [6)] P. A. Briscoe; [7)] J. Bruce; [8)] R. Bywood; [9)] P. T. Charlton; [10)] —; [11)] P. H. Clapham; [12)] P. B. Dransfield; [13)] P. S. Duckworth; [14)] L. Ellis; [15)] R. Emmott; [16)] J. R. Files; [17)] B. Fishwick; [18)] —; [19)] G. M. Gibson; [20)] H. B. Gibson; [21)] D. Greenwood; [22)] J. B-Harrison; [23)] B. J. Hayward; [24)] C. Higginbottom; [25)] E. C. Holdsworth; [26)] H. D. Hollingworth; [27)] J. L. Holmes; [28)] D. I. James; [29)] D. Leaver; [30)] D. B. Lisle; [31)] Y. C. Liu; [32)] A. G. Lowther; [33)] E. A. Mason; [34)] S. A. Miller; [35)] H. E. North; [36)] D. A. Pantony; [37)] A. A. Rawlings; [38)] O. V. Richards; [39)] E. Rothstein; [40)] E. L. Shimmin; [41)] M. I. Simpson; [42)] J. O. Smith; [43)] B. Taylor; [44)] P. Taylor; [45)] P. Thomas; [46)] J. M. Walshe; [47)] M. I. Whitaker.

VI **CHAMBERLAIN,** Joseph Scudder. Chem. (org.)., Agrikulturchemie. — 1899 Ph. D., Johns Hopkins Univ., Baltimore, Md.; 1909–13 Associate Prof., '13–40 Prof., '28–34 Head of Department of Chem., '40 Prof. Emeritus, Massachusetts State College, Amherst, Mass.

*1870, März 7, Hudson, Ohio;

†1953, Mai 13, Baltimore [?].

Todesanzeige Chemical and Engng. News **32** ('54) 2632.

W. Textbook of organic chemistry [3](Philadelphia, Pa. '34) 25 + 873 S.

J. amer. chem. Soc. The synthesis of 5,5-alkylphenylbarbituric acids[1)][2)][3)]: **57** ('35) 352–54.

Mit: [1)] J. J. Chap; [2)] J. E. Doyle; [3)] L. B. Spaulding.

VI **CHAMIÉ,** Catherine. Physik. — 1921– Attachée au Service des Mesures, Labor. Curie, Inst. Radium, Paris; Prof. et Chargé Radiologie, Fac. des Sci., Inst. Russe, Paris. (☒)

*1888, Nov. 13, Odessa;

†.

W. Psychologie du savoir; formation, structure et évolution du savoir scientifique (Paris '50) 155 S.

C.R. hebd. Séances Acad. Sci., Paris Sur la structure fine du rayonnement α du radiothorium[7)]: **194** ('32) 1154f. — Sur la centrifugation des solutions alcalines de polonium[4)]: 1488–90. — Sur l'expansion des atomes de recul radioactif dans l'air: **196** ('33) 1107–09. — Sur le rayonnement α du radiothorium et de ses dérivés[7)]: 1663f. — Contribution à l'étude du ThC″: **197** ('33) 1037–39. — Sur le rôle de l'âge et de la teneur en polonium des solutions dans les expériences de centrifugation[3)]: **198** ('34) 1229–31. — Sur les rayonnements supplémentaires dans le recul du dépôt actif du Th: **199** ('34) 943–45. — Sur l'identification rapide par le rayonnement γ de l'actinium, du radiothorium et du mésothorium: **204** ('37) 1328–30. — Sur les groupements d'atomes des radiocolloïdes: **208** ('39) 1300f. — Sur une propriété des radiocolloïdes[5)]: **209** ('39) 877–79. — Sur la formation du corps solide par les radioéléments: **223** ('46)

854–56. — Sur les cristaux d'amalgame de polonium et d'argent: **224** ('47) 1282f. — Sur une activité singulière des métaux bombardés par les deutons[2]): **228** ('49) 1289–91. — Sur les activités en profondeur de l'argent irradié par les deutons[1])[5]): **229** ('49) 358–60. — Sur l'activité de l'argent irradié par les deutons de 6,5 MeV à des profondeurs excédant le parcours de ceux-ci[1])[6]): 422f.

J. Chim. physique Sur l'influence de groupements d'atomes des radioéléments sur le dégagement d'émanation: **29** ('32) 242–47. — Dépôt de polonium sur le mercure[3]): **44** ('47) 197f. — Sur l'absorption du polonium par le mercure dans différentes solutions[2]): **46** ('49) 174f.

J. Physique et Radium Sur la diffusion du ThC'': (7) **5** ('34) 54–56. — Sur la diffusion du recul radioactif: 436–38. — Sur le nouvel étalon international de radium: (8) **1** ('40) 319–21. — Sur la diffusion et la nature du recul radioactif[8]): **2** ('41) 46–48. — Sur une condition à vérifier par les chambres d'ionisation pour les mesures en rayons γ: **4** ('43) 209f. — Formation of the solid body by radioelements: **7** ('46) 345–49 [franz.]. — Sur la déformation, avec la profondeur, des courbes de décroissance des métaux irradiés par les deutons[2]): **10** ('49) 387–90. — Sur le phénomène des activités singulières provoquées par les deutons dans la masse de l'argent: **11** ('50) 77–79.

Mit: [1]) H. Faraggi; [2]) H. Filçakova; [3]) M. Haissinsky; [4]) A. Korvezee; [5]) B. E. Marques; [6]) R. Nataf; [7]) S. Rosenblum; [8]) San-Tsiang Tsien.

VI **CHAMOT,** Emile Monnin. Chem. (med.). — 1910–38 Prof. of Chemical Microscopy and Sanitary Chemistry, '38 Prof. Emeritus, Cornell Univ., Ithaca, N.Y.; for many years Advisory Chemist to the Ithaca Water Department. — '37 Longstreth Medal (Franklin Inst.).

*1868, März 4, Buffalo, N.Y.;
†1950, Juli 27, Ithaca, N.Y.

Zur Biogr. G. W. Cavanaugh, Industrial and Engng. Chem. **25** ('33) 826f. — C. W. Mason, The services of Emile M. Chamot to chemical microscopy: Industrial and Engng. Chem., Analyt. Edit. **11** ('39) 341–43 (m. Bildn.).

Todesanzeige Chemical and Engng. News **28** ('50) 4108.

W. Handbook of chemical microscopy (m. C. W. Mason) **1**: Principles and use of microscopes and accessories, physical methods for the study of chemical problems [2](New York–London '38) 16 + 478 S., [3]('58) 502 S.; **2**: Chemical methods and inorganic qualitative analysis [2]('40) 11 + 438 S.

Industrial and Engng. Chem., Analyt. Edit. Microanalytical methods as time and labor savers: **4** ('32) 7f.

J. amer. chem. Soc. Indium trimethyl[2])[4])[3]): **56** ('34) 1047–49.

Mikrochemie Mikroskopisch-chemische Reaktionen einiger Polythionsäuren[1]): **16** ('35) 121–32.

Sewage Works J. Stream pollution as it affects water purification: **4** ('32) 4 S.

Mit: [1]) R. W. Brickenkamp; [2]) L. M. Dennis; [3]) E. G. Rochow; [4]) R. W. Work.

V,VI **CHANT,** Clarence Augustus. Astrophysik. — 1918–35 Prof., '35 Prof. Emeritus, Univ. of Toronto, Can.; '33–35 Director, '35 Director Emeritus, David Dunlap Observatory, Richmond Hill, Ont., Can. — '35 LL. D. (Univ. of Toronto). — '36 Silver Medal of the Tercentenary (Harvard Univ., Cambridge, Mass.).

*1865, Mai 31, Hagerman's Corners, near Toronto, Ont., Can.;
†1956, Nov. 18, Richmond Hill, Ont., Can.

Ehrung '40 Chant Medal award (Roy. Astron. Soc. Canada).

Faksimile J. roy. astron. Soc. Canada **29** ('35) 312.

Zur Biogr. Porträtgallerie der Astronomischen Gesellschaft (Budapest '31) 15 (m. Bildn.).

Nekr. J. F. Heard, J. roy. astron. Soc. Canada **51** ('57) 1–4 (m. Bildn.); Monthly Notices roy. astron. Soc. **117** ('57) 250f.; Nature [London] **179** ('57) 71. — H. S. Hogg, Science [USA] **125** ('57) 537f. — Observatory **77** ('56) 44. — Publ. astron. Soc. Pacific **69** ('56) 99f. — Sky and Telescope **16** ('56) 172. — Proc. and Trans. roy. Soc. Canada **51** ('57) 69–73.

H. The observer's handbook for 1932 (Toronto '32); ~ 1939 ('39); ~ 1950 ('49); ~ 1952 ('51); ~ 1953 ('52); ~ 1956 ('55). (Published by the Royal Astronomical Society of Canada).

MH. The observer's handbook for 1940 (Toronto '39); ~ 1943 (Toronto '43); ~ 1957 ('56). (Published by the Royal Astronomical Society of Canada).

HZ. J. roy. astron. Soc. Canada **1** ('07)–**50** ('56).

W. Textbook of college physics (m. E. F. Burton) (New York '33) 14 + 541 S. — Elements of physics for Canadian schools (m. F. W. Merchant) [3](Toronto '37) 666 S. — Our wonderful universe; an easy introduction to the study of the heavens, new ed. rev. and enlarged (London–Bombay–Sydney–Toronto '40) 281 S.; ('49); deutsch: Die Wunder des Weltalls. Eine leichte Einführung in das Studium der Himmelserscheinungen ²(Berlin '41) 8 + 185 S. (Verständliche Wissenschaft, 9); span.: (Madrid '46) 404 S.; franz.: (Quebec '52) 281 S.; auch tschech. (Praha) und poln. (Warszawa). — Astronomy in the University of Toronto; the David Dunlap Observatory (Toronto '54) 66 S.; (Oxford '55).

J. roy. astron. Soc. Canada Eclipse of Aug. 31, 1932; revised calculations: **26** ('32) 247. — The earth as a planet: 257–61. — The David Dunlap Observatory: 289f. — The depths of space: 296–300. — The sun as a star: 300–03. — The fourth meeting of the International Astronomical Union: 377–81. — Progress on the David Dunlap Observatory: **27** ('33) 281–84. — W. H. Pickering and the markings on Mars: 363f. — The 74-inch telescope of the David Dunlap Observatory: 401f. — The University of Toronto and the Royal Astronomical Society of Canada: **28** ('34) 169–71. — William de Sitter, 1872–1934: **29** ('35) 1–3. — The story of the Zeiss Planetarium: 143–56. — — Thoreau and his rainbow: 225–27. — On retiring: 309–12. — The International Astronomical Union – fifth meeting: 316–20. — American Astronomical Society: The Cambridge meeting, 1936 Sept. 2–5: **30** ('36) 331f. — Completion of the tube of the 200-inch telescope: **31** ('37) 241–43. — The golden jubilee of the French Astronomical Society: **32** ('38) 321–27. — F. Stupart †: **35** ('41) 137–40. — J. Weir †: 203f. — The moon and the weather: 227f., 278. — John S. Plaskett at the University of Toronto: 412–14. — Astrology again: **36** ('42) 55–60. — The Ville Marie Observatory at Montreal: 137–41. — Conversion of mean and sideral time: 473–77. — Isaac Newton: born three hundred years ago: **37** ('43) 1–16. — Two letters of a famous astronomer: **38** ('44) 225–27. — The sequence of days in the calendar: **39** ('45) 138–40. — Great telescopes and the planetarium: **40** ('46) 178–82. — American Astronomical Society: eighty-first meeting: **43** ('49) 138–41. — Frank Scott Hogg †: **45** ('51) 1–3. — Edwin P. Hubble, 1889–1953: **47** ('53) 225f. — A. Einstein †: **49** ('55) 194–96. — Walter Sydney Adams: **50** ('56) 201f.

Nature [London] Dr. F. S. Hogg †: **167** ('51) 384.

VI **CHAPAS,** Georges Francisque. Chem. — 1932– Prof., Dir. de l'Inst. de Chimie industrielle, Facultés Catholiques des Sciences, Lyon. (☒)

*1895, Mai 23, Lyon.

W. Chimie minérale. A l'usage des étudiants des facultés des sciences et des élèves de mathématiques spéciales (m. C. Charmetant) 1: Métalloïdes (Paris '48) 244 S.; 2: Métaux (Lyon '49) 311 S.

Bull. Soc. chim. France Sur le dosage de l'alcool par polarimétrie des solutions de camphre²): **1948,** 510f. — Activité optique du camphre dans les solvants anhydres et humides²): **1949,** 403–08. — Activité optique des dérivés du camphre²): 408–10.

C.R. hebd. Séances Acad. Sci., Paris Pouvoir rotatoire du camphre en solution dans le phénol²): **226** ('48) 1361–63, 1646.

J. amer. chem. Soc. Densities of mixtures. Water and methanol: **74** ('52) 6275.

J. Chim. physique Thermodynamique du système binaire: paracrésol – acide benzoïque: **32** ('35) 466–68.

Moniteur Prod. chim. Spezifisches Gewicht von schwefelsauren Kupfersulfatlösungen¹)³): **15** ('33) 3–6 [franz.].

Revue gén. Sci. pures et appl. The heats of dilution of electrolytes: **44** ('33) 535–44 [ ].

Mit: ¹) C. Charmetant; ²) J. C. Pariaud; ³) A. Rame.

VI **CHAPELON,** Jacques Jean. Math. — 1913–28 Répétiteur, '28–37 Examinateur, '37–55 Prof. d'Analyse, '55– Prof. hon., Ecole polytechn. de Paris; en outre '19–23 Maître de Conférences de Math., '23–31 Prof. sans chaire, '31–36 Prof. tit. de Mécan. ration. et de Calcul des Probabilités, '36–55 Prof. d'Analyse supér. et de Calcul des Probabilités, '55 Prof. hon., Univ. de Lille; en outre '24–25, '26–33 Prof. Math., Univ. of Toronto, Ont., Can.

*1884, Febr. 21, Paris.

Biometrika On a method of proceeding from partial cell frequencies to ordinates and to total cell frequencies in the case of a bivariate frequency surface: **24** ('32) 495–97.

Bull. Soc. math. France Sur l'inégalité fondamentale du calcul des probabilités: **65** ('37) 100–08. — Sur le problème de la roue: 109–18.

J. Ecole polytechn., Paris Sur un théorème fondamental du calcul des probabilités: (3) **143** ('37) 161–72.

Pensée Monge, géomètre et Jacobin: (N.S.) **13** ('47) 23–30; **14** ('47) 38–48. — Les deux Bolyai et la géométrie non euclidienne: **48/49** ('53) 62–80.

VI **CHAPIN,** Robert Macfarlane. Chem. — 1907–35 successively Assistant Chemist, Biochemist, Senior Biochemist, '35–40 Principal Biochemist, Head of the Biochem. Division and Professional Consultant to the Chief, Bureau of Animal Industry, U.S. Department of Agriculture, Washington, D.C.

*1877, Okt. 5, North Weymouth, Mass.; †1940, Mai 6, Baltimore, Md.

Nekr. Chemical and Engng. News 18 ('40) 464. — Science [USA] **92** ('40) 7.

J. amer. chem. Soc. The effect of hydrogen-ion concentration on the decomposition of hypohalites: **56** ('34) 2211–15.

J. amer. veterin. med. Assoc. The influence of hydrogen-ion concentration on the survival of hog-cholera virus in defibrinated blood[3])[2])[1]): **95** ('39) 494–96.

Mit: [1]) C. G. Cole; [2]) C. N. McBryde; [3]) W. C. Powick.

VI **CHAPIN,** William Henry. Chem. — 1922–38 Prof., '38 Prof. Emeritus, Oberlin College, Oberlin, Ohio.

*1872, Okt. 5, Brownhelm, Ohio; †1962, Dez. 5, Newport Beach, Calif.

W. Second year college chemistry [3](New York '33) 13 + 374 S.; [4]('38) 15 + 407 S.; [5]('43) 7 + 575 S. — Exercises in second year chemistry; a laboratory manual of elementary physical-chemical experiments and quantitative analytical procedures [3](New York '34) 13 + 225 S.; [4]('44) 7 + 216 S. (1st and 2nd editions under the title: Second year college chemistry; a manual of laboratory exercises).

VI **CHAPMAN,** Alfred Chaston. Chem. — Consulting and Research Chemist, London. — Prof. hon. (Ecole Supérieure de Brasserie, Gent). (⊠)

*1869, Apr. 24, Kendal, Westmoreland; †1932, Okt. 17, Hampstead.

Nekr. B. Dyer, J. chem. Soc., London **1932**, 2980–86. — F. G. Hopkins, Proc. roy. Soc., London, Ser. A **139** ('33) 8. — R. Robertson, Nature [London] **130** ('32) 654f.; Obituary Notices Fellows roy. Soc. London **1** ('33) 146–48 (m. Bildn. u. Faks.). — J. A. Voelker, Analyst **57** ('32) 745–49. — Biochemical J. **26** ('32) 1715–18.

J. Inst. Brewing The food value of beer: **38** ('32) 83–90.

VI **CHAPMAN,** Arthur William. Chem. (org.). — 1931–39 Lecturer, '36–45 Warden of Crewe Hall, '44–63 Registrar, Univ. of Sheffield. — '64 Hon. LL. D. (Univ. of Sheffield).

*1898, Jan. 29, London.

W. Story of a modern university: a history of the University of Sheffield (Oxford '55) 551 S.

Chemistry and Industry The University of Sheffield: **1957**, 838–42.

J. chem. Soc., London Dynamic isomerism involving mobile hydrocarbon radicals, 4: The rearrangement of 3,5-dichloro-substituted triphenylbenzenylamidines[3]): **1932**, 1770–75. — A ring closure reaction in the triarylamidine series. A new source of disecondary orthodiamines[3]): 1775–78. — Studies of the Beckmann change, 1: The spontaneous rearrangement of oxime picryl ethers[2]): **1933**, 806–11; ∼ 2: The kinetics of the spontaneous rearrangement and solvent effects: **1934**, 1550–55; ∼ 3: The rearrangement of ketoxime hydrochlorides: **1935**, 1223–29; ∼ 4: Some effects of substitution on the rate of rearrangement of ketoxime picryl ethers; a suggested mechanism of the transformation[1]): **1936**, 448–53.

Proc. chem. Soc., London Emily Gertrude Turner, 1888–1956: **1957**, 296.

Mit: [1]) F. A. Fidler; [2]) C. C. Howis; [3]) C. H. Perrott.

VI **CHAPMAN,** David Leonard. Physikal. Chem. — 1907–44 Fellow and Tutor with charge of the laboratories, '35–44 Vice-Principal, later Hon. Fellow, Jesus College, Oxford. (⊠)

*1869, Dez. 6, Wells, Norfolk; †1958, Jan. 17.

Nekr. E. J. Bowen, Biographical Mem. Fellows roy. Soc. 4 ('58) 35–44 (m. Bildn., Faks., Schr.verz.); Nature [London] **181** ('58) 453. — D. Ll. Hammick, Proc. chem. Soc., London **1959**, 101–03.

J. chem. Soc., London The photochemical union of chlorine and hydrogen in the presence of oxygen, and the relative rates of formation of water and hydrogen chloride in illuminated mixtures of the three gases rich in oxygen[5]): **1933**, 743–45. — The lubrication of taps with the phosphoric acids[3]): **1937**, 1936–38. — Experiments on the combination of nitrogen peroxide and nitric oxide in the absence of moisture[1]): 1991f.

Proc. roy. Soc., London, Ser. A The catalysis by palladium of the union of hydrogen and oxygen. A new phenomenon of contact catalysis[2]): **147** ('34) 68–75. — The catalytic combination of hydrogen and oxygen at the surface of platinum[4]): **156** ('36) 284–306.

Mit: [1]) M. C. C. Chapman; [2]) G. Gregory; [3]) L. A. Moignard; [4]) P. W. Reynolds; [5]) J. S. Watkins.

V, VI **CHAPMAN,** Sydney. Astrophysik, Geophysik. — 1924–46 Prof. Math., Imperial College of Science and Technology, Univ. of London; '46–53 Sedleian Prof. Natural Philosophy, Univ. of Oxford; '50–51 Research Associate, California Institute of Technology, Pasadena, Calif.; '51– Advisory Scientific Director, Geophysical Institute, Univ. of Alaska, College, Alas.; '55– Staff Member, High Altitude Observatory, Boulder, Colo.; '58– Senior Research Member, Institute of Science and Technology, Univ. of Michigan, Ann Arbor, Mich. — Visiting Prof.: '35, '63 (Univ. of Kairo), '53, '57–61 (Univ. of Michigan, Ann Arbor, Mich.), '54 (New York Univ.; Istanbul Univ.), '55 (Univ. of Iowa, Iowa City), '56 (Univ. of Alaska), '56–57 Gauss Prof. of Geophysics (Univ. Göttingen), '59, '61 (Univ. of Minnesota, Minneapolis, Minn.). — '58 Hon. D. Sc. (Univ. of Alaska, College, Alas.); Hon. Sc. D.: '58 (Univ. of Cambridge), '59 (Univ. of Michigan, Ann Arbor, Mich.), '62 (Univ. of Colorado, Boulder, Colo.), '62 (Univ. de Paris), '63 (Univ. of Exeter). — Hon. Fellow: '54 (Queen's College, Oxford), '54 (National Inst. of Sciences, India), '56 (Imperial College of Science and Technology, London), '57 (Trinity College, Cambridge). — Smith's Prize and Adams Prize (Univ. of Cambridge); '34 Royal Medal (Royal Society, London); '41 Charles Chree Medal (Physical Society, London); '49 Gold Medal (Royal Astronomical Society); '56 International Prize of the Antonio Feltrinelli Foundation (Accad. nazionale dei Lincei, Roma); '56 Bowie Medal (American Geophysical Union); '59 Th. A. Edison Foundation Award, for the best science book for youth [for the book: The IGY].

*1888, Jan. 29, Eccles, Lancs.

Zur Biogr. F. G. Hopkins, Proc. roy. Soc., London, Ser. A **148** ('35) 28. — M. Nicolet, ICSU Review **3** ('61) 45–48. — Bull. amer. math. Soc. **41** ('35) 15. — J. brit. astron. Assoc. **59** ('49) 213f. — J. geophysic. Res. **54** ('49) 203. — Monthly Notices roy. astron. Soc. **109** ('49) 117, 258–75. — Nature [London] **134** ('34) 905f.; **147** ('41) 261; **148** ('41) 160; **157** ('46) 155; **163** ('49) 945f.; **171** ('53) 911. — Urania [Barcelona] **35** ('50) 116.

S. Conseil international des unions scientifiques. 4e Rapport de la Commission pour l'étude des relations entre les phénomènes solaires et terrestres (Firenze '36) 55–59: Solar influences on the earth's magnetism and on the upper atmosphere; 5e ~ ('39) 111–15: Solar influences on the earth's magnetism and on the upper atmosphere; 6e ~ (Orléans '48) 65–68: Solar influences on the earth's magnetism and on the upper atmosphere. — Emission spectra of the night sky and aurorae; papers read at an international conference, London 1947 (Gassiot Committee of the Royal Soc.) (London '48) 1–3: The emission spectra of the night sky and aurorae; 120–32: Theories of aurorae. — Association de Météorologie (Union Géodésique et Géophysique Internationale). 8e Assemblée générale, Oslo 1948. Procès verbaux des séances **2**: Mémoirs et discussions (Uccle '50) 2–25: Some meteorological advances since 1939. — Compendium of meteorology (Boston, Mass. '51) 262–74: Photochemical processes in the upper atmosphere and resultant composition; 510–30: Atmospheric tides and oscillations. — Landolt-Börnstein, Zahlenwerte und Funktionen aus Physik, Chemie, Astronomie, Geophysik und Technik **3**: Astronomie und Geophysik (Berlin–Göttingen–Heidelberg '52) 680–82: Lunare Schwankungen im Luftdruck L(p); 682f.: Lunare Schwankungen in anderen meteorologischen Elementen. — Rocket exploration of the upper atmosphere. Conference, Oxford 1953 (London–New York '54) (J. atmospher. and terrestr. Physics, Spec. suppl. ser., vol. 1) 292–305: Rockets and the magnetic exploration of the upper atmosphere. — Vistas in astronomy (A. Beer) **2** (London–New York '56) (~ vol. 4) 912–28: The morphology of geomagnetic storms and bays: a general review. — The airglow and the aurora. Symposium, Belfast 1955 (London–New York '56) (~ vol. 5) 1–8: Achievements and prospects in auroral and airglow research; 204f.: Note on persistent meteor trails. — Solar eclipses and the ionosphere. Symposium, London 1955 (London–New York '56) (~ vol. 6) 221–27: Geomagnetic eclipse phenomena. — The threshold of space. Proc. Conference on chemical aeronomy, Cambridge, Mass., 1956 (London '57) 65–72: Speculations on the atomic hydrogen and the thermal economy of the upper atmosphere. — The planet earth (D. R. Bates) (London '57) 1–11: The International Geophysical Year; rev. edit. ('62) 551–55: ~. — Transport properties in gases (Evanston, Ill. '58) 143–50: Thermal diffusion in gases. — Conference on extremely high temperatures, Boston, Mass., 1958 (New York '58) 139–45: Thermal diffusion at high temperatures in ionized gases[28]). — Symposium on the July 1959 events and associated phenomena (Paris '60) (Union Géodésique et Géophysique Internationale. Monograph No. 7) 93–108: Some features of the magnetic storms of July 1959, and tentative interpretations[2]). —

Physics of the upper atmosphere (J. A. Ratcliffe) (New York–London '60) 1–16: The thermosphere – the earth's outermost atmosphere. – McGraw-Hill Encyclopedia of science and technology (New York '60) 143: Geomagnetic storm; 143f.: Geomagnetic variations; 144–50: Geomagnetism. – Rarefied gas dynamics. 2nd International symposium on rarefied gas dynamics, Berkeley, Calif., 1960 (New York '61) 669–90: Dynamical and other aspects of cosmic gases of low density. – Pears' Cyclopaedia 70(London '61) Science sect., pt. IV, F49–52: The aurora polaris. – Space astronomy (W. S. Liller) (New York '61) 133–49: The solar corona and the interplanetary gas. – Progress in international research on thermodynamic and transport properties. Papers 2nd Symposium on thermophysical properties (New York '61) 257–65: Some recent advances in gas transport theory; Thermal diffusion in dusty and in ionized gases, and thermal conduction in plasmas in magnetic fields. – The solar corona. Proc. 16th Symposium of the International Astronomical Union, Cloudcroft, N. Mex., 1961 (New York '62): The extended solar corona. – Encyclopaedic dictionary of physics (J. Thewlis) **3** (Oxford–London–New York '62) 454–56: Current systems in geomagnetism; **4** ('61) 441f.: Lunar magnetic variation; 444–48: Solar daily magnetic variations. – Encyclopaedia Britannica. A new survey of universal knowledge **2** (Chicago–London–Toronto ... '65) 768f.: Aurora polaris[41]).

W. The earth's magnetism (London '36) 11 + 116 S. (Methuen's monographs on physical subjects); 2('51) 11 + 127 S. – The mathematical theory of non-uniform gases; an account of the kinetic theory of viscosity, thermal conduction and diffusion in gases (m. T. G. Cowling) (Cambridge '39, New York '40) 23 + 404 S.; 2(Cambridge '52, New York–Cambridge, Mass. '53) 23 + 431 S.; reprint 2(Cambridge, Mass. '61); russ.: (Moskva '60) 510 S. – Geomagnetism (m. J. Bartels) **1** + **2** (Oxford–New York '40) 38 + 1049 S. (Int. ser. of monographs on physics). – The lunar and solar daily variations of the horizontal geomagnetic vector at Greenwich, 1848–1913 (Beobachtungen über geophysikalische Wirkungen der Sonne und des Mondes, 3) (Göttingen '57) 48 S. [m. dtsch. Zusammenfassg.] (Abh. der Akad. d. Wissensch. in Göttingen, Math.-physik. Klasse, Sonderheft Nr. 3). – The average morphology of geomagnetic storms with sudden commencement (m. M. Sugiura) (~ 4) (Göttingen '60) 53 S. [m. dtsch. Zusammenfassg.] (~ 4). – Ein einfaches Elevometer für Polarlichtbeobachtungen (m. J. Bartels). Eine einundzwanzigjährige Reihe erdmagnetischer Störungsdaten, dargestellt im Hinblick auf das Auftreten von Polarlicht in niederen Breiten (m. J. Bartels) (Göttingen '58) 37 S. (Abh. d. Akad. d. Wissensch. in Göttingen, Math.-physik. Klasse, Beitr. zum Internat. Geophysik. Jahr, 1). – The IGY, year of discovery – The story of the International Geophysical Year (Ann Arbor, Mich.–London '59) 112 S. –

Advancement Sci. The International Geophysical Year: **13** ('57) 259–68.

AGARDograph Ionization above the F2 peak, as affected by the interplanetary gas: Nr. **42** ('60) 11–18.

American Scientist Sun storms and the earth: The aurora polaris and the space around the earth: **49** ('61) 249–84.

Annales Géophysique The supposed fundamental geomagnetic field: **4** ('48) 109–23. – Theories of the aurora polaris: **8** ('52) 205–25. – Cosmic examples of heat conduction in very rare rotating or expanding gases: **15** ('59) 434–44.

Annali Geofisica The morphology of geomagnetic storms: an extension of the analysis of D_S, the disturbance local-time inequality: **5** ('52) 481–99.

Annals int. geophysic. Year General foreword to the Annals of the IGY: **1** ('59) 1f. – Introduction to the history of the First International Polar Year: 3–5. – Aurora and airglow: **2B** ('59) 497–99. – Closing remarks to the IGY rockets and satellites: 656–59. – A simple elevometer for auroral observation [34]): **4**, 1 ('57) 62–64. – The aurora in middle and low latitudes: **4**, 2 ('57) 25–40. – Visual auroral observation[14])[17])[22])[25])[29]): 41–103. – Aurora and airglow. Auroral photography by all-sky camera[12])[27])[8])[16]): **5** ('57/58) 121–51.

Archiv Meteorol., Geophysik u. Bioklimatol., Ser. A The equatorial electrojet as detected from the abnormal electric current distribution above Huancayo, Peru, and elsewhere: **4** ('51) 368–90.

Archive Hist. exact Sci. Alexander von Humboldt and geomagnetic science: **2** ('62) 41–51.

Astronomical J. Diffusion in the sun[3]): **64** ('59) 126.

Astronomičeskij Ž. Gezeiten in der Atmosphäre: **15** ('38) 255–58 [russ.].

L'Astronomie (BSAF) Les météores et l'atmosphère: **61** ('47) 225–43.

Astrophysical J. Notes on atmospheric sodium: **90** ('39) 309–16; **91** ('40) 368. – The viscosity and thermal conductivity of a completely ionized gas: **120** ('54) 151–55. – Thermal diffusion in gaseous nebulae[3]): **127** ('58) 797f. – Diffusion in the sun[3]): **132** ('60) 461–72.

Australian J. sci. Res., Ser. A The calculation of the probable error of determination of the lunar daily harmonic component variations in geophysical data: a correction: **5** ('52) 218–22.

Biographical Mem. Fellows roy. Soc. Fredrik Carl Mülertz Störmer, 1874–1957: **4** ('58) 257–79.

Buletinul Inst. politehn. Iaşi The motion of charged particles in a model discontinuous magnetic field[36]): 8 (12) ('62) Nr. 3/4, 81–92 [m. russ. Zusammenfassg.].

Bull. amer. meteorol. Soc. Regular motions in the ionosphere: electric and magnetic relationships: **42** ('61) 85–100.

Bull. atom. Scientists International cooperation and the IGY: **16** ('60) 173–78.

Bull. Informat. UGGI Presidential address to the 10th General Assembly of the IUGG, Rome 1954: **4** ('55) 270–77.

Bull. nation. Inst. Sci. India Auroral observations in India and Pakistan: **9** ('57) 180–92.

Ciel et Terre Observations visuelles des aurores[14])[17])[22])[25])[29]): **73** ('57) 546–63; **74** ('58) 48–120. – Alexander von Humboldt et l'étude du géomagnétisme: **75** ('59) 269–84.

Discovery Up and down and round about: a film scenario: **5** ('44) 267–72. – The earth's magnetism: **6** ('45) 316–20, 334–38. – Roger Bacon: **9** ('48) 340–46. – Mechanics of energy transport from sun to earth: **20** ('59).

Geofisica pura e appl. The normality of geomagnetic disturbance at Huancayo: **19** ('51) 151–58. – Ionization above the F_2-peak, as affected by the interplanetary gas: **51** ('62) 147–54.

ICSU Review The International Geophysical Year: **1** ('59) 16–26. – The International Geophysical Year world magnetic survey: **3** ('61) 77–80.

Indian J. Meteorol. and Geophysics Notes on the theory of magnetic storms: **5** ('54) Special geophysical number, 33–40.

J. amer. Rocket Soc. New theory of the aurora polaris[2]): **31** ('61) 775–83.

J. atmospher. and terrestr. Physics Upper atmospheric nomenclature: **1** ('50/51) 121–24, 201. – Notes on aurorae and magnetic storms, 1: Considerations as to a model experiment: 189–99. – The geometry of radio echoes from aurorae: **3** ('52/53) 1–29. – A comparison of the annual mean solar and lunar atmospheric tides in barometric pressure, as regards their world-wide distribution of amplitude and phase[33]): **8** ('56) 1–23. – The nondeviative absorption of high-frequency radio waves in auroral latitudes[18]): **10** ('57) 20–31. – On the approximate daytime constancy of the absorption of radio waves in the lower ionosphere[11]): **13** ('58) 86–89. – On the aurora of 19 August, 1950, photographed from Greece[1]): **14** ('59) 111–22. – Disturbances in the lower auroral ionosphere: **15** ('59) 29–37. – The outermost ionosphere: 43–47. – An idealized problem of plasma dynamics that bears on geomagnetic storm theory[36]): **22** ('61) 142–56. – A large change in the distribution of the auroras during the 11 February, 1958 magnetic storm[2]): **24** ('62) 740–42. – Large-scale auroral motions and polar magnetic disturbances, 3: The aurora and magnetic storm of 11 February, 1958[2]): 785–96. – The lower limit of latitude (U.S. sector) of northern quiet auroral arcs and its relation to Dst(H)[2]): **25** ('63) 9–12.

J. brit. astron. Assoc. The aurora: **48** ('38) 5.

J. chem. Physics Motion of small suspended particles in non-uniform gases[37]): **36** ('62) 627–32.

J. geophysic. Res. Corpuscular influences upon the upper atmosphere: **55** ('50) 361–72. – Upper atmospheric nomenclature: 395–99. – Notes on auroral geometry and optics, 1: To locate an elevated point viewed from two ground stations in the same diametral plane: **58** ('53) 347–52. – Arc lengths along the lines of force of a magnetic dipole[24]): **61** ('56) 485–88. – The ring current, geomagnetic disturbance, and the van Allen radiation belts[2]): **66** ('61) 1321–50. – The magnetic field of a model radiation belt, numerically computed[2])[9]): 4013–26. – The magnetic field of the quiet-time proton belt[2])[9]): **67** ('62) 2645–47. – The development of the main phase of magnetic storms[2]): **68** ('63) 125–29. – Geomagnetic nomenclature: 1174. – The enhancement of the equatorial electrojet during polar magnetic substorms[2]): 2375–82. – Magnetic storms: the simultaneous development of the main phase (DR) and of polar magnetic substorms (DP)[2]): 3155–58. – The main phase of great magnetic storms[2])[40]): 3345–50.

J. Instn. electr. Engr. The sun and the ionosphere: **88** ('41) 400–13.

J. London math. Soc. Tides in the atmosphere: **7** ('32) 68–80. – Some ratios of infinite determinants occurring in the kinetic theory of gases: **8** ('33) 266–72.

J. Meteorology Note on a supposed determination of the lunar diurnal tide in the ionosphere: **8** ('51) 133f. – The molecular diffusive rate of change of composition in the atmosphere: **12** ('55) 111–16.

J. physic. Soc. Japan Earth storms: retrospect and prospect: **17** ('62) Suppl. A-1, 6–16. – The ring current and a neutral line discharge theory of the aurora polaris[2]): 169–73. – Electric current in the ionosphere and the aurora: 325–28.

J. Washington Acad. Sci. Meteors and meteorites: **42** ('53) 273–82.

Mathematical Gaz. The proof of the formula for the vector triple product[21]): **23** ('39) 35–38. – The university training of mathematicians: **30** ('46) 61–70.

Memoirs roy. meteorol. Soc. Lunar atmospheric tide at Apia (Samoa)[39]): **4** ('32) Nr. 32, 21–25. – Lunar atmospheric tide at Kimberley: Nr. 33, 29–33. – On the theory of the lunar tidal variation of atmospheric temperature: Nr. 34, 35–40.

Meteorological Mag. Atmospheric sodium: **73** ('38) 137–39. – Atmospheric chemistry and chemical aeronomy: **87** ('58) 275–77.

Météorologie Illumination de l'atmosphère et du sol par la radiation solaire[15]): **1941**.

Monthly Notices roy. astron. Soc. The influence of a solar eclipse upon upper atmospheric ionization: **92** ('32) 413–20. – Arthur Edwin Kennelly: **100** ('40) 251f. – The source of the sun's energy: **102** ('42) 110–30. – A. R. Forsyth †: **103** ('43) 65f. – On magnetism in the sun's atmosphere: 117–30. – Solar magnetism and the suggested fundamental magnetization by rotation: **108** ('48) 236–51.

Monthly Notices roy. astron. Soc., Geophysical Suppl. Statistical determination of lunar daily variations in geomagnetic and meteorological elements[20]): **4** ('40) 649–69.

Nature [London] Clouds high in the stratosphere: **129** ('32) 497–99. – Suggested wireless observations during the solar eclipse of August 31, 1932[4]): 757f. – Polar lights: 820f. – Measurements of solar radiation: **130** ('32) 497 f. – Low altitude aurorae: 764f. – Radio exploration of the ionosphere: **133** ('34) 908. – Boltzmann's H-theorem: **139** ('37) 931. – Cosmic rays and magnetic storms: **140** ('37) 423f. – United States geophysical expedition to the Pacific Ocean: **144** ('39) 182. – International Union of Geodesy and Geophysics: 717f., 749. – Dependence of thermal diffusion on the concentration ratio: **146** ('40) 431. – Molecular fields of force: retrospect and suggestions: 607–09, 747. – Vito Volterra †: **147** ('41) 350. – The sun as a producer of energy: 792–94. – Charles Chree and his work on geomagnetism: **148** ('41) 153–57. – A. R. Forsyth †: **150** ('42) 49f. – D. LaCour †: 115f. – Blaise Pascal (1623–1662); Tercentenary of the calculating machine: 508f. – Edmond Halley and geomagnetism: **152** ('43) 231–37, 298. – William Gilbert and the science of his time: **154** ('44) 132–36. – Some thoughts on nomenclature: **157** ('46) 405. – Atmospheric oscillations: **159** ('47) 357–60. – The radiations from the earth's atmosphere[7]): **160** ('47) 250f. – The magnetic field of the moon?: 395. – Variation of geomagnetic intensity with depth: **161** ('48) 52. – The earth's surface magnetic field and its secular change: 160f. – David Enskog †: 193f. – The main geomagnetic field: 462–64. – Cosmic ray expedition: **164** ('49) 214 f. – A. LoSurdo †: 398. – The theory of magnetic storms and auroras: **168** ('51) 86. – The International Geophysical Year 1957–58: **172** ('53) 327–29; **175** ('55) 55f. – Scientific programme of the International Geophysical Year 1957–58: 402–06. – The aurora in middle and low latitudes: **179** ('57) 7–11. – Carl Störmer †: **180** ('57) 633. – Geomagnetic storms and the space around the earth: **187** ('60) 824–27.

New Scientist World magnetic survey: Nr. **242** ('61) 32–34.

Notes and Rec., Roy. Soc. London Edmond Halley: **12** ('57) 168–74.

Observatory RAS geophysical discussion "Upper air ionisation": **55** ('32) 79. – Optical and radiofrequency absorption by solar corpuscular bursts[31]): **69** ('49) 219–21.

Occasional Notes roy. astron. Soc. Edmond Halley as physical geographer and the story of his charts: Nr. **9** ('41) 15 S.

Philosophical Mag. and J. Sci. On the production of auroral and night-sky light: (7) **23** ('37) 657–65. – The primary and secondary scattering of sunlight in a plane-stratified atmosphere of uniform composition[15]): **28** ('39) 99–110. – Approximate formulae for functions expressed as definite integrals[19]): **33** ('42) 115–30.

Philosophical Trans. roy. Soc. London, Ser. A The Götz inversion of intensity-ratio in zenith-scattered sunlight: **234** ('35) 205–30. – A neutral line discharge theory of the aurora polaris[2]): **253** ('61) 359–406.

Physical Rev. Mechanism of charge production in thunderclouds: **68** ('45) 103.

Physics today Winds in the ionosphere: **7** ('54) 8–12.

Proc. indian Acad. Sci., Sect. A Polar and tropical aurorae and the isoauroral diagram: **37** ('53) 175–88.

Proc. Inst. Radio Engr. Report on ionization changes during a solar eclipse[4]): **23** ('35) 658–69. – The earth and its environment: **47** ('59) 137–41.

Proc. nation. Acad. Sci. USA The International Geophysical Year and some American aspects of it: **40** ('54) 924–26.

Proc. physic. Soc. The atmospheric height distribution of band-absorbed solar radiation: **51** ('39) 93–109. – Charles Chree and his work on geomagnetism: **53** ('41) 629–57. – The dipole moment of the supposed fundamental magnetic field due to rotation: **61** ('48) 95. – Appendix to: S. K. Runcorn, The radial variation of the earth's magnetic field: 381f. – Some phenomena of the upper atmosphere: Sect. B **64** ('51) 833–44. – Note on the grazing-incidence integral Ch(z χ) for monochromatic absorption in an exponential atmosphere: Sect. B **66** ('53) 710–12. – A monochromatically ionized layer in a non-uniformly recombinant atmosphere, with applications to the D and E ionospheric regions: Sect. B **67** ('54) 717–27. – Thermal diffusion in ionized gases: **72** ('58) 353–62. – Scale times and scale lengths of variables: **77** ('61) 424–32.

Proc. roy. Soc. Edinburgh The lunar atmospheric tide at Glasgow: **56** ('36) 1–5.

Proc. roy. Soc., London, Ser. A The lunar diurnal variation of atmospheric temperature at Batavia, 1866–1928: **137** ('32) 1–24. – Roy. Soc. discussion on the ionosphere: **141** ('33) 703–06. – The lunar tide in the earth's atmosphere: **151** ('35) 105–17. – The characteristics of thermal diffusion: **176** ('40) S 77f.; **177** ('40/41) 38–62. – The velocity of diffusion in a mixed gas; the second approximation[10]): **179** ('41) 159–69. – The lunar atmospheric tide at twenty-seven stations widely distributed over the globe[30]): **195** ('49) 310–23. – Interplanetary space and the earth's outermost atmosphere: **253** ('59) 462–81. – Liquid instability and energy transformation near a magnetic neutral line: a soluble non-linear hydromagnetic problem[36]): **271** ('63) 435–48.

Quarterly J. roy. meteorol. Soc. Atoms, molecules and the atmosphere: **59** ('33) 97–123. – The lunar atmospheric tide at Buenos Aires, 1891–1910[5]): **60** ('34) 23–28. – The gases of the atmosphere: 127–42. – Lunar atmospheric tide at Honolulu, 1905–1924: **61** ('35) 189–94. – Lunar atmospheric tide over Canada, 1897–1932: 359–66. – The lunar atmospheric tide in the Azores, 1894–1932: **62** ('36) 41–45. – The lunar atmospheric tide at Melbourne, 1869–1892, 1900–1914 [35])[20]): 540–51. – The lunar atmospheric tide at five Japanese stations: **63** ('37) 457–69. – The aurora display of January 25–26, 1938[6]): **64** ('38) 215–23. – The lunar atmospheric tide at Accra, Gold Coast: 523f. – Spectroscopic and other evidence as to chemical composition and dissociation: **65** ('39) 310–13.

Rep. Progr. Physics The upper atmosphere[38]): **3** ('36) 42–64. – Atmospheric physics and chemistry: **9** ('43) 1–4. – Photochemistry of atmospheric oxygen: 92–100.

Reviews modern Physics Idealized problems of plasma dynamics relating to geomagnetic storms: **32** ('60) 919–33.

Revue Opt. théor. et instrument. The spectroscopic observation of solar corpuscular emissions that produce magnetic storms: **28** ('49) 143–55.

Revue sci. Les orages magnétiques: **85** ('47) 387–400. – Les marées atmosphériques: 847–59.

Science [USA] Earth and beyond. The International Geophysical Year in retrospect: Was it a "turning point in history"?: **134** ('61) 41–43.

Scientific American Tides in the atmosphere: **190** ('54) 36–39. – The earth in the sun's atmosphere: **201** ('59) 64–71.

Scientific Rep., Geophysical Inst., Univ. Alaska A study on the morphology of magnetic storms: **1956,** Jan. – A study of magnetic storms and auroras[2]): **7** ('61) 1–209.

Sky and Telescope Solar eclipses and the aurora borealis[26]): **13** ('53) 35–39.

Smithsonian Contribut. Astrophysics Notes on the solar corona and the terrestrial ionosphere: **2** ('57) 1–14.

State Serv. The sun's magnetism: **1933,** 207f.

Studia geophysica et geodaet. [Praha] From Polar Years to Geophysical Year: **4** ('60) 313–24. – Geomagnetic storms: their physical analysis and classification: **5** ('61) 30–50.

Suppl. Nuovo Cimento The electrical conductivity of the ionosphere: a review: (10) **4** ('56) 1385–1412.

Terrestrial Magnetism and atmospher. Electr. A new theory of magnetic storms, 1: The initial phase[13]): **37** ('32) 147–56, 421–29; ~ 2: The main phase[13]): **38** ('33) 79–96. – The field energy of magnetic storms: **37** ('32) 269–72. – The effect of a solar eclipse on the earth's magnetic field: **38** ('33) 175–83. – A mechanical-optical method of reduction of pairs of auroral plates: **39** ('34) 299–303. – Arthur Schuster, 1851–1934: 341–45. – The electric current-systems of magnetic storms: **40** ('35) 349–70. – The space gradients of the earth's magnetic field: **41** ('36) 127–36. – The heating of the ionosphere by the electric currents associated with geomagnetic variations: **42** ('37) 355–58. – The heating of the earth and oceans by induced electric currents: 359f. – On theories of magnetic storms and aurorae: **43** ('38) 77–79. – Geomagnetism or terrestrial magnetism?: 321. – The electric current-system of geomagnetic disturbance[32]): 351–82. – Theory of the first phase of a geomagnetic storm[13]): **45** ('40) 245–68. – Isomagnetic charts, 1: Their singular points and contour-lines; ~ 2: The form and disposition of the nodal curves: 433–50; ~ 3: The isogonic and X-, Y-charts for the centered dipole field: **46** ('41) 7–14; ~ 4: Geomagnetic dip-poles, their nature and that of the isomagnetic lines in their neighbourhood: 15–26; ~ 5: The occurrence of local dip-poles: 163–72; ~ 6: Earth-air electric currents, and the mutual consistency of the H and D isomagnetic charts: **47** ('42) 1–13; ~ 7: Mathematical notes on isoporic charts and their singular points: 115–38; ~ 8: The mutual consistency of the declination and horizontal-intensity isoporic charts: 139–46. – The geomagnetic ring-current, 1: Its radial stability[13]): **46** ('41) 1–6. — Greenwich frequency-statistics of geomagnetic disturbance: 385–400. — The rate of the ion production at any height in the atmosphere, 1: The spherical harmonic representation of its world-wide distribution[19]); ~ 2: The Fourier expression for its daily variation [19]): **47** ('42) 31–44. — Notes on the lunar geomagnetic tide, 1: Its mathematical and graphical representations, and their significance: 279–94. — Archaeologica geomagnetica, 1: **48** ('43) 1f.; ~ 2: 77f. — Edmond Halley and geomagnetism: 131–44, 251. — A theoretical note of the magnetic field of a circular sunspot: **49** ('44) 37–42. — The abnormal daily variation of horizontal force at Huancayo and in Uganda: **53** ('48) 247–50.

Urania [Barcelona] The sudden commencement of geomagnetic storms[2]): **250** ('60) 1–35.

Weather A plea for the abolition of meteorology: **1** ('45) 146. — The stratosphere: **3** ('48) 2–9. — Nomenclature in meteorology: **8** ('53) 62.

Z. Geophysik Ozone and water vapor in the atmosphere: **126** ('36) 377–82.

Mit: 1) W. N. Abbott; 2) S.-I. Akasofu; 3) L. H. Aller; 4) E. V. Appleton; 5) M. Austin; 6) E. W. Barlow; 7) D. R. Bates; 8) A. Belon; 9) J. C. Cain; 10) T. G. Cowling; 11) K. Davies; 12) C. T. Elvey; 13) V. C. A. Ferraro; 14) C. W. Gartlein; 15) A. Hammad; 16) N. Herlofson; 17) D. S. Kimball; 18) C. G. Little; 19) A. Majid Mian; 20) J. C. P. Miller; 21) E. A. Milne; 22) J. Paton; 23) S. K. Runcorn; 24) M. Sugiura; 25) O. Schneider; 26) D. W. N. Stibbs; 27) W. Stoffregen; 28) B. Tandberg-Hanssen; 29) I.L. Thomsen; 30) K.K. Tschu; 31) A. Unsöld; 32) E. H. Vestine; 33) K. C. Westfold; 34) J. Bartels; 35) M. Hardman; 36) P. C. Kendall; 37) E. A. Mason; 38) W. C. Price; 39) A. Thomson; 40) D. Venkatesan; 41) J. W. Chamberlain.

IV, VI **CHAPPUIS,** James. Physik. — 1881–1922 Prof. hon., Ecole Centrale des Arts et Manufactures, Paris; Chef du Service des Recherches physiques de la Société du Gaz de Paris.

*1854, Nov. 10, Besançon;

†1934.

Todesanzeige J. Physique et Radium (7) **5** ('34) 17S.

W. Travaux du laboratoire des recherches physiques de la Société du Gaz de Paris. Introduction à l'étude des pertes de charges dans les canalisations et à la mesure des débits (Paris '33) 12 S. — Compte rendu d'une visite au Danemark pour y examiner la distribution du gaz de ville en bouteilles pour les usages domestiques et industriels (Paris '33) 18 S. — Travaux du laboratoire des recherches physiques de la Société du Gaz de Paris. Ventilation des espaces souterrains (Paris '33) 16 S. — Eléments de physique industrielle à l'usage des écoles professionnelles et des écoles pratiques de commerce et d'industrie (m. A. Jacquet) [9](Paris '34); [10]('37); [11]('49) 338 S. (Bibliothèque de l'enseignement technique). Notions de physique. A l'usage des écoles professionnelles et des écoles pratiques de commerce et d'industrie (m. A. Jacquet) [4](Paris '34) 295 S.; [5]('50) 316 S. (~).

J. Usines Gaz The pressure loss in pipe lines and flow measurements: **57** ('33) 108–11 [franz.].

Procès-verbaux Séances, Comité int. Poids et Mesures Résultats d'une étude du relais thermique[1])[2]): **16** ('33) 291f.

Mit: 1) A. Gouffé; 2) Y. Laure.

IV–VI **CHARABOT,** Eugène Trophime. Chem. — 1902–26 Prof. de Chimie appliquée, Ecole des Hautes Etudes Commerciales, Paris; Carrière politique: '21–37 Conseiller général du Canton de Breil, '26–37 Sénateur des Alpes-Maritimes. (☒)

*1870, Juli 13, Bar-sur-Loup;

†1938, Jan. 19, Juan-les-Pins.

Nekr. Delaby, Bull. Soc. chim. France, Mém. (5) **5** ('38) 349f.

VI **CHARAUX,** Camille. Pharmazie. — Pharmacien, Jouet-sur-l'Aubois, Cher.

*1861, Apr. 21, Montigny-les-Metz, Moselle;

†1941, Jan. 8, Jouet-sur-l'Aubois, Cher.

Bull. Soc. Chim. biol. L'écorce de bourdaine contient un ferment soluble hydrolysant ses glucosides anthraquinoniques solubles dans l'eau[1]): **15** ('33) 642–47. — Le précipité obtenu par action diastasique en partant de l'écorce du commerce: émodol (émodine) et franguloside (franguline)[1]): 648–64. — Le précipité obtenu par action diastasique en partant de l'écorce de bourdaine récente. Extraction d'un nouveau rhamnoside, le frangularoside. Son produit d'hydrolyse, le frangularol[1]): **17** ('35) 780–92. — Le complexe purgatif de l'écorce de bourdaine, soluble dans l'eau et hydrolysable par la rhamnodiastase[1]): 793–816. — Etude biochimique des fruits de Sophora japonica L., 1: Sur la présence de sophoricoside[3]): **20** ('38) 454–58. — Extraction du myricitroside (myricitrin) des feuilles de noisetier et des feuilles de l'arbre de Judée[2]): **21** ('39) 455–57. — Constitution chimique de l'orobol[3]): 1330–33.

C.R. hebd. Séances Acad. Sci., Paris Contribution à l'étude biochimique du genre Salix, 5: Sur l'isosalipurposide[3]): **196** ('33) 816–18. — Sur le persicoside[3]): **200** ('35) 1689–91.

J. Pharm. et Chim. Contribution à l'étude biochimique du pêcher. Persica vulgaris L. Sur le persicoside[3]): (8) **21** ('35) 495–503. — Le sophoricoside, nouvel hétéroside des fruits de Sophora japonica L.[3]): 546–54. — Sur la constitution du génistéol[3]): **22** ('35) 32f. — Etude de Centaurea scabiosa L.[3]): (9) **1** ('40/41) 155–62. — Sur la présence de baïcaloside (baïcaline) dans les feuilles de Scutellaria columnae All.[3]): 401–03. — Etude des fleurs de Genista tinctoria L.[3]): 404–07. — Sur le complexe chloroformique des feuilles de tremble. Salicylpopuloside et salicylsalicoside [3]): **2** ('42) 289–303.

Mit: [1]) M. Bridel; [2]) A. M. Collot; [3]) J. Rabaté.

V, VI **CHARBONNIER,** Prosper Jules. Ballistik. — 1917–27 Ingénieur général dans le Corps des Ingénieurs de l'Artillerie navale. (☒)

*1862, Sept. 14, Craon, Mayenne; †1936.

Zur Bibliogr. Notice sur les travaux scientifiques de M. P. Charbonnier: Revue Artillerie **113** ('29) 175.

HZ. Mémorial Artillerie franç. 1922–1936.

VI **CHARGAFF,** Erwin. Biochem., org. Chem. — 1930–33 Wiss. Mitarbeiter, Hygienisches Inst., Univ. Berlin; '33–34 Associé, Inst. Pasteur de Paris; '35–38 Research Associate, '38–46 Assistant Prof., '46–52 Associate Prof., '52– Prof., College of Physicians and Surgeons, Columbia Univ., New York. — '49 Médaille Pasteur (Soc. de Chimie biol. de Paris); '58 Carl Neuberg Medal (Amer. Soc. of European Chemists and Pharmacists); '61 Médaille (Soc. Chim. biol., Paris); '63 Prix Charles Leopold Mayer (Acad. Sci. Paris); '64 Dr. H. P. Heineken Prijs (Koninkl. Nederl. Akad. Wet., Amsterdam).

*1905, Aug. 11, Czernowitz.

MH. The nucleic acids: Chemistry and biology **1** (New York '55); **2** ('55); **3** ('60).

MHZ. Biochimica et biophysica Acta 1955ff.

S. Report of Proc. 3rd International congress of microbiology, New York 1939 (New York '40) 223f.: A polysaccharide from diphtheria bacteria. — Advances in protein chemistry **1** (New York '44) 1–24: Lipoproteins. — Proc. 6th International congress of experimental cytology, Stockholm 1947 (Stockholm '49) 24–31: Recent work on lipoproteins as cellular constituents. — 1st International congress of biochemistry, Cambridge, Engl., 1949. Abstracts of communications (Glasgow '49) 214: The separation and estimation of nucleic acid components. — 2e Congrès international de biochimie, Paris 1952. Rapports des symposiums, **5**: Symposium sur le métabolisme microbien (Paris '52) 41–46: The nucleic acids of microorganisms; ~ Résumés et communications (Paris '52) 206: Observations on the distribution density of individual nucleotides within a desoxyribonucleic acid chain[78]). — Rutgers University, New Brunswick, N.J., Bureau of biological research. Some conjugated proteins, a symposium. Six lectures presented at the 9th annual conference on protein metabolism, 1953 (New Brunswick, N.J. '53) 36–42: The problem of nucleoproteins. — Fibrous proteins and their biological significance. Society for experimental biology, 9th Symposium, Leeds 1954 (London '55) 32–48: Deoxypentose nucleoproteins and their prosthetic groups. — Essays in biochemistry (S. Graff) (New York–London '56) 72–76: The very big and the very small; remarks on conjugated proteins. — The origin of life on earth. Reports on the international symposium, Moscow 1957 (Moskva '57) 188–93: Nucleic acids as carriers of biological information. — Symposium on the chemical basis of heredity (Baltimore, Md. '57) (Contribution of the MacCollum-Pratt Institute 153) 521–31: Base composition of deoxypentose and pentose nucleic acids in various species. — Proc. 4th International congress of biochemistry, Vienna 1958, **14** (London '59) 21–35: First steps towards a chemistry of heredity.

W. Essays on nucleic acids (Amsterdam–London–New York '63) 12 + 211 S.

Advances Enzymol. and related Subj. Coagulation of blood: **5** ('45) 31–65.

American J. Bot. Response of plants to chemical fractions of Bacterium tumefaciens [44]): **24** ('37) 461–72.

Annales Inst. Pasteur Etude des pigments caroténoïdes de quelques bactéries: **52** ('34) 415–23. — Sur les pigments caroténoïdes de deux bactéries acido-résistantes[41]): **54** ('35) 383–88. — Analyse sérologique des différentes fractions lipoïdiques du BCG[65]): 708–14.

Annals New York Acad. Sci. Inhibition of colchicine effect on mitosis[7])[51]): **58** ('54) 1288–1302.

Annual Rev. Biochem. The chemistry of the acyclic constituents of natural fats and oils: **4** ('35) 79–92. — Fat metabolism: **11** ('42) 235–56. — Nucleoproteins, nucleic acids, and related substances[82]): **17** ('48) 201–26.

Archives Biochem. and Biophysics Purification of the deoxypentose nucleic acid of Hemophilus influenzae having transforming activity[85])[42])[19])[2]): **40** ('52) 50–55. — Nonparticipation of inorganic phosphate in the enzymic formation of nucleotides by nucleoside phosphotransferases[81]): **69** ('57) 295–99.

Archives Sci. physiol. Le rôle des lipides et des lipoprotéines dans la structure cellulaire: **2** ('48) 157–67. – Rôle of lipides in blood coagulation: 269–71.

Ber. dtsch. chem. Ges. Über höhere Fettsäuren mit verzweigter Kohlenstoffkette: **65** ('32) 745–54.

Biochemical J. On the mechanism of the formation of choleic acids[1]): **28** ('34) 1901–06. – Studies of the inositol-containing lipids of soya bean[29]): **54** ('53) XXXVIIIf.

Biochemische Z. Über den Lipoidgehalt verschiedener Typen von Tuberkelbazillen, 3: Zur Chemie der Bakterien[15]): **255** ('32) 319–29.

Biochemistry New ribonucleic acid species associated with the formation of the photosynthetic apparatus in Euglena gracilis[57])[10]): **1** ('62) 128–31.

Biochimica et biophysica Acta Studies on the structure of ribonucleic acids[48]): **7** ('51) 396–412. – The deoxypentose nucleic acids of three strains of Escherichia coli[21])[85]): **9** ('52) 399–401. – On the deoxypentose nucleic acids from several microorganisms[85])[10]): 402–05. – On the synthesis of nucleotides by nucleoside phosphotransferases[10]): **15** ('54) 549–59. – Distribution and biological significance of the nucleoside phosphotransferases[10]): **16** ('55) 524–32. – The nucleotide composition of pentose nucleic acids in different cellular fractions[17])[79]): **17** ('55) 362–66. – Evidence of common regularities in the composition of pentose nucleic acids (PNA)[17]): 367–76. – Studies on nucleoproteins, 4: Preparation of the deoxyribonucleoprotein and fractionation of the deoxyribonucleic acid of wheat germ[45]): **19** ('56) 256–66; ~ 6: The deoxyribonucleoprotein and the deoxyribonucleic acid of bovine tubercle bacilli (BCG)[80]): **29** ('58) 568–78. – The pentose nucleic acid of Azotobacter vinelandii[47]): **20** ('56) 585f. – Separation of nucleoside phosphotransferase and phosphatase activities[81]): **21** ('56) 204f. – Nitrogenous constituents of an ox-brain mucolipid [61]): 588–90. – The apurinic acids from deoxyribonucleic acid fractions[31]): **22** ('56) 348–60. – Note on the action of deoxyribonuclease on fractions of calf thymus deoxyribonucleic acid: 361–64. – Characterization of nucleotide arrangement in deoxyribonucleic acids through stepwise acid degradation[68]): **23** ('57) 451f. – Comparative studies of protein and ribonucleic acid formation[70]): **24** ('57) 450f. – Aspects of the invariability of a bacterial ribonucleic acid[47]): **25** ('57) 549–54. – Studies on the nucleotide arrangement in deoxyribonucleic acids, 1: The relationship between the production of pyrimidine nucleoside 3′,5′-diphosphates and specific features of nucleotide sequence[68]): **26** ('57) 596–608; ~ 2: Differential analysis of pyrimidine nucleotide distribution as a method of characterization[68]): 608–23; ~ 3: Identification of methylcytidine derivatives among the acid degradation products of rye germ DNA[68]): **39** ('60) 62–67; ~ 4: Patterns of nucleotide sequence in the deoxyribonucleic acid of rye germ and its fractions[68]): 68–82; ~ 5: Pyrimidine nucleotide clusters: isolation and characterization[72]): **68** ('63) 9–17; ~ 6: Pyrimidine nucleotide clusters: frequency and distribution in several species of the AT-type[72]): 18–27; ~ 7: Direct estimation of pyrimidine nucleotide runs[68]): **76** ('63) 1–8. – Effect of 5-fluorouracil on a uracil-requiring mutant of Escherichia coli [33])[64]): **29** ('58) 222f. – Fractionation of the "soluble" ribonucleic acid of rat-liver cytoplasm[70]): **30** ('58) 434f. – Changes in protein and ribonucleic acid during the formation of chloroplasts in Euglena gracilis[10]): **31** ('59) 164–71. – Relation of ribonucleic acid to the photosynthetic apparatus in Euglena gracilis [10]): 172–77. – Factors involved in the development of chloroplasts in Euglena gracilis: 178–86. – A self-reproducing system concerned with the formation of chloroplasts in Euglena gracilis[10]): **37** ('60) 221–29. – Studies on the nucleoside phosphotransferase of carrot, 1: Partial purification of the nucleoside phosphotransferase[81]): 257–66; ~ 2: Separation of transferase and phosphatase activities[81]): 267–73; ~ 3: On the synthetic ability of the transfer enzyme[81]): **40** ('60) 206–10. – Action of ribonuclease on a microsomal ribonucleoprotein[70]): **37** ('60) 347–49. – Type of the attachment of sialic acid in ox-brain mucolipid[61]): **42** ('60) 357–59. – Methylation studies on ox-brain mucolipid [36]): 359f. – Studies on the fractionation of ribonucleic acid[45]): 544–46. – Patterns of cellular controls operating in bacteriophage reproduction, 1: Effect of 5-fluorouracil on the multiplication of several coliphages[23])[64]): **44** ('60) 458–68; ~ 2: Effect of 5-fluorouracil on metabolic events in bacteria infected with coliphage T2r+ [64])[23]): 469–77. – Synthesis of novel ribonucleic acids and proteins during chloroplast formation in resting Euglena cells[10])[57]): **48** ('61) 418–20. – Pyrimidine nucleotide sequences in deoxyribonucleic acids [72]): **51** ('61) 209–11. – Induced formation of ribonucleic acids and plastid protein in Euglena gracilis under the influence of light[10])[57]): **55** ('62) 326–34. – Sequential arrangement of 5-bromouracil as a tool for the study of the replication of deoxyribonucleic acid[62]): 997–99. – Icosisphingosine, a long-chain base constituent of mucolipids[75]): **59** ('62) 733f. – Pulse-labeled ribonucleic acid (RNA) of Rhodopseudomonas spheroides in the presence and absence of massive catalase formation[30]) [24]): **61** ('62) 155f. – Nucleic acids of green and colorless Euglena gracilis: Isolation and composition of deoxyribonucleic acid (DNA) and of transfer ribonucleic acid (RNA)[10)35)]: 340–45. – 2′-0-Methylribonucleosides participating in alkali-resistant sequences of ribonucleic acid[89)]: **68** ('63) 147–49. – Studies on the mucolipids and the cerebrosides of chicken brain during embryonic development[88)]: **70** ('63) 452–64. – Investigation of the purine sequences in deoxyribonucleic acids[87)89)90)91)]: **76** ('63) 149–51. – An investigation of the fractionation and sequential characterization of the ribonucleic acids of rat liver[45)]: 372–90. – Rapidly labeled ribonucleic acids of Rhodopseudomonas spheroides under varying conditions of catalase synthesis[24)30)]: **87** ('64) 397–415.

Bull. New York Acad. Med. Purification and analysis of transforming principle of Hemophilus influenzae[85)2)42)19)]: **28** ('52) 349f.

C.R. hebd. Séances Acad. Sci., Paris Sur les carotinoïdes des bactéries: **197** ('33) 946–48.

Experientia Chemical specificity of nucleic acids and mechanism of their enzymatic degradation: **6** ('50) 201–09 [m. dtsch. Zusammenfassg.]. – Study of some constituents of vitamin B_{12} [43)25)39)]: 229–31. – On the deoxyribonucleic acid content of sea urchin gametes[17)]: **8** ('52) 143–45. – Antagonism between tropolone and colchicine in rat fibroblast cultures[7)51)]: **9** ('53) 426f. [m. franz. Zusammenfassg.].

Experimental Cell Res. Specific inhibition by meso-inositol of colchicine effect on rat fibroblast[51)14)]: **2** ('51) 165–77. – Phosphatide composition in different liver-cell fractions[43)]: **3** ('52) 154–62.

Experimental Cell Res., Suppl. Deoxyribonuclease[68)]: **3** ('55) 64–71.

Federat. Proc., Amer. Soc. exper. Biol. Structure and function of nucleic acids as cell constituents: **10** ('51) 654–59.

Harvey Lectures Nucleic acids and nucleoproteins: **52**.1956/57 ('58) 57–73.

Hoppe-Seyler's Z. physiol. Chem. Chemie der Bakterien, 4: Über die Lipoide des Bacillus Calmette-Guérin (BCG): **217** ('33) 115–37; ∼ 5: Über das Fett und das Phosphatid der Diphtheriebakterien: **218** ('33) 223–40.

Izvest. Akad. Nauk SSSR, Ser. biol. Neue Untersuchungen über die Spezifität von Nucleinsäuren: **1958**, 144–48 [russ. m. engl. Zusammenfassg.].

J. amer. chem. Soc. Synthesis of a radioactive organic compound: α-glycerophosphoric acid: **60** ('38) 1700f. – Highly polymerized desoxypentose nucleic acid from yeast[85)]: **69** ('47) 975f. – Action of periodic acid on glucose phenylosazone[48)]: 1459–61. – Action of periodic acid on a cyclohexose osazone[48)]: **70** ('48) 1928f. – Nucleotide composition of ribonucleic acids[82)16)48)]: **71** ('49) 1513f. – Bacterial desoxypentose nucleic acids of unusual composition[85)10)37)]: **72** ('50) 3825. – Enzymatic disintegration of wheat germ desoxypentose nucleic acid[10)]: **73** ('51) 4052f. – The stereochemical specificity of the oxidation of cyclitols by Acetobacter suboxydans[48)20)]: **74** ('52) 2618–21. – Procedures for the study of purine and pyrimidine deaminases in small amounts[39)]: 4274–77. – On the cytosine deaminase of yeast[39)]: 5157–60. – Enzymatic phosphorylation of nucleosides by phosphate transfer[10)]: **75** ('53) 2020f. – Composition of mammalian desoxyribonucleic acids[45)]: 3658–61. – Nucleotide synthesis by malt and prostate phosphatases[10)]: 4113. – Properties of a purified sialidase and its action on brain mucolipid[61)8)]: **82** ('60) 4113f.

J. biol. Chemistry The chemistry of the lipids of tubercle bacilli, 31: The composition of the acetone-soluble fat of the Timothy bacillus[55)4)]: **98** ('32) 43–55. – Chemical and immunological properties of the various fractions of the Bacillus Calmette-Guérin (BCG) [65)]: **109** ('35) XIX. – A specific polysaccharide from the Bacillus Calmette-Guérin (BCG)[65)]: **112** ('35) 393–405. – Studies on the chemistry of blood coagulation, 1: The measurement of the inhibition of blood clotting; methods and units[5)76)]: **115** ('36) 149–54; ∼ 2: On the inhibition of blood clotting by substances of high molecular weight[5)76)]: 155–61; ∼ 3: The chemical constituents of blood platelets and their rôle in blood clotting, with remarks on the activation of clotting by lipids[5)76)]: **116** ('36) 238–51; ∼ 4: Lipid inhibitors of blood clotting occurring in mammalian tissue: **121** ('37) 175–86; ∼ 5: Synthetic cerebroside sulfuric acids and their action in blood clotting: 187–93; ∼ 6: Studies on the action of heparin and other anticoagulants; the influence of protamine on the anticoagulant effect in vivo[53)]: **122** ('37/38) 153–67; ∼ 7: Protamines and blood clotting: **125** ('38) 671–76; ∼ 8: Isolation of a lipid inhibitor of blood clotting from the spleen in a case of Niemann-Pick's disease: 677–80; ∼ 9: The thromboplastic protein from lungs[11)]: **136** ('40) 243–56; ∼ 10: The reaction between heparin and the thromboplastic factor[86)11)]: 257–64; ∼ 11: The mode of action of heparin[86)]: 689–95; ∼ 12: An electrophoretic study of the effect of anticoagulants on human plasma proteins with remarks on the separation of the heparin complement[86)50)]: **139** ('41) 383–405; ∼ 13: The phosphatide constituents of the thromboplastic protein from lungs[11)]: 741–52. – The separation of choline and ethanolamine: **118** ('37) 417–19. – A method for the isolation of glucosamine[9)]: 421–26. – Chemical properties of the lipid fractions of Bacterium tumefaciens: **123** ('38) XXI. – The lipids of Bacterium tumefaciens[44)]: **124** ('38) 195–205. – The protamine salts of phosphatides, with remarks on the problem of lipoproteins: **125** ('38) 661–70. — Unstable isotopes, 1: The determination of radioactive isotopes in organic material: **128** ('39) 579–85; ~ 2: The relative speed of formation of lecithin and cephalin in the body: 587–95. — On lysophosphatides[11]): **129** ('39) 619–28. — The configuration of glutamic and aspartic acids from pathogenic bacteria (Phytomonas tumefaciens and Corynebacterium diphtheriae): **130** ('39) 29–33. — A study of the spleen in a case of Niemann-Pick disease: 503–11. — The compounds between phosphatides and basic proteins[86]): **131** ('39) 25–34. — The reaction between cephalin and hemoglobins[86])[32]): 35–44. — The formation of phosphatides in the organism under normal and pathological conditions[53])[56]): **134** ('40) 505–14. — The metabolism of aminoethylphosphoric acid, followed by means of the radioactive phosphorus isotope[38]): 515–22. — The conversion of prothrombin to thrombin followed by means of the radioactive phosphorus isotope[86])[11]): **135** ('40) 351f. — Determination of the bases of phospholipides by the isotope-dilution method [86])[59]): **138** ('41) 439f. — Coagulation of fibrinogen by simple organic substances as a model of thrombin action[86]): 787f. — Electrophoretic properties of the thromboplastic protein from lungs[11]): **140** ('41) 689–95. — Isolation of serine from beef-brain phosphatides[86]): 927–29. — Lipoproteins: **142** ('42) 491–504. — Formation of the phosphorus compounds in egg yolk: 505–12. — Study of the nitrogenous constituents of tissue phosphatides[86])[59]): **144** ('42) 343–52. — Mechanism of the conversion of β-glycerophosphoric acid into the α-form: 455–58. — Ultracentrifugal isolation from lung tissue of a macromolecular protein component with thromboplastic properties[50])[6]): **145** ('42) 593–603. — Mechanism of deamination of serine by Bacterium coli[74]): **148** ('43) 249f. — Coagulation of fibrinogen[6]): **149** ('43) 93–110. — Mechanism of deamination of serine and threonine in biological systems[74]): **151** ('43) 273–80. — Studies on the composition of Rickettsia prowazeki[11]): **154** ('44) 691–704. — Thromboplastic activity of tissue phosphatides: **155** ('44) 387–99. — Bacterial glycogen[50]): 493–501. — Thromboplastic protein. Structure, properties, disintegration[6])[11]): **156** ('44) 161–78. — Cell structure and the problem of blood coagulation: **160** ('45) 351–59. — Isolation of preparations of thromboplastic protein from human organs: **161** ('45) 389–94. — Occurrence of hydroxypyruvic acid in biological systems[74]): **164** ('46) 411–15. — β-Hydroxy-α-keto acids[74]): 417–32. — Oxidative decarboxylations with periodic acid[74]): 433–49. — Oxidation of stereoisomers of the inositol group by Acetobacter suboxydans[48]): **165** ('46) 379f. — Biological significance of the thromboplastic protein of blood[84]): **166** ('46) 189–97. — Isolation and characterization of two antigenic fractions of Proteus OX-19[6]): 283–312. — Separation and characterization of purines in minute amounts of nucleic acid hydrolyzates[82]): **168** ('47) 781f. — Studies on the mechanism of the thromboplastic effect: **173** ('48) 253–62. — Inhibition of the thromboplastic effect[25]): 263–70. — Isolation of highly polymerized desoxypentose nucleic acid from yeast cells [85]): 327–35. — Stereochemistry of an enzymic reaction: Oxidation of l-, d-, and epi-inositol by Acetobacter suboxydans[48]): **174** ('48) 173–88. — Techniques for the demonstration by chromatography of nitrogeneous lipide constituents, sulfur-containing amino acids, and reducing sugars[43])[25]): **175** ('48) 67–71. — Structure of a new cyclohexose produced from d-inositol by biological oxidation[48]): 929–37. — Oxidation of d-quercitol by Acetobacter suboxydans[48]): 939–43. — Procedure for the study of certain enzymes in minute amounts and its application to the investigation of cytosine deaminase[39]): 993f. — Separation and estimation of purines and pyrimidines in minute amounts[82]): **176** ('48) 703–14. — Composition of the pentose nucleic acids of yeast and pancreas[82]): 715–34. — Composition of the desoxypentose nucleic acids of thymus and spleen[82])[16])[25])[u.a.]): **177** ('49) 405–16. — Nucleoproteins of avian tubercle bacilli[63]): 417–28. — Microbial nucleic acids[82])[85]): 429–38. — Evidence of the existence of a core in desoxyribonucleic acids[85]): **178** ('49) 531f. — Studies on the desoxypentose nuclease of yeast and its specific cellular regulation[85]): **180** ('49) 727–40. — Lipoprotein particles of yeast cells[52]): 741–46. — Separation and estimation of ribonucleotides in minute quantities[48])[82])[16]): **186** ('50) 37–50. — Nucleotide composition of pentose nucleic acids from yeast and mammalian tissues[48])[82])[25])[u.a.]): 51–67. — Studies on the diversity and the native state of desoxypentose nucleic acids[85]): 207–19. — Dissymmetry in nucleotide sequence of desoxypentose nucleic acids[85]): **187** ('50) 1–14. — The composition of the desoxyribonucleic acid of salmon sperm: **192** ('51) 223–30. — Procedures for the microestimation of nitrogenous phosphatide constituents[43]): 465–79. — Chromatographic behavior of analogs of the nitrogenous lipide constituents: 481–83. — The formation of apurinic acid from the desoxyribonucleic acid of calf thymus[78])[31]): **195** ('52) 49–63. — Composition of the desoxypentose nucleic acids of four genera of sea-urchin[45])[25]): 155–60. — Correlation between the action of pancreatic desoxyribonuclease and the nature of its substrates[78])[68]): **199** ('52) 313–27. — Distribution density of nucleotides within a desoxyribonucleic acid chain[78])[68])[45]): **203** ('53) 673–88. — Physical and chemical properties of the apurinic acid of calf thymus[78]): 689–94. — Polyribophosphate, the type-specific substance of Hemophilus influenzae, type b[85])[42])[2])[19]): 695–704. —

A study of inositol-containing lipides[29]): **206** ('54) 27–37. – Studies on nucleoproteins, 1: Dissociation and reassociation of the deoxyribonucleohistone of calf thymus[12])[45]): 499–510; ~ 2: Fractionation of deoxyribonucleic acids through fractional dissociation of their complexes with basic proteins[12])[45]): **211** ('54) 125–42; ~ 3: Deoxyribonucleic acid complexes with basic polyelectrolytes and their fractional extraction[73])[45]): **215** ('55) 765–75; ~ 5: Interactions[12]): **226** ('57) 157–64. – The nucleic acids of the sea-urchin during embryonic development[17])[26]): **209** ('54) 285–94. – On a deoxyribonuclease from germinating barley[10]): **210** ('54) 445–54. – A study of a mucolipide from ox brain[61]): **232** ('58) 1031–49. – Dynamics of ribonucleic acid formation [70]): **233** ('58) 197–202. – A reinvestigation of the cerebroside deposited in Gaucher's disease[61]): 1323–26. – Aspects of the stability of a bacterial ribonucleic acid[33])[47]): 1517–22. – Effects of fluoropyrimidines on the synthesis of bacterial proteins and nucleic acids[33])[64]): **235** ('60) 3266–72. – Studies on the stability of simple derivatives of sialic acid [36]): **239** (64') 949–57.

J. biophysic. and biochem. Cytol. Heteromorphic change of adult fibroblasts by ribonucleoproteins[7])[51]): **5** ('59) 25–34.

J. cellular and comparat. Physiol. x-Ray diffraction studies of certain lipide-protein complexes[54])[66]): **18** ('41) 43–47. – Some recent studies on the composition and structure of nucleic acids: **38** ('51) Suppl. 1, 41–59.

Nature [London] Isolation of desoxypentose nucleic acid from human sperm[85])[69]): **165** ('50) 756. – Composition of human desoxypentose nucleic acid[85])[25]): **756**f. – Separation of deoxypentose and pentose nucleic acids[85]): **168** ('51) 604f. – Specific requirements for the action of deoxyribonuclease[78]): 916f. – Bacterial enzyme preparations oxidizing inositol and their inhibition by colchicine[20]): 955–57. – Separation of calf thymus deoxyribonucleic acid into fractions of different composition [12])[45]): **172** ('53) 289–92. – Regularities in the composition of pentose nucleic acids[17]): **173** ('54) 1037f. – Inhibition of influenza virus haemagglutination by a brain lipid fraction[61]) [34]): **177** ('56) 234f. – The stoichiometric relationship between amino-acid and nucleotide residues in a ribonucleoprotein[17])[70]): **178** ('56) 682–84. – Protoplasts of E. coli as sources and acceptors of deoxypentose nucleic acid. Rehabilitation of a deficient mutant[67])[68]): **180** ('57) 851f. – Massive incorporation of 5-fluorouracil into a bacterial ribonucleic acid[33]): **184** ('59) 1213–15. – A bleached variant of Euglena gracilis showing a doubling of the content of deoxyribonucleic acid[10])[58]): **187** ('60) 1037f. – Severe distortion by 5-bromouracil of the sequence characteristics of a bacterial deoxyribonucleic acid[68]): **188** ('60) 62f. – Calculated composition of a messenger ribonucleic acid (RNA): **194** ('62) 86f. – Distribution of 5-bromouracil among the pyrimidine clusters of the deoxyribonucleic acid of E. coli[62])[68]): **195** ('62) 143–46. – Rhythmic alternations in the rate of synthesis and the composition of rapidly labelled ribonucleic acid during the synchronous growth of bacteria[62]): **203** ('64) 479–83.

Naturwissenschaften Die Pigmente der Sarcina lutea[15]): **20** ('32) 872f.

Nucleic Acids Isolation and composition of the deoxypentose nucleic acids and the corresponding nucleoproteins: **1** ('55) 307–71.

Proc. Soc. exper. Biol. and Med. Chemical composition of Bacterium tumefaciens[44]): **34** ('36) 675–77. – Mechanism of the action of heparin[86]): **43** ('40) 740–42. – Comparison of the cephalin-cholesterol flocculation with the thymol turbidity test[60])[27]): **60** ('45) 245–47.

Rend., Ist. lombardo Sci. e Lettere On the chemistry and function of nucleoproteins and nucleic acids: **89** ('55) 101–15.

Science [USA] The occurrence in mammalian tissue of a lipide fraction acting as inhibitor of blood clotting: **85** ('37) 548f. – Disintegration of macromolecular tissue lipoproteins[6]): **99** ('44) 147f. – Inhibition of mitotic poisoning by meso-inositol[77])[48]): **108** ('48) 556–59. – Desoxypentosenuclease in yeast and specific nature of its cellular regulation[85]): 628f. – Evidence for the occurrence of nor-epinephrine in the adrenal medulla[22])[18])[3]): **109** ('49) 534f.

Soc. biol. Chemists, India Biochemistry of the inositols: **1955**, 222–26.

Sowjetwissenschaft Nukleinsäuren als Träger biologischer Information: **1958**, 166–71.

Suomalaisen Tiedeakatemian Toimituksia, Sarja A II Remarks on the physiological importance of the nucleoside phosphotransferases: **60** ('55) 447–54.

Trans. Faraday Soc. Studies on the fractionation and composition of deoxyribonucleic acids: **50** ('54) 293f. – Recent studies on ribonucleoproteins and ribonucleic acids: **53** ('57) 257.

Vitamins Inositols[28])[40])[83])[46])[71])[13])[49]): **2** ('54) 322–86.

Mit: [1]) G. Abel; [2]) H. E. Alexander; [3]) E. J. Alston; [4]) R. J. Anderson; [5]) F. W. Bancroft; [6]) A. Bendich; [7]) H. H. Benitez; [8]) B. Binnie; [9]) M. Bovarnick; [10]) G. Brawerman; [11]) S. S. Cohen; [12]) C. F. Crampton; [13]) T. J. Cunha; [14]) H. M. DeLam; [15]) J. Dieryck; [16]) R. Doniger; [17]) D. Elson; [18]) M. Faber; [19]) P. L. Fitzgerald; [20]) R. E. Franzl; [21]) B. Gandelman; [22]) M. Goldenberg; [23]) F. Goodman; [24]) E. Gray; [25]) C. Green; [26]) T. Gustafson; [27]) F. M. Hanger; [28]) R. S. Harris; [29]) J. N. Hawthorne; [30]) A. Haywood; [31]) M. E. Hodes; [32]) B. M. Hogg; [33]) J. Horowitz; [34]) C. Howe; [35]) D. Hufnagel; [36]) J. D. Karkas; [37]) L. Kerin; [38]) A. S. Keston; [39]) J. Kream; [40]) H. A. Lardy; [41]) E. Lederer; [42]) G. Leidy; [43]) C. Levine; [44]) M. Levine; [45]) R. Lipshitz; [46]) A. H. Livermore; [47]) A. Lombard; [48]) B. Magasanik; [49]) A. T. Milhorat; [50]) D. H. Moore; [51]) M. R. Murray; [52]) M. A. Nyman; [53]) K. B. Olson; [54]) K. J. Palmer; [55]) M. C. Pangborn; [56]) Ph. F. Partington; [57]) A. O. Pogo; [58]) C. A. Rebman; [59]) D. Rittenberg; [60]) L. Recant; [61]) A. Rosenberg; [62]) R. Rudner; [63]) H. F. Saidel; [64]) J. J. Saukkonen; [65]) W. Schäfer; [66]) F. O. Schmitt; [67]) H. M. Schulman; [68]) H. S. Shapiro; [69]) L. B. Shettles; [70]) H. T. Shigeura; [71]) E. E. Snell; [72]) J. H. Spencer; [73]) P. Spitnik; [74]) D. B. Sprinson; [75]) N. Z. Stanacev; [76]) M. Stanley-Brown; [77]) R. N. Stewart; [78]) C. Tamm; [79]) L. W. Trent; [80]) T. Tsumita; [81]) M. Tunis; [82]) E. Vischer; [83]) E. R. Weidlein, jr.; [84]) R. West; [85]) St. Zamenhof; [86]) M. Ziff; [87]) A. Danon; [88]) O. W. Garrigan; [89]) S. Morisawa; [90]) P. Rüst; [91]) A. Temperli.

IV–VI **CHARLIER,** Carl Vilhelm Ludvig. Astron. — 1927–34 Prof. Emeritus, Univ. Lund. — '24 Minnesmedalj (Fysiografiska Sällskapet i Lund); '24 Watson Medal (Nation. Acad. Sci., Washington, D.C.); '33 Bruce Gold Medal (Astron. Soc. of the Pacific). (⊠)

*1862, Apr. 1, Östersund;

†1934, Nov. 5, Lund.

Zur Biogr. G. Malmquist, Kungl. svenska Vetenskapsakad. Årsbok **1960**, 385–405 (m. Bildn., Faks.). — Observatory **56** ('33) 140. — Populär astron. Tidskr. **14** ('33) 87. — Porträtgallerie der Astronomischen Gesellschaft (Budapest '31) 16 (m. Bildn.). — Publ. astron. Soc. Pacific **45** ('33) 5.

Nekr. K. Graff, Almanach Akad. Wiss. Wien **85**.1935 ('36) 265–69. — K. L., Monthly Notices roy. astron. Soc. **95** ('35) 339–42. — E. S., Nordisk astron. Tidsskr. **15** ('34) 154f. (m. Bildn.). — Himmelswelt **45** ('35) 81. — Observatory **58** ('35) 59. — Populär astron. Tidskr. **15** ('34) 154–56. — Publ. astron. Soc. Pacific **46** ('34) 367. — Revista astron. **7** ('35) 142f. — Sterne **15** ('35) 31.

Populär astron. Tidskr. Die Stellung der Astronomen zur Religion: **13** ('32) 16–21 [schwed.].

VI **CHARMANDARJAN,** Mamikon O. Chem. — 1929– Prof. anorg. u. analyt. Chem., Inst. f. Mechanisierung u. Elektrifizierung d. Landwirtschaft; Dir., Inst. f. angewandte physikal. Chem., Char'kov. — Weitere Daten nicht bekannt. (⊠)

*1896, Jan. 17, Tibilisi.

Bull. Soc. chim. France Préparation de l'hydrazine par action de la chaux vive et du méthylate de sodium sur le chlorure d'hydrazinium: **1951**, 325–27. — Solution colloïdale d'hydroxyde de fer en présence d'ions SO_4^{2-} [1]): 327–29. — L'action réciproque du chlorure de sodium et du chlorure ferrique sur la solution colloïdale d'hydroxyde ferrique non dialysée[1]): **1952**, 95–97. — Le comportement du colloïde en présence d'électrolyte pendant le processus de sa formation[1]): 97–99. — Corrosion et formation de sol négatif d'hydrate ferrique[1]): 99–101. — Action des métaux sur les nitrates d'ammonium et d'hydrazine et le sulfate de sodium: 975f.

Physikalische Z. Sowjetunion Einfluß der Reaktion des Mediums im Moment der Koagulation auf die Struktur des Silicagels, 1[7]): 4 ('33) 172–84. — Über einige Erscheinungen bei der Bewegung einer der Elektroden im Elektrolyten und über das elektrokinetische Potential[9]): 334–39.

Ukraïns'kyj chem. Ž. Einfluß der Reaktion des Mediums im Moment der Koagulation auf die Struktur des Silicagels[7]): **8** ('33) 1–15. — Zur Frage über die Adsorption von Dämpfen (Benzol) aus Luft durch alkalische, neutrale und saure Silicagele[5]): 21–31. — Platinkatalysator auf Silicagel[4]): 36–43. — Über einige Erscheinungen bei der Bewegung einer der Elektroden im Elektrolyten und das elektrokinetische Potential[9]): 44–48. — Vanadiumkatalysatoren in der Schwefelsäurefabrikation[2]): 49–57. — Mangan als Katalysator in der Schwefelsäurefabrikation[2]): 58–65. — Die katalytische Darstellung von Chlor aus Salzsäure[11]): 68–71. — Trockene Regeneration von Schwefel aus Schwefelwasserstoff[5])[3]): 72–88. — Darstellung von Natriumferrit nach dem Löwigverfahren, 1[8]): 95–103. — Gewinnung von Bariumchlorid durch Einwirkung von Chlor auf Bariumsulfid[2]): 110–15. — Gewinnung von Bariumchlorid durch Einwirkung von Chlor auf Bariumsulfat (Schwerspat)[2]): 116–18. — Gewinnung von Bariumchlorid durch Einwirkung von Chlorwasserstoffgas auf Bariumsulfat[2]): 119–24. — Leinwandkonservierung für Filterpressen[12]): 125f. — Die Wirkung der Gifte auf die Vanadiumkontaktmasse und die Bekämpfung derselben[2]): 413–21. — — Alle Arbeiten ukrain.

Ž. chim. Promyšl. Eigenschaften von sauren und alkalischen Silicagelen[5]): **1932**, Nr. 7, 31–34. — Wirkung von Giften auf Vanadiumkontaktmassen und die Bekämpfung derselben[2]): **1933**, Nr. 9, 35–38. — Einige Bemerkungen zur technologischen Anpassung des Prozesses der Verwertung von Gips und Anhydriten zur Gewinnung von Schwefelsäure und Portlandzementklinkern[8]): **1934**, Nr. 4, 42–44. — Zerstäubercarbonisierung und Absorption bei der Sodafabrikation[6]): **1936**, 1292–96. — — Alle Arbeiten russ.

Ž. fizič. Chim. Der Einfluß der Reaktion des Mediums im Moment der Koagulation auf die Struktur des Silicagels[7]): **5** ('34) 165–74. — Über einige Erscheinungen bei der Bewegung einer der Elektroden im Elektrolyten und über das elektrokinetische Potential[9]): 310–13. — Der Einfluß des Koagulations- und Aktivierungsmediums auf die Eigenschaften von Silicagelen[5]): **6** ('35) 1425–28. — Über den Einfluß des gesamten Porenvolumens in Silicagelen auf die Adsorption von Schwefeldioxidgas[5]): 8 ('36) 300–05. — Adsorption von Arsentrioxid an verschiedenen Silicagelen[5]): 929–32. — — Alle Arbeiten russ.

Ž. prikl. Chim. Die Darstellung von metallischem Eisen aus Eisenoxid (Fe_2O_3) durch Reduktion mittels Wasserstoff[8]): **5** ('32) 350–52. — Der Einfluß von Trägern auf die kontaktierende Fähigkeit des Vanadiumpentoxids[2]): **7** ('34) 725–28. — Die katalytische Lösung von Kupfer in Schwefelsäure[4]): 736–39. — Eine Methode zur Herstellung von Mangankatalysatoren für die Regenerierung von Schwefel aus Schwefelwasserstoff[5]): **9** ('36) 23–25. — Einfluß einiger Faktoren bei der Verwendung von Stärke als Beschleuniger für das Absetzen des Schlammes bei der Herstellung von Lauge nach der Kalkmethode[10]): 34–36. — Silicagel aus Nephelin[13]): 298–303. — — Alle Arbeiten russ.

Mit: [1]) N. N. Andronikova; [2]) K. I. Brodovič; [3]) A. E. Burjak; [4]) G. D. Dachnjuk; [5]) E. L. Kapelevič; [6]) Ju. P. Kotelevskij; [7]) V. K. Markov; [8]) G. V. Marčenko; [9]) B. I. Pervušin; [10]) A. V. Petrov; [11]) G. V. Prichodko; [12]) L. I. Sivopljas; [13]) N. I. Troickaja.

IV–VI **CHARPY,** Augustin Georges Albert. Metallurgie, Chem. — 1898 Ingénieur, 1903 Dir. de l'Usine S.-Jacques de Montluçon, '06 Dir., Etablissement du Centre; '16 Sous-Dir. technique, Forges de Châtillon-Commentry; en outre '20 Sous-Dir. général de la Compagnie des Aciéries de la Marine d'Homécourt; '20–21 Prof. Métallurgie, Ecole Nationale des Mines, Paris; '22–36 Prof. Chimie, Ecole Polytechnique, Paris. (⊠)
*1865, Sept. 1, Oullins, Rhône;
†1945, Nov. 25, Paris.

Zur Biogr. Annales chim. analyt. **27** ('45) 227f.

Nekr. R. Barthélemy, Notices et Discours, Acad. Sci., Paris **2** ('49) 633–38 (m. Bildn., Faks.). — A. Portevin, ibid. 471–76. — M. Caullery, C. R. hebd. Séances Acad. Sci., Paris **221** ('45) 677–79. — L. Guillet, Revue Métallurgie [Paris] **42** ('45) 368–72 (m. Bildn., Schr.verz. 161 Nrn.). — A. Portevin, Métaux et Corrosion **20** ('45) 163f.

W. Notions élémentaires de sidérurgie (m. P. Pingault) (Paris '46) 7+259 S.

Chimie et Industrie L'œuvre de Henry Le Chatelier: **36** ('36) 669–72.

C. R. hebd. Séances Acad. Sci., Paris Sur la définition de la nuance des aciers: **204** ('37) 1774–76. — Sur le dosage du silicium dans les aciers: **205** ('37) 506–09. — Rapport de la Fondation Henry Le Chatelier: 1322. — Sur un dilatomètre non différentiel: **212** ('41) 1112–15. — Sur les traitements thermiques des aciers: **213** ('41) 421–24. — Sur l'agglomération des cendres de pyrites[1]): **218** ('44) 632–34.

Notices et Discours, Acad. Sci., Paris Les idées directrices et l'œuvre de Le Chatelier: **2** ('49) 59–65.

Revue Métallurgie [Paris] Henry Le Chatelier et la métallurgie: **34** ('37) 19–35.

Mit: [1]) R. Clavère.

V, VI **CHARRIER,** Gaetano. Chem. (pharmaz., toxikol.). — 1930–52 Prof. ord., Dir. dell'Ist. di Chim. farmac. e tossicol., '52–57 Prof. fuori ruolo, '57 Prof. emerito, Univ. di Bologna.
*1882, Febr. 7, Torino;
†1958, Dez. 4.

Nekr. E. Ghigi, Chimica e Industria **41** ('59) 161–64 (m. Bildn., Faks.).

S. Atti del IV° Congresso nazionale di chimica pura ed applicata, Roma 1932 (Roma '33) 446–54: Sulla costituzione dell'1,9-benzantrone-(10). Nota preliminare[2]). — Trabajos del IX Congreso internacional de química pura y aplicada, Madrid 1934, **4** (Madrid '35) 309–16: Costituzione del monoclorobenzantrone ottenuto per diretta clorurazione dell'1,9-benzantrone-(10)[2]). — Atti del X° Congresso internazionale di chimica, Roma 1938, **3** (Roma '39) 58–64: L'influenza dei sostituenti del nucleo benzantronico sulla sua demolizione ossidativa.

W. Guida all'analisi chimica quantitativa [3](Torino '38) 193 S.; [5]('49) 201 S.; [6]('59) 207 S. — Chimica farmaceutica inorganica. Lezioni 1945/46 (E. Ghigi) (Bologna '46) 536 S. — Lezioni di chimica farmaceutica organica **2** (E. Ghigi) (Bologna '47) 27+701 S. — Guida al laboratorio di preparazioni chimiche inorganiche, organiche e farmaceutiche (Bologna '47) 294 S. — Chimica bromatologica e applicata all'igiene degli alimenti (E. Ghigi) [2](Bologna '48) 570 S. — Chimica farmaceutica organica **1** (E. Ghigi) (Bologna '49) 11+1088 S. — Trattato di chimica farmaceutica inorganica (E. Ghigi) (Bologna '54, '58) 605 S.

Annali Chim. farm. Nuovi derivati piridinici dotati di azione analettica e cardiotonica[3]): **1938**, 9–17. — Contributo allo studio dei chemioterapici delle malattie da infezione batterica[1]): 21–24. — Le marche di p-aminobenzoildietilaminoetanolo esistenti sul mercato italiano[2]): **1939**, 7–23.

Atti reale Accad. nazion. Lincei, Rend. Azione dei ioduri di alchilmagnesio sull'(1,9)-benzantrone-(10)[2]): (6) **16** ('32) 257–62. — Azione dell'ammoniaca sull'acenaften-chinone[2]): 262–65. — Demolizione ossidativa del 4-fenil-1,9-

benzantrone-(10) con soluzione acetica di anidride cromica[2]): **24** ('36) 65–72. — Demolizione ossidativa del 4-fenil-1,9-benzantrone-(10) con soluzione alcalina di permanganato potassico[2]): 72–77. — Piridino-2,3-triazoli 8-sostituiti[3]): **26** ('37) 170–75.

Atti Soc. ital. Progr. Sci. Demolizione ossidativa dell'antrachinone[2]): **21**, 2, Roma 1932 ('33) 329–31. — Ossidazione della colesterina con anidride cromica in soluzione di acido acetico glaciale e anidride acetica[2]): **22**, 2, Bari 1933 ('34) 276f. — Sulla costituzione degli alchilbenzantroni ottenuti per azione degli alogenuri di alchilmagnesio sul benzantrone[2]): 277–80.

Ber. dtsch. chem. Ges. Über die Alkylierung und Arylierung von 1,9-Benzanthron-(10) mittels der Grignardierung. Oxydativer Abbau von 4-Phenyl-1,9-benzanthron-(10)[2]): **69** ('36) 2211–32.

Chimica e Industria Sulla scissione ossidativa dell'1,9-benzantrone-(10)[2]): **14** ('32) 419–. — Demolizione ossidativa del comune benzantrone[2]): **15** ('33) 347–. — Necrologio del Prof. Giorgio Errera: **16** ('34) 95–. — L'azione dei reattivi di Grignard sull'1,9-benzantrone-(10) e la demolizione ossidativa del 4-fenilbenzantrone[2]): **19** ('37) 182–87. — La demolizione ossidativa dell'1,9-benzantrone-(10) e dei suoi derivati di sostituzione: **20** ('38) 658–63.

Fundamenta radiol. [Berlin] La VI assemblea generale della Unione Radio Scientifica Internazionale: **4** ('39) 224–.

Gazz. chim. ital. Azione dei ioduri di alchilmagnesio sull' 1,9-benzantrone-(10)[2]): **62** ('32) 928–36. — Condensazione dell'acido ortobenzoilbenzoico colla resorcina[2]): **63** ('33) 630–34. — Demolizione ossidativa dell'1,9-benzantrone-(10)[2]): 685–97. — La deidrogenazione del pyridium e della neotropina: 6-aminopiridino-2,3-triazoli 8-sostituiti[3]): **68** ('38) 640–51. — Eteri ed esteri del trimetilenossifenantrene (Tentativi di demolizione graduale dell'1,9-benzantrone-(10))[3]): **72** ('42) 451–57.

Mit: [1]) M. Amorosa; [2]) E. Ghigi; [3]) M. Jorio.

IV–VI **CHASSY,** Antoine. Physik. — 1891–1928 Prof., '28– Prof. hon., Faculté Catholique des Sciences de Lyon.

*1868, Febr. 2, Charly, Rhône;
†1941, Febr. 1, Tassin la Demi-Lune, Rhône.

Nekr. Bull. Fac. cathol. Lyon **63** ('41) Nr. 1.

V, VI **CHÂTELET,** Albert. Math. — 1919 Maître de Conférences, '20–37 Prof. tit. et Doyen, Fac. Sci., Univ. de Lille; '24–37 Recteur, Académie de Lille; '37–40 Dir. de l'Enseignement du second degré au Ministère de l'Education Nationale; '40 Maître de Conférences, '40–45 Prof. sans chaire, '45–54 Prof. tit. Arithmétique et Théorie des Nombres, '49–54 Doyen, '54– Prof. et Doyen honoraire, Fac. Sci., Univ. de Paris; Membre du Conseil d'Administration du Centre National de la Recherche Scientifique. — '50 Grand Prix des Sciences mathématiques et physiques (Acad. Sci. Paris).

*1883, Okt. 24, Valhuon, Pas-de-Calais;
†1960, Juni 30, Paris.

Zur Biogr. P. Dubreil, Revue gén. Sci. pures et appl. **61** ('54) 184f.

Schriftenverzeichnis Annales Univ. Paris **19** ('49) 236–38.

MHZ. Enseignement math. 1956–1960.

MH. H. Poincaré, Œuvres 5: Algèbre et arithmétique (Paris '50).

S. Initiation au calcul (Paris '49) (Cahiers de pédagogie moderne): L'apprentissage des nombres. — Albert Einstein (Paris '55) (Les Cahiers rationalistes, Nr. 150): Hommage à Einstein. — Le déterminisme (Paris '56) (~ Nr. 152): Hommage à Paul Langevin. — Le rationalisme (Paris '57) (~ Nr. 160): Un rationaliste du 20e siècle: Etienne Rabaud. — Mathématiques d'hier et d'aujourd'hui (Paris '59) (~ Nr. 180): Evariste Galois. — Monographies de l'Enseignement mathématique **6** (Genève '63): Introduction à la théorie des nombres[1]).

W. L'arithmétique des idéaux (Alençon '50) 27 S. (Les Conférences du Palais de la Découverte, 25 mars 1950). — Arithmétique et algèbre modernes **1**: Notions fondamentales, groupes (Paris '54) 276 S.; **2**: Anneaux et corps, calcul algébrique, idéaux et divisibilité ('56) 8+451 S.

Annales sci. Ecole norm. sup. Arithmétique des corps abéliens du troisième degré: (3) **63** ('46) 109–60. — Algèbre des relations de congruence: **64** ('47) 339–68.

Annales Univ. Paris La définition dans le raisonnement mathématique: **24** ('54) 3–23.

Bull. math. Soc. Sci. math. et physiques Républ. popul. roumaine Chaînes et décompositions d'idéaux semi-premiers: **1** ('57) 5–10.

Colloques int. Centre nation. Rech. sci. Utilisation des matrices dans l'algèbre et l'arithmétique des corps de nombres algébriques: **24.** 1949 ('50) 21–25.

C. R. hebd. Séances Acad. Sci., Paris Une forme générale des théorèmes de Schreier et de Jordan-Hölder: **233** ('51) 1165f.

Education nation. Henri Poincaré: **1954,** mai.

Enseignement math. L'arithmétique des corps quadratiques, 1: Idéaux d'un corps quadratique: (2) **6** ('61) 81–139; ∼ 2: Divisibilité des idéaux, ∼ 3: Algorithme du tableau de valeurs, ∼ 4: Cribles: 161–93, 241–86.

Revue gén. Sci. pures et appl. Les chemins par lesquels avancent les sciences: **61** ('54) 272–77.

Revue sci. Les théorèmes de Jordan-Hölder et Schreier: **85** ('47) 579–96.

Außerdem zahlreiche mathematische Schulbücher sowie vervielfältigte Vorlesungsmanuskripte.

Mit: [1]) F. Châtelet.

VI **CHATLEY,** Herbert. Physik. — Ingenieur in Shanghai. (⊠)

*1885, London;

†1955, Jan. 17.

Nekr. Monthly Notices roy. astron. Soc. **116** ('55) 144. — Observatory **75** ('55) 40.

Engineering Terminal velocities: **149** ('40) 6f.

Isis The lunar mansions in Egypt: **31** ('40) 394–97.

J. brit. astron. Assoc. The planetary conjunction of Tî Hsing, 1078 B. C. [1]): **48** ('38) 166–71, 251–53, 318, 407. — The Platonic year: **58** ('48) 24–28. — Note to A. G. Shortt, The Venus tablet: 104f.

J. egyptian Archaeol. Egyptian astronomy: **26** ('40) 120–26; ∼ [2]): **27** ('41) 149–52.

J. Junior Instn. Engr. Engineering aspects of atomic energy: **57** ('47) 189–94.

Nature [London] Number 60 in time measurements: **131** ('33) 914. — China and the Maya calendars: **133** ('34) 798. — Chinese planetary observations: **137** ('36) 461. — Measurement of river bores: **138** ('36) 207.

Observatory The cycles of Cathay: **60** ('37) 171. — "The Heavenly Cover" - a study in ancient Chinese astronomy: **61** ('38) 10–21. — Notes on ancient Egyptian astronomy: **62** ('39) 100–04. — Egyptian celestial diagram: **63** ('40) 68–72. — Ancient Egyptian star tables and the dekans: **65** ('43) 121–25, 144f. — Astrology in China: **70** ('50) 124–26. — Notes on Babylonian astronomy: **71** ('51) 120f. — The Chinese astronomy of Huai Nan-Tzu: **72** ('52) 84f.

Occasional Notes roy. astron. Soc. Ancient Chinese astronomy: **1939**, 65–74.

T'oung Pao The true era of the Chinese sixty year cycle: **34** ('38) 138–45.

Mit: [1]) D. Macnaughton; [2]) R. Eisler.

IV–VI **CHATTAWAY,** Frederick Daniel. Chem. — 1906–44 Fellow (Tutor, Praelector), Queen's College, Univ. of Oxford. (⊠)

*1860, Nov. 9, Foleshill, Warwickshire;

†1944, Jan. 26, Torquay.

Nekr. G. R. Clemo, Obituary Notices Fellows roy. Soc. London **4** ('42/44) 713–16 (m. Bildn., Faks.). — G. D. Parkes, Nature [London] **153**('44) 335f. — J. J. Sudborough, J. chem. Soc., London **1944**, 356–58.

J. amer. chem. Soc. The condensation of butyl chloral hydrate with aryl hydrazines[7]): **54** ('32) 263–71.

J. chem. Soc., London Derivatives of 4,5-diketopyrazoline[1]): **1932**, 1022–26. — The condensation of chloral with tolyl- and nitrophenyl-ureas[9])[10]): **1933**, 30–32. — 2,4,6-Trichloroaniline[7]): 142f. — The action of bromine upon nitrophenylazoacetoacetates and related compounds[2]): 475–79. — The action of bromine upon arylazobenzoylacetones[11]): 480–82. — The condensation of formaldehyde with p-nitrophenol[5]): 699f. — The α αβ-trihalogenated butaldehydes[7])[13]): 993–95. — The action of chlorine upon the nitrophenylazoacetoacetates[2]): 1143–46. — The action of chlorine upon the 3-carbethoxy-4-hydroxy-1-nitrophenylpyrazoles[2]): 1389–93. — The interactions of chloro-substituted aldehydes with chloro-substituted arylhydrazines[1]): 1488–90. — The action of halogens upon the nitrophenylazobenzoylacetones[2]): 1624–27. — Isomeric6,6'-di-(2,4-bistrichloromethyl-1,3-benzdioxinyl)sulphones[3]): **1934**, 43–45. — The condensation of chloral and bromal with diamides[8]): 109–13. — The action of alkalis upon substituted benzdioxins[7]): 325–30. — The formation of carbinols in the condensation of aldehydes with hydrocarbons[12]): 701–03. — The action of halogens upon the arylazoacetylacetones[2]): 930–35. — The action of chlorine, bromine, and iodine monochloride upon arylazoacetoacetates and related compounds[2]): 1985–88. — The action of halogens upon the arylhydrazones of unsaturated aldehydes[7]): **1935**, 90–92. — The 3-carbethoxy-4-hydroxy-1-nitrotolylpyrazoles[2])[6]): 117–20. — Derivatives of 3,5-dihalogen-substituted anilines[14]): 1005–08. — The condensation of halogen-substituted aldehydes with nitromethane[15]): 1178f. — The action of ammonia upon esters: **1936**, 355–58. — The condensation of halogen-substituted aldehydes with nitro-paraffins[4])[14]): 1294f. — The action of amines on esters of the trichloronitrohydroxyparaffins[4])[14]): 1530–32. — The action of diazonium salts on the trichloro-α-nitro-β-acetoxy-paraffins[4])[14]): 1693f.

Proc. roy. Soc., London, Ser. A The condensation of chloral with urea and phenyl urea[8]): **134** ('31/32) 372–84. — The action of halogens upon arylazoacetoacetates and related compounds, 1 [11]): **135** ('32) 282–99; ∼ 2 [11]): **137**

('32) 489–503. — The condensation of bromal with urea[8]): 481–88.

Mit: [1]) A. Adair; [2]) D. R. Ashworth; [3]) A. E. Bell; [4]) J. G. N. Drewitt; [5]) R. M. Goepp; [6]) M. Grimwade; [7]) H. Irving; [8]) E. J. F. James; [9]) G. M. T. Kerr; [10]) C. G. Lawrence; [11]) R. J. Lye; [12]) R. J. K. Muir; [13]) G. H. Outhwaite; [14]) G. D. Parkes; [15]) P. Witherington.

IV–VI **CHATTOCK,** Arthur Prince. Experimentalphysik. — 1889–93 Lecturer, 1893–1910 Prof., Univ. College, Bristol; '20– Prof. Emeritus at University Laboratories, Univ. of Bristol; '10–19 Private studies at Crowcombe, Somerset. (☒)

*1860, Aug. 14, Solihull, Warwickshire; †1934, Juli 1, Clifton, Bristol.

Ehrung Chattock Research Studentship in the Wills Physical Laboratory, Univ. of Bristol.

Nekr. F. G. Hopkins, Proc. roy. Soc., London, Ser. A **148** ('35) 8. — A. M. Tyndall, Proc. physic. Soc. **46** ('34) 900f. — Nature [London] **134** ('34) 15f. — Obituary Notices Fellows roy. Soc. London **1** ('34) 293–98 (m. Bildn., Faks.).

V, VI **CHAUDIER,** Jules. Physik. — 1894–1910 Préparateur, Fac. des Sciences de Montpellier; '08 Dr. ès-sc. physiques, '10 Dr. en droit; '10–18 Maître de Conférences, Fac. des Sciences de Grenoble; '18–32 Prof., '21–32 Doyen, Fac. des Sciences de Besançon.

*1865, Mai 6, Vauvert, Gard; †1932, Febr. 28, Besançon.

VI **CHAUDRON,** Georges Léon. Chem., Metallogr. — 1928 Chargé du Cours de Chim. appliquée, '30–38 Prof. tit., Dir. de l'Inst. de Chimie, Fac. des Sciences de Lille; '39–47 Prof. sans Chaire, '47– Prof. hon., Fac. des Sciences de Paris; '39– Chargé de Conférences, Ecole Normale Supér. de Sèvres; '39– Dir. du Laboratoire Central des Traitements Chimiques (Laboratoire de Vitry) du Centre National de la Recherche Scientifique; '50– Dir., puis Dir. hon., Ecole Nationale Supérieure de Chimie, Paris; '51– Membre du Comité Scientifique du Commissariat à l'Energie Atomique et Consultant permanent sur les questions de Métallurgie. — '46 Dr. h. c. (Univ. de Bruxelles); Dr. h. c. (Univ. di Ferrara); '58 Dr. h. c. (Univ. Gent). — '30 Prix Kuhlmann (Soc. des Amis des Sciences de Lille); '32 Médaille d'Or (Soc. de l'Encouragement pour l'Industrie Nationale); '34 Prix Houzeau, '34 Médaille Berthelot, '40 Prix L. La Caze de Chimie, '51 Prix Schutzenberger (Acad. Sci. Paris); '38 Prix Lasserre (Ministère de l'Education Nationale); '50 Medaglia d'Oro Luigi Losana (Soc. Ital. di Metallurgia); '56 Institute of Metals Medal in Platinum; '56 Medaille (Univ. Gent); '57 Grande Médaille Floris Osmond (Soc. Française de Métallurgie).

*1891, Apr. 29, Fontenay-sous-Bois, Seine.

Zur Biobibliogr. Notice sur les titres et travaux scientifiques de M. Georges Chaudron (Chartres '54) 107 S. (m. Schr.verz. 139 Nrn.).

S. Traité de chimie minérale (P. Pascal) **9** (Paris '33) 639–755: Fer: Métal et oxydes; **12** ('34) 812–27: Métallurgie du fer. — 14e Congrès de chimie industrielle, Paris 1934, Communications présentées **1** (Paris '35) 4 S.: Die Reinigung von Magnesium durch Verdampfung[23]) [franz.]; 5 S.: Sur la transformation de la zircone[53]). — 15e Congrès de chimie industrielle, Bruxelles 1935, **1** (Paris '37) XC–XCVIII: Gase in Metallen [franz.]. — Reine Metalle (A. E. van Arkel) (Berlin '39) 111–26: Magnesium; 126–35: Calcium; 135–37: Strontium; 137–41: Barium. — Journées des états de surface, Paris 1945 (Paris '47): L'écrouissage superficiel de l'aluminium et du fer par abrasion[4])[25]); L'étude de l'état de surface de l'aluminium par la mesure du potentiel de dissolution[37])[25]). — Pittsburgh international conference on surface reactions, 1948 (Pittsburgh, Pa. '48) 165–67: Etude micrographique de l'oxydation du fer et des transformations du protoxyde de fer. — Proc. 11th International congress of pure and applied chemistry, London 1947, **1** (London '50) 87–103: Progrès réalisés, dans la solution de quelques problèmes de chimie minérale grâce à l'emploi, dans la méthode d'analyse des poudres crystallines par diffraction des rayons x, d'un monochromateur à lame courbe et d'une chambre à focalisation[18]). — Réactions dans l'état solide, Paris 1948 (Paris '50) (Colloques internat. du Centre nation. de la recherche sci., 10): Préface[4]); Synthèse des apatites par réaction dans l'état solide[46]); Etude du processus de décomposition du protoxyde de fer[4]). — La chimie des hautes températures, Paris 1954 (Paris '55) (∼ 11) 155–61: Das System Zirkoniumoxid–Titanoxid; die Umwandlung von Phasen beim Abschrecken von hohen Temperaturen[46]) [franz.]. — Radioisotope techniques. Proc. of the Isotope techniques conference, Oxford 1951, **2** (London '–): Analyses of the traces of sodium and copper in high purity aluminium by pile-activation[1])[10]). — Proc. 2nd Radioisotope conference, Oxford 1954, **2** (London '54): Sur l'emploi des radioisotopes pour l'étude de la purification des métaux par la méthode de la zone fondue[1])[32])[49]). — Proc. International symposium on the reactivity of solids, Gothenburg 1952 (Göteborg '54) 9–20: Contribution à l'étude des réactions dans l'état solide; Cinétique de la transformation aragonite-calcite[31])[41]). — Silicium, Schwefel, Phosphate. Colloquium der Sektion für anorganische Chemie der Internationalen Union für reine u. angewandte Chemie, Münster 1954 (Weinheim, Bergstr. '55) 172–78: Considérations générales sur le problème des apatites. — Congrès international de l'aluminium, Paris 1954, **1** (Paris '55) 179–83: Application d'une nouvelle méthode physique "la zone fondue" à la purification extrême de l'aluminium et son extension à d'autres substances; 191–93: Le microdosage du carbone dans les aluminiums de haute pureté[1])[39])[43]). — Trabajos III° Reunión internacional sobre reactividad de los sólidos, Madrid 1956, **1** (Madrid '57) 57–72: Verschiedene Reaktionsmechanismen und Umwandlungen im festen Zustand[13])[3]) [franz.]. — 17. Internationaler Kongreß für reine und angewandte Chemie, München 1959, **1** (Weinheim, Bergstr. '60) 229–42: Sur nouvelles propriétés des métaux de très haute pureté obtenus par des méthodes physiques, p. e. par la technique de la zone fondue.

W. Sublimation et distillation du magnésium et du calcium (m. J. F. G. Hérenguel) (Paris '36) 10+62 S. — Corrosion; Essais de corrosion (Paris '44) 15 S. (Syndicat des constructeurs français de machines-outils. Centre syndical de documentation et de formation des techniciens de la machine-outil. 1944). — Henry Le Chatelier, fondateur de la science métallurgique et les expériences fondamentales de Lavoisier (Alençon '47) 30 S. (Les Conférences du Palais de la Découverte, 1er septembre 1940). — Introduction à l'étude de la corrosion métallique dans les industries pétrolières et chimiques (m. M. Ballay, J. Bénard, J. Duflot, P. Lacombe, A. Portevin) (Paris '52) 220 S.

Aciers spéc., Métaux et Alliages Korrosionstheorien: **9** ('34) 301–10 [franz.]. — Die Reinigung von Magnesium und Calcium durch Destillation[23]): 415–17 [franz.].

Alluminio La pureté des métaux et certains progrès modernes de la métallurgie: **28** ('59) 109–14.

Annali Univ. Ferrara, Sez. V Recherches sur la corrosion intercristalline dans les cas de métaux très purs et leurs rapports avec le problème de la corrosion des aciers inoxydables: **1956**, Nr. 1, Suppl., 3–11 (m. ital. Zusammenfassg.).

Archiv Metallkunde Beitrag zur Frage der Beizsprödigkeit von einkristallinem Eisen[36]): **2** ('48) 308–11.

Bull. Assoc. techn. Fonderie Beitrag zur Untersuchung der Aluminium–Magnesium-Gußlegierungen: **10** ('36) 442–45. — Gase in Metallen: **11** ('37) 4–12. — Die Frage der Entfernung gasförmiger Verunreinigungen aus Aluminium: 410–15. — Die Schnellmethoden zur Bestimmung von Gasen in Metallen. Betrachtungen über die Rolle der analytischen Chemie in Kriegszeiten: **14** ('40) 2–7. — — Alle Arbeiten franz.

Bull., Soc. chim. Belgique Quelques applications de l'analyse thermomagnétique à l'étude des oxydes de fer: **44** ('35) 339–50.

Bull. Soc. chim. France Contribution à l'étude de la déshydratation de la lépidocrocite naturelle et de la lépidocrocite artificielle[21]): (5) **2** ('35) 119–25. — Au sujet des mémoires sur la corrosion du fer de M. Ronceray[24]): **4** ('37) 370f. — La formation d'états ordonnés précédant la précipitation des solutions solides d'aluminium[25]): **7** ('40) 361f. — Sur le mécanisme de la réaction d'oxydation superficielle du fer[29])[4]): **11** ('44) 175–79. — Sur le mécanisme de la diffusion de l'hydrogène dans le palladium à la température ordinaire[29])[4]): **12** ('45) 336–40. — Etude du processus de décomposition du protoxyde de fer[4]): **1949**, D 117–19. — Synthèse des apatites par réaction dans l'état solide[46]): D 132–34. — Etude par dilatométrie isotherme de la cinétique des transformations aragonite-calcite et vatérite-calcite[41])[18]): D 204–12. — Microdosage par voie chimique du carbone dans le fer irradié par les deutons[1])[43]): **1953**, C 97–102. — Contribution au problème des traces ultimes d'impuretés dans les métaux: **1954**, 419–22. — Les recherches principales de Paul Lebeau: **1961**, 4–9. — Les nouvelles propriétés physiques et chimiques des métaux de très haute pureté obtenus par la méthode de la zone fondue: 18–25. — Marcel Guichard †: 867–69.

Bull. Soc. franç. Minéral. (et Cristallogr.) Etude physico-chimique des oolithes dans les minerais de fer de Lorraine[4])[30]): **67** ('44) 373–81. — Exemples d'application d'une méthode métallographique à quelques problèmes cristallographiques: Emploi de la méthode d'analyse dilatométrique: **77** ('54) 974–88. — Application des rayons x à l'étude d'un amas d'ossements mis à jour en Syrie par MM. Louis Dubertret et Maurice Dunand[46]): **78** ('55) 116–22. — Pierre Chevenard †: **84** ('61) 1f.

Bull. Soc. roy. belge Ing. et Industriels Quelques travaux de la commission française des états et propriétés de surface des métaux: **1951**, 261–.

Chimie et Industrie Über die Darstellung von reinem Magnesium durch Destillation und Sublimation[23]): **27** ('32) Num. spéc. 3bis,

348–50. – Beitrag zur Kenntnis der feuerfesten Oxide[20]): 397–400. – Einige Gesichtspunkte bezüglich der Schnellkorrosionsproben in Seewasser[24]): **31** ('34) Num. spéc. 4bis, 572–74. – Das Problem Gase in Metallen: **35** ('36) 759–67. – Vorläufige Ergebnisse von Korrosionsdauerversuchen in der natürlichen Atmosphäre: **41** ('38) Num. spéc. 4bis, 42–50. – – Alle Arbeiten franz.

Colloques int. Centre nation. Rech. sci. Propriétés des composés ferromagnétiques non métalliques[29])[4]): **27**.1950 ('51) 41–53.

Corrosion et Anticorrosion L'intérêt des recherches sur la corrosion et la protection des métaux dans la réalisation des grandes techniques modernes: **7** ('59) Nr. 2, 37–45.

C. R. hebd. Séances Acad. Sci., Paris Sur les méthodes d'essais de corrosion des métaux[24]): **194** ('32) 180f. – La sublimation du magnésium dans le vide et sa coulée sous atmosphère d'argon[23]): **195** ('32) 1272–74. – Dissociation du sesquioxyde de fer cubique[21]): **196** ('33) 406–08. – Systèmes cristallins des oxydes ferriques microcristallisés[21]): 925–27. – Résistance à la corrosion par l'eau de mer de certains alliages aluminium–magnésium[24]): 2002f. – Sur les transformations de la pyrrhotine et du sulfure ferreux[29]): **198** ('34) 1913–15. – Sur la constitution de la rouille[21]): **200** ('35) 127–29. – Contribution à l'étude des alliages formés par la solution solide aluminium–magnésium[14]): 1324–26. – Influence de l'aimantation à chaud et de la cristallisation sur la forme des courbes thermomagnétiques[29]): 2171–73. – Sur une nouvelle méthode d'extraction des gaz dans les métaux[36])[40]): **201** ('35) 212–14. – Etude du sesquioxyde de fer cubique stabilisé[29]): 1191–93. – Contribution à l'étude de la décomposition du protoxyde de fer[4]): **202** ('36) 1336–38. – Mécanisme de la décomposition des solutions solides aluminium–magnésium[25]): 1790–92. – Préparation de ferrites par substitution des ions ferreux dans la magnétite[4]): **204** ('37) 766–68. – Contribution à l'étude du rôle des gaz dans les métaux[40])[36]): 1252–54. – Quelques conséquences du procédé de dégazage des métaux à la température ordinaire[40])[36]): **207** ('38) 235–37. – Etude par rayons x du revenu de la solution solide aluminium–magnésium[25]): 860–62. – Solutions solides du sesquioxyde cubique de fer obtenues par oxydation de magnétites substituées[4]): 1410–12. – Caractères thermomagnétiques du sesquioxyde de fer cubique[29]): **208** ('39) 90–92. – Sur les étapes du revenu des solutions solides aluminium–magnésium–zinc et leur durcissement structural[25]): 1731–33. – Propriétés mécaniques après durcissement structural des alliages aluminium–magnésium–zinc à faible teneur en magnésium et en zinc[23]): **209** ('39) 109–11. – Au sujet du revenu de la solution solide aluminium–magnésium[25]): 306–08. – Sur l'état et la diffusion de l'hydrogène dans le fer pur à la température ordinaire[36]): **213** ('41) 790–92. – Phénomènes observés lors du chargement en hydrogène du fer monocristallin et polycristallin[36])[40]): **214** ('42) 554f. – Contribution à l'étude de cheminement de l'hydrogène dans le fer monocristallin et polycristallin[40])[36]): **215** ('42) 351–53. – Sur la mise en évidence du durcissement structural des alliages aluminium–zinc[23]): **216** ('43) 687–89. – Sur le rôle prépondérant des phases précipitées intermédiaires dans la corrosion des solutions solides au cours de revenu[25]): **217** ('43) 195–97. – Sur le dosage de l'azote par la méthode du bombardement ionique du fer nitruré[36]): 397–99. – Au sujet de la fragilité observée sur les solutions solides aluminium–zinc et aluminium–zinc–magnésium au cours de leur durcissement[23])[25]): **218** ('44) 404–06. – Influence de l'hydrogène sur le module d'élasticité du fer[36]): 507–09. – Diffusion et structure dans le système palladium–hydrogène[4])[29]): 913–15. – Nature zéolithique de l'eau du sulfate de calcium semihydraté et influence de son départ sur la transformation de l'anhydrite soluble en anhydrite insoluble[18]): **219** ('44) 29f. – Influence d'une faible quantité d'hydrogène sur le module d'élasticité du fer et mise en évidence d'une sous-structure du fer[36]): 206–08. – Préparation et propriétés de l'aluminium sursaturé en hydrogène[36]): 554f. – Sur une cause d'erreur dans la méthode de dosage par fusion dans le vide des gaz dissous dans l'aluminium[36]): **224** ('47) 829–31. – Etude de la structure et de la décomposition thermique des carbonates mixtes de strontium et de baryum[18]): **226** ('48) 249–51. – Relation entre la structure et les caractères physicochimiques de stabilité dans les cristaux mixtes de carbonates alcalino-terreux[18]): 903–05. – Sur le comportement des joints de grains au cours du processus de fusion de l'aluminium très pur[25])[47]): 1372f. – Etude cinétique par dilatométrie isotherme de la transformation de l'aragonite en calcite[41])[18]): **227** ('48) 390f. – Sur l'influence de faibles traces d'impuretés et de l'écrouissage sur la variation des propriétés mécaniques de l'aluminium au cours de sa recristallisation[12])[38])[25]): 432f. – Etude de la recristallisation de l'aluminium de haute pureté par traitements de recuit isothermes [12])[25]): 593–95. – Nouvelle détermination en absence d'oxygène du potentiel de dissolution de l'aluminium poli électrolytiquement[25])[48]): **229** ('49) 201–03. – Etude de la substitution, dans l'hydroxyapatite, du radical hydroxyle par le chlore ou le fluor, et dans la chlorapatite, du chlore par le fluor[46]): **230** ('50) 1867–69. – Sur la préparation des ferrites de lithium[13]): **231** ('50) 143–45. – Sur la préparation de certaines apatites mixtes[46]): 355–57. – Etude microradiographique des contours de grains de l'aluminium pur et de la solution solide aluminium–zinc au cours de leur fusion commençante[5])[25]): 576–78. — Influence de la déformation par lignes de Piobert sur l'aptitude au chargement du fer en hydrogène cathodique[16]): 620f. — Synthèse de la fluorapatite calcique par voie sèche à partir de différents phosphates de calcium[33]): **233** ('51) 318f. — Analyse des traces de sodium, de cuivre et de terres rares dans l'aluminium de haute pureté par la méthode d'activation à la pile[1])[10]): 1108–10. — Sur les modes de décomposition de la phase protoxyde de fer[13]): **234** ('52) 728f. — Sur l'action des phosphates tricalcique et bicalcique hydratés sur le fluorure de calcium en suspension dans l'eau [33]): 839f. — Etude par irradiation à la pile atomique de la ségrégation intergranulaire et interdendritique des traces d'impuretés dans l'aluminium très pur[32])[1]): **235** ('52) 477–80. — Influence de l'oxygène en solution solide dans les fers de haute pureté sur certaines propriétés magnétiques dans les champs alternatifs faibles[8])[17]): 1290–92. — Sur l'inhibition, par le phénomène de polygonisation, de la recristallisation du fer pur[44])[2]): **236** ('53) 818–20. — Analyse des impuretés métalliques dans le fer de haute pureté par la méthode d'activation à la pile: 1030f. — Mise en évidence par microscopie électronique, d'une sous-structure fine des cristaux de l'aluminium et de ses alliages[9]): 2323–25. — Influence de très faibles teneurs en impuretés sur la conductibilité électrique de l'aluminium raffiné aux très basses températures[10])[1]): **238** ('54) 686–88. — Sur l'application de la méthode de la zone fondue pour obtenir une purification très poussée de l'aluminium[32])[49])[1]): 815–17, 1366. — Sur la polygonisation du fer pur[44])[2]): 2162–65. — Sur la polygonisation de l'aluminium de différentes puretés[2])[44]): **239** ('54) 270–72. — Influence des impuretés sur la polygonisation de l'aluminium[34]): **240** ('55) 1167f. — Sur les variations de la composition chimique du protoxyde de fer: 1771f. — Sur l'affinage très poussé de l'uranium par la méthode de la zone fondue[1])[15])[27]): **244** ('57) 965–70. — Sur la purification très poussée du fer par la méthode de la "zone fondue"[44])[1]): 1577–79. — Remarques au sujet de la note de M. Wintenberger, Relation entre la nature de la déformation plastique de l'aluminium et l'aspect des taches de Laue: 2718. — Paul Walden †: **245** ('57) 769f. — Sur la purification du zirconium par la méthode de la zone fondue verticale[26])[28])[1]): **248** ('59) 35–40. — Sur la structure de l'hydrate de Van Bemmelen et sur l'existence d'une phase intermédiaire entre cet hydrate et le sesquioxyde de fer $Fe_2O_3\gamma$ [45])[13]): 1065–69. — Paul Lebeau †: **249** ('59) 2431–34. — Remarque au sujet de la note de J. Le Héricy, F. Bourelier, J. Montuelle, Sur l'aptitude à la polygonisation du cuivre purifié par zone fondue: **251** ('60) 1780f. — Remarque au sujet de la note de J. Maldy, Origine des contraintes produisant la polygonisation du fer de zone fondue soumis à une oxydation à haute température: **254** ('62) 274f. — Albert Portevin †: 4109–12. — Sur le chalumeau à plasma haute fréquence[50])[51])[52])[13]): **255** ('62) 2539–41. — René Perrin †: **262** ('66) Vie acad., 58–61.

Fonderia Entgasung von Aluminium: **13** ('38) 126–29 [ ].

Foundry Trade J. The problem of the elimination of gaseous impurities from aluminium: **56** ('37) 509f., 516 [auch in: Metal Industry [London] **50** ('37) 655–58; Aluminium and non-ferrous Rev. **2** ('37) 287–90].

Génie civil Phénomènes observés lors du chargement en hydrogène du fer monocristallin et polycristallin[36])[40]): **119** (62) ('42) 246f.

Helvetica chim. Acta Recherches récentes sur l'aluminium de très haute pureté: **31** ('48) 1553–70.

Industrie chim. belge L'intérêt des recherches sur la corrosion et la protection des métaux dans la réalisation des grandes techniques modernes: **23** ('58) 355–66 [m. fläm., engl. u. deutscher Zusammenfassg.]. — Anwendung von Radioelementen zur Untersuchung der Reinigung des Aluminiums[1])[19]): **24** ('59) Suppl. 1, 809–12 [franz.].

J. Inst. Metals Recent French investigations in the field of light alloys: **76** ('49) 1–16.

J. Physique et Radium La purification du magnésium par sublimation dans le vide et sa coulée sous argon[23]): (7) **4** ('33) 123S f. — Propriétés des composés ferromagnétiques non métalliques[29])[4]): (8) **12** ('51) 189–201.

Korrosion u. Metallschutz Beitrag zur strukturellen Bedeutung des Wasserstoffs bei der Beizsprödigkeit und bei der interkristallinen Korrosion des Eisens[36]): **18** ('42) 134–37.

Metal Treatment New properties and applications of pure metals: **24** ('57) 439–43.

Métaux Über die Wahl geeigneter Werkstoffe in der chemischen Industrie: **10** ('35) 417–32. — Beitrag zur Untersuchung der Elementbildung bei leitender Verbindung handelsüblicher Stahlsorten[25]): **11** ('36) 92–115. — Das wissenschaftliche Werk Henry Le Chateliers: 205–10. — — Alle Arbeiten franz.

Métaux et Corrosion Raffination von elektrolytisch hergestelltem Rohmagnesium und Umschmelzen unter Argon[23]): **13** ('38) 139f. [franz.]. — Classement des facteurs de la corrosion intergranulaire: **14** ('39) 71–74. — Sur les étapes du revenu des solutions solides aluminium–magnésium–zinc et leur durcissement structural[25]): 112f. — Henry Le Chatelier: **15** ('40) 65–67. — La classification périodique des éléments: 86–93. — Les propriétés mécaniques des alliages aluminium–magnésium–zinc[23]): **16** ('41) 33–37, 48–52. — Sur la formation d'une pellicule d'hydrogène à la surface de l'aluminium au cours du laminage[36]): 37–41. — Sur l'état de la diffusion de l'hydrogène dans le fer pur à la température ordinaire (fragilité au décapage)[36]): 124f. — Les applications de la diffraction des électrons et de l'analyse thermomagnétique à l'étude des pellicules qui se forment à la surface des métaux ferreux: **17** ('42) 37–41, 89–93, 155–59. — Le fer monocristallin n'acquiert plus la fragilité de décapage: 51–53. — Contribution au problème des gaz dissous dans les produits métallurgiques: 113–23. — Les deux modes de départ de l'hydrogène lors du recuit du fer[40])[36]): 175–77. — Les alliages Al–Zn–Mg à haute teneur en zinc[23]): **18** ('43) 30–33. — Contribution à l'étude de la fragilité du fer au décapage[36]): 43–48. — Sur le rôle prépondérant des phases précipitées intermédiaires dans la corrosion des solutions solides au cours du revenu[25]): 142f. — Sur le dosage de l'azote par la méthode du bombardement ionique dans le fer nitruré[36]): 153–55. — Influence de l'hydrogène sur le module d'élasticité du fer[36]): **19** ('44) 50f. — Influence d'une faible quantité d'hydrogène sur le module d'élasticité du fer et mise en évidence d'une sous-structure du fer[36]): 51f. — Diffusion et structure dans le système palladium–hydrogène[29])[4]): 52f. — Divers modes de fixation de l'hydrogène par les métaux: 92f. — Etude aux rayons x de la dislocation d'un cristal unique de fer par chargement d'hydrogène[4])[44]): 106. — Journées des états de surface: **20** ('45) 134–36. — Comparaison des essais de corrosion de longue durée de l'O.T.U.A. avec les essais rapides de laboratoire: **21** ('46) 21–24. — Principales recherches sur les techniques et les plus importantes applications des rayons x effectuées dans le monde entier pendant les années de guerre: 61–64. — La corrosion des canalisations enterrées et la protection cathodique: **23** ('48) 49.

Métaux et Machines Neuere Untersuchungen über den Schutz von Leichtmetallegierungen: **19** ('35) 18–20 [franz.].

Moniteur Prod. chim. Die Vorgänge bei der Rostbildung und verschiedene Rostschutzverfahren: **16** ('34) 12–16 [franz.].

Nature [London] Intergranular corrosion of pure aluminium in relation to the behaviour of grain boundaries during melting[25])[47]): **162** ('48) 854f. — Preparation of aluminium of extreme purity by the "zone fusion" process: **174** ('54) 923.

Proc., Inst. brit. Foundrymen Elimination of gaseous impurities from aluminium: **30** ('36/37) 253–68.

Recueil Trav. chim. Pays-Bas L'analyse par les radio-éléments de l'aluminium de très haute pureté obtenu par la technique de la zone fondue: **79** ('60) 502–09.

Revue Aluminium Properties and influences of metals of high purity: **23** ('46) 64 [franz.]. — Nouvelles propriétés de l'aluminium de très haute pureté: **38** ('61) 755–62.

Revue Métallurgie [Paris] Sur les potentiels de dissolution de l'aluminium et des alliages légers[25]): **33** ('36) 697–704. — Quelques principes de la corrosion en milieu humide des métaux et alliages: **40** ('43) 193–201. — Le durcissement structural de la solution solide aluminium–zinc[23]): **41** ('44) 33–41. — Journées des états de surface: **42** ('45) 305–07. — Essais de corrosion naturelle de longue durée sur divers aciers de construction dans l'air atmosphérique et dans différentes eaux de mer et de rivière, 2: Conduite des essais, interprétation des résultats, conclusions: **43** ('46) 17–67. — Propriétés physico-chimiques réelles des surfaces métalliques mises en évidence par le polissage électrolytique[25])[37]): **44** ('47) 87–90. — Les méthodes récentes de dosage de l'oxygène, de l'hydrogène et de l'azote dans le fer et les aciers et leurs principales applications: 144–54. — Les états de surface et les propriétés physico-chimiques réelles des métaux: **45** ('48) 61–67. — L'enseignement et la recherche métallurgique: **46** ('49) 645–52. — Etude de la recristallisation de l'aluminium pur par recuits isochrones et isothermes[12])[25]): 676–81. — Quelques recherches récentes effectuées en France dans le domaine des alliages légers: **47** ('50) 93–103. — Henry Le Chatelier, sa vie, sa carrière, son œuvre: **48** ('51) 10–18. — Etude micrographique de l'oxydation du fer et des transformations du protoxyde de fer[13]): 917–22. — Etude de la structure et des propriétés de la pellicule de protoxyde de fer formée sur la surface du fer de très haute pureté[13]): **49** ('52) 699–705. — Etude de l'oxydation du fer de haute pureté et des modes de décomposition de la phase protoxyde de fer[13])[42]): **50** ('53) 727–36. — Etude par la méthode des radio-éléments de la ségrégation des impuretés dans les joints fondus des aluminiums de haute pureté[32])[1]): 768–74. — Méthodes de préparation et d'analyse d'échantillons de fer de très haute pureté[44])[1])[10]): 817–28. — Recristallisation de l'uranium après passage des points de transformation[41])[28]): **51** ('54) 589–96. — Sur la polygonisation du fer très pur[44])[2]): 839–44. — Nouvelles propriétés et applications des métaux de haute pureté: **55** ('58) 407–16.

Revue univ. Mines, Métallurgie, Trav. publ., Sci. et Arts appl. Industrie Les mécanismes et les causes de la corrosion intergranulaire: (8) **15** ('39) 388–92. — Le problème des métaux purs: (9) **6** ('50) 285–91. — Les relations entre les états de surface et la corrosion des métaux: Numéro du Centenaire de l'Assoc. des ingénieurs sortis de l'Ecole de Liège ('47).

Science Rep. Tôhoku imp. Univ., Ser. I Nouvelle méthode pour extraire les gaz des

métaux et contribution à l'étude des gaz retenus par l'aluminium[40])[35]): Anniversary vol. Honda ('36) 933–39.

Technique moderne Le problème des métaux de haute pureté: **37** ('45) 137–45.

Usine Gasprobleme beim Aluminium: **52** ('43) Nr. 21, S. 8 [franz.].

Ferner Herausgabe von Kongreßberichten und weitere Beiträge in solchen.

Mit: 1) P. Albert; 2) C. de Beaulieu; 3) I. Behar; 4) J. Bénard; 5) A. Berghézan; 6) —; 7) —; 8) J. Bourrat; 9) P. Bussy; 10) M. Caron; 11) —; 12) H. Chossat; 13) R. Collongues; 14) R. Dandres; 15) O. Dimitrov; 16) J. Duflot; 17) I. Epelboïn; 18) R. Faivre; 19) J. Gaittet; 20) F. Gambey; 21) A. Girard; 22) —; 23) J. F. G. Hérenguel; 24) E. Herzog; 25) P. Lacombe; 26) J. P. Langeron; 27) J. Le Héricy; 28) P. Lehr; 29) A. Michel; 30) Mme A. Michel; 31) H. Mondange; 32) F. Montariol; 33) G. Montel; 34) J. Montuelle; 35) A. Moreau; 36) L. Moreau; 37) P. Morize; 38) M. Mouflard; 39) A. Nouaille; 40) A. Portevin; 41) M. Pruna; 42) R. Sifferlen; 43) P. Süe; 44) J. Talbot; 45) J. Thery; 46) R. Wallaeys; 47) N. Yannaquis; 48) G. Youssov; 49) R. Reich; 50) F. Galtier; 51) F. Leprince-Ringuet; 52) J. Reboux; 53) A. Gambey.

VI **CHAUMAT,** Henri Jules Eugène. Elektrochem. — 1896 Chef de Travaux, puis Prof. Mesures électr., Electrochim. et Electrométallurgie, 1901–19 Sous-Directeur, Ecole Supérieure d'Electricité, Paris; '19– Prof. d'Electricité industrielle, Conservatoire National des Arts et Métiers, Paris. — 1900 Médaille d'Or (Exposition universelle).

*1867, Febr. 7, Lyon;

†1942, Febr. 4.

Nekr. H. J., Revue gén. Electr. **51** ('42) 329f.

C.R. hebd. Séances Acad. Sci., Paris Sur un moteur électrique utilisant l'énergie cinétique d'ions gazeux[1]): **195** ('32) 305.

Mit: 1) E. Lefrand.

VI **CHAUNDY,** Theodore William. Math. — 1910–12 Lecturer, '12–56 Student and Tutor, '56 Student Emeritus, Christ Church, Univ. of Oxford. — '50 D. Sc. (Univ. of Oxford).

*1889, Jan. 19, Oxford.

MHZ. Quarterly J. Math., Oxford Ser. 1930ff.

W. The differential calculus (Oxford '35) 14 + 459 S. — The printing of mathematics (m. P. B. Barrett, Ch. Batey) (Oxford '54) 9 + 105 S.

Edinburgh math. Notes On a functional equation[4]): **43** ('60) 7f.

Ganita An integral for Appell's hypergeometric function $F^{(4)}$: **5** ('54) 231–35.

J. London math. Soc. Analytic implicit functions of a real variable: **7** ('32) 276–80. — The vanishing of the Wronskian: **8** ('33) 4–9. — The generating function of symmetrical functions: **10** ('35) 39–41. — On a trigonometric series: **12** ('37) 296–98. — E. G. C. Poole †: **16** ('41) 125–30. — Albert E. Jolliffe †: **21** ('46) 157–60. — Some hypergeometric identities: **26** ('51) 42–44. — Frank H. Jackson †: **37** ('62) 126–28.

Mathematical Gaz. "Properties of the triangle" in the Argand diagram: **32** ('48) 59–63. — John Smith's problem[6]): **44** ('60) 253–60.

Proc. Edinburgh math. Soc. On a functional equation[4]): **12** ('60) 7f.

Proc. London math. Soc. Plane partitions: (2) **35** ('33) 14–22. — Partial differential equations with constant coefficients, 1: **43** ('37) 280–88. — Hypergeometric identities of Cayley, Orr and Bailey[2]): **50** ('48) 56–74.

Proc. roy. Soc., London, Ser. A Commutative ordinary differential operators, 2: The identity $P^m = Q^m$ [2]): **134** ('31/32) 471–85.

Quarterly J. Math., Oxford Ser. The unrestricted plane partition: **3** ('32) 76–80. — Singular solutions of first-order differential equations: 238–40. — Maxima and minima: The semi-definite case: **4** ('33) 1–11. — Second-order linear-differential equations with polynomial solutions: 81–95. — Laplace's operator in curvilinear coordinates: 159f. — On the number of real roots of a quintic equation: **5** ('34) 10–22, 240. — Hypergeometric partial differential equations, 1: **6** ('35) 288–303; ∼ 2: **7** ('36) 306–15; ∼ 3: **10** ('39) 219–40. — The convergence of sequences defined by quadratic recurrence-formulae[5]): **7** ('36) 74–80. — A type of "magic square" in Tarry's problem[2]): **8** ('37) 119–30. — Systems of ordinary differential equations with constant coefficients[3]): 214–19. — Partial differential equations with constant coefficients, 2: 280–302. — Linear partial differential equations, 1: **9** ('38) 234–40; ∼ 2: **11** ('40) 101–10. — Expansions of Appell's double hypergeometric functions, 1[2]): 249–70; ∼ 2[2]): **12** ('41) 112–28. — Systems of total differential equations: 61–64. — Singular solutions of differential equations, 1: 129–47. — Expansions of hypergeometric functions: **13** ('42) 159–71. — An extension of hypergeometric functions, 1: **14** ('43) 55–78. — Arithmetic minima of positive quadratic forms, 1: **17** ('46) 166–92. — Differential equations with polynomial solutions: **20** ('49) 105–20. — Second-order linear differential equations with polynomial solutions: (2) **4** ('53) 81–95. — A hypergeometric identity: **6** ('55) 132–34. — On a functional equation[4]): **9** ('58) 202–06. — On Clausen's hypergeometric identity: 265–74. — Kummer's principle[1]): **12** ('61) 134–44. — Eigenvalues in problems with spherical symmetry and an associated integral[4]): **14** ('63) 205–12.

Mit: [1]) R. Bhatia; [2]) J. L. Burchnall; [3]) H. R. Launchbury; [4]) J. B. McLeod; [5]) E. Phillips; [6]) J. E. Bullard.

V, VI **CHAUVENET,** Edouard. Chem. (mineral., physikal.). — 1920–52 Prof., Dir. de l'Inst. de Chimie industrielle, '46–52 Doyen de la Fac. des Sciences, Univ. de Caen. — Medaglia d'Oro (Accad. Ligure di Scienze e Lettere, Genova).

*1881, Okt. 13, Bompas, Pyrénées orientales.

S. Trabajos IX Congreso internacional de química pura y aplicada, Madrid 1934, **6** (Paris '35) 222–24: Bestimmung des Bariumsulfats und des freien und gebundenen Siliciumdioxids in Eisenerzen[1])[2]) [franz.].

C.R. hebd. Séances Acad. Sci., Paris Sur les combinaisons anhydres du chlorure de thoryle avec les chlorures alcalins[4]): **194** ('32) 1078f. — Sur le dosage du sulfate de baryum dans les minerais de fer[1]): 1164–66. — Sur la recherche en solution aqueuse des combinaisons entre le chlorure de thoryle et les chlorures alcalins[3]): 1246f. — Sur le dosage du baryum dans les minerais de fer[1]): **195** ('32) 331f. — Sur les combinaisons du bromure de zirconyle avec les bromures alcalins[2]): **197** ('33) 410f. — Sur les combinaisons de l'iodure de zirconyle et des iodures alcalins[2]): **199** ('34) 575–77.

Mit: [1]) P. Avrard; [2]) J. Boulanger; [3]) R. Chauvenet; [4]) J. Tonnet.

VI **CHAVANNE,** Georges. Chem. — 1906 Chargé de Cours, '08 Prof. extraord., '10–41 Prof. ord., Directeur du Laboratoire de Chimie générale, Univ. de Bruxelles. — Prix Fondation Cahours, Prix Jecker (Acad. Sci. Paris). (⊠)

*1875, Okt. 9, Hôpitaux-Neufs, Dép. Doubs, Frankreich;

†1941, Juli 29, Bruxelles.

Nekr. J. Duclaux, La vie et les travaux de Georges Chavanne: Bull. Soc. chim. France, Mém. (5) **9** ('42) 845–49. — H. Wuyts, Rapport Année acad., Univ. libre Bruxelles **1939/40–1944/45** ('47) 222–31 (m. Schr.verz.).

Zur Biogr. H. Wuyts, Annuaire, Acad. roy. Belgique **128** ('62) Notices biogr., 3-34 (m. Bildn., Faks., Schr.verz.).

S. C.R. 2e Congrès national des sciences, Bruxelles 1935 (Bruxelles '35): Sur la contraction cyclique qui accompagne la déshydratation de l'o.methylcyclohexanol.

Bull., Soc. chim. Belgique Oxydation lente du diméthyl 1-2 cyclohexane[3])[4]): **41** ('32) 209–16. — Oxydation lente d'hydrocarbures acycliques saturés normaux: octane, nonane, décane[5]): 630–47. — Oxydation lente de quelques hydrocarbures cyclopentaniques à une chaîne latérale à des températures inférieures à leur point d'ébullition[2]): **42** ('33) 537–43. — Sur l'extension cyclique qui accompagne la déshydratation du diméthylcyclobutylcarbinol[1]): **51** ('42) 11–22.

Bull. Soc. chim. France, Mém. Sur la combustion lente d'hydrocarbures saturés cycliques: (5) **1** ('34) 361.

Mit: [1]) G. Chiurdoglu; [2]) G. Dupont; [3]) Mlle Katzenstein; [4]) Mme Pahlavouni; [5]) G. Tock.

VI **CHAZY,** Jean-François. Math., Astron. — 1934–41 Prof. Mécanique rationelle, '41–53 Prof. Mécanique analytique et Mécanique céleste, Fac. des Sci., Paris; jusqu'à '53 Examinateur de Mécanique, Ecole Polytechnique, Paris; jusqu'à '53 Prof. Analyse mathématique, Ecole Centrale des Arts et Manufactures, Paris. — '12 Grand Prix des Sciences math., '22 Prix Benjamin Valz, '32 Prix G. de Pontécoulant (Acad. Sci. Paris).

*1882, Aug. 15, Villefranche-sur-Saône;

†1955, März 9, Paris.

Nekr. P. Chevenard, L'Astronomie (BSAF) **69** ('55) 157f. — A. Danjon, C.R. hebd. Séances Acad. Sci., Paris **240** ('55) 1161–64. — G. Darmois, Notice sur la vie et les travaux de Jean Chazy, 1882–1955 (Paris '57) 12 S. (m. Bildn. u. Faks.). — F. H. van den Dungen, Bull. Cl. Sci. Acad. roy. Belgique (5) **41** ('55) 522. — P. Montel, Annuaire Bur. Longitudes **1957** ('55) A1–A6. — G. Petiau, Revue gén. Sci. pures et appl. **62** ('55) 65f. — Annales Univ. Paris **25** ('55) 181–84. — Observatory **75** ('55) 136.

Zur Bibliogr. Supplément à la Notice sur les travaux scientifiques de M. Jean Chazy (Paris '37) 12 S.

S. Encyclopédie française **1**: L'outillage mental, **3**: Mathématique (Paris '37) 1·78,5–1·80,8 (20 S.): Etude directe des solutions[3]); **2**: La physique ('55) 2·16,7–13: La mécanique classique: Mécanique analytique et mécanique céleste, la gravitation.

W. Cours de mécanique rationelle **1**: Dynamique du point matériel (Paris '33) 398 S., [3]('47) 1 + 483 S., [4]('52) 2 + 511 S.; **2**: Dynamique des systèmes matériels ('33) 6 + 467 S., [3]('48) 6 + 511 S., [4]('53) 6 + 512 S. (Cours de la Faculté des sciences de Paris). — Mécanique céleste, équations canoniques et variation des constantes (Paris '53) 8 + 271 S.

American J. Math. Sur les avances du nœud et du périhélie d'une planète sous l'action d'un anneau circulaire: **60** ('38) 793–800.

Annales sci. Ecole norm. sup. Sur une équation différentielle du premier ordre et du second degré: (3) **61** ('44) 45–71.

L'Astronomie (BSAF) Le soleil bleu: **65** ('51) 68.

Bull. astron. [Paris] Pierre Fatou: (2) 8 ('34) 379–84. — Sur l'allure finale du mouvement dans le problème des trois corps: 403–36. — Sur les avances du nœud et du périhélie d'une planète sous l'action d'un anneau circulaire: **11** ('38) 327–48. — Sur la méthode de la variation des constantes en mécanique céleste: 361–75. — Sur une loi corrective de la loi de Newton: **12** ('40) 89–97. — Solutions périodiques de la première sorte du problème des trois corps: **14** ('49) 153–75. — Henri Poincaré et la mécanique céleste: **16** ('51) 145–60. — L'intégration du problème des trois corps par Sundman et ses conséquences: 175–90.

Bull. Sci. math. Sur les multiplicités singulières du problème des trois corps: (2) **56** ('32) 79–104.

Bull. Soc. math. France Sur le calcul de l'énergie d'accélération d'un corps solide: **64** ('36) 171–73.

C.R. hebd. Séances Acad. Sci., Paris Sur la capture des comètes par le système solaire: **197** ('33) 1193f. — Sur les intégrales uniformes du problème des trois corps: 1391–93. — Sur le calcul approché de la précession des équinoxes: **203** ('36) 455–57. — Sur l'avance du nœud d'une planète sous l'action d'un anneau circulaire: 706–09. — Sur les mouvements presque circulaires dus à une forme voisine de l'attraction newtonienne: 844f. — Sur les avances du nœud et du périhélie d'une planète sous l'action d'un anneau circulaire: 981f. — Sur certaines lois de gravitation correctives de la loi de Newton: 1127–30. — Sur l'action d'un anneau circulaire sur le périhélie et le nœud d'une planète: **208** ('39) 1375–79. — Sur la valeur à l'infini des solutions de certaines équations différentielles: 1446–50. — Sur une loi corrective de la loi de Newton: **209** ('39) 133–36. — Sur la méthode de la variation des constantes en mécanique céleste: **210** ('40) 156–59. — Sur une loi corrective de la loi de Newton: 713–16. — Sur la formule du double produit vectoriel: **211** ('40) 449f. — Oscillations isochrones dans un mouvement où la force dépend seulement de la position: 621–24. — Sur une généralisation du pendule cycloïdal d'Huygens: **213** ('41) 93–98. — Sur la réduction du problème des trois corps à un système différentiel d'ordre 6: **218** ('44) 485–88. — Le calculateur mental Maurice Dagbert[1])[2]): **220** ('45) 577f. — Sur la théorie des centres: **221** ('45) 7–10. — Sur les courbes définies par les équations différentielles: 457–59. — Sur les solutions d'Euler et de Lagrange du problème des trois corps: **224** ('47) 1677–80. — Sur les satellites artificiels de la terre: **225** ('47) 469–71. — Sur les changements de variables canoniques: 1041–44. — Sur une généralisation des équations canoniques: **226** ('48) 19–23. — Sur deux définitions de la longitude du périhélie: 1762–64. — Sur le calcul de deux vérifications de la théorie: **227** ('48) 455–58. — Au sujet des tirs sur la lune: **228** ('49) 447–50. — Sur le rayon de convergence de la série de Lagrange: 613–16. — Sur le calcul de l'avance du périhélie de Mercure sous l'action des autres planètes: **229** ('49) 729–31. — Remarque au sujet de la note de Zareh Nubar, Sur une théorie physique de la gravitation: 743–45. — Sur la valeur d'un déterminant fonctionnel: **233** ('51) 537–39. — Ernest Esclangon †: **238** ('54) 629–32.

J. Math. pures et appl. Sur les solutions périodiques d'un système différentiel au voisinage d'une position d'équilibre: (9) **15** ('36) 411–21. — Sur une loi corrective de la loi de Newton: **19** ('40) 261–80.

Mathematica [Cluj] L'œuvre mathématique de Painlevé: 8 ('34) 201–04.

Notices et Discours, Acad. Sci., Paris Cérémonies du deux-centième anniversaire de la naissance de Pierre-Simon Marquis de Laplace. Discours: **3**.1949/56 ('57) 31–38.

Rend. Circolo mat. Palermo Sur la valeur d'un déterminant fonctionnel de la mécanique céleste: (2) **1** ('52) 28–34.

Mit: [1]) G. Fayet; [2]) J. Pérès; [3]) J. Hadamard.

VI **CHEN,** Kien-Kwong. Math. — 1923 B. Sc., '29 D. Sc., Tôhoku Imp. Univ., Sendai; '24–26 Prof., Wuhan Univ., Wuchang, Hupeh; '29–52 Prof., Chekiang Univ., Hang-Chou, Chekiang; '52–58 Prof., Fu-tan Univ., Shanghai, Kiangsu; '58– Prof. and Vice-President, Hang-Chou Univ., Hang-Chou, Chekiang.

***1893**, Sept. 8, Shaoshing, Chekiang.

W. Summation of the Fourier series of orthogonal functions (— (China) '57) 174 S. — The theory of real functions [chines.] (— '58) 479 S. — The theory of trigonometrical series **1** [chines.] (Shanghai '65) 360 S.

Acta math. sinica Ikehara's theorem and absolute summability C: **3** ('53) 8–11 [chin., m. engl. Zusammenfassung]. — Coefficients of Denjoy-Fourier series: **4** ('54) 263–78 [~].

American J. Math. On the absolute Cesàro summability of negative order for a Fourier series at a given point: **66** ('44) 299–312. — Some relations between the behavior of a function and the absolute summability of its Fourier series: **67** ('45) 239–48. — A generalization of Hardy's theorem with an application to the absolute summability of Fourier series: 249–55. — Criteria for the absolute convergence of a Fourier series at a given point: 285–99.

Anais Acad. brasil. Ci. Some one-sided Tauberian theorems: **17** ('45) 249–59.

Annals Math. An extension of Parseval's formula in the theory of orthogonal functions: (2) **49** ('48) 511–14.

Duke math. J. Absolute convergence of the allied series of a Fourier series: **13** ('46) 133–60.

J. chinese math. Soc. Transcendency of functions satisfying Riccati differential equation: **1** ('36) 70–80; ~ 2: **2** ('37) 84–97.

J. London math. Soc. The abscissa of uniform convergence of a Laplace integral[1])[2]): **27** ('52) 356–59.

Proc. imp. Acad., Tokyo On the theory of schlicht functions: **9** ('33) 465–67.

Science Rec., Acad. sinica On the convergence of the conjugate series of a Fourier series: **1** ('42/45) 1–6. — Functions of bounded variation and the Cesàro means of a Fourier series: 283–89. — Super-absolute Cesàro summability of Fourier series: 290–99. — Weak convergence in hyperspace: **2** ('47) 8–11. — On the series of orthogonal polynomials: (N.S.) **1** ('57) 13–18. — Uniform approximation by integral functions of the order ϱ to the functions on a Jordan region of the index ϱ: 19–23. — Generalizations of Minkowski's inequality with applications to the theory of mean approximation by integral functions: **2** ('58) 81–88. — The summability of the series of orthogonal polynomials: **3** ('59) 55–60. — On the Hölder exponent of Q-mapping: 393–99.

Scientia sinica On the convergence and summability of trigonometrical series and series of orthogonal polynomials: **8** ('59) 1271–94. — Hölder continuity of the general solutions of the linear elliptic system of partial differential equations: **10** ('61) 153–59.

Tôhoku math. J. Axioms for real numbers: **37** ('33) 94–99. — On the theory of schlicht functions: **40** ('35) 160–74. — Contributions to the theory of schlicht functions: **41** ('35) 125–47.

Mit: [1]) C. H. Ku; [2]) M. I. Yüh.

VI **CHEN,** Ko Kuei. Pharmakol. — 1923 Ph. D., Univ. of Wisconsin, Madison, Wis.; '27 M.D., Johns Hopkins Univ., Baltimore, Md.; '23–25 Senior Assistant, Peking Union Medical College; '25–26 Research Pharmacologist, Wisconsin; '27–29 Associate Pharmacologist, Johns Hopkins Univ.; '29–63 Dir. of Pharmacological Research, Research Laboratories, Eli Lilly & Co., Indianapolis, Indiana; '37– Prof., Indiana Univ. School of Medicine, Indianapolis; '39, '52, '53 Lecturer, Univ. of Wisconsin, '49 Indiana Univ.; '48– Consultant, Medical Service, Indianapolis General Hospital; '50–55 Special Consultant, National Institutes of Health, and Member of the Pharmacol. and Exper. Therapeut. Study Section. — '46 Hon. Sc.D. (Philadelphia College of Pharmacy and Science); '52 Hon. Sc.D. (Univ. of Wisconsin).

*1898, Febr. 26, Shanghai.

Bildn. in: J. C. Krantz, C. Carr, Pharmacologic principles of medical practice [3](Baltimore, Md. '54) 647.

S. Symposium on sedative and hypnotic drugs, Elkhart, Indiana, 1953 (Baltimore '54) 45–56: Pharmacological evaluation of sedative and hypnotic drugs. — The alkaloids. Chemistry and physiology **3** (New York '55) 229–41: Pressor alkaloids. — Fortschritte der Arzneimittelforschung. Progress in drug research. Progrès des recherches pharmaceutiques (E. Jucker) **1** (Basel–Stuttgart '59) 127–58: Cholesterol and its relation to atherosclerosis[41]).

A.M.A. Archives Pathology Hepatotoxic and pharmacologic properties of heliotrine[30]) [57]): **64** ('57) 152–57. — Hepatic cirrhosis induced in sheep by Senecio longilobus[30])[31]): 297–302.

American J. med. Sci. Comparative values of several antidotes in cyanid poisoning[57])[13]): **188** ('34) 767–81. — The action of thevetin, a cardiac glucosid, and its clinical application [4])[45]): **189** ('35) 193–206. — The vetin in thyrotoxicosins[48]): **192** ('36) 639–44. — Repeated administration of amytal[64])[77]): **193** ('37) 246–51.

American J. Physiol. Influence of adrenaline on plasma prothrombin[67])[20]): **145** ('46) 452–57. — γ-Dichroine, the antimalarial alkaloid of Chang-shan: **155** ('48) 430.

Anesthesiology New piperidine derivatives as local anesthetics[57])[10])[44]): **9** ('48) 373–80.

Annals New York Acad. Sci. Pharmacology of methadon and related compounds: **51** ('48) 83–97. — Role of histamine in gastric hydrochloric acid secretion[41])[2])[u.a.]): **99** ('62) 30–44.

Annals Otol., Rhinol. and Laryngol. Aliphatic versus aromatic amines as vasoconstrictors: **57** ('48) 287–97.

Annual Rev. Physiol. Pharmacology: **7** ('45) 677–97.

Antibiotics Annu. The biliary and urinary excretion of erythromycin in dogs[39])[3]): [1.] 1953/54 ('53) 485–92; Reabsorption of erythromycin and a microbiologically active metabolite in the bile of dogs and rats[39])[3])[7]): 493–95. – A metabolite of erythromycin[71])[3]): 2.1954/55 ('55) 291–94. – Pharmacologic and toxicologic studies with penicillin V[3])[39])[73]): 3.1955/56 ('56) 540–48. – Vancomycin, a new antibiotic, 4: Pharmacologic and toxicologic studies[3])[73])[30]): 4.1956/57 ('57) 75–81; ∼ 5: Distribution, excretion, and renal clearance [39])[3]): 82–89.

Antibiotics and Chemotherapy Tissue distribution of erythromycin in rats[39])[3]): **3** ('53) 920–24. – Site of absorption of erythromycin in rats[39])[47]): **4** ('54) 926–30. – Pharmacology and toxicology of cycloserine[3])[73])[71])[30]): **6** ('56) 360–68. – Further studies on the acid-stable penicillin V[39])[3]): **7** ('57) 490–92. – Gastric and intestinal absorption of potassium penicillin V and the free acid[39])[24])[3]): **8** ('58) 354–60.

Archives int. Pharmacodyn. et Thérap. Studies on toad poisons[11]): **47** ('34) 297–317. – Action and toxicity of methadon in various animals[31])[55]): **79** ('49) 282–89. – A new adrenergic-blocking agent[31]): **83** ('50) 115–24. – Comparison of the cardiac action of neriifolin, mono- and diacetylneriifolin, and thevebioside with thevetin[3])[31]): **84** ('50) 81–91. – The effect of carbutamide on tubular glucose transport and glucose tolerance in dogs[39])[3]): **113** ('58) 302–12. – Action of hypoglycin A on blood sugar, gastric secretion and adipose tissue[75])[41]): **134** ('61) 435–46. – Cardiac activity of apocynaceous glycosides and aglycons[31]): **140** ('62) 8–19.

Ber. dtsch. chem. Ges. Chemische Studien über Krötengifte, 5: Die basischen Bestandteile des Krötensekrets[34]): **65** ('32) 1310–14.

Chemist and Druggist Ephedrine and Ma Huang: **129** ('38) 585–88.

Chinese J. Physiol. The alkaloids of Chinese drug Pei-mu, Fritillaria roylei, 1: Peimine and peiminine[12]): **6** ('32) 265–69; ∼ 2: Fritimine [12]): **7** ('33) 41–43. – Pharmacological action of ephedine[3])[22])[12]): **9** ('35) 17–20. – Pharmacological action of fritimine[57])[3])[12]): 21–26. – The pharmacological action of four corydalis alkaloids[3])[12]): **11** ('37) 7–12. – The pharmacological action of tetrandrine, an alkaloid of Han-fang-chi[11])[3])[57]): 13–24. – The chemistry of Mu-fang-chi[11]): 25–28. – The action and toxicity of menisine and menisidine[12]): 29–34. – Mode of action of gelsemicine[12]): **14** ('39) 319–28. – Action of gelsemicine on the acid-base balance in rabbits[40]): 489–96.

Current Res. Anesthesia and Analgesia Pharmacology of spiro-barbituric and spirothiobarbituric acids[64])[76])[31]): **29** ('50) 89–96.

Endocrinology Potency of stilbestrol in the immature female rat[40])[55]): **30** ('42) 469–73. – Effects of alloxan in birds[60])[30]): **37** ('45) 201–07.

Gastroenterology Effects of β-dimethylaminoethyl benzylate hydrochloride on intestinal activity[67])[52]): **7** ('46) 213–17.

Helvetica chim. Acta Krötengifte, 25: Papierchromatographische Prüfung weiterer Krötensekrete[5])[u.a.]): **44** ('61) 362–67; ∼ 27: Regularobufagin[6])[70])[54]): 844–46.

J. amer. med. Assoc. Amyl nitrite and cyanide poisoning[57])[13]): **100** ('33) 1920–22. – Nitrite and thiosulfate therapy in cyanide poisoning[57]): **149** ('52) 113–19. – Treatment of acute cyanide poisoning[57]): **162** ('56) 1154f.

J. amer. pharm. Assoc. The pharmacological action of peimine and peiminine[11])[12]): **22** ('33) 638–41. – The constituents of Wu-chü-yü (Evodia rutaecarpa)[11]): 716–19. – The pharmacological action of ten amines related to ephedrine and tryptamine[11]): 813–19. – The hyperglycemic action of forty amines[3]): **23** ('34) 290–95. – Cyanide poisoning and its treatment[57])[13]): **24** ('35) 625–30. – The question of assaying ergotocin, the new ergot principle[64])[29]): 835–39. – The potency of eleven crystalline cardiac principles from plants[11])[3]): **25** ('36) 579–90. – The potency of five additional cardiac glucosides, calotropin, α-antiarin, emicymarin, folinerin and sarmentocymarin[3])[55]): **26** ('37) 214–18. – The potency of erythrophleum alkaloids[29])[72]): **27** ('38) 9–16. – The potency of periplocymarin, bufotalin and desacetyl-oleandrin[3])[55]): 113–18. – The significance of sugar component in the molecule of cardiac glycosides[55])[73]): 189–95. – Comparative sensitivity of the toad and the frog to cymarin and coumingine[29])[72]): 307–09. – The action of cardiac drugs upon the chromatophores of toads[29])[72]): 564f.

J. amer. pharm. Assoc., Sci. Edit. The action of ephedrine on halogenated organic compounds[63]): **29** ('40) 106–08. – Absorption and toxicity of sodium and potassium thiocyanates[3]): 152–61. – The alkaloids of the Chinese drug Pai-pu[40]): 391–94. – Comparison of digoxin, digilanides A, B and C, and deacetyldigilanides A and B[29])[55]): **31** ('42) 236–39. – Action of calycanthine[11]): 513–16. – Alkaloids of Lunasia amara[63]): **32** ('43) 107–11. – Pharmacologic actions of gelsemine and dihydrogelsemine[31]): 178f. – Investigation of the oil of Cerbera odollam[63]): 203f. – Rat as a suitable animal for the study of prolonged medication[3])[31]): 204–08. – Influence of age of rabbits on the toxicity of ouabain (injected intravenously)[55]): **33** ('44) 61f. – Influence of age of mice on the toxicity of alcohol[55]): 62f. – Age of animals and drug action[55]): 80–82. – Pharmacologic action of certain Lycopodium alkaloids[40]): **34** ('45) 197f. – Colorimetric assay of digitoxin by the modified Raymond method[3]): **35** ('46) 353–55. – Action of dolophine on the animal uterus[52]):

37 ('48) 516–18. – Physiological and pharmacological background, including methods of evaluation of analgetic agents: **38** ('49) 51–55. – The pharmacology of lunarine, the alkaloid of Lunaria biennis[31]): **39** ('50) 516–19. – Toxicological studies on synthetic glycerol[3])[30]): 583–85. – Pharmacologic studies of 6,7-dimethoxy-1-(4′-ethoxy-3′-methoxybenzyl)-3-methylisoquinoline[31])[61]): **40** ('51) 207–10. – A new mercurial diuretic[55]): 249–51. – Pressor activity of l- and d-norepinephrine, U.S.P. reference standard epinephrine, and synthetic l-epinephrine[64]): **41** ('52) 187f. – The toxicity and distribution of Ilotycin[3])[30]): 555–59. – A simple method for the determination of vapor pressure of volatile amines[63]): **43** ('54) 477–80. – The pharmacological action of chelerythrine[52]): **44** ('55) 196–99. – Further toxicological studies with Ilotycin[3])[30]): 199–204. – The pharmacologic action of indole compounds[52])[64]): 399–404. – Pilocereine, a cactus alkaloid[52]): **45** ('56) 559–61. – Pharmacological action of four Garrya alkaloids[52])[32]): 733f.

J. biol. Chemistry The constituents of be-still nuts, Thevetia[11]): **105** ('34) 231–40. – The alkaloids of Han-fang-chi[11]): **109** ('35) 681–85. – The alkaloid of Chin-shih-hu[11]): **111** ('35) 653–58. – The chemical identity of certain basic constituents present in the secretions of various species of toads[34]): **116** ('36) 87–91.

J. Indiana State med. Assoc. Sodium sulfapyridine[53]): **33** ('40) 503–08. – Sulfadiazine, a new chemotherapeutic agent[53]): **34** ('41) 602–08. – Modern treatment of cyanide poisoning[57])[13]): **37** ('44) 344–50.

J. Labor. and clin. Med. Small animal holders for intravenous injection[57]): **24** ('39) 750–52. – Action of β-dimethylaminoethyl benzilate hydrochloride, a synthetic antispasmodic[40])[60]): **30** ('45) 700–06. – Pharmacology of allylthiomethyl- and n-butylthiomethylpenicillin[57])[30])[74]): **34** ('49) 126–32. – Dimethyl ether of d-tubocurarine iodide[64])[31]): 516–23.

J. med. and pharm. Chem. Comparative activity of bufadienolides[31]): **3** ('61) 111–27. – Cardiac activity of newer digitalis glycosides and aglycons[31]): **5** ('62) 988–95.

J. Pharmacol. and exper. Therapeut. Notes on the poisonous secretions of twelve species of toads[11]): **47** ('33) 281–93. – Relative susceptibility of the nebulous toad (Bufo valliceps) and the leopard frog (Rana pipiens) to different substances[11]): 295–306. – The physiological action of the principles isolated from the secretion of the common European toad (Bufo bufo bufo)[34])[11]): 307–20. – The physiological action of the principles isolated from the secretion of Bufo arenarum[34])[11]): **49** ('33) 1–13. – The physiological action of the principles isolated from the secretion of the European green toad (Bufo viridis viridis)[34])[11]): 14–25. – The physiological action of the principles isolated from the secretion of the Japanese toad (Bufo formosus)[34])[11]): 26–35. – The physiological action of the principles isolated from the secretion of the South African toad (Bufo regularis)[11]): 503–13. – The physiological action of the principles isolated from the secretion of the Jamaican toad (Bufo marinus)[11]): 514–25. – A study of the poisonous secretions of five North American species of toads[11]): 526–42. – The parotid secretion of B. bufo gargarizans as the source of Ch'an-su[11]): 543–47. – The active groupings in the molecules of cino- and marino-bufagins and cino- and vulgaro-bufotoxins[11]): 548–60. – Similarity and dissimilarity of bufagins, bufotoxins, and digitaloid glucosides[11]): 561–79. – The action of crystalline thevetin, a cardiac glucoside of Thevetia neriifolia[11]): **51** ('34) 23–34. – The action and toxicity of retrorsine[11])[57]): **54** ('35) 299–305. – The pharmacologic action of ergotocin, a new ergot principle[15])[1])[64]): 398–407. – The pharmacological action of dendrobine. The alkaloid of Chin-shih-hu[11]): **55** ('35) 319–25. – Ergotocin, ergometrine, ergostetrine, and ergobasine[64])[36])[13]): **57** ('36) 74–80. – The pharmacological action of coriamyrtin[64]): 410–18. – The action of sulfapyridine (2-sulfanilylamino-pyridine)[53]): **67** ('39) 79–100. – Toxicity of lasiocarpine[30])[59]): **68** ('40) 123–29. – The action and toxicity of platyphylline and seneciphylline[30])[57]): 130–40. – Action of calotoxin and uscharin[9])[55]): **69** ('40) 279. – Digitalis-like action of Cryptostegia madagascariensis[55]): 279. – Isolation of cerberin[63]): 280. – The cardiac action of the derivatives of strophanthidin and cymarin[18]): **70** ('40) 338–46. – Digitalis-like principles of Calotropis compared with other cardioactive substances[9])[55]): **74** ('42) 223–34. – Action of simple lactones related to cardiac aglucons[63])[23])[18]): 381–91. – Action of senecionine, integerrimine, jacobine, longilobine, and spartioidine, especially on the liver [30])[3]): **75** ('42) 69–77. – Action of monocrotaline and retronecine[30])[3]): 78–82. – Action of isatidine, pterophine, and sceleratine[30])[3]): 83–88. – Synthetic derivatives of strophanthidin[18]): **76** ('42) 81–88. – Cerberin and cerberoside, the cardiac principles of Cerbera odollam[63]): 167–74. – Synthetic glycosides of digitoxigenin, digoxigenin, and periplogenin[18])[66])[23]): **77** ('43) 401–06. – Fate of sulfonamides and p-aminobenzoic acid in cold-blooded animals[19])[3])[31]): **78** ('43) 366–71. – Action of ridelline[30])[3]): 372–74. – Environmental temperature and drug action in mice[3])[63])[46]): **79** ('43) 127–32. – Action of carthamoidine[30])[3]): 133–35. – Comparison of the pressor action of some optical isomers of sympathicomimetic drugs[64])[60])[40]): 329–33. – Pharmacological action of N-methylcytisine[60]): 334–39. – Comparison of the action of l-ethyltheobromine and caffeine in animals and man[60]): **82** ('44) 89–97. – Comparison of esters of strophanthidin in cats[63])[3]):

98–102. – Effect of hepatotoxic alkaloids on prothrombin time of rats[57][20][30]: **83** ('45) 265–69. – Susceptibility of birds to insulin as compared with mammals[3][42]: **84** ('45) 74–77. – Comparison of the pharmacologic action of quinidine and dihydroquinidine[60][3]: 184–88. – Further observation on the pressor action of optical isomers of sympathicomimetic amines[64][63]: **85** ('45) 70–73. – Response of the hamster to drugs[52][42]: 348–55. – Further study of some 1-substituted theobromine compounds[60][3]: **86** ('46) 113–19. – Effects of senecionine on the monkey[67][30]: **87** ('46) 38–41. – Action of 1,1-diphenyl-1-(dimethylaminoisopropyl)-butan-2-one, a potent analgesic agent[60]: 63–71. – Action of alloxan, senecionine, sulfadiazine, and thiouracil in the hamster[30][3]: 382–88. – Comparison of pressor activity of aliphatic amines[64]: **88** ('46) 10–13. – Antidotal action of p-aminopropiophenone with or without sodium thiosulfate in cyanide poisoning[57][71][20]: **89** ('47) 109–14. – Action of alstonine[67]: **90** ('47) 57–67. – Antihistamine action of N-(2-pyridyl)-N-(2-thenyl)-N′,N′-dimethylenediamine hydrochloride[40][16]: 83–87. – Digitalis-like action of some new glycosides and esters of strophanthidin[3]: 271–75. – Further observations on the pharmacology of dolophine[60][37][55][33]: **91** ('47) 147–56. – Toxicity and general pharmacology of N^1-p-chlorophenyl N^5-isopropylbiguanide (paludrine)[3]: 157–60. – Ouabagenin[3][73]: **93** ('48) 156–60. – Pharmacologic comparison of the optical isomers of methadon (dolophine)[60][55]: 282–86. – Comparison of pressor action of alicyclic derivatives of aliphatic amines[64]: 423–29. – γ-Dichroine, the antimalarial alkaloid of Ch'ang-shan[31][57][30]: **95** ('49) 191–200. – Cardiac action of Helleborus [niger] glycosides and their aglycones[31][3]: **99** ('50) 395–400. – Digitalis-like action of cryptograndosides A and B[3][31]: **100** ('50) 346–50. – Occurrence of noradrenaline in the Chinese toad venom[40]: **102** ('51) 286–90. – Comparison of forty-two cardiac glycosides and aglycones[31][3]: **103** ('51) 420–30. – Experimental diabetes produced by 8-hydroxy-quinoline[56]: **104** ('52) 404–11. – Comparison of 11-hydroxy cardiac steroids with compound F and cortisone[3][57]: **106** ('52) 314–18. – Seasonal variation in response to ouabain[31][55]: **107** ('53) 131–33. – The behavior of the tryptamine derivative of strophanthidin in man[49][27][26][50][68][38]: 225–31. – Pharmacology of sixty-four cardiac glycosides and aglycones[31]: **111** ('54) 365–83. – The effect of nine cardiac steroids and epinephrine on the respiration of heart-muscle slices[32][21]: **112** ('54) 23–28. – Distribution and excretion of radioactivity in rats receiving N-methyl-C^{14}-erythromycin[39][3]: **117** ('56) 265–73. – The excretory products of N-methyl-C^{14}-erythromycin in rats[39][3]: 274–80. – Pharmacologic action of hypoglycin A and B[3][43][30]: **121** ('57) 272–85. – Action of tricyclamol sulfate on gastric secretion of rats and dogs[41][2]: **125** ('59) 66–72. – Some pharmacological actions of supinine and lasiocarpine[57][30]: **126** ('59) 179–84. – 3-β-Aminoethyl-1,2,4-triazole, a potent stimulant of gastric secretion[41][2][31]: **134** ('61) 88–94.

Pharmaceutical Arch. Local-anaesthetic action of thiazoles, oxazoles and imidazoles[57][62]: **11** ('40) 81–89.

Proc. Indiana Acad. Sci. Cellular constituents and chemistry of the hamster's blood[57][28]: **55** ('45) 190–95.

Proc. Soc. exper. Biol. and Med. Action of bufagins isolated from different species of toads[34][11]: **29** ('32) 905f. – Action of bufotoxins[34][11]: 907. – Action of bufotenines[34][11]: 908. – Methylene blue, nitrites, and sodium thiosulfate against cyanide poisoning[57][13]: **31** ('33/34) 250f. – Potentiation of antidotal action of sodium tetrathionate and sodium nitrite in cyanide poisoning[57][13]: 252f. – The action of ergometrinine[64][29]: **34** ('36) 183–85. – Detoxification of dendrobine by "sodium amytal"[57]: 553f. – Action of arasaponins A and B[12]: **36** ('37) 394–96. – Action of synthetic vitamin B_1[17]: 458–60. – Toxicity of nicotinic acid[57][55]: **38** ('38) 241–45. – Passage of sulfanilamide from mother to fetus[40][3]: 366–68. – Action and toxicity of vitamin-B_6 hydrochloride[69][17]: **44** ('40) 147–51. – Susceptibility of spadefoot toad and tree frog to ouabain, cymarin, and coumingine hydrochloride[8][29]: **45** ('40) 209–14. – k-Strophanthin-β, k-strophanthoside, periplocymarin and periplocin[3][55]: **48** ('41) 676–80. – Relative susceptibility of warm-blooded animals to ouabain, cymarin and coumingine hydrochloride[57]: **49** ('42) 351–54. – Toxicity of 3,3-methylene bis(4-hydroxycoumarin)[57][30]: **50** ('42) 228–32. – Action of strophanthidin 3-propionate, 3-butyrate and 3-benzoate[63][3][42]: **53** ('43) 198f. – Potency of cymarin and coumingine hydrochloride as influenced by environmental temperature[3][31][46]: 200–02. – Action of gramine[52]: **58** ('45) 1–4. – Hypoglucemic action of 2-sulfanilamido-5-cyclopropyl-1,3,4-thiadiazole in rabbits, and its reversal by alloxan[3][42]: **63** ('46) 483–86. – Some new esters of strophanthidin[71][3]: **65** ('47) 218f. – Effect of age on toxicity of methadon[31]: **68** ('48) 350f. – Comparison of cardiac action of bufalin, cinobufotalin, and telocinobufagin with cinobufagin[3][31]: **76** ('51) 372–74. – Liver injury following administration of α- and β-longilobine[31][30]: 530–32. – Ultrashort-acting thiobarbituric acids[64]: **82** ('53) 212–15. – Action of 3-acetylstrophanthidin in isolated mammalian heart[56]: **84** ('53) 131–34. – Isoniazid distribution in body fluids of the dog and rabbit[71][3]: 726–28. – Effect of cyanide poisoning on the central nervous system of rats and dogs[57][30]: **87** ('54) 632–36. – Renal clearance of erythromycin[39])

[3]): **88** ('55) 584–86. — Comparison of effects of Valmid (ethinylcyclohexylcarbamic acid) and other hypnotics on brain respiration in vitro[65])[32]): **92** ('56) 778–80. — Parotoid secretion of Bufo blombergi and Bufo peltocephalus[31])[71]): **104** ('60) 176–78. — Intestinal absorption of cardiac steroids[32])[51])[31]): **109** ('62) 646–49.

Quarterly J. Pharm. and Pharmacol. Gelsemicine, aconitine, and pseudaconitine; which is the most toxic alkaloid? [3])[55]): **11** ('38) 84–91. — Harmine, the alkaloid of Banisteria caapi[11]): **12** ('39) 30–38. — Aberrant action of sodium (1,3-dimethylbutyl)ethylbarbiturate[64]): 657–60.

Recueil Trav. chim. Pays-Bas Derivatives of bis(4-aminophenyl)-sulfone, 1: Vitamin C derivatives of bis(4-aminophenyl)-sulfone and related sulfa drugs[58])[14])[36]): **68** ('49) 118–24.

Science [USA] Comparison of some new analgesic compounds[60])[55]): **104** ('46) 587f. — Synthetic caffeine[60])[55]): **105** ('47) 176.

Surgery, Gynecol. and Obstetrics Immediate effects of 3,3′-methylene-bis(4-hydroxycoumarin) on experimental animals[67])[25]): **76** ('43) 323–26. — Influence of thyroid principle on the prothrombinopenic action of dicoumarol[67])[25]): **80** ('43) 179f.

Mit: [1]) F. L. Adair; [2]) R. S. Alphin; [3]) R. C. Anderson; [4]) H. L. Arnold; [5]) M. Barbier; [6]) M. Bharucha; [7]) H. L. Bird; [8]) A. P. Blair; [9]) C. I. Bliss; [10]) T. P. Carney; [11]) A. Ling Chen; [12]) T. Q. Chou; [13]) G. H. A. Clowes; [14]) T. C. Daniels; [15]) M. E. Davis; [16]) W. G. Dinwiddie; [17]) C. R. Eckler; [18]) R. C. Elderfield; [19]) R. B. Failey; [20]) R. D. Fink; [21]) G. E. Flamboe; [22]) L. J. Freihage; [23]) J. Fried; [24]) R. O. Froman; [25]) W. D. Gatch; [26]) H. Gold; [27]) Th. Greiner; [28]) J. R. Hannah; [29]) C. C. Hargreaves; [30]) P. N. Harris; [31]) F. G. Henderson; [32]) R. G. Herrmann; [33]) J. W. Israel; [34]) H. Jensen; [35]) —; [36]) E. C. Kleiderer; [37]) K. G. Kohlstaedt; [38]) N. T. Kwit; [39]) Cheng-Chun Lee; [40]) Henry M. Lee; [41]) Tsung-Min Lin; [42]) N. Maze; [43]) M. C. McCowen; [44]) S. M. McElvain; [45]) W. S. Middleton; [46]) C. A. Mills; [47]) J. H. Nicholas; [48]) Th. B. Noble; [49]) H. L. Otto; [50]) F. Palumbo; [51]) R. J. Parker; [52]) C. E. Powell; [53]) H. M. Powell; [54]) T. Reichstein; [55]) E. B. Robbins; [56]) M. A. Root; [57]) C. L. Rose; [58]) P. P. T. Sah; [59]) H. A. Schulze; [60]) C. C. Scott; [61]) R. E. Shipley; [62]) H. A. Shonle; [63]) F. A. Steldt; [64]) E. E. Swanson; [65]) R. H. Tust; [66]) F. C. Uhle; [67]) K. G. Wakim; [68]) L. Warshaw; [69]) C. G. Weigand; [70]) E. Weiss; [71]) J. S. Welles; [72]) W. T. Winchester; [73]) H. M. Worth; [74]) O. K. Behrens; [75]) W. Fleming; [76]) L. B. Mueller; [77]) M. M. Weaver.

V, VI **CHÉNEVEAU**, Joseph Gabriel Charles. Physikal. Chem. — 1927–36 Prof., Ecole Municipale de Physique et de Chimie industrielles, Paris. (⊠)

*1872, Aug. 16, Paris;
†1936.

Todesanzeige J. Physique et Radium (7) **7** ('36) 41S.

C. R. hebd. Séances Acad. Sci., Paris Sur la mesure directe des susceptibilités magnétiques des liquides, par la balance magnétique Curie-Chéneveau[1]): **194** ('32) 75f., 2197f.

Rubber Chem. and Technol. The law of absorption of carbon dioxide by rubber as a function of the time: **5** ('32) 604–07.

Mit: [1]) C. Courty.

VI **CHENEY**, Walter Lynn. Physik. — 1929–55 Prof., '56 Prof. Emeritus (posthum.), George Washington Univ., Washington, D.C.; '33–34 Visiting Fellow, California Inst. of Technology, Pasadena, Calif.

*1889, Aug. 27, Monroe Center, Ohio;
†1955, Juli 6, Washington, D.C.

Todesanzeige Science [USA] **122** ('55) 195.

American J. Physics Why only two specific heats of a gas?: **3** ('35) 138–.

VI **CHERRY**, Thomas MacFarland. Math. — 1924 Ph. D., Univ. Cambridge; '24–28 Fellow of Trinity College, Cambridge; '29–63 Prof., '64 Prof. Emeritus and Research Fellow, University of Melbourne. — '50 Sc. D. (Univ. Cambridge).

*1898, Mai 21, Melbourne, Australien;
†1966, Nov. 21, Melbourne, Australien.

Nekr. G. K. Batchelor, E. R. Love, Nature [London] **213** ('67) 660.

S. Light out of France (A. R. Chisholm) (Sydney '47) 144–48: French mathematics. — Partial differential equations and continuum mechanics (R. E. Langer) (Madison, Wis. '61) 217–32: Trans-sonic nozzle flows found by the hodograph method. — Nonlinear problems of engineering (W. F. Ames) (New York '64): A singular case of iteration of analytic functions.

W. Newton's Principia in 1687 and 1937; a lecture given to commemorate the 250th anniversary of the publication of Newton's Philosophiae naturalis principia mathematica (London '37) 28 S.

American J. Math. Topological properties of the solutions of ordinary differential equations: **59** ('37) 957–82.

Australian J. Sci. A mathematician looks at physical theory: **21** ('58) P17–P27.

Biographical Mem. Fellows roy. Soc. Anthony George Maldon Michell, 1870–1959: **8** ('62) 91–103.

J. austral. math. Soc. The pathology of differential equations: **1** ('59/60) 1–16. — Some nozzle flows found by the hodograph method: 80–94; ~ 2: 357–67.

J. London math. Soc. Uniform asymptotic expansions: **24** ('49) 121–30.

Philosophical Trans. roy. Soc. London, Ser. A A transformation of the hodograph equation and the determination of certain fluid motions: **245** ('53) 583–626.

Proc. Cambridge philos. Soc. Summation of slowly convergent series: **46** ('50) 436–49. — On Kepler's equation: **51** ('55) 81–91.

Proc. Edinburgh math. Soc. Expansions in terms of parabolic cylinder functions: (2) **8** ('48) 50–65.

Proc. London math. Soc. Analytic quasi-periodic curves of discontinuous type on a torus: (2) **44** ('38) 175–215. — On expansions in eigenfunctions, particularly in Bessel functions: **51** ('49) 14–45.

Proc. roy. Soc., London, Ser. A Flow of a compressible fluid about a cylinder: **192** ('47) 45–79; ~ 2: Flow with circulation: **196** ('49) 1–31. — Numerical solutions for transonic flow: 32–36. — Asymptotic expansions for the hypergeometric functions occurring in gas-flow theory: **202** ('50) 507–22. — Exact solutions for flow of a perfect gas in a two-dimensional Laval nozzle: **203** ('50) 551–71. — Tables and approximate formulae for hypergeometric functions, of high order, occurring in gas-flow theory: **217** ('53) 222–34.

Quarterly appl. Math. Relation between Bergman's and Chaplygin's methods of solving the hodograph equation: **9** ('51) 92–94.

Quarterly J. Mech. and appl. Math. Variational method in hydrodynamics[1]): **9** ('56) 6–21.

Trans. amer. math. Soc. Uniform asymptotic formulae for functions with transition points: **68** ('50) 224–57.

Mit: [1]) P. E. Lush.

V, VI **CHERUBINO,** Salvatore. Math. — 1923– Libero Doc. Algebra complement., Univ. di Napoli; '28–33 Prof., Scuola Super. di Architettura; Prof. ord. Geom. analitica, Dir. dell'Ist. di Mat., '60 Prof. Emerito, Univ. di Pisa. — Medaglia d'Oro dei benemeriti della cultura.

*1885, Juni 5, Napoli.

Ehrung Distinzione del Cherubino (Univ. di Pisa).

S. Scritti matematici offerti a Luigi Berzolari (Pavia '36) 431–37: Estensione, mediante il calcolo delle matrici, di alcuni teoremi sulle omografie degli iperspazi. — Relazioni XXVIII° Riunione, Società italiana per il progresso delle scienze, Pisa 1939, **3**: Lavori delle sezioni di classe A (Roma '41): L'indice di Kronecker e le corrispondenze sulle curve algebriche. — Atti II° Congresso dell'Unione matematica italiana, Bologna 1940 (Roma '42) 942–50: Il simbolismo delle matrici nella geometria analitica e proiettiva. — Repertorio di matematiche (M. Villa) (Padova '51) 337–72: Applicazioni dell'algebra alla geometria. — Atti VI° Congresso dell'Unione matematica italiana, Napoli 1959 (Roma '60) 241–43: Nucleo e quasilogaritmo di una matrice singolare; 362–64: Il calcolo delle matrici e le economie astratte; 365f.: Problemi di programmazione lineare nelle economie astratte. — Linear economics **1** (Athen '60): Input-output analisi ed economie astratte (Concetti e proprietà generali); **2** ('60): Alcuni problemi di programmazione lineare in economia astratta.

Annali Mat. pura ed appl. Estensione di un lemma di Goursat e funzioni olomorfe di più matrici: (4) **29** ('49) 293–99. — Sulla matrice-moltiplicatore dei settori economici: **33** ('52) 247–54.

Annali (R.) Scuola norm. sup. Pisa Funzioni olomorfe di matrici: (2) **6** ('37) 41–70. — Integrale di Volterra e funzioni olomorfe di matrici: **7** ('38) 313–28. — Su l'indice di Kronecker pei cicli analitici sulle riemanniane delle curve algebriche: **8** ('39) 181–94. — Qualche applicazione dell'indice di Kronecker alle corrispondenze algebriche tra curve: **9** ('40) 1–11. — Sulle corrispondenze algebriche fra curve: **10** ('41) 1–11. — Un teorema sulle corrispondenze algebriche tra due curve: **11** ('42) 99–103. — Forma quasi-canonica delle matrici: (3) **2** ('50) 151–66. — Sulle matrici infinite: **3** ('50) 133–59; **8** ('54) 77–80. — Sopra certe famiglie di matrici: **6** ('52) 69–73. — Matrici e sistemi lineari infiniti: 291–315. — Precisazione e rettifica di alcune osservazioni sulla teoria delle matrici infinite: **7** ('53) 217f. — Sulle matrici quadrate non negative: **10** ('56) 217–35. — Sui sistemi di disuguaglianze lineari e su alcune loro applicazioni[1]): **12** ('58) 31–53. — Sulle radici r^{me} e sul quasilogaritmo di una matrice singolare: **13** ('59) 373–88.

Annali Univ. Italia Preparazione pre-universitaria e ordinamento universitario degli studi di matematica: **3** ('32) 10 S.

Atti (reale) Accad. nazion. Lincei, Rend. Su di una proprietà delle curve intuitive sghembe: (6) **15** ('32) 424–28. — Sulla classificazione delle superficie iperellittiche dal punto di vista reale: **16** ('32) 285–90, 401–03. — Le trasformazioni pseudo-ordinarie sulle varietà abeliane reali: **17** ('33) 257–61. — Qualche proprietà delle trasformazioni pseudo-ordinarie: 362–67. — Sulle serie di potenze di una variabile, in un'algebra: **22** ('35) 211–16. — Sulla riduzione delle matrici a forma canonica, 1: **23** ('36) 478–82; ~ 2: 647–53. — Sulle radici caratteristiche delle funzioni olomorfe di matrici: 846–49. — Applicazione delle funzioni olomorfe di matrici ai sistemi di equazioni differenziali lineari, 1: **25** ('37) 541–47; ~ 2: 686–90. — Funzioni intermediarie e corrispondenze algebriche tra curve: (7) **3**

('41/42) 194–203. – Logaritmi e radici r^{me} di matrici non singolari: (8) **20** ('56) 24–29. – Sulla dinamica economica: **22** ('57) 281–85. – Sul concetto di economia astratta: **26** ('59) 654–61. – Energia, entropia e sintropia di un sistema economico: **31** ('61) 218–21. – Conservazione dell'energia ed efficienza dei sistemi economici: **33** ('62) 276–80. – Trasformazione dei coefficienti tecnici: **37** ('64) 381–86.

Atti Accad. Peloritana, Messina Sulle matrici permutabili o diagonalizzabili: **37** ('35) 299–308. – Washington del Regno: **39/42** ('42) 198–201.

Atti Accad. Sci. fisiche e mat., Napoli Sul concetto di parità nella teoria delle varietà abeliane reali e su alcune sue applicazioni: (2) **20** ('33) Nr. 2, 80 S.

Atti, Reale Ist. veneto Sci., Lettere ed Arti Le trasformazioni pseudo-ordinarie delle superficie iper-ellittiche reali: **92** ('33) 693–723. – La base reale minima sulle varietà abeliane reali: **94** ('34/35) 563–77.

Boll. Unione mat. ital. Sul rango delle matrici pseudonulle: **14** ('35) 143–49. – Sopra un teorema particolare e sui due fondamentali nella teoria delle matrici: Nr. 4, 5 S. – Le matrici canonizzanti: **15** ('36) 105–08. – Segnatura, divisori elementari e forme canoniche di una matrice: (2) **4** ('41) 38–48. – Risoluzione senza determinanti dei sistemi lineari di equazioni: (3) **7** ('52) 54–59. – Su una disuguaglianza in matrici: **11** ('56) 126–32. – Su un'equazione della teoria delle vibrazioni: 133–36. – Sulla teoria delle matrici: **13** ('58) 7–10. – Sulle quasi-algebre commutative definite in un'epoca: **17** ('62) 357–65.

Bull. Inst. int. Statist. Sui modelli lineari di equilibrio economico: **34** ('54) 227–38 [m. franz. u. engl. Zusammenfassung].

C. R. hebd. Séances Acad. Sci., Paris Fonctions holomorphes de matrice: **202** ('36) 1892–94. – Sur l'indice de Kronecker et les correspondances algébriques entre courbes: **208** ('39) 1473–75.

Giorn. Economisti e Annali Economia Sulle economie bipartite: **1957**, 162–73.

Industria [Milano] Sulla matrice moltiplicatore per un sistema economico diviso in settori: **1952**, 346–74. – Sull'analisi delle interdipendenze strutturali dei settori economici: **1953**, 27–50. – Sui programmi scolastici della Consulta: 104–17. – Sull'analisi lineare delle interdipendenze industriali: **1954**, 154–78. – Sui fondamenti matematici della teoria dell'equilibrio generale economico: **1956**, 302–34. – Forme quadratiche (o hermitiane) subordinanti forme definite o semidefinite: **1957**, 500–04. – Sulle matrici leontieviane e su un problema di programmazione lineare: **1959**, 156–64. – Concorrenza, evoluzione, sviluppo e programmazione quadratica in economia astratta: **1960**, 25 S. – Sulle nozioni di ciclo di produzione, epoca, struttura e sviluppo: **1961**, 171–93. – Considerazioni su alcune nozioni fondamentali dell'economia e sul saggio di sviluppo: 337–66.

Mondo L'aspetto matematico della teoria del valore-lavoro: **1945**, Nov., 5 S.

Rassegna economico-finanz. Sviluppo economico e variazioni secolari dei prezzi: **1961**, 555–76. – Progresso scientifico e tecnico, sviluppo economico e mecanismo dei pressi: **1962**, 72–102. – Sulla posizione epistemologica dell'economia: 548–87. – Sul problema della conoscenza nella fisica moderna: **1963**, 169–75. – Considerazioni metodologiche sull'econometria: 655–85.

Relationes Consessuum Soc. Gioeniae catinensis natur. Sci. Sulle funzioni di matrici: (2) **69** ('36) 3–7.

Rend. Circolo mat. Palermo Sul criterio di equivalenza: **62** ('38/39) 369–76. – Sugli invarianti aritmetici delle serie algebriche semplicemente infinite: **63** ('41) 4 S.

Rend., Reale Ist. lombardo Sci. e Lettere Ancora sulle curve intuitive sghembe: (2) **66** ('33) 77–91.

Rend. Semin. Fac. Sci. Univ. Cagliari Sulla normalizzazione reale delle forme riemanniane principali: **12** ('42) 69–74.

Rend. Semin. mat. R. Univ. Padova Sulla teoria delle equazioni algebriche: **6** ('35) 1–8. – Sulle varietà di Kummer singolari reali: 141–76. – Sulle matrici permutabili con una data: **7** ('36) 128–56. – Sopra un certo pfaffiano: **13** ('42) 30–35.

Rend. Semin. mat., R. Univ. Roma Su certe equazioni fondamentali e sul simbolismo delle matrici: (4) **1** ('36/37) 96–109. – Sulla teoria delle omografie di uno spazio S_{n-1} in sè: 139–74. – Sulle omografie permutabili: **2** ('38) 14–46. – Identità birazionale di due curve algebriche: **3** ('39) 1–22.

Rend. Mat. e Appl., (R.) Univ. Roma Dimostrazione algoritmica di un teorema di R. Torelli, nel caso p=2: (5) **3** ('42) 21–27. – Sulle condizioni di esistenza di una matrice di Riemann e sui moduli delle curve algebriche: 98–105. – Gruppi abeliani di omografie piane: **9** ('50) 177–88. – Sulle matrici riemanniane e semi-riemanniane: **10** ('51) 429–47. – Permutabilità e logaritmi delle matrici: **14** ('54) 221–38. – Sull'evoluzione economica (Principi di economia astratta): **17** ('58) 231–61. – Sull'espansione lineare economica: **18** ('59) 140–56. – Catalizzazione e nuclei delle matrici singolari: **19** ('60) 219–40. – Gruppi evolutivi di un sistema economico: **22** ('63) 295–316.

Rivista Mat. Univ. Parma Sui periodi degli integrali multipli delle varietà algebriche: **2** ('51) 175–94.

Rivista Politica econ. I prezzi nella teoria dell'equilibrio generale dinamico secondo Leontieff-Goodwin: **42** ('52) 1052–63. — Sui due paraboloidi fondamentali dell'economia classica: **43** ('53) 157f. — Su alcune proprietà delle economie ripartite in settori e sulla loro classificazione dinamica: **47** ('57) 406–22. — Sulle economie astratte: **48** ('58) 1193–1204. — Osservazioni sulle economie astratte: **49** ('59) 1559–73. — La metodologia dell'economia astratta: **51** ('61).

Scuola ital. I programmi di matematica e fisica: **2** ('39) Nr. 19, 4 S. — I programmi di matematica: **3** ('40) Nr. 40, 1f.

Statistica [Bologna] Matrici non negative e loro applicazione all'economia ed alla tecnica: **17** ('57) 349–64.

Stato moderno Problemi della scuola: **2** ('45) Nr. 18, 263f.

Vita universit. Riordinamento delle facoltà: **1940**, Febr. — La preparazione degli insegnanti medi: Juni.

Ferner Veröffentlichung von 11 Hochschulvorlesungen; zahlreiche arithmetische und geometrische Lehrbücher für höhere Schulen und Fachschulen.

Mit: [1]) M. Passaquindici.

Lord **CHERWELL** → V, VI **LINDEMANN**, Frederick Alexander

IV–VI **CHESSIN**, Alexander. Math. — 1901–09 Prof., Washington Univ., Saint Louis, Mo.; '15– Patent Attorney, Yonkers, N. Y. (⊠)

*1866, Dez. 14, Petersburg;
†1955.

VI **CHEVALLIER**, Raymond Marie Joseph. Physik. — 1928–60 Maître de Conférences, puis Prof., Fac. des Sciences, Univ. de Nancy. — '39 Prix Henri de Parville de Physique (Acad. Sci. Paris).

*1891, Febr. 27, Neuville-de-Poitou, Vienne.

S. Encyclopaedic dictionary of physics (J. Thewlis) 4 (Oxford–London–New York '61) 430–34: Magnetic properties of minerals.

W. Au pied des volcans polaires, notes d'un voyage aux Foeroë, à Jan Mayen et en Islande (Paris '53) 119 S. (Voyages et découvertes).

Annales Physique Propriétés thermomagnétiques des roches volcaniques[11]): (10) **18** ('32) 383–477. — Propriétés magnétiques des poudres d'hématites. Influence des dimensions des grains[10]): (11) **18** ('43) 258–88.

Bull. Soc. chim. France, Mém. Propriétés thermomagnétiques de l'oxyde ferrique[4]): (5) **4** ('37) 1735–42. — Monographie du boroferrite ferreux[10])[6]): **1948**, 611–15, 1107f. — Synthèse de titanomagnétites[6]): **1950**, 576–81. — Constitution de l'ilménite paramagnétique: **1953**, 973f. — Susceptibilité magnétique spécifique de pyroxènes monocliniques[10]): **1958**, 726–29. — Le moment magnétique de l'ion ferreux dans une série de pyroxènes monocliniques[9]): **1959**, 9f.

Bull. Soc. franç. Minéral. et Cristallogr. Titanomagnétites et ilménites ferromagnétiques, 1[3])[10]): **78** ('55) 307–46; ∼ 2: Etude des propriétés magnétiques[3])[10]): 365–99. — Contribution à l'étude des ilménites du sud-est de Madagascar et du Sénégal. Relations avec la nature de l'arizonite[3])[12])[7]): **84** ('61) 33–39.

Colloques int. Centre nation. Rech. sci. Propriétés magnétiques de l'oxyde ferrique rhomboédrique ($Fe_2O_3\alpha$): **27.1950** ('51) 24–40.

C. R. hebd. Séances Acad. Sci., Paris Aimantation des poudres ferromagnétiques dans les champs faibles: **194** ('32) 1327–29. — Aimantation des poudres macroscopiques dans les champs faibles: 1468–71. — Aimantation permanente de l'acier au voisinage d'un circuit parcouru par une décharge apériodique rapide[8]): **203** ('36) 302–04. — Variation de la susceptibilité magnétique d'une poudre d'hématite en fonction de la taille des grains[10]): **204** ('37) 854–56. — Adsorption dans la précipitation de l'hydroxyde à partir du sulfate ferrique[10]): **206** ('38) 1249–51. — Sur les propriétés magnétiques de l'hydroxyde ferrique[10]): 1469–71. — Evolution spontanée des propriétés magnétiques de l'hydroxyde ferrique[10]): 1955–58. — Contribution magnétique des constituants de l'hydroxyde ferrique évolué en milieu alcalin[10]): **207** ('38) 58–61. — Propriétés thermomagnétiques de l'oxyde ferrique rhomboédrique[2])[14]): **236** ('53) 2043–45.

Geochimica et cosmochim. Acta [London] Iron-titanium oxide minerals in layered gabbros of the Skaergaard intrusion, East Greenland, 2: Magnetic properties[10])[15]): **6** ('54) 27–34.

J. Physique et Radium Méthode simple pour passer en électromagnétisme et en induction des lois des circuits fermés aux lois élémentaires: (7) **3** ('32) 85S–87S. — Sur le passage des lois intégrales aux lois différentielles en électromagnétisme et en induction: **4** ('33) 54–60. — Propriétés thermomagnétiques des roches volcaniques[11]): 48Sf. — Relation entre les propriétés thermomagnétiques des roches volcaniques et leur constitution globale[11]): 101Sf. — Etude magnétique de la formation du ferrite de cuivre[1]): **5** ('34) 37S–40S. — Extraction et propriétés de titanomagnétites[13]): **6** ('35) 66f. — Aimantation permanente de l'acier par une décharge apériodique rapide[8]): **7** ('36) 453–60. — Aimantation permanente de l'acier dans un champ magnétique créé par une décharge apériodique rapide[8]): **8** ('37) 35S. — Variation de la susceptibilité d'une poudre d'hématite en fonction de la taille des grains[10]): **53**Sf. — Sur la susceptibilité paramagnétique de l'oxyde ferrique[4]): **9** ('38) 52S–54S. — Evolution des propriétés magnétiques de l'hydroxyde ferrique[10]): 124S–126S. — Mesure de l'aimantation naturelle d'une lave mexicaine: **10** ('39) 11Sf. — Cinétique de la dissolution des poudres[10]): (8) **1** ('41) 49S–53S. — Contribution à l'étude de la propagation des ondes électromagnétiques le long des fils[5]): **4** ('43) 25S. — Propriétés magnétiques des poudres d'hématite. Influence des dimensions des grains[10]): 25S. — Etude expérimentale de la période propre d'un circuit oscillant de haute fréquence[6]): 26S. — Propriétés magnétiques de l'oxyde ferrique rhomboédrique ($Fe_2O_3\alpha$): **12** ('51) 172–88.

Mineralogical Mag. and J. mineral. Soc. Heating experiments on some natural titaniferous magnetites[15])[16])[10]): **31** ('57) 624–55.

Mit: [1]) E. Ancel; [2]) H. Bizette; [3]) J. Bolfa; [4]) Z. Esmaïl-Bégui; [5]) R. Fallas; [6]) J. Girard; [7]) R. Kern; [8]) M. Laporte; [9]) R. Martin; [10]) S. Mathieu; [11]) J. Pierre; [12]) H. de la Roche; [13]) Mlle Saladin; [14]) B. Tsaï; [15]) E. A. Vincent; [16]) J. B. Wright.

V, VI **CHEVENARD,** Pierre Antoine Jean Sylvestre. Metallurgie. — 1919– Prof., Ecole Nationale Supér. des Mines, Saint-Etienne; '28–34 Dir. des Recherches, '35–50 Dir. scientifique, '50– Administrateur, Soc. de Commentry-Fourchambault et Decazeville, Paris. — '47 Ing. h. c. (Univ. de Liège). — '33 Médaille de la Soc. d'Encouragement pour l'Industrie Nationale; '43 Prix Montyon de Mécanique (Acad. Sci. Paris).

*1888, Dez. 31, Thizy, Rhône;

†1960, Aug. 15, Fontenay-aux-Roses, Seine.

Zur Biogr. C. Duval, J. chem. Educat. **31** ('54) 13f. (m. Bildn.). — Nature [London] **131** ('33) 867. — Ouverture solennelle Cours, Univ. Liège **1947** ('48) 24f.

Nekr. G. Chaudron, Bull. Soc. franç. Minéral. et Cristallogr. **84** ('61) Nr. 1, 1f. — A. Portevin, C. R. hebd. Séances Acad. Sci., Paris **251** ('60) 1698–1700. — L. Velluz, Notice sur les travaux de Pierre Chevenard (1888–1960) (Paris '61) 28 S. (m. Bildn., Faks., Schr.-verz.); Notices et Discours, Acad. Sci., Paris **4** ('64) 481–508. — X. Waché, The work of Professor Chevenard and its extension in precision metallurgy: Mémoires sci. Rev. Métallurgie **58**('61) 887–900 [franz.]. — Métaux **35** ('60) 435–37 (m. Bildn.). — Revue Métallurgie [Paris] **57** ('60) 865f. (m. Bildn.).

S. Traité de chimie minérale (P. Pascal) **12** (Paris '34) 575–623: Alliages de nickel; 625–48: Alliages de cobalt; 649–72: Alliages de manganèse. — International Association for Testing Materials, London congress 1937 (London '37) 105–: Emploi des méthodes physico-thermiques pour l'étude des alliages légers[9]). — Procès verbaux et mémoires recueillis, Journées internationales de chronométrie et de métrologie, Paris **1937** (Paris '39) 545–: Enregistrement graphique des petits changements de longueur au moyen d'un amplificateur mécanique à grandissement supérieur à 1000; application à l'essai mécanique des métaux aux températures élevées[7]). — Journées des états de surface, Paris 1945 (Paris '47) 237–: L'influence des états de surface sur l'oxydation des austénites au nickel–chrome et de la méthode de polissage des échantillons sur l'hystérésis mécanique des aciers[12]). — Société de Commentry-Fourchambault et Decazeville, 1854–1954 (Paris '54) 219–63: Apports scientifiques de la Société. Sa contribution aux progrès de la métallographie et à l'imprégnation scientifique de l'industrie métallurgique.

W. Essais physiques des matériaux métalliques (Paris '44) 24 S. (Syndicat des constructeurs français de machines-outils. Centre syndical de documentation et de formation des techniciens de la machine-outil 1944). — Cérémonie du centenaire de la naissance d'Arsène d'Arsonval à la Sorbonne le 23 oct. 1951, Allocution (Hendaye '51) 23 S. (Institut de France 1951, 17). — Inauguration du monument élevé à la mémoire de Louis-Paul Cailletet, Allocution (Hendaye '58) 12 S. (Institut de France 1957, 11quater).

Aciers spéc., Métaux et Alliages La corrosion fissurante des ferronickels dans la vapeur et les métaux d'ailettage pour turbines: **9** ('34) 340–48.

Métaux Micromachine à enregistrement photographique pour l'essai mécanique des métaux: **10** ('35) 37–49. — Mechanische Prüfung von Metallen bei hohen Temperaturen: 76–86 [franz.]. — L'analyse thermomagnétique des produits sidérurgiques et ses récentes applications: 194–208. — Les alliages austénitiques tenaces à chaud: 441–48. — Eigenschaften und Anwendungen der Bimetalle: **11** ('36) 2–11 [franz.].

Métaux et Corrosion Nouvelles recherches sur la corrosion intercristalline des ferronickels chromés: **12** ('37) 23–31. — Thermoélasticimètre enregistreur[7]): **15** ('40) 93–. — Réflexions sur la construction des appareils d'observation et de mesure: **18** ('43) 57f. — Etude de la corrosion sèche des métaux au moyen d'une thermobalance[12])[10]): 121–27.

Annales Acad. Sci. techn. Varsovie Etude approfondie d'un alliage à partir d'une très petite coulée: **2** ('35) 147–66. — Etude expérimentale de l'hétérogénéité chimique des lingots. Application à un alliage fer–nickel–chrome–carbone[9]): **3** ('36) 1–16.

Annales franç. Chronométrie Nouveaux alliages du type élinvar pour spiraux de chronomètres[12)][11)]: **7** ('37) 259–.

Bull. Assoc. techn. Fonderie Hétérogénéité chimique des solutions solides dans les alliages moulés[12)]: **10** ('36) 152–65.

Bull. Soc. chim. France, Mém. Etude de la corrosion sèche des métaux au moyen d'une thermobalance[12)][10)]: (5) **10** ('43) 400; **11** ('44) 41–47. — Propriétés élastiques des fibres textiles[3)]: **13** ('46) 464–74.

Bull. Soc. Encouragement Industrie nation. Micromachine à enregistrement photographique pour l'essai mécanique des métaux: **134** ('35) 59–75.

Bull. Soc. franç. Minéral. Nouvelles études dilatométriques des minéraux[9)]: **66** ('43) 131–52.

Bull. Soc. franç. Minéral. et Cristallogr. Analyse dilatométrique et thermogravimétrique des houilles: **76** ('53) 165–88.

Bull. Soc. industr. Mulhouse Application des méthodes d'essais micromécaniques à l'étude des métaux et des fibres textiles: **104** ('38) 265–93.

Bull. Soc. Ing. soudeurs Etude des propriétés mécaniques des soudures par la micromachine: **6** ('35) 1760–.

Chaleur et Industrie Alliages tenaces et inoxydables aux températures élevées: **17** ('36) 125–37. — Soupapes d'échappement en alliages austénitiques[12)]: **20** ('39) 129–32.

Chimie et Industrie Etude approfondie d'un alliage à partir d'une très petite coulée: **37** ('35) 274–. — Application des méthodes physiques à l'étude chimique des métaux: **41** ('39) 28–40.

Chimie et Industrie, Congr. Chim. industr. Etude thermomagnétique de l'hétérogénéité des solutions solides: **14**, I ('35) 19 S. — Etude micromécanique des soudures[9)]: **15**, I ('36) 223–41. — Application des méthodes physiques à l'étude chimique des métaux: **18**, I ('39) Conférences Nr. 4, 15 S.

C.R. hebd. Séances Acad. Sci., Paris Etude thermomagnétique de l'hétérogénéité d'une austénite fer–nickel–carbone–chrome consécutive à la précipitation de carbure, par l'effet du revenu: **198** ('34) 1144–46. — Relation entre l'hétérogénéité d'une solution solide et ses propriétés mécaniques et chimiques: **199** ('34) 861–63. — Micromachine à enregistrement photographique pour l'essai mécanique des métaux: **200** ('35) 212–15, 500. — Etude micromécanique des soudures[9)]: 319–21. — Effet accélérateur d'une tension mécanique sinusoïdale sur le revenu d'une austénite fer-nickel–chrome–carbone hypertrempée[12)]: **201** ('35) 261–63. — Accélération d'une réaction structurale, dans un acier, par l'effet d'une contrainte mécanique[12)]: 877–79. — Très petite machine de traction à enregistrement photographique et son application à l'étude des fibres textiles: **203** ('36) 841–43. — Les transformations au refroidissement des aciers[9)]: **204** ('37) 772–74. — Corrosion intercristalline des ferronickels chromés carburés, écrouis après hypertrempe[12)]: 1167–69. — Nouveaux alliages du type élinvar susceptibles de durcissement structural[5)][12)][11)]: 1231–33. — Amplificateur mécanique à grandissement supérieur à 1000. Application à l'enregistrement de la déformation visqueuse des métaux à température élevée[7)]: **205** ('37) 107–09. — Nouveaux procédés pour l'étude de la diffusion métallique[9)]: **207** ('38) 71–73. — Thermo-élasticimètre enregistreur[7)]: **211** ('40) 548–51. — Progrès récents des techniques d'analyse micromécanique des métaux[12)][7)]: 631–34. — Anomalie d'élasticité corrélative de la transformation magnétique du nickel et des solutions solides riches en nickel: **212** ('41) 535–37. — Résultats obtenus dans l'étude de la diffusion métallique par la méthode des multilames[12)]: 612–14. — Influence de la vitesse sur la forme des cycles couple-torsion d'un métal étudié à l'état visqueux. Hystérésigraphe de torsion à enregistrement photographique[4)]: **214** ('42) 415–17. — Influence de la température sur le coefficient de Poisson des alliages sidérurgiques. Anomalie de ce coefficient liée à la transformation magnétique des ferronickels réversibles[4)]: **215** ('42) 58–61. — Avantages de la méthode de la relaxation pour étudier le fluage des métaux aux températures élevées[12)]: 437–39. — Sur certaines causes de dispersion des résultats dans l'étude des phénomènes de fatigue[12)]: **216** ('43) 264–66. — Influence des traitements thermiques et mécaniques sur le coefficient de Poisson des métaux et des alliages[4)]: 685–87. — Effet accélérateur du carbone sur la vitesse de diffusion entre des alliages austénitiques au fer–nickel[12)]: **217** ('43) 691–93. — Observations sur les transformations polymorphiques des agrégats cristallins[9)]: **218** ('44) 538–40. — Détermination du coefficient de diffusion dans le système fer γ – nickel: 619–21. — Sur les cycles couple-torsion des métaux plastiques [4)][1)]: **219** ('44) 85–87. — Frottement intérieur et plasticité des métaux[4)]: 175–77. — Effets de l'écrouissage et de la trempe sur les propriétés électriques des ferronickels réversibles: 240–42. — Microsondage élastique d'une pièce anisotrope. Application à un barreau d'invar tréfilé[4)][8)]: **220** ('45) 678–80. — Sur l'anomalie dilatométrique et l'anomalie thermoélastique de l'invar japonais[2)]: 774–76. — Influence de l'état de surface sur l'oxydation sèche à haute température d'une austénite au nickel–chrome[12)]: **221** ('45) 442–44. — Sur les propriétés élastiques des fibres textiles[3)]: **222** ('46) 954–57. — Interprétation métallographique de l'instabilité des ferronickels réversibles: **223** ('46) 1073–76. — Remarque sur la note de

A. Portevin et E. Pretet, Les "flocons" dans les pièces d'acier: **231** ('50) 1191. — L'essai de fluage envisagé comme procédé d'analyse physicothermique[12]): **232** ('51) 2161–64. — Influence des additions sur le diagramme d'équilibre de la transformation ordre ⇌ désordre, dans les ferronickels réversibles[6]): **233** ('51) 539–41. — Remarques sur la note de A. Weill, Etude aux rayons x du vieillissement de l'alliage aluminium–magnésium à 7% de magnésium: **234** ('52) 525f. — Observations sur la note de G. Colette et L. Jacqué, Contribution au diagramme fer–carbone par l'étude des vitesses de réaction dans le système fer–méthane–hydrogène[9]): **236** ('53) 1269. — Remarques sur la note de X. Waché et E. Josso, Durcissement par revenu d'alliages austénitiques ayant subi un écrouissage intense. Intervention probable d'une transformation désordre → ordre: **242** ('56) 513f. — Remarques sur la note de J. Pomey, A. Royez et L. Abel, Endurance sur maquettes à échelle réduite: **245** ('57) 1594.

Dechema Monogr. Neue Forschungs- und Überwachungsgeräte zur Anwendung für chemische Arbeiten: **26** ('56) 361–76.

Fonderia Recent investigations on gray cast iron: **13** ('38) 348–58 [ ].

Génie civil Deux nouvelles applications du pyromètre à dilatation: **107** ('35) 424. — Nouveaux alliages du type élinvar susceptibles de durcissement structural[5])[12])[11]): **110** ('37) 470. — Nouveaux procédés pour l'étude de la diffusion métallique[9]): **113** ('38) 89. — Thermoélasticimètre enregistreur[7]): **117** ('40) 32–. — Avantages de la méthode de relaxation pour étudier le fluage des métaux aux températures élevées[12]): **120** ('43) 126f. — Causes de la dispersion des résultats dans l'étude des phénomènes de fatigue[12]): 210. — L'étude scientifique de quelques problèmes métallurgiques: **122** ('45) 23. — Frottement intérieur et plasticité des métaux[4]): **123** ('45) 30f. — Les cycles couple-torsion des métaux plastiques[4])[1]): 54f. — La précision en métallurgie et la métallurgie de précision: **128** ('51) 144–46.

J. Inst. Metals The scientific organization of works: **59** ('36) Nr. 746, 34 S.

J. Physique et Radium Pyromètres industriels à dilatation: (7) **3** ('32) 84S f. — Nouveaux appareils pour l'étude des transformations des alliages. Microdilatomètre isotherme. Thermomagnétomètre enregistreur: 264–80, 166S–168S. — Etude thermomagnétique des phénomènes de diffusion dans les métaux[12]): **10** ('39) 86S f. — Thermoélasticimètre et hystérésigraphe de torsion à enregistrement photographique. Appareils pour l'étude thermomécanique des métaux: (8) **3** ('42) 105–07.

Mécanique Programme de travail du groupe "Essais et contrôle des matériaux métalliques" de la Société française des Mécaniciens: **21** ('37) 84–.

Mémoires Soc. Ing. civils France L'installation et l'organisation d'un laboratoire sidérurgique moderne: **85** ('32) 1109–. — La précision en métallurgie et la métallurgie de précision: **104** ('51) 1–44. — La recherche scientifique dans l'industrie française. Réflexions et souvenirs: 413–28.

Mesures Mechanische Prüfgeräte für Metalle im Versuchslaboratorium von Imphy: **55** ('41) 13–23 [franz.].

Notices et Discours, Acad. Sci., Paris Funérailles de Léon Guillet. Discours: **2** ('49) 485–88. — Inauguration du monument élevé à la mémoire de Louis-Paul Cailletet. Allocution 1957: **4** ('64) 47–57.

Revue Aluminium et Appl. Le Durinval, un alliage pour spiraux de chronomètres[12])[11]): **15** ('38) 1223–29.

Revue Industrie minérale L'organisation du contrôle scientifique des usines et le rôle du laboratoire: **15** ('35) 193–. — Hétérogénéité chimique des solutions solides dans les alliages moulés[12]): **16** ('36) 925–39. — L'organisation scientifique des usines: 1157–.

Revue Métallurgie [Paris] Pyromètres industriels à dilatation: **29** ('32) 442–48. — Extensomètre industriel à enregistrement mécanique: **30** ('33) 85–. — Etude expérimentale de la déformation visqueuse des fils de fer et de nickel: **31** ('34) 473–86, 517–35. — Etude expérimentale de l'hétérogénéité des métaux et alliages[9]): **33** ('36) 96–113. — Nouvelle application métrologique du trépied amplificateur mobile autour d'un point fixe. Machine à enregistrement graphique pour l'essai mécanique des métaux: 280–. — Henry Le Chatelier et l'organisation scientifique des usines: **34** ('37) 87–95. — Nouveaux appareils pour l'étude thermomécanique et micromécanique des métaux: **38** ('41) 317–34; ~ 2: Etude micromécanique des métaux: **39** ('42) 33–53, 65–83, 123–28. — Machine "T.R." pour l'essai mécanique des métaux aux températures élevées: 321–30, 353–59. — Charles Eugène Guye †: **40** ('43) 31f. — Les propriétés mécaniques dites secondaires: Frottement interne, relaxation visqueuse, réactivité, coefficient de Poisson: 289–300. — Etude expérimentale de la diffusion métallique par la méthode thermomagnétique appliquée à des agrégats multilames[12]): **41** ('44) 353–68, 389–402. — Oxydation sélective superficielle d'un alliage et influence de la structure du métal sur la marche de l'oxydation sèche[12]): **45** ('48) 121–28. — Nouveau dilatomètre à enregistrement mécanique pour l'analyse physicothermique des matériaux et la mesure de leur dilatabilité avec équipement pour l'étude de la trempe isotherme: **47** ('50) 805–16.

Revue Nickel Propriétés électriques des alliages de fer et de nickel dans un large intervalle de température: **3** ('32) 55–64. — Durcissement des austénites au nickel et au chrome: 91–95. — Les alliages austénitiques tenaces à chaud: **6** ('35) 4–12. — L'hétérogénéité des solutions solides et les phénomènes de corrosion localisée: **7** ('36) 135–43.

Schweizer Arch. angew. Wiss. u. Techn. Sur quelques phénomènes d'ordre physico-chimique et structural qui affectent la résistance mécanique aux températures élevées des alliages austénitiques tenaces à chaud[12]): **18** ('52) 127–36.

Science et Industrie Elaboration et utilisation des diagrammes tracés par les appareils enregistreurs: Nr. **286 bis** ('39) 29–. — Mesures des vitesses de déformation visqueuse des métaux aux températures élevées: 160–. — Appareils amplificateurs et enregistreurs à levier optique: 196–.

Technique moderne La métallurgie de précision: **30** ('38) Nr. 7, 11 S.

Usine nouvelle Les méthodes modernes d'analyse thermique: **6** ('50) Nr. 47, 23–.

Mit: [1]) F. Aubertin; [2]) P. J. Bouchet; [3]) G. Champetier; [4]) Ch. Crussard; [5]) L. Huguenin; [6]) E. Josso; [7]) E. Joumier; [8]) J. Perrier; [9]) A. Portevin; [10]) R. de la Tullaye; [11]) A. Villachon; [12]) X. Waché.

VI **CHIBNALL,** Albert Charles. Biochem. — 1930–36 Assist. Prof., '36–43 Prof., '43 Prof. Emeritus, Imperial College of Science and Technology, Univ. of London; '43–49 Prof., Univ. of Cambridge.

*1894, Jan. 28.

Zur Biogr. Nature [London] **151** ('43) 610; **163** ('49) 831.

MH. Subsidy roll for the county of Buckingham, anno 1524 (Jordans, Buckinghamshire '50).

S. Relation of optical form to biological activity in the amino-acid series; a symposium held at University College Hospital Medical School, London 1947 (Cambridge '48) (Biochemical Society, Symposia, Nr. 1) 90f.: Nomenclature of amino-acids. — Institut international de chimie Solvay. 9e Conseil de chimie, Bruxelles 1953 (Bruxelles '53) 119–51: Chemical constitution of the proteins.

W. Protein metabolism in the plant (New Haven, Conn. '39) 13 + 306 S. (Yale Univ., Mrs. Hepsa Ely Silliman memorial lectures, 27); Neudrucke: ('63), ('65); poln.: (Warszawa '52). — Richard de Badew and the University of Cambridge 1315–1340 (Cambridge '63) 16 + 48 S.

Annals Bot. Observations on the fat metabolism of leaves, 2: Fats and phosphatides of the runner bean (Phaseolus multiflorus)[14]): **47** ('33) 163–86.

Biochemical J. The estimation of glutamine in the presence of asparagine[30]): **26** ('32) 122–32. — Growth of Aspergillus versicolor on higher paraffins[11]): 133–42. — The glyceride fatty acids of forage grasses, 1: Cocksfoot and perennial ryegrass[25]): 218–33. — The proteins of grasses, 1: Preliminary communication[18]): 392–402; ~ 2: A new method of preparation[18])[9])[30]): **27** ('33) 1879–84; ~ 3: The cystine content of certain grasses and other pasture plant proteins[20]): **28** ('34) 326–36. — Wax metabolism in the leaves of Brussels sprout[24]): **26** ('32) 403–12. — The phosphatides of forage grasses, 1: Cocksfoot[25]): 1345–57. — The isolation of glutamine from an enzymic digest of gliadin[6])[13]): 1704–13. — The isolation of n-triacontanol from lucerne wax[31])[15])[19]): **27** ('33) 1885–88. — The isolation of n-octacosanol from wheat wax [20])[19]): 1889–93. — The constitution of coccerin [15])[31])[1]): **28** ('34) 313–25. — The exudation of glutamine from perennial rye-grass[8]): 1422–27. — Melting-points and long crystal spacings of the higher primary alcohols and n-fatty acids[19])[31]): 2175–88. — The constitution of the primary alcohols, fatty acids and paraffins present in plant and insect waxes[19])[20])[24])[31]): 2189–208. — The metabolism of plant and insect waxes[19]): 2209–19. — The determination of glutamine in the presence of asparagine [28])[21])[5])[30]): **29** ('35) 2710–20. — The fatty acids of phrenosin and kerasin[19])[31]): **30** ('36) 100–14. — The wax of white pine chermes[3])[17]): **31** ('37) 1375–77. — The wax from the leaves of Sandal (Santalum album, Linn.)[19])[17])[31])[12]): 1981–86. — The glutamic acid of normal and malignant tissue proteins[22])[31])[4]): **34** ('40) 285–300. — Total nitrogen content of egg albumin and other proteins[22])[31]): **37** ('43) 354–59. — Criticism of the Foreman method for the estimation of the dicarboxylic acids in protein hydrolyzates[2])[22]) [31]): 360–72. — Dicarboxylic and basic amino acids of edestin, egg albumin, and β-lactoglobulin[22])[31]): 372–88. — Introductory talk on nomenclature of amino-acids: **41** ('47) XXXIV. — Further observations on the amide and free carboxyl groups of insulin[22]): **52** ('52) IIIf. — Phrenosinic acid[19])[31]): **55** ('53) 707–11. — The α-hydroxy-n-fatty acids of yeast cerebrin[19])[31]): 711–14. — The long-chain paraffin constituents of rose-petal wax[17])[19]): **58** ('54) 506–12. — Studies on the amide and C-terminal residues in proteins, 1: The characterization of the C-terminal residue[22]): **68** ('58) 105–11; ~ 2: The ammonia nitrogen and amide nitrogen of various native protein preparations[16])[22]): 111–14; ~ 3: The esterification of proteins[16])[22]): 114–18; ~ 5: Estimation of asparagine and glutamine residues[10])[16])[22]): 122–28. — Structure of polyglutamic acid from Bacillus subtilis[22])[23]): 129–35. — Determination of the N-terminal residues in proteins with methoxycarbonyl chloride[26]): 135–42. — Further observations on the paraffins and primary alcohols of plant waxes[29])[7])[19]): 78 ('61) 435–42.

British med. Bull. Quantitative determination of amino acids: **10** ('54) 183–86.

J. int. Soc. Leather Trades Chemists The contribution of the analytical chemist to the problem of protein structure: **30** ('46) 1–.

J. Sci. Food and Agric. The amino acid composition of leaf proteins[33])[22]): **1963**, 234–39.

Nature [London] The glutamic acid of tumour proteins[22])[27])[31])[4]): **144** ('39) 71f. – Glutamic acid of proteins[22])[31])[4]): **145** ('40) 311f. – Amino acid analysis and the structure of proteins: **150** ('42) 127. – Role of nitrogen in plants: **172** ('53) 513. – Prof. M. Damodaran †: **181** ('58) 454.

New Phytologist Protein metabolism in rooted runner-bean leaves: **53** ('54) 31–37. – Study with isotopic nitrogen of protein metabolism in detached runner-bean leaves[32]): 38–43.

Proc. roy. Soc., London, Ser. A Amino-acid analysis and the structure of proteins: **181** ('42) 210.

Proc. roy. Soc., London, Ser. B Amino-acid analysis and the structure of proteins: **131** ('42/43) 136–60.

Mit: [1]) C. A. Ayre; [2]) K. Bailey; [3]) B. K. Blount; [4]) E. Boyland; [5]) H. E. Clark; [6]) M. Damodaran; [7]) D. S. Gowers; [8]) A. W. Greenhill; [9]) D. H. Hall; [10]) C. Haselbach; [11]) S. J. Hopkins; [12]) A. V. V. Iyengar; [13]) G. Jaaback; [14]) R. C. Jordan; [15]) A. L. Latner; [16]) J. L. Mangan; [17]) H. A. El Mangouri; [18]) E. J. Miller; [19]) S. H. Piper; [20]) A. Pollard; [21]) G. W. Pucher; [22]) M. W. Rees; [23]) F. M. Richards; [24]) P. N. Sahai; [25]) J. A. B. Smith; [26]) P. F. Spahr; [27]) G. R. Tristram; [28]) H. B. Vickery; [29]) J. D. Waldron; [30]) R. G. Westall; [31]) E. F. Williams; [32]) G. H. Wiltshire; [33]) J. W. H. Lugg.

IV–VI **CHIKASHIGE,** Masumi. Metallogr. — 1898–1908 Assist. Prof., '08–30 Prof., Kyoto Imperial Univ. (☒)

*1870, Sept. 3, Tasa;

†1941, Nov. 16, Kyoto.

W. Alchemy and other chemical achievements of the ancient orient. The civilization of Japan and China in early times as seen from the chemical point of view (Tokyo '36) 9 + 102 S.

Ferner poetische Werke und Essays über den Tee-Kult in japanischer Sprache.

IV–VI **CHILD,** Clement Dexter. Physik. — 1898–1933 Prof., Head of the Department, Colgate Univ., Hamilton, N. Y. (☒)

*1868, Mai 15, Madison, Ohio;

†1933, Juli 15, Rochester, N. Y.

Nekr. E. Merritt, Science [USA] (N.S.) **78** ('33) 377.

Philosophical Mag. and J. Sci. The quenching of light from flames produced by various chemicals: (7) **16** ('33) 1141–50.

Physical Rev. Luminosity of sodium flames: (2) **42** ('32) 146.

VI **CHILDS,** William Harold Joseph. Physik. — 1931–47 Research Fellow, Davy-Faraday Labor. of the Royal Institution of Great Britain, London; '38 D. Sc., London; '47– Prof., Heriot-Watt College, Edinburgh.

*1905, Jan. 19, London.

S. Chamber's encyclopaedia (London '59): Physical constants.

W. Physical constants; selected for students (London '34) 8 + 77 S.; [4]('46); [5]('50); [6]('51); [7]('54); [8]('58) (Methuen's monographs on physical subjects).

Astrophysical J. Equivalent widths in the A and B bands of oxygen: **77** ('33) 212–20.

J. sci. Instruments An Eagle mounting for a three-metre concave grating: **10** ('33) 272–74. – A simple demonstration model of a vibrating molecule[1]): **14** ('37) 141f. – Composite quarter- and half-wave plates: **33** ('56) 298–301.

Nature [London] Absorption spectrum of heavy methane (CH_3D) in the photographic infra-red[1]): **138** ('36) 285. – Structure of the methane molecule[1]): **141** ('38) 916. – Infrared spectra and the structure of molecules[1]): **145** ('40) 646–49.

Philosophical Mag. and J. Sci. Absorption measurements and transition probabilities for the A (0,0) and B (0,1) bands of oxygen: (7) **14** ('32) 1049–60.

Proc. roy. Soc., London, Ser. A Perturbations and rotation constants of some first negative nitrogen bands: **137** ('32) 641–61. – The structure of the near infra-red bands of methane, 1: General survey, and a new band at 11,050 A: **153** ('35/36) 555–67. – The spectrum of mono-deuteromethane in the photographic infra-red, 1: Preparation of the gas, and measurements of a simple band at 9021 cm^{-1} [1]): **169** ('39) 428–37. – A new Coriolis perturbation in the methane spectrum, 3: Intensities and optical spectrum[1]): 451–63.

Proc. roy. Soc., London, Ser. B The spectrum of mono-deuteromethane in the photographic infra-red[1]): **126** ('38/39) S 135f.

Rep. Progr. Physics The rotation-vibration spectra of the lighter hydrocarbons: **3** ('37) 369–94.

Z. Physik Bemerkungen über die Deformationsschwingungen des Acetylenmoleküls[1]: **104** ('36/37) 804–06.
Mit: [1]) H. A. Jahn.

VI **CHINČIN,** Aleksandr Jakovlevič. Math. — 1911–16 stud. Univ. Moskva, '18 Pädagog. Tätigkeit, Polytechn. Inst. für Frauen, Moskva, '19 Polytechn. Inst., Ivanovo-Voznesensk; '19–26 Prof. u. Dekan d. physik.-math. Fak., Pädagog. Inst., Ivanovo-Voznesensk; '27– Leiter des Lehrstuhls f. Math., Staatl. Pädagog. Inst. „K. Liebknecht", Moskva; '22–26 Wiss. Mitarbeiter d. Inst. f. Math. u. Mech., '27– Prof., '32–34 Dir. d. Inst. f. Math. u. Mech., '32–44 Leiter d. Lehrstuhls f. math. Analysis, Univ. Moskva; '35 Dr. d. physikal.-math. Wiss., Univ. Moskva; '39– Wiss. Mitarbeiter, Steklov-Inst. f. Math., Akad. Wiss. UdSSR, Moskva. — '40 Staatspreis (UdSSR); Leninorden (UdSSR); 2 Rotbannerorden (UdSSR). (⊠)

*1894, Juli 19 (7), Kondrovo, Gouv. Kaluga;

†1959, Nov. 19.

Zum 60. Geb.tag B. V. Gnedenko, Usp. mat. Nauk **10** ('55) H. 3, 197–212 (m. Schr.-verz. 138 Nrn.).

Nekr. E. S. Berezanskaja, A. Ja. Margulis, Matematika v Škole **1960**, Nr. 1, 77–79 (m. Bildn.). — B. V. Gnedenko, Matematičeskoe Proveśč. **6** ('61) Nr. 6, 3–6 (m. Bildn.); Teorija Verojatnostej i Primenenija **5** ('60) Nr. 1, 3–6 (m. Bildn.). — B. V. Gnedenko, A. N. Kolmogorov, Usp. mat. Nauk **15** ('60) H. 4, 97–110 (m. Bildn. u. Schr.verz. 143 Nrn.); engl.: Russian math. Surveys **15** ('60) Nr. 4, 93–106 (m. Schr.verz.).

Zur Bibliogr. A. Ja. Chinčin, Pedagogičeskie stati [Pädagogische Aufsätze] (B. V. Gnedenko) (Moskva '63) 202 S.; darin: 173–78: A. I. Markuševič, A. Ja. Chinčin als Lehrer der mathematischen Analysis [russ.]; 180–96: B. V. Gnedenko, A. Ja. Chinčin [russ.]; 197–203: Schr.verz.

MH. Ėnciklopedija ėlementarnoj matematiki **1**: Arifmetika (Moskva–Leningrad '51), darin eig. Beitrag: 255–353: Elemente der Zahlentheorie [russ.]; **2**: Algebra ('51); **3**: Funkcii i predely ('52); deutsch: Enzyklopädie der Elementarmathematik **1**: Algebra (Berlin '54) (Hochschulbücher der Mathematik, 7); **2**: Algebra ('56) (~ 8); **3**: Analysis ('58) (~ 9).

S. Matematika v SSSR za 15 let [15 Jahre Mathematik in der UdSSR] (Moskva–Leningrad '32) 165–70: Wahrscheinlichkeitsrechnung [russ.]. — Materialy k soveščaniju učitelej, Narkompros RSFSR [Materialien für die Lehrerkonferenz, Volkskommissariat für Volksbildung der RSFSR] (Moskva '38) 9–12: Einführung in die Irrationalzahlen [russ.]; 39–47: Komplexe Zahlen[2]) [russ.]. — Filosofske voprosy sovremennoj fiziki [Philosophische Probleme der modernen Physik] (Moskva '52) 522–38: Die Methode der willkürlichen Funktionen und der Kampf gegen den Idealismus in der Wahrscheinlichkeitstheorie [russ.]. — Pamjati A. A. Andronova [Gedenkschrift für A. A. Andronov] (Moskva '55) 541–74: Symmetrische Funktionen auf mehrdimensionalen Flächen [russ.]. — Arbeiten zur Informationstheorie **1** (Berlin '57) (Mathemat. Forschungsberichte) 7–25: Der Begriff der Entropie in der Wahrscheinlichkeitsrechnung; 26–85: Über grundlegende Sätze der Informationstheorie. — Detskaja ėnciklopedija [Kinder-Enzyklopädie] **3**: Čisla i figuri, veščestvo i ėnergija [Zahlen und Figuren, Stoff und Energie] (Moskva '59) 211–20: Erste Bekanntschaft mit der Wahrscheinlichkeitsrechnung [russ.].

W. Velikaja teorema Ferma [Das bedeutende Theorem von Fermat] ²(Moskva–Leningrad '32) 52 S. — Osnovnye zakony teorii verojatnostej [Grundgesetze der Wahrscheinlichkeitsrechnung] ²(Moskva–Leningrad '32) 82 S. — Asymptotische Gesetze der Wahrscheinlichkeitsrechnung (Berlin '33) 4 + 77 S. (Ergebnisse d. Math. und ihrer Grenzgebiete, 2, 4); russ.: (Moskva–Leningrad '36) 196 S. — Slučaj, i kak nauka s nim spravljaetsja [Der Zufall, und wie die Wissenschaft mit ihm fertig wird] (Moskva–Leningrad '34). — Predel'nye zakony dlja summ nezavisimych slučajnych veličin [Grenzgesetze für die Summen unabhängiger zufälliger Größen] (Moskva–Leningrad '38) 116 S. — Cepnye drobi [Kettenbrüche] (Moskva–Leningrad '35); ²('49); ³(Moskva '61) 112 S.; tschech.: (Praha '52) 104 S.; deutsch: (Leipzig '56) 5 + 96 S. (Math.-naturwiss. Bibl., 3); engl.: (Groningen '63) 101 S. — Matematičeskie osnovanija statističeskoj mechaniki (Moskva–Leningrad '43) 126 S.; engl.: Mathematical foundations of statistical mechanics (New York '49) 8 + 179 S. — Osnovnye ponjatija matematiki v srednej škole [Grundbegriffe der Mathematik in der Mittelschule] (Moskva '40). — Vosem' lekcij po matematičeskomu analizu [Acht Vorlesungen über mathematische Analysis] (Moskva–Leningrad '43) 216 S.; ²('46); ³('48) 260 S.; ukrain: (- '48). — Ėlementarnoe vvedenie v teoriju verojatnostej [Elementare Einführung in die Wahrscheinlichkeitsrechnung] (m. B. V. Gnedenko) (Moskva '46); ²('50); ³('52); ⁴('57); ⁵('61) 144 S.; poln.: (Warszawa '52), ('54) 155 S.; rumän.: (- '53); tschech.: (Praha '54) 114 S.; ungar.: (Budapest '54) 141 S.; deutsch: (Berlin '55, '60)

135 S. (Kleine Ergänzungsreihe zu den Hochschulbüchern f. Math., 8); chines.: (– '58); franz.: (Paris '60) (Monographie Dunod, 26) 8 + 157 S.; span.: ([Argentinien] '60); engl.: (San Francisco '61) 137 S., (New York '62) 130 S. – Tri žemčužiny teorii čisel [Drei Perlen der Zahlentheorie] (Moskva–Leningrad '47); [2]('48) 64 S.; ukrain.: (Kiev–L'vov '48) 75 S.; deutsch: (Berlin '51) 62 S.; engl.: (Rochester, N.Y. '52) 64 S.; japan.: (–'56). – Matematičeskie osnovanija kvantovoj statistiki [Mathematische Grundlagen der Quantenstatistik] (Moskva–Leningrad '51) 256 S.; deutsch: (Berlin '56) 200 S.; engl.: (Albany, N.Y. '60) 232 S. – Kratkij kurs matematičeskogo analiza (Moskva '53) 624 S.; [2]('55); [3]('57) 628 S.; chines.: (– '55); litauisch: (Vil'njus '58) 579 S.; engl.: A course of mathematical analysis (Delhi, India '60, New York '61) 668 S. – Mathematical foundations of information theory (New York '57) 120 S. – Mathematical methods in the theory of queueing (New York–London '60) 120 S. (Statistical monographs and courses, 7). – Analytical foundations of physical statistics (New York '61) 64 S. (Int. monographs on advanced mathematics and physics, 2). – Analytical foundations of physical statistics (New York–Delhi '61) 64 S. – Raboty po matematičeskoj teorii massovogo obsluživanija [Arbeiten zur mathematischen Theorie der Massenbedienung] (Moskva '63) 235 S.

Acta arithmet. [Warszawa] Über die angenäherte Auflösung linearer Gleichungen in ganzen Zahlen: **2** ('37) 161–72.

Bjul. mosk. gos. Univ., Mat. Neuer Beweis einer Formel von P. Lévy: **1** ('37) Nr. 1, 1–5. – Über die Arithmetik der Verteilungsgesetze: 6–17. – Über ein Merkmal für charakteristische Funktionen: Nr. 5, 1–3. – Invariante Klassen von Verteilungsgesetzen: 4 f. – Beispiele für zufällige Größen, die zuverlässigen Verteilungsgesetzen gehorchen: 6–9. – – Alle Arbeiten russ.

Compositio math. Eine Verschärfung des Poincaréschen „Wiederkehrsatzes": **1** ('34/35) 177–79. – Metrische Kettenbruchprobleme: 361–82. – Zur metrischen Kettenbruchtheorie: **3** ('36) 276–85. – Über singuläre Zahlensysteme: **4** ('37) 424–31.

C. R. hebd. Séances Acad. Sci., Paris Sur les lois stables[6]): **202** ('37) 374–76.

Dokl. Akad. Nauk SSSR Über analytische Methoden der statistischen Mechanik: **33** ('41) 438–41. – Mittelwerte von summatorischen Funktionen in der statistischen Mechanik: 442–45. – Über zwischenmolekulare Korrelationen: 487–90. – Dispersion und Verteilungsgesetze von summatorischen Funktionen in der statistischen Mechanik: **34** ('42) 61–63. – Über einen Grenzfall des Kroneckerschen Approximationssatzes: **56** ('47) 563–65. – Über einen allgemeinen Satz der Theorie der linearen diophantischen Approximationen: 679–81. – Ein Übertragungsgesetz für singuläre Systeme linearer Gleichungen: **59** ('48) 217 f. – Zur Theorie der linearen diophantischen Approximationen: 865–67. – Über Summen positiver zufälliger Größen: **71** ('50) 1037–39. – Über die Verteilungsgesetze der „Besetzungszahlen" in der Quantenstatistik: **78** ('51) 461–63. – Über Klassen äquivalenter Ereignisse: **85** ('52) 713 f. – – Alle Arbeiten russ.

Front Nauki i Techn. Die Wahrscheinlichkeitsrechnung im vorrevolutionären Rußland und in der UdSSR: **7** ('37) 36–46 [russ.].

Giorn. Ist. ital. Attuari Sulle successioni stazionarie di eventi: **3** ('32) 267–72. – Sul dominio di attrazione della legge di Gauss: **7** ('36) 3–18. – Su una legge dei grandi numeri generalizzata: 365–77.

Izvest. Akad. Nauk SSSR, Ser. mat. Theorie der abklingenden Spontaneffekte: **1938,** 313–22 [russ. m. deutscher Zusammenfassg.]. – Sur la croissance locale des processus stochastiques homogènes à accroissements indépendants: **1939,** 487–508 [russ. m. franz. Zusammenfassg.]. – Les fonctions convexes et les théorèmes d'évolution de la mécanique statistique: **7** ('43) 111–22 [russ. m. franz. Zusammenfassg.]. – Über ein ergodisches Problem der Quantenmechanik: 167–84 [russ.]. – Sur le problème de Tchebycheff: **10** ('46) 281–94 [russ. m. franz. Zusammenfassg.]. – Deux théorèmes liés au problème de Tchebycheff: **11** ('47) 105–10 [russ. m. franz. Zusammenfassg.]. – Die quantitative Konzeption der Kroneckerschen Approximationstheorie: **12** ('48) 113–22 [russ.]. – Reguläre Systeme linearer Gleichungen und die allgemeine Aufgabe von Čebyšev: 249–58 [russ.]. – Über die Bruchteile einer Linearform: **13** ('49) 3–8 [russ.].

Izvest. Akad. pedagog. Nauk RSFSR Über den Formalismus im schulischen Mathematikunterricht: **1946,** Nr. 4, 7–20 [russ.].

Izvest. naučno-issled. Inst. Mat. i Mech. tomsk. gos. Univ. Über Klassenkonvergenz von Verteilungsgesetzen: **1** ('37) 258–62. – Abschätzungen beim Kroneckerschen Approximationensatz: 263–65. – Über unimodale Verteilungen: **2** ('38) 1–7 [russ. m. deutscher Zusammenfassg.].

Matematičeskij Sborn. Zur additiven Zahlentheorie: **39** ('32) Nr. 3, 27–34. – Über eine Ungleichung: 35–39. – Sur les classes d'événements équivalents: 40–43. – Remarques sur les suites d'événements obéissants à la loi des grands nombres: 115–19. – Mathematische Theorie der stationären Reihe: Nr. 4, 73–84 [russ.]. – Über die mittleren Stillstandzeiten von Maschinen: **40** ('33) 119–23 [russ.]. – Über stationäre Reihen zufälliger Variablen: 124–28. – Über ein metrisches Problem der additiven Zahlentheorie: 180–89. – Eine arithmetische Eigenschaft der summierbaren Funktionen: **41** ('34) 11–13. – Fourierkoeffizienten längs einer Bahn im Phasenraum: 14–16. – Zur Theorie der unbeschränkt teilbaren Verteilungsgesetze: (N. S.) **2** ('37) 79–120. – Zwei Sätze über stochastische Prozesse mit stabilen Verteilungen: **3** ('38) 577–84 [russ.]. – Zur Methode der willkürlichen Funktionen: 585–90. – Sur la sommation des suites d'entiers positifs: **6** ('39) 161–66 [russ. m. franz. Zusammenfassg.]. – Sur un cas de corrélation à posteriori: **12** ('43) 185–96.

Matematičeskoe Prosvešč. Über die erzieherische Wirkung des Mathematikunterrichts: **6** ('61) Nr. 6, 6–28 [russ.]. – Über sogenannte „Überlegungsaufgaben" im Mathematikunterricht: 29–36 [russ.].

Matematika v Škole Einführung in die Irrationalzahlen: **1939**, Nr. 3, 32–34. – Grundbegriffe der Mathematik in der Mittelschule: Nr. 4, 4–22; Nr. 5, 3–11. – Über den Mathematikunterricht: Nr. 6, 1–6. – Die allseitige Realbildung der sowjetischen Jugend: 6f. – Über die mathematischen Definitionen in der Mittelschule: **1941**, Nr. 1, 1–10. – Über den Begriff des Verhältnisses zweier Zahlen: Nr. 2, 13–15. – Über die erzieherische Wirkung des Mathematikunterrichts: **1962**, Nr. 3, 30–44. – – Alle Arbeiten russ.

Mathematische Ann. Zu Birkhoffs Lösung des Ergodenproblems: **107** ('32) 485–88. – Korrelationstheorie der stationären stochastischen Prozesse: **109** ('34) 604–15. – Neuer Beweis und Verallgemeinerung eines Hurwitzschen Satzes: **111** ('35) 631–37. – Ein Satz über lineare diophantische Approximationen: **113** ('36) 398–415.

Molodaja Gvardija Über den Mathematikunterricht: **1939**, Nr. 9, 142–50 [russ.].

Proc. nation. Acad. Sci. USA The method of spectral reduction in classical dynamics: **19** ('33) 567–73.

Questions sci. La méthode des fonctions arbitraires et la lutte contre l'idéalisme dans la théorie des probabilités: **5** ('54) 7–24.

Sovetskaja Pedagogika Über den Formalismus im schulischen Mathematikunterricht: **1944**, Nr. 11/12, 21–27 [russ.].

Sowjetwissenschaft Der Begriff der Entropie in der Wahrscheinlichkeitsrechnung: **6** ('53) 849–66. – Andrej Nikolaevič Kolmogorov zum 50. Geburtstag[1]): **7** ('54) 128–49. – Die Methode der willkürlichen Funktionen und der Kampf gegen den Idealismus in der Wahrscheinlichkeitsrechnung: 263–73.

Teorija Verojatnostej i Primenenija Nachwirkungsfreie Folgen von zufälligen Ereignissen: **1** ('56) 3–18. – Über Poissonsche Folgen zufälliger Ereignisse: 320–27. – Über die Formeln von Erlang in der Theorie der Massenbedienung: **7** ('62) 330–35. – – Alle Arbeiten russ. m. deutscher Zusammenfassg.

Trudy mat. Inst. im. Steklova Über den analytischen Apparat der physikalischen Statistik: Nr. **33** ('50) 56 S. – Über einige allgemeine Sätze der statistischen Physik: Nr. **38** ('51) 345–65. – Mathematische Methoden der Theorie der Massenbedienung: **49** ('55) 122 S. – – Alle Arbeiten russ.

Uč. Zap. mosk. gos. Univ. Gramsche Determinanten für stationäre Reihen[3]): **1** ('33) 3–5 [russ.]. – Zur mathematischen Begründung der Maxwell-Boltzmannschen Energieverteilung: **2** ('34) 35–38.

Ukrainskij mat. Ž. Grenzwertsätze für Summen von positiven zufälligen Größen: **2** ('50) Nr. 4, 3–17 [russ.].

Usp. mat. Nauk Metrische Aufgaben der Theorie der Irrationalzahlen: **1** ('36) 7–32. – Korrelationstheorie der stationären stochastischen Prozesse: **5** ('38) 42–51. – Über die Addition von Folgen natürlicher Zahlen: **7** ('40) 57–61. – Über das Problem von Čebyšev: (N. S.) **1** ('46) Nr. 3/4, 198f.; **2** ('47) Nr. 1, 222. – Das verallgemeinerte Čebyšev-Problem: **3** ('48) Nr. 1, 210. – Das Dirichletsche Prinzip in der Theorie der diophantischen Approximationen: Nr. 3, 3–28. – Quantitative Konzeption der Approximationstheorie von Kronecker: 152. – Über einige Anwendungen der Methode der zusätzlichen Veränderlichen: Nr. 6, 188–200. – Über die Bruchteile einer Linearform: **4** ('49) Nr. 1, 182. – Das einfachste lineare Kontinuum: Nr. 2, 180–97. – Über den analytischen Apparat der physikalischen Statistik: Nr. 6, 189. – Die statistische Mechanik als Aufgabe der Wahrscheinlichkeitstheorie: **5** ('50) Nr. 3, 3–46. – Grenzwertsätze für Summen von positiven zufälligen Größen: Nr. 5, 145. – Die Arbeiten N. V. Smirnovs zur Untersuchung der Eigenschaften der Variationsreihe und zu den nichtparametrischen Problemen der mathematischen Statistik[5]): **6** ('51) Nr. 4, 190–92. – Der Begriff der Entropie in der Wahrscheinlichkeitsrechnung: **8** ('53) Nr. 3, 3–20. – Symmetrische Funktionen auf mehrdimensionalen Flächen: 156. – Andrej Nikolaevič Kolmogorov zum 50. Geburtstag[1]): 176–200. – Über die grundlegenden Sätze der Informationstheorie: **11** ('56) Nr. 1, 17–75. – – Alle Arbeiten russ.

Vopr. Filos. Die Häufigkeitstheorie von R. Mises und die modernen Ideen der Wahrscheinlichkeitsrechnung[4]): **1961**, Nr. 1, 91–102; Nr. 2, 77–89 [russ.].

Z. angew. Math. u. Mech. Zur mathematischen Begründung der statistischen Mechanik: **13** ('33) 101–03.

Mit: [1]) P. S. Aleksandrov; [2]) P. Ja. Dorf; [3]) A. O. Gel'fond; [4]) B. V. Gnedenko; [5]) A. N. Kolmogorov; [6]) P. Lévy.

IV–VI **CHINI,** Mineo. Math. — 1930–33 Prof., R. Scuola Super. di Architettura di Firenze. (☒)
*1866, Mai 8, Massa;
†1933, Nov. 11, Firenze.

W. Esercizi di calcolo infinitesimale [6](Livorno '34) 10+318 S. — Corso speciale di matematiche con numerose applicazioni. Ad uso principalmente dei chimici e dei naturalisti [9](Livorno '34) 332 S.; [11]('42) 336 S.

Rend., Reale Ist. lombardo Sci. e Lettere Sulle superficie spirali: (2) **65** ('32) 379–90.

VI **CHIPART,** Albert Henri. Physik. — 1929–38 Prof. Electricité industrielle et Sous-Directeur, Ecole Nationale Supér. des Mines, Paris; en outre '29– Inspecteur général des Mines. — '32 Prix Poncelet (Acad. Sci. Paris). (☒)
*1871, Juli 11, Armentières, Nord;
†1941, Nov. 21.

Todesanzeige J. Physique et Radium (8) **3** ('42) 1S.

VI **CHISINI,** Oscar. Math. — 1925– Prof. ord., Dir. dell'Ist. matematico, Univ. di Milano; anche Prof. incar., R. Politecnico di Milano. (☒)
*1889, März 19, Bergamo.

Zur Biogr. Rend., Reale Ist. lombardo Sci. e Lettere, Parte gen. e Atti uffic. **73** ('39) 15f. (m. Bildn., Faks.).

S. Scritti matematici offerti a Luigi Berzolari (Pavia '36) 261–70: Sulla molteplicità di intersezione di due curve algebriche in un loro punto comune. — 2e Colloque de géométrie algébrique, Liège 1952 (Liège–Paris '52) (Centre belge de recherches mathématiques) 11–27: Courbes de diramation des plans multiples et tresses algébriques. — Atti IV Congresso dell'Unione matematica italiana, Taormina 1951, **1** (Roma '53) 78–87: Piani multipli e questioni topologiche connesse; **2** ('53) 304–08: Sulla costruzione a priori delle trecce algebriche. — Scritti matematici in onore di Filippo Sibirani (Bologna '57) 81–86: Alcuni teoremi sulle medie.

W. Lezioni sulla teoria geometrica delle equazioni e delle funzioni algebriche **4**: Funzioni ellittiche e abeliane (m. F. Enriques) (Bologna '34) 8 + 274 S. — Nozioni e concetti di geometria elementare (Milano–Verona '41) 205 S. — Lezioni di geometria descrittiva (m. G. Masotti Biggiogero) (Milano '41) 369 S.; [2]('42); [3]('44); [4]('46); [5]('49); [6]('55); [7]('59) 7+341 S. — Esercizi e complementi di geometria descrittiva (m. G. Masotti Biggiogero) [2](Milano '50) 8+62 S.; 3. Aufl. u. d. T.: Esercizi di geometria descrittiva (m. G. Masotti Biggiogero) [3]('56) 10+152 S. — Lezioni di geometria analitica e proiettiva alla R. Scuola di ingegneria di Milano (Bologna '42) 6+489 S.; ('43); ('45) 489 S. — Esercizi di geometria analitica e proiettiva (Milano '45) 355 S.; ('48) 8+295 S. — Aspetti significativi della geometria algebrica (Bari '55) 24 S. (Conferenze del Seminario di matematica dell'Università di Bari, 6). — Schemi e modelli per le singolarità delle curve algebriche piane (Bologna '57) 27 S. (∼ 23). — Lezioni di geometria analitica e proiettiva (Bologna '59) 8+495 S.

Annali Mat. pura ed appl. Sulla caratterizzazione delle curve di diramazione dei piani tripli[2]): (4) **25** ('46) 255–65; ∼ 2: **26** ('47) 383–88 [auch in: Boll. Unione mat. ital. (3) **3** ('48) 6–8]. — Dimostrazione delle condizioni caratteristiche perchè una curva sia di diramazione di un piano quadruplo: **29** ('49) 15–23. — Sulla costruzione a priori delle trecce caratteristiche: **33** ('52) 353–66.

Atti (reale) Accad. nazion. Lincei, Rend. Un teorema d'esistenza dei piani multipli, 1: (6) **19** ('34) 688–93; ∼ 2: 766–72. — Sulla curva di diramazione dei piani multipli: **23** ('36) 22–27. — Un più generale teorema d'esistenza dei piani multipli: **27** ('38) 535–37. — Altre curve di diramazione dei piani n-pli: **29** ('39) 460–66. — Il teorema di esistenza delle trecce algebriche, 1: (8) **17** ('54) 143–49; ∼ 2: 307–11; ∼ 3: **18** ('55) 8–13. — Sul comportamento effettivo delle polari: **20** ('56) 547–51. — Dimostrazione della rappresentabilità di una falda di superficie mediante serie procedenti per le potenze fratte di due variabili: **28** ('60) 439–41. — Luigi Brusotti †: 731–36.

Periodico Mat. La non equidecomponibilità di poliedri equivalenti: (4) **12** ('32) 279–95. — Le coniche focali di Dupin dal punto di vista della geometria algebrica: **14** ('34) 240–46. — Il gruppo delle congruenze del piano nella geometria proiettiva: **15** ('35) 133–52. — Sul principio di Plücker-Clebsch[1]): 276–83. — Una teoria elementare delle coniche: **17** ('37) 139–54. — Sul calcolo del volume del tetraedro: **20** ('40) 24–31. — La costruzione di Steiner della tangente ad una lemniscata: **21** ('41) 45–50. — Accanto a Federigo Enriques: **25** ('47) 117–23. — Singolarità delle curve algebriche piane: **29** ('51) 142–66. — A memoria di Federigo Enriques: **30** ('52) 1–3. — Il principio di corrispondenza: 194–208. — La non dimostrabilità del postulato di Euclide: **31** ('53) 7–33. — Sulla non dimostrabilità del postulato di Euclide: **33** ('55) 65–74. — Sul principio di continuità: **34** ('57) 265–77. — Teoria elementare delle cubiche piane: **35** ('57) 125–48. — La superficie cubica, 1: 202–18; ∼ 2: 286–300. — In memoria di Amedeo Agostini: **37** ('59) 245–51. — Isoperimetri: **38** ('60) 20–43.

Rend., (Reale) Ist. lombardo Sci. e Lettere Sul problema d'inversione: (2) **65** ('32) 1133–43. — Una suggestiva rappresentazione reale per le curve algebriche piane: **66** ('33) 1141–55. — Una riga per raggiungere i punti inaccessibili: **68** ('35) 206–12. — La rappresentazione torica di una curva algebrica nell'intorno di un suo punto singolare: **69** ('36) 209–18. — Breve dimostrazione di un teorema su la hessiana: **71** ('38) 219–21. — Sulla rappresentazione analitica di una funzione algebrica di due variabili nell'intorno di un punto cuspidale della curva di diramazione: (3) **4** ('40) 428–34. — I punti singolari di una curva algebrica definiti mediante un prodotto di sostituzioni: **5** ('41) 437–45. — Sulla identità birazionale delle funzioni algebriche di due variabili, dotate di una medesima curva di diramazione: **8** ('44) 339–56. — Sulla identità birazionale di due funzioni algebriche di più variabili, dotate di una medesima varietà di diramazione: **11** ('49) 3–6.

Rend. Semin. mat. e fisico Milano Nomografia: **6** ('32) 31–52. — Le funzioni ellittiche viste da un geometra: **8** ('34) 169–87. — Immagini visive delle curve algebriche: **10** ('36) 37–51. — Discorso sull'uguaglianza: **14** ('40) 68–80. — Sui teoremi d'essistenza delle funzioni algebriche di una e di due variabili: **16** ('42) 182–99. — Geometria numerativa: **19** ('49) 1–16.

Rend. Semin. mat., Univ. e Politecn. Torino Un caratteristico procedimento dimostrativo della geometria algebrica: **12** ('53) 21–36.

Außerdem zahlreiche mathematische Lehrbücher für Mittel-, Ober- und Fachschulen.

Mit: [1]) F. Enriques; [2]) C. F. Manara.

VI **CHITTENDEN,** Edward Wilson. Math. — 1925–53 Prof., '53 Prof. Emeritus, State Univ. of Iowa, Iowa City, Iowa. (☒)
*1885, Aug. 3, Waterville, Minn.

MHZ. American Journal of Mathematics 1932–1937.

S. Lectures in topology (Ann Arbor, Mich. '41) 267–85: On the reduction of topological functions.

American J. Math. On the reducibility of families of subsets and related properties[1]): **55** ('33) 197–206.

American math. Monthly On the number of paths in a finite partially ordered set: **54** ('47) 404f.

Proc. Iowa Acad. Sci. On the general theory of functions: **54** ('47) 207–10.

Mit: [1]) S. Robinson.

VI **CHLOPIN,** Vitalij Grigor'evič. Chem. — 1922–39 Stellvertretender Direktor u. Leiter d. chem. Abteilg., '39–50 Dir., (Staatl.) Radium-Inst. d. Akad. d. Wiss. d. UdSSR, Leningrad; '34–37 Prof., Univ. Leningrad; '35 Dr. d. chem. Wiss. (Akad. d. Wiss. d. UdSSR). — '40 Verdienter Wissenschaftler (RSFSR); '43 Staatspreis III. Kl., '46 u. '50 I. Kl. (UdSSR); '45 Leninorden (UdSSR). (☒)
*1890, Jan. 26 (14), Perm;
†1950, Juli 10.

Ehrung Radiuminstitut „V. G. Chlopin" der Akad. d. Wiss. d. UdSSR.

Zur Biogr. B. M. Berkengejm, Usp. Chim. **14** ('45) 116. — V. V Lebedinskij, ibid. **12** ('43) 253–55. — Vestn. Akad. Nauk SSSR **1939,** Nr. 2/3, 201 (m. Bildn.). — Chimičeskie nauki (S. I. Vol'fkovič) (Moskva–Leningrad '45) (Očerki po istorii Akademii Nauk, 1725–1945) 38, 51, 98–105, 112.

Zum 60. Geb.tag A. A. Grinberg, Usp. Chim. **19** ('50) 137–41 (m. Bildn.). — B. A. Nikitin, I. E. Starik, Izvest. Akad. Nauk SSSR, Otdel. chim. Nauk **1950,** 121–26 (m. Bildn.).

Nekr. I. E. Starik, Trudy radiev. Inst. im. Chlopina **6** ('57) 5–11. — Dokl. Akad. Nauk SSSR **73** ('50) 629f. (m. Bildn.). — Izvest. Akad. Nauk SSSR, Otdel. chim. Nauk **1950,** 449 (m. Bildn.). — Ž. analit. Chim. **1950,** Nr. 5, 259–61 (m. Bildn.). — Ž. fizič. Chim. **24** ('50) 897f. (m. Bildn.).

Zum 70. Geb.tag Radiochimija **2** ('60) 137–43 (m. Bildn.).

Zur Biobibliogr. Materialy Biobibliogr. Učenych SSSR, Ser. chim. Nauk **4** ('47) **36** S. (m. Bildn., Faks., Schr.verz.); darin S. 9–15: B. A. Nikitin, Wissenschaftliche Biogr. — V. G. Chlopin, Izbrannye Trudy [Ausgewählte Arbeiten] **1** [Arbeiten auf dem Gebiet der Radiochemie] (Moskva–Leningrad '57) 372 S. (m. Bildn.), darin S. 5–14: A. P. Ratner, Biogr.; **2** [Anorganische und analytische Chemie, Geochemie] ('57) 306 S. (m. Schr.verz.).

MH. Prirodnye gazy [Erdgas] **2–7** (Leningrad '31–33), **8–11** (Leningrad–Moskva '34–36); darin eigene Beiträge: **4/5** ('32) 62–74: Einfaches Gerät zur Bestimmung von Edelgasen in Gasgemischen [russ.][5]); **11** ('36) 105–42: Untersuchung über das Entweichen von Helium aus Mineralien und Gesteinen, 1: Einfluß verschiedener Faktoren auf das Entweichen von Helium aus Mineralien [russ.][5])[7]). — D. I. Mendeleev, Sočinenija [Gesammelte Werke] **1–20, 22** (Moskva–Leningrad '47–50).

HZ. (Redakt.) Trudy gos. radiev. Inst. **1** ('30)–**5** ('40).

MHZ. (Mitredakt.) Usp. Chim. **11** ('42)–**13** ('44). — (Mitredakt.) Ž. fisič. Chim. **13** ('39)–**18** ('44).

S. Mineral'nye bogatstva Srednej Azii [Die Bodenschätze Zentralasiens] (Leningrad '35) 426–41: Die Erdgase Zentralasiens und die Probleme ihrer Verwertung [russ.]. – Trudy VI vsesojuznogo Mendeleevskogo s-ezda po teoretičeskoj i prikladnoj chimii [Arbeiten des VI. Allunions-Mendeleev-Kongresses für theoretische und angewandte Chemie], Char'kov 1932, **2** (Char'kov–Kiev '35) 614f.: Radium- und mesothoriumhaltige natürliche Mineralwässer [russ.]. – Akademiku V. I. Vernadskomu k pjatidesjatiletiju naučnoj i pedagogičeskoj dejatel'nosti [V. I. Vernadskij zum 50jährigen wissenschaftlichen und pädagogischen Jubiläum] **1** (Moskva '36) 397–419: Die auf der Erscheinung des radioaktiven Zerfalls beruhenden Methoden der geologischen Altersbestimmung, die Grenzen ihrer Anwendbarkeit, die möglichen Fehlerquellen und ihre relative Bedeutung; 539–46: Über die chemische Natur der künstlichen Umwandlungsprodukte des Urans[14]. [Beide Arbeiten russ. m. deutscher Zusammenfassg.]. – International geological congress. Report of the 17th session, Moscow 1937, **4** (Moskva '40) 459–68: Radioactive method of measuring geological age as applied to some geological formations of the USSR. – Sovetskaja chimija za dvadcat'pjat' let, 1917–1942. Sbornik statej [25 Jahre sowjetische Chemie. Sammlung von Aufsätzen] (Moskva–Leningrad '44) 49–58: Fortschritte der Radiochemie in der UdSSR [russ.]. – Očerki po istorii Akademii nauk. Chimičeskie nauki [Beiträge zur Geschichte der Akademie der Wissenschaften. Chemische Wissenschaften] (Moskva–Leningrad '45) 38–110: Die Chemie an der Akademie der Wissenschaften während der sowjetischen Periode [russ.][3])[16]. – 25 let radievogo instituta [25 Jahre Radiuminstitut] (Moskva–Leningrad '47) 3–17: Kurzer Abriß der Geschichte der Entwicklung der Radiumforschung in Rußland [russ.]. – 75 let periodičeskogo zakona D. I. Mendeleeva i Russkogo chimičeskogo obščestva [75 Jahre Periodisches System und Russische Chemische Gesellschaft] (Moskva–Leningrad '47) 57–96: Umwandlung der Elemente und periodisches System [russ.]. – Radiochimija [Radiochemie] (Moskva '52) 115–40: Methoden zur Untersuchung der Verteilung einer Mikrokomponente zwischen fester und flüssiger Phase [russ.][11]); 141–48: Verteilung von Radium zwischen den Kristallen und der gesättigten Lösung von Lanthanfluorid in 3%-iger Salpetersäure bei 100° [russ.][11]).

W. Analiz mineral'nych vod [Analyse von Mineralwässern] (Leningrad '32) 186 S. – Prirodnye gazy, ich izučenie, dobyvanie i ispol'zovanie [Erdgas, seine Untersuchung, Gewinnung und Verwertung] (Redakt.: V. I. Vernadskij) (Leningrad '32) 73 S. – Metody gazovogo analiza [Methoden der Gasanalyse] (m. A. A. Čerepennikov) (Leningrad '33) 18+9+2 S.

Acta physicochim. URSS Über die Adsorption des Radiums an Bleisulfat[10]): **11** ('39) 661–78.

Bjul. vses. chim. Obšč. im. Mendeleeva Maks Abramovič Bloch † [2])[20])[u.a.]): **1941**, Nr. 1, S. 25 [russ.].

Bull. Soc. chim. France, Mém. Sur le poids atomique du potassium extrait des graines de pois[14]): (4) **51** ('32) 1227–31.

Dokl. Akad. Nauk SSSR Über die Untersuchung des Radiums der Erdöllagerstätten der UdSSR[20]): **1932**, 55–59. – Über das Entweichen von Helium aus Mineralien und Gesteinen[5])[7]): **1934 III**, 121–27 [m. deutscher Zusammenfassg.]. – Zur Geochemie des Heliums: 369–76 [m. deutscher Zusammenfassg.]. – Recherches sur la chimie du polonium, 1: Sur quelques composés du polonium bivalent[17]): **1934 IV**, 433–36 [russ.], 436–39 [franz.]. – Über die Spaltung des Urankerns durch Neutronen und die Frage der Existenz von Transuranen[14])[22]): **24** ('39) 117–20. – Über eine neue Art des Teilungsprozesses des Urankernes[14])[22]): 665f. – Über die chemische Natur der Produkte, welche bei der Teilung des Urankernes unter Einwirkung von Neutronen entstehen[14])[22]), 1: 847–50; ~ 2: 851–53. – Radioaktivität und Heliumgehalt von Beryllium-, Bor- und Lithiummineralien der UdSSR[1]): **32** ('41) 637–40. – Neues Verfahren zur Bestimmung des absoluten geologischen Alters der Mineralien[5]): **58** ('47) 1415–17. – Neue Daten zur Geochemie der Edelgase[5]): **61** ('48) 297–300. – Die Verteilung von Radium zwischen der Schmelze und den Kristallen eines nichtisomorphen Salzes[9]): **65** ('49) 33–36. – Die Verteilung der Isotopen des Thoriums zwischen den Kristallen des Lanthanfluorids und ihren gesättigten Lösungen in 3- und 12%-iger Salpetersäure bei 100°[11]): 861–64. – Über den Heliumgehalt in Beryllium-, Bor- und Lithiummineralien: **66** ('49) 893f. – Zur Frage der Bestimmung des absoluten geologischen Alters nach der Heliummethode an nicht radioaktiven Mineralien mit dichter Kristallpackung: **69** ('49) 825–28. – Verteilung von Radium zwischen den Kristallen von Lanthanfluorid und ihrer gesättigten Lösung in 3%-iger Salpetersäure bei 100 °C[11]): **71** ('50) 689–91. – Allgemeine Methode zur Bestimmung der Zusammensetzung und der Molekularstruktur von chemischen Verbindungen von in radiochemischen, das heißt unwägbaren Mengen vorhandenen Elementen: 901–03. – – Alle Arbeiten russ.

Izvest. Akad. Nauk SSSR, Otdel. mat. i estestv. Nauk Über die Verteilung eines gelösten Stoffes zwischen einer festen kristallinischen und einer flüssigen Phase, 7: Verteilung des Radiums zwischen Bariumnitratkristallen und der gesättigten salpetersäurehaltigen Bariumnitratlösung bei 0° und 25°[18]):

1932, 43–49 [russ.]. — Bestimmung des Atomgewichts von aus Erbsen gewonnenem Kalium [14]): 381–90 [russ.].

Izvest. Akad. Nauk SSSR, Otdel. chim. Nauk Die Sauerstoffmethode der geologischen Altersbestimmung auf Grund des Atomzerfalls und ihre Anwendung zur Altersbestimmung der Uraninite von Karelien, Wilberforce und Süddakota: **1938**, 489–97. — Das geologische Alter der Uraninite und der Monazite aus den Pegmatitadern Nordkareliens[21]): 499–508. — Über die Arbeiten am Radium-Institut der Akademie der Wissenschaften der UdSSR im Jahre 1939: **1940**, 319–21; ~ 1940: **1941**, 336–39. — Über einige physikalisch-chemische Eigenschaften der Fluorverbindungen des vierwertigen Urans[8]): **1942**, 87–97. — 25 Jahre Chemie bei der Akademie der Wissenschaften der UdSSR: 333–65. — Redoxpotentiale im System UO_2SO_4–$U(SO_4)_2$ in Abhängigkeit von der Acidität der Lösung[6]): **1943**, 271–79. — Redoxpotentiale im System $U(SO_4)_2$–$U_2(SO_4)_3$ in Abhängigkeit von der Acidität der Lösung[6]): 381–88. — Natürliches Vorkommen einiger stabiler Produkte der spontanen Uranspaltung[5])[4]): **1947**, 599–604. — Verteilung von Radium zwischen der Schmelze und den Kristallen isomorpher Salze[9]): **1949**, 254–62. — Adsorption von Radium an Bleisulfat in Anwesenheit oberflächenaktiver Stoffe[11]): 460–72. — Über den Mechanismus der Erreichung des Gleichgewichtes bei der Verteilung der Mikrokomponenten zwischen der festen kristallinen isomorphen Phase und der Schmelze [9])[12])[13]): **1950**, 127–36. — Bestimmung des Verteilungskoeffizienten des Radiums und seines Isotops ThX zwischen der Schmelze und Kristallen von Calciumnitrat[9])[15]): **1953**, 250–52. — — Alle Arbeiten russ., z. T. mit engl. Zusammenfassg.

Izvest. Akad. Nauk SSSR, Ser. fizič. Die chemische Natur der Spaltprodukte schwerer Kerne: **4** ('40) 305–09 [russ. m. engl. Zusammenfassg.]. — Möglichkeiten der Anwendung von radioaktiven Elementen und Elementarteilchen: 332–41 [russ.].

Izvest. Akad. Nauk SSSR, Ser. geogr. i geofiz. Radioaktivität und Wärmehaushalt der Erde: **1937**, Nr. 2, 207–24 [russ. m. deutscher Zusammenfassg.].

Nature [London] Experiments on evalution of helium from radioactive minerals and rocks[5])[7]): **133** ('34) 28. — A particular mode of fission of the uranium nucleus[14])[22]): **144** ('39) 595f.

Nauka i Žizn' Wie alt ist unsere Erde?: **1938**, Nr. 8, 41–43 [russ.].

Priroda [SSSR] Die Entwicklung der Untersuchungen über die Radioaktivität in der UdSSR seit 15 Jahren: **1932**, Nr. 11/12, 1011–32 [russ.]. — Marie Skłodowska-Curie: **1935**, Nr. 1, 89–91 [russ.].

Socialističeskaja Rekonstr. i Nauka Helium und Radioaktivität: **1934**, Nr. 10, 18–22 [russ.].

Trudy gos. radiev. Inst. Ivan Petrovič Nagornyj †: **2** ('33) 3f. [russ.]. — A. A. Popov †: **3** ('37) 312–23 [russ.]. — Die Verteilung eines Elektrolyts zwischen der festen kristallinischen und der flüssigen Phase: **4** ('38) 34–83 [russ. m. deutscher Zusammenfassg.].

Trudy radiev. Inst. im. Chlopina L. V. Mysovskij, 1888–1939: **5** ('57) Nr. 2, 5–11 [russ.]. — A. E. Polesickij-Jachnin, 1907–1944: 12–19 [russ.].

Usp. Chim. Maks Abramovič Bloch †: **10** ('41) 501–04 [russ.]. — Elementumwandlung und Periodensystem: **13** ('44) 181–202 [russ.]. — A. E. Polesickij-Jachnin, 1907–1944: **14** ('45) 171–76 [russ.].

Usp. fizič. Nauk Lev Vladimirovič Mysovskij, 1888–1939: **23** ('40) 1–12 [russ.].

Vestn. Akad. Nauk SSSR Aufgaben, Struktur und Tätigkeit des Radium-Instituts der Akademie der Wissenschaften der UdSSR: **1938**, Nr. 7/8, 32–41 [russ.]. — Gewinnung, Untersuchung und praktische Anwendung von künstlichen radioaktiven Elementen: **1939**, Nr. 11/12, 174–90 [russ.].

Z. Elektrochem. u. angew. physik. Chem. Radium- und mesothoriumhaltige natürliche Gewässer[20]): **38** ('32) 527–30.

Ž. fizič. Chim. Adsorption von Radium an Bleisulfat[10]): **13** ('39) 1145–53 [russ.]. — Radioaktive Methoden zur Bestimmung der absoluten Oberfläche von kristallinischen Suspensionen[11]): 1282–96 [russ.]. — Über die Struktur von pseudogemischten Kristallen vom Typus Bariumnitrat–Methylenblau[19]): **14** ('40) 941–52 [russ.].

Ž. obščej Chim. Über einige Fluorverbindungen des vierwertigen Urans und die Möglichkeit der quantitativen Bestimmung des Urans in Form des Fluorids[5]): **6** ('36) 1701–14 [russ.]. — Elementumwandlung und Periodensystem: **11** ('41) 1049–68 [russ.].

Mit: [1]) S. A. Abidov; [2]) A. N. Bach; [3]) A. A. Balandin; [4]) N. V. Baranovskaja; [5]) É. K. Gerling; [6]) A. M. Gurevič; [7]) É. M. Ioffe; [8]) M. L. Jaščenko; [9]) V. R. Klokman; [10]) V. I. Kuznecova; [11]) M. S. Merkulova; [12]) A. N. Murin; [13]) V. D. Nefedov; [14]) M. A. Pasvik-Chlopina; [15]) E. G. Pekel'naja; [16]) S. A. Pogodin; [17]) A. G. Samarceva; [18]) P. I. Tolmačev; [19]) M. A. Tolstaja; [20]) V. I. Vernadskij; [21]) M. E. Vladimirova; [22]) N. F. Volkov.

VI **CHODAT,** Robert Hyppolyte. Botanik. — 1900–34 Prof. ord. et Dir. de l'Inst. botanique, Univ. de Genève. — Dr. h. c.: '02 (Victoria Univ. of Manchester), '09 (Univ. libre de Bruxelles), '09 (Univ. of Cambridge), '30 (ETH Zürich). — '33

Linnean Medal (Linnean Soc. of London). (☒)

*1865, Apr. 6, Moutier-Grand-Val, Jura bernois;

†1934, Apr. 28, Pinchat-sur-Carouge, près de Genève.

Zur Biogr. Nature [London] **131** ('33) 793.

Nekr. P.-A. Dangeard, C. R. hebd. Séances Acad. Sci., Paris **198** ('34) 1821–23. — O. Jaag, Ber. dtsch. bot. Ges. **52** ('34) (159)–(187) (m. Bildn., Faks., Schr.verz. 462 Nrn.). — A. Lendner, Verhandlungen schweizer. naturforsch. Ges. **115** ('34) 529–50 (m. Bildn., Faks., Schr.verz. 462 Nrn.); Schweizerische Apotheker-Ztg. **72** ('34) 253–55 (m. Bildn.). — O. Mattirolo, Atti reale Accad. Sci. Torino **70** ('34) 14–19. — F. E. W., Nature [London] **133** ('34) 974f.

Zur Biobibliogr. Documents pour servir à l'histoire de l'Université de Genève 8 (Genève '38) 47–49.

Ber. schweizer. bot. Ges. Un nouveau type de Plancton (Bachmanniella planctonica Chod. nov. gen., nov. spec.): **42** ('33) H. 2.

Bull. Soc. bot. Genève Sertum Monninarum: **25** ('34) 198–224.

VI **CHOU,** Tsan-Quo. Pharmakol. — 1932– Dir. of Inst. of Materia Medica, Research Inst. of the Univ. Franco-Chinoise in co-operation with the National Acad. of Peiping, Peking and Shanghai. (☒)

*1886, Nov. 6, Kiangyin, China.

Chinese J. Physiol. The alkaloids of Chinese drug Pei-mu, Fritillaria roylei, 1: Peimine and peiminine[5]): **6** ('32) 265–69; ~ 2: Fritimine[5]): **7** ('33) 41–44. — The alkaloids of Chinese Corydalis ambigua Cham. et Sch. (Yen-hu-so), 4: Corydalis J and K[18]): 35–40; ~ 5: Corydalis L and corydalis M: **8** ('34) 155–60; ~ 6: Identification of corydalis D and corydalis M: **10** ('36) 507–11 [französ.]. — A new alkaloid, ephedine, a neutral principle and a volatile oil from Chinese ephedra, Ma-huang[14]): **8** ('34) 161–66. — Chrysanthin and chrysanthene, crystalline neutral principles from Chrysanthemum cinerariaefolium Bocc.[8]): 167–70. — Pharmacological action of ephedine[5])[1])[10]): **9** ('35) 17–20. — Pharmacological action of fritimine[5])[16])[1]): 21–26. — The constituents of European Datura strammonium, cultivated in China: 77–82. — The constituents of Chinese drug Hsi-hsin, Asarum sieboldi Miq.[8]): 261–66. — The alkaloids of the Chinese drug Mu-fang-chi: 267–74. — The alkaloids of Chinese gelsemium, Ta-ch'a-yeh; with notes on the physiological properties of kounidine and botanical identification[18])[6]): **10** ('36) 79–84. — Contribution à l'étude des principes de la drogue chinoise Lei-kung-teng, Tripterygium wilfordii Hook., 1: Sur la matière colorante et les sucres[14]): 529–34. — The pharmacological action of four corydalis alkaloids[5])[1]): **11** ('37) 7–12. — The action and toxicity of menisine and menisidine[5]): 29–34. — Sur les saponines de la drogue chinoise San-ch'i, Aralia bipinnatifida[8]): **12** ('37) 59–66; ~ 2: Note on arasaponin B[8]): **16** ('41) 139–41. — A bronchodilating principle isolated from earthworm[2])[7]): **12** ('37) 147–53. — The action of menisine and menisidine on amphibian skeletal muscles[13])[18]): 163–66. — Menisine, isomeric with tetrandrine: **13** ('38) 167–71. — Une méthode simple d'isolation de l'hypoxanthine des vers de terre[7]): 265–68. — Mode of action of gelsemicine[5]): **14** ('39) 319–28. — Gelsemicine: **17** ('49) 189f.

Chinese med. J. The Chinese drug Yang-chin-hua: **47** ('33) 51–53. — Two poisonous plants, Huang-teng and Tsai-chung-yao, and their identification[14]): **54** ('38) 37–39.

J. amer. chem. Soc. Gelsemine, 1: The reduction of gelsemine[9]): **62** ('40) 1955–57; ~ 2: Bromination and nitration of gelsemine[9]): **63** ('41) 827f. — Preparation and properties of peimine and peiminine[9]): 2936–38. — Conversion of peimine into peiminine and vice versa: **69** ('47) 1257. — Antimalarial constituents of Chinese drug Ch'ang-shan, Dichroa febrifuga Lour.[11])[12]): **70** ('48) 1765–67.

J. amer. pharm. Assoc. The pharmacological action of peimine and peiminine[5])[4]): **22** ('33) 638–41. — Some minor alkaloids of Pei-mu, Fritillaria roylei: **36** ('47) 215–17. — Sapogenins of the Chinese drug Yüan-shih, Polygala tenuifolia Willd.[8])[14]): 241f.

National med. J. China A bronchodilating principle isolated from earthworm[7])[3]): **23** ('37) 531–37.

Pharmazie Untersuchungen einiger chinesischer Drogen: **9** ('54) 688–91.

Proc. Soc. exper. Biol. and Med. Action of arasaponins A and B[5]): **36** ('37) 394–96.

Science Rec., Acad. sinica Isomerization of menisidine: **3** ('50) 107–09. — Anthelmintic constituents of Shih-chun-tze (Quisqualis chinensis)[15]): **4** ('51) 75f.

Mit: [1]) R. C. Anderson; [2]) C. C. Chand; [3]) Ch. Ch. Chang; [4]) A. L. Chen; [5]) K. K. Chen; [6]) W. C. Cheng; [7]) H. P. Chu; [8]) J. H. Chu; [9]) T. T. Chu; [10]) L. J. Freihage; [11]) F. J. Fu; [12]) J. S. Kao; [13]) T. W. Lu; [14]) P. F. Mei; [15]) T. Y. Owen; [16]) C. L. Rose; [17]) –; [18]) G. H. Wang.

VI **CHOWLA,** Sarvadaman. Math. — 1931 Ph. D., Cambridge Univ.; '32–36 Reader, Benares Hindu Univ. and Andhra Univ., Waltair, India, '36–47 Government College, Univ. of the Panjab, Lahore, Panjab; '48–49 Inst. for Advanced Study, Princeton, N. J.; '49–52 Prof., Univ. of

Kansas, Lawrence, Kansas; '52–63 Prof., Univ. of Colorado, Boulder, Colo.; '63– Research Prof., Departm. of Math., Pennsylvania State Univ., University Park, Pa.

*1907, Okt. 22, London.

W. On discriminants of binary quadratic forms with a single class in each genus (m. W. E. Briggs) (Boulder, Colo. '54) 11 S. (hektogr.). – On the number of positive integers $\leqq x$ all of whose prime factors are $\leqq y$ (m. W. E. Briggs) (Boulder, Colo. '54) 6 S. (hektogr.). – The Riemann hypothesis and Hilbert's tenth problem (New York '65) 119 S.

Acta arithmet. [Warszawa] Über eine Riemannsche Identität[40]: **1** ('35) 87–112. – Note on Dirichlet's L-function: 113 f. – Representation of a number as a sum of four squares and a prime: 115–22. – A note on the class number of real quadratic fields[1]: **6** ('60) 145–47.

American J. Math. A note on the class-numbers of algebraic number fields[1][10]: **78** ('56) 51–61.

American math. Monthly The power series coefficients of $\zeta(s)$ [11]: **62** ('55) 323–25.

Annals Math. A new proof of a theorem of Siegel: (2) **51** ('50) 120–22. – The class-number of real quadratic number fields[1][3]: **56** ('52) 479–93.

Bull. amer. math. Soc. Congruence properties of Ramanujan's function $\tau(n)$ [5][15]: **53** ('47) 766f.; ~[5]: 768f., 950–55. – The Riemann zeta and allied functions: **58** ('52) 287–305.

Bull. Calcutta math. Soc. On the construction of affine difference sets[9]: **37** ('45) 107–12. – Diophantine equations in quadratic number fields[12][13][20]: Golden Jubilee Commemorat. Vol. **2** (['58/59]) 317–22.

Canadian J. Math. The density of reducible integers[38]: **1** ('49) 297–99. – Combinatorial problems[30]: **2** ('50) 93–99. – On recursions connected with symmetric groups, I[16][25]: **3** ('51) 328–34. – The class number of the cyclotomic field[1]: 486–94. – On discriminants of binary quadratic forms with a single class in each genus[11]: **6** ('54) 463–70. – On the maximal number of pairwise orthogonal latin squares of a given order[14][37]: **12** ('60) 204–08.

Commentarii math. helvet. Theorems in the additive theory of numbers[9]: **37** ('62) 141–47.

Indian physico-math. J. The rational solutions of $ax^n - by^n = k$: **5** ('34) 5f. – Some theorems in the analytic theory of numbers: 7f. – Primes in an arithmetical progression: 35–43. – An extension of Heilbronn's class-number theorem: 53–57. – Proof, that every large number is a sum of eight almost equal cubes: **6** ('35) 1f. – Note on a hypothesis K of Hardy and Littlewood[32]: 3. – An easier Waring's problem: 5–7. – The number of representations of a large number as a sum of n non-negative n-th powers: 65–68.

J. indian math. Soc. Theorem on characters, 2: **19** ('32) 279–84. – Contribution to the analytic theory of numbers, 2: **20** ('34) 121–28. – On the least prime in an arithmetical progression: (N.S.) **1** ('34) 1–3. – On abundant numbers: 41–44. – Heilbronn's class-number theorem: 66–68. – An extension of Heilbronn's class-number theorem: 88–92. – Some properties of a function considered by Ramanujan[4]: **4** ('40) 169–73. – On the maximum value of the number of partitions of n into k parts[4][15]: **6** ('42) 105–12. – On difference-sets: **9** ('45) 28–31. – On the largest prime divisors of numbers[39]: **11** ('47) 31–37. – A theorem on the distribution of the values of L-functions[14]: **15** ('51) 11–18. – The equivalence of two conjectures in the theory of numbers[6]: **17** ('53) 177–81. – A generalization of Meyer's theorem on indefinite quadratic forms in five or more variables: **25** ('61) 41. – A remarkable solution of the Pellian equation $x^2 - py^2 = -4$ in the case when $p \equiv 1|(4)|$ and the class-number of $R(\sqrt{p})$ is 1: 43–46. – On the congruence $\sum_{i=1}^{s} a_i x_i^k \equiv 0 \pmod{p}$: 47f. – Asymptotic expansions of some series involving the Riemann zeta function[41]: **26** ('62) 115–24.

J. London math. Soc. A theorem on irrational indefinite quadratic forms: **9** ('34) 162f. – A theorem in arithmetic: 163. – Leudesdorf's generalization of Wolstenholme's theorem: 246. – Congruence properties of partitions: 247. – The greatest prime factor of $x^2 + 1$: **10** ('35) 117–20. – Note on sums of sixth powers: 233. – On a theorem of Walfisz: **22** ('47) 136–40. – The residue of Ramanujan's function $\tau(n)$ to the modulus 2^8 [5]: 140–47.

Kongel. norske Vid. Selsk. Forh. The solutions of $x^d = 1$ in symmetric groups[16][33]: **25** ('52) 29–31. – Some diophantine equations in quadratic number fields[12][13][20]: **31** ('58) 181–83. – On the non-existence of certain Euler products[2]: **32** ('59) 65–67. – Some applications of the Cauchy-Davenport theorem[22][37]: 74–80. – A note on perfect difference sets[17]: 81–83. – All integral solutions of $2^n - 7 = x^2$ are given by $n = 3, 4, 5, 7, 15$ [13][20]: **33** ('60) 37f. – Some results in number theory: 43f. – On a conjecture of J. F. Gray: 58f. – A generalization of Meyer's theorem on indefinite quadratic forms in five or more variables: 60. – On certain trigonometric sums[21]: 66–73. – On the inequality $|x^2 - y^2 - 2xyk| \geqq 2k$ (x, y, k odd): **34** ('61) 91. – Proof of a conjecture of Julia Robinson: 100f.

— On the signs of certain generalized Bernoulli numbers: 102–04. — On a formula of Jacobsthal: 105f. — On some formulae resembling the Euler-Maclaurin sum formula: 107–09. — Some conjectures in elementary number theory: **35** ('62) 12. — On Gaussian sums: 66f. — Asymptotic expansions of some series involving the Riemann zeta function[41]), 1: 99–103; ~ 2: 104–10.

Mathematics Student An extension of Heilbronn's class-number theorem: **2** ('34) 66. — An approximation connected with exp x [4]): **8** ('40) 75–77. — On Weierstrass approximation theorem[4]): 78f. — Some theorems concerning quintics insoluble by radicals[7]): **10** ('42) 110–12. — Contributions to the theory of the construction of balanced incomplete block designs: **12** ('44) 82–85. — A perfect difference set of order 18[35]): 85. — On quintic equations soluble by radicals: **13** ('45) 84. — Numbers representable by a ternary quadratic form[27]): **14** ('46) 23. — Some new congruence properties of Ramanujan's function $\tau(n)$: 24–26. — Proof of a theorem of Lerch and P. Kesava Menon: **15** ('48) 4.

Mathematische Z. Contribution to the analytic theory of numbers: **35** ('32) 279–99. — On the k-analogue of a result in the theory of the Riemann zeta function: **38** ('34) 483–87. — Note on hypothesis K of Hardy and Littlewood[32]): **40** ('36) 348. — Hypothesis K of Hardy and Littlewood[28]): **41** ('36) 537–40.

Pacific J. Math. On the divisibility of the class number of quadratic fields[1]): **5** ('55) 321–24. — Linear recurrences of order two[13]) [20]): **11** ('61) 833–45.

Proc. amer. math. Soc. Relation between the class number and the distribution of primes[1]): **1** ('50) 775f. — Averages of character sums[6]): 781–87. — On the number of positive integers $\leqq x$ all of whose prime factors are $\leqq y$ [11]): **6** ('55) 558–62. — The number of lattice points in an n-dimensional tetrahedron[24]): **7** ('56) 51–53. — The diophantine equation $2^{n+2} - 7 = x^2$ and related problems[36])[20]): **10** ('59) 663–69. — Note on the nonvanishing of $L(1)$ [26]): **12** ('61) 283f.

Proc. Benares math. Soc. On the k-analogue of a result in the theory of the Riemann zeta function: **5** ('43) 23–27.

Proc. indian Acad. Sci., Sect. A Heilbronn's class-number theorem: **1** ('34/35) 74–76; ~ 2: 145f. — An extension of Heilbronn's class-number theorem: 143f. — The greatest prime factor of $x^2 - 1$: 269f. — The greatest prime factor of $x^2 + 1$: 271–73. — The class-number of binary quadratic forms: 387–89. — On sums of powers, 1: 528–30, ~[31]): 534f.; ~ 2: 590f. — Some infinite series: 531–33. — The lattice points in a hypersphere: 562–66. — Note on hypothesis K of Hardy and Littlewood: 592. — A theorem on sums of powers with application to the additive theory of numbers: 698–700; ~ 2: 701–06; ~ 3: 930. — On a certain arithmetical function: 772–74. — Some problems of Waring's type, 3: **2** ('35) 10–13. — Irrational indefinite quadratic forms: 176f. — On sums of powers: 180f. — A theorem on the addition of residue classes: Application to the number $\Gamma(k)$ in Waring's problem: 242f. — A remarkable property of the "singular series" in Waring's problem and its relation to hypothesis K of Hardy and Littlewood: 397–401. — Vinogradov's solution of Waring's problem: Hypothesis K of Hardy and Littlewood: 562–73; ~ 2: **3** ('36) 51. — Pillai's exact formula for the number $g(n)$ in Waring's problem: 339f.; **4** ('36) 261. — On sums of powers: 170–72. — Note on Waring's problem: 173. — On a relation between two conjectures of the theory of numbers: 652f. — The number of solution of a congruence in two variables: 654f. — On Waring's problem for cubes: **5** ('37) 1–17. — A theorem of Erdös: 37–39. — On the number of solutions of some congruences in two variables: 40–44. — On $\Gamma(k)$ in Waring's problem and an analogous function: 269–76. — A property of numbers[4]): 510. — On some infinite series involving arithmetical functions, 1: 511–13; ~ 2: 514–16. — Auluck's generalization of the Simson line property: **6** ('37) 79f. — The representation of a large number as a sum of "almost equal" squares[4]): 81f. — A new evaluation of the number $\Gamma(k)$ in Waring's problem: 97–103. — On a trigonometric sum: 291f.; **7** ('38) 177f. — A theorem in the additive theory of numbers: **8** ('38) 160–64. — Generalization of a theorem of Dickson: 223–26. — A remark on $g(n)$: 237; **9** ('39) 20f. — A new solution of the 10–21 problem: 104. — A definite integral: 210. — On a problem of arrangements: 419–21.

Proc. Lahore philos. Soc. Differential equations satisfied by certain functions[23]): **6** ('44) 9f. — Contributions to the theory of the construction of balanced incomplete block designs, 2: 10–12; ~ 3: 17–23. — Cubic character of 2 (mod p): 12; **7** ('45) 1. — A new case of a "complete l-m-n configuration": **6** ('44) 13. — Solution of a problem of Erdös and Turan in additive-number theory: 13f. — Another case of a "complete l-m-n configuration": 14. — There exists an infinity of 3-combinations of primes in A. P.: 15f. — On $g(k)$ in Waring's problem: 16f. — A formula similar to Jacobsthal's for the explicit value of x in $p = x^2 + y^2$ where p is a prime of the form $4k + 1$: **7** ('45) 2 S. — A contribution to the theory of the construction of balanced incomplete block designs: 3 S. — Outline of a new method for proving results of elliptic function theory: 3 S. — A perfect difference set of order 18[35]): 52. — A chain of congruences[9])[29]): 53.

Proc. London math. Soc. On a trigonometric sum[40]): (2) **34** ('32) 401–13. — Improvement of a theorem of Linnik and Walfisz: **50** ('48) 423–29.

Proc. nation. Acad. Sci., India, Sect. A Solution of a problem of Erdös and Turan in additive-number theory: **14** ('44) 1f. — On the B_2 sequences of Sidon[23]): 3f. — A property of biquadratic residues: 45f. — Complete factorization (mod p) of the cyclotomic polynomial of order p^2-1[39]): 101–05. — Minimum functions in Galois fields[9])[29]): **15** ('45) 191f. — On the roots of a well known congruence[9])[29]): 193. — Short proofs of theorems of Bose and Singer[39]): 194.

Proc. nation. Acad. Sci. USA On difference sets: **35** ('49) 92–94. — The last entry in Gauss's diary: 244–46. — On Epstein's zeta function, 1[34]): 371–74. — The class-number of the cyclotomic field[1]): 529–32. — The class-number of real quadratic fields[1])[3]): **37** ('51) 524f. — On Gaussian sums: **48** ('62) 1127f.

Proc. nation. Inst. Sci. India A note on multiplicative functions: **12** ('46) 429f. — A congruence property of Ramanujan's function $\tau(n)$[5]): 431f. — On a function of Ramanujan[5]): 433. — A theorem in analytic number theory: **13** ('47) 97–99. — On numbers which can be expressed as a sum of two squares[5]): 101–03. — Modular equations as solutions of algebraic differential equations of the sixth order: 169f. — On series of the Lambert type which assume irrational values for rational values of the argument: 171–73. — On the sign of the Gaussian sum[5]): 175f. — On an unsuspected real zero of Epstein's zeta function: 177. — On the class-number of the corpus $P(\sqrt{-k})$: 197–200. — On a problem of analytic number theory: 231f. — Note on a certain arithmetical sum: 233. — On integer roots of the unit matrix[5]): 241–46. — An improvement of a theorem of Linnik and Walfisz: **15** ('49) 81–84.

Publicationes math. [Debrecen] Remarks on the size of $L(1, \chi)$[6])[14]): **1** ('49/50) 165–82.

Quarterly J. Math., Oxford Ser. The class-number of binary quadratic forms: **5** ('34) 302f. — An extension of Heilbronn's class-number theorem: 304–07. — The representation of a large number as a sum of "almost equal" cubes: **6** ('35) 146–48. — The number of representations of a number as a sum of n non-negative n-th powers[28]): **7** ('36) 56–59. — A theorem on the addition of residue classes: Application to the number $\Gamma(k)$ in Waring's problem: 8 ('37) 99–102. — A note on Ramanujan's function $\tau(n)$[5]): **18** ('47) 122f. — Congruence properties of Ramanujan's function $\tau(n)$[5])[15])[19]): 143–46. — On complete residue sets[39]): **19** ('48) 193–99.

Science and Culture On a method of constructing a cyclic subgroup of order $p+1$ of the group of linear fractional transformation mod p[9]): **10** ('45) 558. — On integer roots of the unit matrix[5]): **12** ('46) 105.

Scripta math. [USA] On some infinite series [11])[18])[24]): **21** ('55) 28–30.

Tôhoku math. J. A theorem on characters: **39** ('34) 248–52. — Some arithmetical functions: **42** ('36) 125–27.

Mit: [1]) N. C. Ankeny; [2]) T. M. Apostol; [3]) E. Artin; [4]) F. C. Auluck; [5]) R. P. Bambah; [6]) P. T. Bateman; [7]) Y. Bhalotra; [8]) —; [9]) R. C. Bose; [10]) R. Brauer; [11]) W. E. Briggs; [12]) P. Chowla; [13]) M. Dunton; [14]) P. Erdös; [15]) H. Gupta; [16]) I. N. Herstein; [17]) B. W. Jones; [18]) A. J. Kempner; [19]) D. B. Lahiri; [20]) D. J. Lewis; [21]) P. Magnus; [22]) H. B. Mann; [23]) A. M. Mian; [24]) W. E. Mientka; [25]) W. K. Moore; [26]) L. J. Mordell; [27]) A. Nazir; [28]) S. S. Pillai; [29]) C. R. Rao; [30]) H. J. Ryser; [31]) H. Sastry; [32]) S. Sastry; [33]) W. R. Scott; [34]) A. Selberg; [35]) D. Singh; [36]) Th. Skolem; [37]) E. G. Straus; [38]) J. Todd; [39]) T. Vijayaraghavan; [40]) A. Walfisz; [41]) D. Hawkins.

VI **CHRÉTIEN**, Henri. Astron. Optik, Astrophysik. — 1906–14 Astronome à l'Observat. de Nice et Directeur du Service d'Astrophysique; '08–10 Chargé de mission aux observatoires London, Cambridge, Pulkovo, Potsdam, Mount Wilson; '15–18 Attaché à la Sect. Techn. de l'Aéronautique militaire et Directeur du Bureau des Calculs; '19 Chargé de mission au National Bureau of Standards, Washington, D. C.; '20 Fondateur, '21–40 Prof., Inst. Optique théor. et appl., Paris; '22–44 Prof. à la Sorbonne, Paris; '21–56 Directeur techn. de divers établissements d'op tique et des sciences connexes en France et à l'étranger. — '32 Prix Valz, '38 Prix Hirn, '44 Prix du Général Muteau des Sciences math. (Acad. Sci. Paris); '53 "Oscar" Award (Acad. of Motion Picture Arts and Sci., Los Angeles, Calif.).

*1879, Febr. 1, Paris;

†1956, Febr. 6, Washington, D.C.

Nekr. A. Arnulf, Revue Opt. théor. et instrument. **36** ('57) 369–75 (m. Bildn., Schr.-verz.-Auswahl). — L'Astronomie (BSAF) **70** ('56) 123; **71** ('56) 257–59. — Coelum **25** ('56) 190. — Observatory **76** ('56) 40. — Publ. astron. Soc. Pacific **68** ('56) 282.

W. Nouvelles tables des sinus naturels spécialement adaptées au calcul des combinaisons optiques, donnant les sinus ou les arcs, directement sans interpolation avec six à cinq décimales et avec une décimale supplémentaire, avec interpolation ordinaire, suivies de tables de tangentes naturelles et de conversion des angles (Paris '32) 44 S. — Calcul des combinaisons optiques [3](Paris '38); [4]('58) 864 S.

C.R. hebd. Séances Acad. Sci., Paris Sur un astrolabe impersonnel: **196** ('33) 1286–88.

J. Physique et Radium L'imagerie électronique: (8) **4** ('43) 28S f.

VI **CHRISLER,** Vivian Leroy. Physik. — 1923– Physicist, Nation. Bureau of Standards, Washington, D.C.; '43–53 Chief of the Acoustics Div., David Taylor Model Basin, Washington, D.C. — '46 Distinguished Civilian Service Award (U.S. Navy). (☒)

*1885, Febr. 12, Minden, Neb.;

†1953, März 10, Vienna, Va.

Bildn. J. acoust. Soc. America **19** ('47) 256.

Nekr. M. Harrison, J. acoust. Soc. America **26** ('54) 108.

Circular Bur. Standards A discussion of some of the principles of acoustical insulation: C **403** ('33) 12 S. — Architectural acoustics[1]): C **418** ('38) 11 S.

J. acoust. Soc. America Sound absorption coefficients: **6** ('34/35) 115. — Acoustical work of the National Bureau of Standards: **7** ('35/36) 79–87.

J. Res. nation. Bur. Standards Some of the factors which affect the measurement of sound absorption[2]): **9** ('32) 175–85 (R.P. 465). — Dependence of sound absorption upon the area and distribution of the absorbent material: **13** ('34) 169–87 (R.P. 700). — Recent sound-transmission measurements at the National Bureau of Standards[3]): **14** ('35) 749–64 (R.P. 800). — Effect of paint on the sound absorption of acoustic materials: **24** ('40) 547–53.

J. Soc. Motion Picture Engr. Measurements with a reverberation meter[3]): 18 ('32).

Physical Rev. Is the sound absorption coefficient of a material a constant or a variable?: (2) **45** ('34) 749.

Mit: [1]) P. R. Heyl; [2]) C. E. Miller; [3]) W. F. Snyder.

V, VI **CHRISTIANSEN,** Jens Anton. Physikal. Chem. — 1931–59 Prof., '48–59 Dir. d. Physikal.-Chem. Inst., '59 Prof. Emeritus, Univ. København; '31–48 Prof., Dir. d. Chem. Labor. A, Polytekn. Læreanstalt, Danmarks Tekn. Højskole, København. — '59 H. C. Ørsted Medaille (Selskabet for Naturlærens Udbredelse, København).

*1888, Sept. 6, Vejle, Dänemark.

Zum 70. Geb.tag Festgabe: Acta chem. scand. **12** ('58) 793–1142 (m. Bildn. u. Faks. vor S. 793).

Zum 75. Geb.tag W. Jost, Ber. Bunsenges. physik. Chem. **67** ('63) 619f. (m. Bildn.).

Zur Bibliogr. S. Veibel, Kemien i Danmark **2**: Dansk kemisk bibliografi 1800–1935 (København '43) 109.

MHZ. Acta chem. scand. **1**('47)–**17**('63).

S. Det 4de nordiske kjemikermøte, Oslo 1932. Forhandlinger (Oslo '33) 262–64: Reaktionsgeschwindigkeit aufgefaßt als ein Diffusionsphaenomen [dän.]. — Institut international de Chimie Solvay, 5[e] Conseil de chimie, Bruxelles 1934. Rapports et discussions (Paris '35) 43–54 (Diskuss. 55–66): Oxydations photochimiques. — Trabajos IX Congreso internacional de química pura y aplicada, Madrid 1934, **2** (Madrid '35) 33–47: Über Kettenreaktionen. — Handbuch der Katalyse (G.-M. Schwab) **1** (Wien '41) 244–66: Theorie der Reaktionsfolgen und Kettenreaktionen; **6** ('43) 297–317: Heterogene Katalyse und Reaktionsfolgen. — Det 8de nordiske kjemikermøte, Oslo 1953. Beretning og foredrag (Oslo '54) 203f.: Über den Mechanismus der enzymatischen Rohrzuckerinversion[3]) [dän.]. — 11:e Nordiska kemistmötet, Turku 1962. Berättelse och föredrag (Åbo '–) 309–14: Über die Existenz rhythmisch verlaufender chemischer Reaktionen [dän.]. — Biochemie des Hörorgans (S. Rauch) (Stuttgart '64) 266f.: Hyaluronatmoleküle als mechano-elektrische Energieüberträger (Vilstrup, Jensen, Christiansen 1954, 1960); 267f.: Die molekulare Resonator-Hypothese (Christiansen 1963). — The law of mass action. A centenary volume, 1864–1964 (Oslo '64) 47–78: Some features of chemical kinetics.

W. Fysisk kemi **1** (København '50) 88 S.

Acta chem. scand. On relations between activation energies and frequency exponents in chemical kinetics: **3** ('49) 61–64. — On a method of determining the mechanism of an enzymatic reaction the kinetics of which is known: 493–504. — J. N. Brønsted †: 1187–1200. — Revision of the mechanism of the ferric-salt-catalyzed hydrogen peroxide decomposition[1]): **4** ('50) 1538–40. — The kinetics of formation of precipitates of sparingly soluble salts[11]): **5** ('51) 673f. — Kinetic determination of the size of crystal germs[11]): 674f. — On the mechanism of precipitation of sparingly soluble salts, 1: 676f. — Microosmometer and its use for the determination of the molecular weight of hyaluronic acid[8]): 849–53. — The kinetics of decomposition of potassium pentathionate in alkaline solution [5])[11]): **6** ('52) 333–40. — On the modes of reaction of hydrogen peroxide, with some remarks on the determination of the mechanism of a chemical reaction from its kinetics:

1056–65. – An inverted osmometer and osmotic pressure of some specimens of potassium hyaluronate[8]): **7** ('53) 1010–16. – An inverted microosmometer and its use for the determination of molecular weight of some specimens of potassium hyaluronate[8]): 1247–54. – On attainment of the stationary (steady) state in nucleation: **8** ('54) 909–14. – Nucleation kinetics, 6: Steady state treatment of nucleation and growth of crystalline precipitates: 1665–72. – Steady state. Treatment of kinetic results concerning the catalytic decomposition of hydrogen peroxide: **9** ('55) 98–100. – On the ferric-ion catalyzed decomposition of hydrogen peroxide: 272–76. – On the molecular weight of potassium hyaluronate from the vitreous body of cattle[8]): 1405. – Kinetics of the hydrolysis of methyl valerate catalyzed by horse liver aliesterase[7]): **10** ('56) 1258–66. – Association of crystallized bovine plasma albumin[8])[10]): **11** ('57) 402f. – An addendum to Henri-Michaelis mechanism: 660–62. – On the existence of oscillating enzymatic reactions and on a possible interpretation of spontaneous spike potentials in nerves: 1436–38. – On the possibility of periodic transformations of enzymes during their action as catalysts: **12** ('58) 352f. – On observable discontinuities and coherence in the kinetics of enzymically reacting systems: **14** ('60) 107–10, 773. – On osmotic pressure of macromolecules: 1185–1202. – Mutarotation equilibria of D-glucose and D-mannose and the assignment of configurations to their α- and β-anomers[4]): **16** ('62) 1519–21. – A recalculation of experiments on mutarotation of D-glucose and D-mannose with an interpretation of its results: 2341–49. – On reactivities of hydrogen atoms in carbohydrates and the assignment of structures to α- and β-anomers of pyranoses. An interpretation of experiments by C. F. Wells: **17** ('63) 2209–15.

Acta oto-laryngol. [Stockholm] On hyaluronate molecules in the labyrinth as mechano-electrical transducers and as molecular motors acting as resonators: **57** ('64) 33–49.

Acta oto-laryngol., Suppl. [Stockholm] An attempt to explain the microphonic effect of the inner ear by means of displacement potentials: **163** ('61) 76–79.

Advances Catalysis and related Subj. The elucidation of reaction mechanisms by the method of intermediates in quasi-stationary concentrations: **5** ('53) 311–53.

Advances Enzymol. and related Subj. Periodic enzyme reactions and their possible applications: **23** ('61) 83–127.

Festskr. Københavns Univ. J. N. Brønsted †: **1948**, Nov., 109–14. – Om kemiske reaktioner og deres hastigheder: **1958**, Nov., 1–124.

Fysisk Tidsskr. Om kemiske reaktioners hastighed og om kædereaktioner: **44** ('46) 32–46. – Om overmætningsfænomener og kimdannelse: **53** ('55) 200–24. – H. M. Hansen †: **54** ('56) 102–05. – An elementær fremstilling af den makroskopiske kemiske thermodynamiks grundlag: **55** ('57) 97–106. – Niels Bjerrum †: **57** ('59) 24–36. – Foredrag ved tiende og ellevte uddeling af H. C. Ørsted Medaillen: 148–58. – En kemikers møde med Niels Bohr, hans institut og hans theori for atomernes elektronfordeling: **60** ('62) 31–46.

J. chem. Physics Intramolecular diffusion, quantum theory and calculation of unimolecular velocity constants: **7** ('39) 653–56. – Chemical kinetics and equilibrium. The law of integral powers in kinetics: **22** ('54) 1612.

J. Colloid Sci. Mechanism of bimolecular reactions in solutions: **6** ('51) 213–18.

Kemisk Maanedsbl. og Nordisk Handelsbl. kem. Industri Om gasanalyse med beskrivelse af et nyt gasanalyseapparat og en analysepumpe: **23** ('42) 133–39. – Professor Dr. Chr. Winther 70 aar. Kronologisk fortegnelse over Chr. Winthers publikationer: **24** ('43) 113–17. – Om osmotisk tryk af makromolekuler: **41** ('60) 1–7.

Dansk Kemi Ligevægtssans, hørelse og hyaluronsyre: **43** ('62) 51–54.

Matematisk-fys. Medd., Kgl. danske Vid. Selsk. Studies in magnetochemistry, 1: Complex rhodium compounds[2]): **12** ('34) Nr. 10, 23 S.; ~ 2: Complex platinum compounds[2]): **13** ('35) Nr. 11, 16 S. – On the velocity of the thermal decomposition of ammonia on a quartz surface[9]): Nr. 12, 20 S. – On the reaction between carbon monoxide and alcohol catalyzed by alcoholate[6]): **20** ('42) Nr. 3, 22 S. – On the velocity of unimolecular reactions: Nr. 4, 18 S. – On a new apparatus for gas analysis[13]): **22** ('45) Nr. 4, 22 S.

Nature [London] Mechanism of decomposition of polythionates and formation of a sulphinic acid[5]): **164** ('49) 759. – Displacement potentials and bending of rod-like polyelectrolytes[8])[12]): **191** ('61) 484f.

Oversigt Selsk. Virksomhed, Kgl. danske Vid. Selsk. J. N. Brønsted †: **1949**, 57–79. – A. W. Langseth †: **1962**, 135–46.

Svensk kem. Tidskr. Arrhenius' teori for kemiske reaktioners hastighed: **72** ('60) 1–8.

Z. Elektrochem., Ber. Bunsenges. physik. Chem. Über das Zusammenspiel zwischen Keimbildung und Kristallwachstum[11]): **56** ('52) 465–67. – Über Form und Inhalt der Diffusionsgleichungen: **59** ('55) 338–40. – On oscillating enzymatic reactions and on a possible interpretation of spike potentials in nerves: **62** ('58) 225–30. – Über die von C. E. Jensen, J. Koefoed und Th. Vilstrup entdeckten Verschiebungspotentiale als Verschiebungspotentiale kettenartiger Polyelektrolyte aufgefaßt: **65** ('61) 704 (Kurzvortrag). — Verschiebungspotentiale als Biegungspotentiale fadenartiger Polyelektrolyte aufgefaßt: **66** ('62) 2–7.

Z. physik. Chem., Abt. A Über die Berechnung von Geschwindigkeitskonstanten aus Versuchsdaten: **189** ('41) 126–30. — Über die Bestimmung reaktionskinetischer Konstanten aus Versuchsdaten: **196** ('50) 12–15.

Z. physik. Chem., Abt. B Untersuchungen über das Liesegang-Phänomen, 1: Versuch zu einer Theorie von J. A. Christiansen[13]): **26** ('34) 187–94. — Einige Bemerkungen zur Anwendung der Bodensteinschen Methode der stationären Konzentrationen der Zwischenstoffe in der Reaktionskinetik: **28** ('35) 303–10. — Über eine Erweiterung der Arrheniusschen Auffassung der chemischen Reaktion [, 1]: **33** ('36) 145–55; Über die chemische Reaktion als ein intramolekulares Diffusionsphänomen aufgefaßt, 2: **37** ('37) 374–86; ∼ 3: Die Berechnung von absoluten Reaktionsgeschwindigkeiten mit Hilfe der Diffusionshypothese und der Quantentheorie: **40** ('38) 183–96.

Mit: [1]) V. St. Andersen; [2]) R. W. Asmussen; [3]) B. Bergthorsson; [4]) J. Blom; [5]) W. Drost-Hansen; [6]) J. C. Gjaldbaek; [7]) J. Graae; [8]) C. E. Jensen; [9]) E. Knuth; [10]) K. Marcker; [11]) A. E. Nielsen; [12]) Th. Vilstrup; [13]) I. Wulff.

VI **CHRISTIE,** William Henry. Astron., Physik. — 1927 B. A., Univ. of British Columbia, Vancouver, Can.; '28–29 Assist., Dominion Astrophysical Observatory, Victoria, British Columbia, Can.; '29–46 Computer and Assist., Mount Wilson Observatory, Carnegie Institution, Pasadena, Calif.; '43–45 Physicist, California Inst. of Technol., Pasadena, Calif.; '45–53 U.S. Navy Contract; '53–55 Research Physicist and Engineer, U.S. Naval Ordnance Test Station, China Lake, Calif.

*1896, Sept. 21, Heaton Chapel, England;

†1955, Juli 13.

Nekr. Publ. astron. Soc. Pacific **67** ('55) 366. — Sky and Telescope **15** ('55) 13.

L'Astronomie [BSAF] Appel aux observations pour la prochaine éclipse de l'étoile double ζ Aurigae: **51** ('37) 144.

Astronomische Nachr. Note on the recent eclipse of ζ Aurigae[5]): **257** ('35) 183f.

Astrophysical J. The orbits of two spectroscopic binaries: **77** ('33) 310–15. — Preliminary report on the investigation of the system of H. D. 198287–8: **78** ('33) 200–10. — Photometry with the schraffierkassette: 313–19. — The orbits of three K-type spectroscopic binaries: **80** ('34) 181–89. — ζ Aurigae: The structure of a stellar atmosphere[5]): **81** ('35) 426–60. — The provisional elements of 16 spectroscopic binaries: **83** ('36) 433–38. — The radial velocities of 600 stars and measures of 69 spectroscopic binaries[5]): **88** ('38) 34–51. — Integrated photographic magnitudes of sixty-eight globular clusters: **91** ('40) 8–19. — The light-curve of ζ Aurigae: **92** ('40) 392–95.

Griffith Observer The great Siberian meteorite of 1908: **6** ('42) 38–47.

J. roy. astron. Soc. Canada A mechanical method of reducing radial velocities to the sun: **28** ('34) 297–302. — Note on the coming eclipse of Zeta Aurigae: **31** ('37) 141 [auch in: Observatory **60** ('37) 78; Popular Astron. **45** ('37) 154f.]. — Motion pictures of a total lunar eclipse[3]): **32** ('38) 401–04.

Publ., Amer. astron. Soc. Photographs of Finsler's comet: **9** ('38) 35f.

Publ. astron. Soc. Pacific Two new variable stars: **44** ('32) 125. — A star of abnormally high velocity: 328. — Note on the variable velocity of Boss 4678: **45** ('33) 190. — Radial velocities from absorption lines in the spectrum of Nova Herculis[1])[2])[4])[5]): **47** ('35) 205–09. — On the curvature of the lines produced by autocollimating spectrographs: **48** ('36) 117–19. — The integrated magnitudes of 68 globular clusters: 178f. — Photographs of Finsler's comet: **49** ('37) 273f. — Note on the spectrum of VV Cephei: **50** ('38) 52f. — Note on the 1937 eclipse of ζ Aurigae: 53f. — The masses of the components of ζ Aurigae: **51** ('39) 216. — The distribution of the integrated absolute magnitudes of the globular clusters: 217.

Mit: [1]) W. S. Adams; [2]) A. H. Joy; [3]) Wm. Miller; [4]) R. F. Sanford; [5]) O. C. Wilson.

VI **CHRZĄSZCZ,** Tadeusz. Agrikulturtechnol., Biochem. — 1905–19 Dir. der Abteilung für Destillation und Fermentation, Landwirtschaftliche Akademie Dublany; 19– o. Prof., Dir. des Instituts für landwirtschaftliche Technologie, Univ. Poznán.

*1887, März 6, Kraków;

†1943, Nov. 12, Warszawa.

S. 14e Congrès de chimie industrielle, Paris 1934, Communications, **1** (Paris '35) 3 S.: Anwesenheit einer Amylokinase in Trypsinpräparaten[2]) [ ]. — 3rd International congress of microbiology, New York 1939. Report of Proc. (New York '40) 230: Classification of acidomycetes in regard to their biochemical properties.

Biochemical J. The inactivation of animal amylase by plant paralysers and the presence of inactivating substances in solutions of animal amylase[2]): **28** ('34) 296–304. – The presence of a kinase of amylase in trypsin preparations[2]): 1949–54. – Sulphuretted hydrogen as a factor in the determination of free and bound amylase in ungerminated cereals[2]): **30** ('36) 342–44. – Amylase during the growth and ripening of grains[2]): 1298–1302. – The production of citric acid from lactic acid and from alcohol[5]): 1947–52.

Biochemische Z. Über die biochemische Umwandlung des Äthylalkohols in Citronensäure durch Schimmelpilze[13])[14]): **250** ('32) 254–69. – Das Stärkeverflüssigungsvermögen der Amylase und seine Bestimmungsmethoden[2]): **256** ('32) 252–91. – Biochemische Umbildung des Zuckers durch Schimmelpilze. Die Umbildung der Fumarsäure, Anhäufung der Ameisensäure und der Chemismus der Oxalsäurebildung[14]): **259** ('33) 156–67. – „Sistoamylase", ein natürlicher Paralysator der Amylase[2]): **260** ('33) 354–68. – Biochemische Umbildung der Ameisensäure durch Schimmelpilze und Chemismus dieses Vorganges[14]): **263** ('33) 105–18. – Eleutoamylase, eine Antisistoamylasesubstanz[2]): 250–61. – Sistoamylase in Malzen verschiedener Getreidearten und ihr wirklicher Amylasegehalt[2]): **264** ('33) 192–208. – Die wirkliche und scheinbare Amylasemenge in verschiedenen Getreidearten vor und während der Keimung [2]): **265** ('33) 260–81. – Abbau und Verbrauch von Eiweiß durch Schimmelpilze[7]): **266** ('33) 29–45. – Der Einfluß von Papain auf die amylolytische Kraft verschiedener Getreidearten[2]): **272** ('34) 402–11. – Über die Bildung von Harnstoff aus Pepton durch verschiedene Schimmelpilze[14]): **273** ('34) 31–42. – Wirkung von Trypsin und Amylokinase auf die Menge der Amylase verschiedener Getreidearten[2]): **274** ('34) 274–84. – Über die biochemische Umbildung des Guanidins zu Harnstoff durch verschiedene Schimmelpilze[14]): **275** ('34) 97–105. – Labferment und diastatische Kraft ungekeimter Getreide[2]): **278** ('35) 112–22. – Über den Mechanismus der Umbildung von Ameisensäure zu Oxal- und Kohlensäure durch verschiedene Schimmelpilze[14]): **279** ('35) 64–75. – Optimale Bedingungen der Citronensäureanhäufung, sowie einige Beobachtungen zur Theorie der Citronensäurebildung[6]): **280** ('35) 325–36. – Proteaseeinwirkung auf das Eiweiß ungekeimter Getreidearten und ihr Einfluß auf deren amylolytische Kraft[2]): **281** ('35) 408–19. – Über die Vermehrung der aktiven Amylasemenge im ungekeimten Getreide durch Schwefelwasserstoff und Papain[2]): **285** ('36) 47–54. – Die Bedingungen der biochemischen Umbildung der Essigsäure in Citronensäure durch verschiedene Schimmelpilze[14]): 340–47. – Über die Bedeutung der Äpfelsäure bei der Umbildung der Essigsäure in Citronensäure durch verschiedene Schimmelpilze[14]): 348–55. – Amylase im Roggenkorn während dessen Entwicklung und Reife [2]): **286** ('36) 13–19. – Die Umbildung der Milchsäure durch verschiedene Schimmelpilze [10]): **288** ('36) 359–68. – Zur Feststellung der wirklichen Amylasemenge im Gerstenmalz durch Pepton, Proteinasen und Schwefelwasserstoff[11]): **290** ('37) 225–34. – Über physiologische De- und Regeneration von Schimmelpilzen mit kräftiger Citronensäureerzeugung[14]): **291** ('37) 312–24. – Über die Lipase der Pankreasdrüse verschiedener Tierarten[3]): **296** ('38) 295–305.

Chemistry and Industry Recent advances in the fermentation industries[2]): **14** ('36) 884–91.

Enzymologia Einfluß des Eiweißgehaltes auf die Amylasemenge bei Gerste und Gerstenmalz[9]): **4** ('37) 79–87.

Przemysł chem. Schwefelverbindungen im Alkohol: **18** ('34) 360–63 [ ]. – Aminoverbindungen im Spiritus und Zusammensetzung der Niederschläge aus Spiritusmeßuhren und Spiritusbehältern[8]): 364–66 [ ]. – Pepsin im Schweinemagen[2]): **22** ('38) 293–96 [ ]. – Degeneration der biochemischen, stark säuernden Eigenschaften der Kulturen von Aspergillus niger[14]): 296–302 [ ].

Roczn. Nauk rolniczych i leśnych Anhäufung von Citronensäure durch Schimmelpilze bei der biochemischen Umbildung von Zucker in der Theorie und Praxis[14]): **33** ('34) 180–89 [ ]. – Zusammenwirkung der proteolytischen Enzyme bei Erhöhung der Amylasemenge von verschiedenen Getreidearten[2]): 191–200 [ ]. – Eigenschaften und Haltbarkeit der polnischen Wurstwaren[12]): **38** ('37) 413–46 [ ].

Wiadomości farm. Hühnereier mit einem Gehalt an Arzneimitteln: **62** ('35) 481–83 [ ].

Wschr. Brauerei Kontrolle der Malzextraktmenge durch Extraktbestimmung in der Gerste[1]): **55** ('38) 281–85. – Anorganische Desinfektionsmittel im Brauereigewerbe[4]): **56** ('39) 233–39.

Zbl. Bakteriol., Parasitenkunde u. Infektionskrankheiten, Abt. II Anorganische Substanzen als Desinfektionsmittel gegen Schimmelpilze[4]): **100** ('39) 307–27.

Mit: [1]) St. Głowacki; [2]) J. Janicki; [3]) M. Janicki; [4]) J. Kasznica; [5]) K. Leonhard; [6]) E. Peyros; [7]) F. Pisula; [8]) J. Reszetniak; [9]) J. Sawicki; [10]) R. Schillak; [11]) W. Swiatkowska; [12]) D. J. Tilgner; [13]) D. Tiukow; [14]) M. Zakomorny.

VI **CHRZĄSZCZEWSKA,** Anna Michalecka Włastelica. Org. Chem. – 1914 Ph. D., '13–20 Assist., Univ. Kiew; '20–25 Oberassist., '25–27 Doz., '27–39 tit. Prof., Freie Univ., Warszawa; außerdem '23–39 Sachverständige und Leiterin der Abteilung für Synthese am Kampfgas-Forschungsinstitut, '37–39 Prof. an der Zweigstelle der Univ. Warszawa in Łódź; '40–41 Doz. f. anorg. und analyt. Chem., Polytechn. Inst., Lwów; '41–44 wiss. Dir. in der Industrie, Lwów, später Warszawa; '45–64 ord. Prof., Leiter des Inst. f. organ. Chem., Univ. Łódź; '53 Dr. chem., Univ. Łódź. – Goldenes Verdienstkreuz (Präsident v. Polen); '52 Preis d. Ministers f. Hochschulwesen; '55 Medaille zum 10. Jahrestag d. Volksrepubl. Polen.

*1892, Okt. 16, Drozdnie, Wolhynien.

Zur Biogr. S. Chwaliński, Przemysł chem. 41 ('62) 101– (m. Bildn., Schr.verz.). – Sprawozd. Czynności i Posiedzeń, Łódzkie Towarz. nauk. 2 ('47) Nr. 1, 13f. (m. Schr.-verz.-Auswahl bis 1928).

MHZ. Acta chim. [Łódź] 1 ('55)–.

S. Vademecum obrony przeciwlotniczej i przeciwgazowej ludności cywilnej ze szczegółowem uwzględnieniem zasad ratownictwa przeciwgazowego (W. Radziszewski, J. Chrząszczewski) 2 (Warszawa '36) 214–77: Chemische Kampfstoffe, Kampfgase[53]) [poln.]. – Witaminy (A. Dmochowski, W. Polaczkowa, B. Skarżyński) (Łódź '49) 284–309: l-Ascorbinsäure (Vitamin C) und verwandte Verbindungen [poln.]. – Preparatyka organiczna (Chef-redakt.: W. Polaczkowa) (Warszawa '54) 994–97: Das Natriumsalz des Benzolsulfonsäure-chloramids[35]) [poln.].

Acta chim. [Łódź] A report on the chemistry of N-halogenamides, 5: Methods of obtaining sodium salts of N-chlorobenzene-sulfonamide (annogen): **1** ('55) 5–34 [poln. m. russ. u. engl. Zusammenfassg.]; ~ 6: A pilot plant scale method of obtaining the sodium salt of N-chlorobenzene-sulfonamide ("annogen") [17])[46]): 35–51 [~]; ~ 7: Salts of N-chloroamide of 4-azobenzenesulfonic acid[47])[33]): 77–81 [~]; ~ 8: N-Dibromoamide of p-azobenzenesulfonic acid and N-bromo-p-azobenzenesulfonamide salts of mono- and bivalent metals[6])[35]) [37])[43]): **3** ('58) 79–85 [engl. m. poln. Zusammenfassg.]; ~ 9: Salts of alkali metals of N-bromo- and N-chloroamide of p-chlorobenzenesulfonic acid[6])[13]): **6** ('60) 59–63 [poln. m. engl. Zusammenfassg.]; ~ 10: Lithium salts of N-bromo- and N-chloroamide of benzenesulfonic acid[6])[44]): 65–68 [~]; ~ 11: Research on the solubility and durability of alkali metal salts of N-halogenoamides of p-azobenzenesulfonic acid[6])[28]): 69–76 [~]. – Sodium salt of the benzenesulfonamide[12])[31]): **2** ('57) 61–67 [poln. m. russ. u. engl. Zusammenfassg.]. – Methods for the preparation of N-dichloroamide of 4-carboxybenzene-sulfonic acid[22]): 69–78 [~]. – Arylsulfonyl derivatives of 2,4-diaminotoluene[23])[26])[30])[32]): 79–85 [~]. – 2,4′-Dimethyl-5-aminobenzene-sulfonanilide[31])[32]): 87–94 [~]. – The anilide of the 2-methoxy-5-nitrobenzenesulfonic acid [5])[42]): 95–99 [~]. – Esters of carboxylic acids of 2-hydroxy-ethylamines and their derivatives, 1: Synthesis of N-bis-(2-chloroethyl)-2-aminoethyl o-acetylaminobenzoate and tri-ethanolamine tri-p-nitrobenzoate[20])[35]): **3** ('58) 41–47 [engl. m. poln. Zusammenfassg.]; ~ 2: Synthesis of N-bis-(2′-hydroxyethyl)-2-aminoethyl p-nitrobenzoate and its hydrochloride and of hydrochloride of N-bis-(2′-chloroethyl)-2-aminoethyl p-nitrobenzoate[20])[12]): **4** ('60) 77–84 [~]; ~ 3: Synthesis of hydrochloride of triethanolamine tri-o-chlorobenzoate[40])[20])[12]): 85–87 [~]; ~ 5: N-bis-(2′-Hydroxyethyl)-2-aminoethyldiphenylacetate hydrochloride and N-bis-(2′-chloroethyl)-2-aminoethyldiphenylacetate hydrochloride and some of their properties[16])[20]): **6** ('60) 33–40 [poln. m. engl. Zusammenfassg.]; ~ 6: N-bis-(2′-Chloroethyl)-2-aminoethyl o-acetylaminobenzoate hydrochloride and 2,2′-di-(o-acetylaminobenzoyloxy)-2″-chlorotriethylamine hydrochloride[20])[12])[40]): 41–47 [~]; ~ 10: Hydrochloride of N-bis-(2-chloroethyl)-2-aminoethyl-o-nitrobenzoate and hydrochloride of N-bis-(2-chloroethyl)-2-aminoethyl m-nitrobenzoate[12]): **9** ('64) 199–212 [engl. m. poln. Zusammenfassg.]. – α-Naphthylamide of 3-aminobenzenesulfonic acid[27])[32]): **3** ('58) 63–66 [~]. – Reduction of 3-nitrobenzene sulfonanilide[31])[38]): 73–78 [~]. – Reduction of o,o′-dinitrodiphenyldisulfide to o-nitrothiophenol in alkaline medium[6]): 87–92 [~]. – N,N′-Di-p-tolyldiacridine nitrate[7])[29]): 93–97 [~]. – Synthesis of 1,6,8,2′,4′,6′-hexahydroxyphenylfluorene[34])[36])[15]): **4** ('60) 89–93 [~]. – N-Alkanolderivatives of arylsulfonarylides, 4: N-β,γ-Dihydroxypropylarylsulfonarylides[5])[10]) [11]): 95–99 [~]; ~ 5: N-β,γ-Dihydroxypropyl-2-chloro-5-nitrobenzenesulfonanilide[26])[29]): **6** ('60) 55–58 [poln. m. engl. Zusammenfassg.]. – N,N′-Dipropyldiacridine and N,N′-diallyldiacridine nitrates[20])[3])[29]): 49–54 [~]. – A method of obtaining N-bis-(2′-hydroxyethyl)-2-aminoethyl-p-nitrobenzoate and the synthesis of some of its derivatives[20])[49]): **8** ('62) 21–27 [engl. m. poln. Zusammenfassg.]. – Research on the diacylglycerophosphoric acids, 3: Glycine esters[15])[48]): 29–35 [~]; ~ 4: Glycine esters[48]): **9** ('64) 213–25 [~]. – New analogues of lucigenin, 2: N,N′-Di-(o-chlorophenyl)-diacridylium dinitrate[7]): 189–98 [~]. – Research on glycylglycolphosphoric acid, 1[48]): 227–36 [~].

Bull. Soc. Sci. et Lettres Łódź, Cl. III Research concerning the group of N-ethanoloanilides of aromatic sulfonic acids, 1: N-Ethanoloanilides of 3-aminobenzenesulfonic acid and 3-amino-6-methylbenzenesulfonic acid[5])[4]): **3** ('52) Nr. 11, 3 S. – Chemistry of N-chloramides, 3: Methods of obtaining annogen: Nr. 16, 5 S.; ~ 4: N,N′-Dichloroamide of 4,4′-azobenzenedisulfonic acid[21]): Nr. 6,

3 S. — 4-Sulfoazobenzene-4′-carboxylic acid [26]): Nr. 17, 4 S. — 1,4-bis(3-Aminophenylsulfonamido)benzene and its derivative azo dyes[25])[45]): **6** ('55) Nr. 2, 6 S. — Synthesis of 1,4-bis(5-amino-2-methylphenylsulfonamido)-benzene, as an intermediate in the production of azo dyes[8])[25])[29]): Nr. 4, 5 S.

Medycyna Pracy Spectrophotometric determination of percentage oxygenation of hemoglobin in blood[2])[14]): **6** ('55) 219–25 [poln. m. russ. u. engl. Zusammenfassg.]. — Chemical evaluation of the industrial hazards of benzidine poisoning, 1: Determination of benzidine and its derivatives in urine[1]): **8** ('57) 15–24 [~].

Roczn. Chem. The chemistry of chloramines, 1: p-Azobenzenesulfonic acid and its derivatives[9]): **17** ('37) 411–22; ~ 2: Sodium and potassium derivatives of p-azobenzenesulfonamide[41]): **18** ('38) 439–42. — 1,2-Distearoylglycerol phosphates of guanidine and streptomycin[24])[31]): **29** ('55) 468–72 [poln. m. engl. Zusammenfassg.]. — N-Alkanol derivatives of arylsulfonarylides, 2: N-β,γ-Dihydroxypropylbenzenesulfonanilide[26])[50]): 473–78 [~]; ~3: N-β,γ-Dihydroxypropyl-3-nitrobenzenesulfonanilide[5])[19]): 479–82 [~].

Wiadomości chem. l-Ascorbic acid and its analogs[18]): **3** ('49) 184–203 [ ].

Zeszyty nauk. Uniw. łódzk., Ser. 2 The method of obtaining of 3-nitrobenzenesulfonyl chloride by chlorosulfonation of nitrobenzene [52]): **1** ('55) 145–53 [poln. m. russ. u. engl. Zusammenfassg.]. — A research on diacylglycerinphosphoric acids and salts being their derivatives[24])[51]): **10** ('61) 191–94 [poln. m. engl. Zusammenfassg.].

Mit: [1]) D. Ader; [2]) K. Antczak; [3]) J. Bajan; [4]) D. Bartoszewicz; [5]) R. Bartoszewicz; [6]) B. Bielawski; [7]) A. Braun; [8]) J. Czerniak; [9]) C. Dobrowolski; [10]) A. Drabikowska; [11]) W. Drabikowski; [12]) W. Dawid; [13]) D. Depczyk; [14]) S. Gross; [15]) W. E. Hahn; [16]) N. Iciek; [17]) Z. Jurkowski; [18]) L. Kamieński; [19]) G. Karowicz; [20]) W. Kirkor; [21]) C. Korzeniewski; [22]) M. Kosiński; [23]) J. Kotler; [24]) T. Machlański; [25]) Z. Madeja; [26]) W. Miecznikowska-Stolarczyk; [27]) Z. Milewska; [28]) B. Muszkiet; [29]) M. Nowaczyk; [30]) G. Odor; [31]) B. Oprządek; [32]) S. Pizoń; [33]) D. Różycka; [34]) M. Russocki; [35]) R. Skowroński; [36]) T. Sławiński; [37]) J. Słowiński; [38]) N. Songin-Pawluk; [39]) U. Stolarska; [40]) W. Szalecki; [41]) R. Sztabzyb; [42]) Z. Szymkowiak; [43]) M. Ungier; [44]) J. Wiśniewska; [45]) J. Wieczorek; [46]) E. Żurakowski; [47]) R. Madeja; [48]) J. Kaczan; [49]) W. Maciejek; [50]) Z. Prasał; [51]) R. Władyga; [52]) J. Zawadzki; [53]) J. Szymański.

VI **CHURCH,** Alonzo. Math. Logik. — 1929–39 Assist. Prof., '39–47 Assoc. Prof., '47– Prof., Princeton Univ., Princeton, N. J.

*1903, Juni 14, Washington, D. C.

HZ. J. symbol. Logic **1** ('36)–.

S. F. Gonseth, Philosophie mathématique (Paris '39) (Actualités sci. et industr., No. 837) 67–72: The present situation in the foundation of mathematics. — Structure, method and meaning. Essays in honor of Henry M. Sheffer (P. Henle u. a.) (New York '51) 3–24: A formulation of the logic of sense and denotation. — Kontrolliertes Denken, Untersuchungen zum Logikkalkül und zur Logik der Einzelwissenschaften. Festschrift für Wilhelm Britzelmayr zum 60. Geburtstag (A. Menne, A. Wilhelmy, H. Angstl) (Freiburg, Breisgau–München '51) 22–37: The weak theory of implication. — The problem of universals (Notre Dame, Ind. '57) 3–11: Propositions and sentences. — Atti XII Congresso internazionale di filosofia, Venezia 1958, **4**: Logica, linguaggio e communicazione (Firenze '60) 77–81: Logic and analysis. — Proc. International congress for logic, methodology and philosophy of science, Stanford, Calif., 1960 (Stanford, Calif. '62) 181–86: Mathematics and logic. — Proc. International congress of mathematicians 1962 (Djursholm, Schweden '63) 23–35: Logic, arithmetic, and automata. — Encyclopaedia Britannica. A new survey of universal knowledge **2** (Chicago–London–... '65) 921: Axiom; **5** ('65) 67: Categorical (in mathematics); **6** ('65) 263: Concrete (in philosophy); 357f.: Connotation; 434: Conversion (in logic and mathematics); 518: Corollary; **7** ('65) 173f.: Definition; 254: Denotation; 437: Dilemma; **14** ('65) 209–19: Logic; 231–36: History of logic, 4: Modern logic; 1082f.: Mathematical induction; **15** ('65) 1163: Name (in logic); **18** ('65) 320f.: Postulate; 589f.: Proposition; **20** ('65) 1001: Sophism; **21** ('65) 2: Sorites; 836f.: Tautology; 948f.: Term; **22** ('65) 157: Laws of thought. — Information and prediction in science (S. I. Dockx, P. Bernays) (New York '65): The elementary theory of differential equations as area of research.

W. The calculi of lambda-conversion (Princeton, N. J. '41, Oxford–London '42) 2 + 77 S. (Annals Math. Studies, 6). — Introduction to mathematical logic **1** (Princeton '44) 6 + 118 S. (~ 13); ('56) 10 + 376 S. (Princeton math. ser., 17); russ.: (Moskva '60) 485 S.

American J. Math. An unsolvable problem of elementary number theory: **58** ('36) 345–63.

American math. Monthly The Richard paradox: **41** ('34) 356–61.

Analysis [Oxford] On Carnap's analysis of statements of assertion and belief: **10** ('50) Nr. 5, 97–99.

Annals Math. A set of postulates for the foundation of logic: (2) **33** ('32) 346–66; ~ 2: **34** ('33) 839–64.

Boletín Soc. mat. mexicana Non-normal truth-tables for the propositional calculus: **10** ('53) 41–52.

Bull. amer. math. Soc. The constructive second number class: **44** ('38) 224–32. — On the concept of a random sequence: **46** ('40) 130–35.

Fundamenta Math. [Warszawa] Formal definitions in the theory of ordinal numbers[1]): 28 ('37) 11–21.

J. Math. pures et appl. Binary recursive arithmetic: (9) 36 ('57) 39–55.

J. Philos. Symposium: Ontological commitment: 55 ('58) 1008–14.

J. symbol. Logic A note on the entscheidungsproblem: 1 ('36) 40f., 101f. – A bibliography of symbolic logic [, 1]: 121–216; ∼ 2: 3 ('38) 178–212. – A formulation of the simple theory of types: 5 ('40) 56–68. – Some theorems on definability and decidability[3]): 17 ('52) 179–87.

Philosophical Studies Intensional isomorphism and identity of belief: 5 ('54) 65–73.

Portugaliae Math. Conditioned disjunction as a primitive connective for the propositional calculus: 7 ('48) 87–90.

Proc. amer. Acad. Arts and Sci. The need for abstract entities in semantic analysis: 80 ('51/52) 100–12. – Brief bibliography of formal logic: 155–72.

Proc. nation. Acad. Sci. USA A proof of freedom from contradiction: 21 ('35) 275–81.

Revue philos. Louvain Special cases of the decision problem: 49 ('51) 203–21.

Trans. amer. math. Soc. Some properties of conversion[2]): 39 ('36) 472–82.

Außerdem hektographierte Vorlesungsskripten.

Mit: [1]) S. C. Kleene; [2]) J. B. Rosser; [3]) W. V. Quine.

III–VI **CHVOL'SON,** Orest Danilovič. Physik. – 1929–34 Prof. Emeritus, Univ. Leningrad. (⊠)

*1852, Nov. 22, Petersburg;

†1934, Mai 11, Leningrad.

Nekr. V. R. Bursian, Priroda [SSSR] **1934**, Nr. 7, 77–79. – D. S. Roždestvenskij, Izvest. Akad. Nauk SSSR **1935**, 477–79. – Nature [London] **135** ('35) 333.

Zum 100. Geb.tag K. K. Baumgart, Ėlektričestvo **1953**, Nr. 1, 62–64 (m. Bildn. u. Schr.verz.). – M. G. Novljanskaja, Vestn. Akad. Nauk SSSR **1953**, Nr. 2, 91–95.

W. Lehrbuch der Physik [russ.] 1 [6](Leningrad–Moskva '33) 642 S.; [7]('33) 656 S.

VI **CHWISTEK,** Leon Kasimir Antonius. Logik. – 1930– außerord. Prof., Dir. d. Inst. f. Logik, Univ. Lwów; später in Moskva. (⊠)

*1884, Juni 13, Kraków;

†1944, Aug. 20/21, Moskva.

Todesanzeige Annales Soc. polon. Math. 18 ('45) II.

Biogr. K. Estreicher in: L. Chwistek, Wielość rzeczywistości w sztuce i inne szkice literackie (Warszawa '60) 5–17 (m. Selbstbildn.).

S. F. Gonseth, Philosophie mathématique (Paris '39) (Actualités scient. et industr., No. 837) 88–91: Sur les fondements des sciences exactes.

W. Zagadnienia kultury duchowej w Polsce [Probleme der Pflege des Geisteslebens in Polen] (Warszawa '33) 1 + 206 + 3 S. – Granice nauki. Zarys logiki i metodologji nauk ścisłych (Lwów–Warszawa '35) 24 + 264 S.; engl.: Limits of science; outline of logic and of the methodology of the exact sciences (New York–London '48) 57 + 347 S. – Überwindung des Begriffsrealismus (Lwów '37) 18 S. (Commentarii Societatis Philosophicae Polonorum. Studia philosophica, 2). – La méthode générale des sciences positives, l'esprit de la sémantique (Paris '46) 43 S. (Actualités scient. et industr., No. 1014. Logique et méthodologie, 6). – Wielość rzeczywistości w sztuce i inne szkice literackie [Die Vielgestaltigkeit der Wirklichkeit in der Kunst und andere literarische Skizzen] (K. Estreicher) (Warszawa '60) 258 S. – Pisma filozoficzne i logiczne [Schriften zur Philosophie und Logik] (K. Pasenkiewicz) (Warszawa '61) 31 + 277 S. (m. Bildn. u. Faks.).

Archiwum Towarz. nauk. Lwowie, Wyd. III Quelques remarques sur les lois fondamentales de la propagation de la lumière: 9 ('37/38) 247–52 [poln. m. franz. Zusammenfassg.]. – Remarques critiques concernant la notion de la variable dans le système de la sémantique rationelle: 283–334 [poln. m. franz. Zusammenfassg.].

Bull. int. Acad. polon. Sci. et Lettres, Cl. Sci. math. et natur., Sér. A Fondements de la métamathématique rationelle[1])[2]): **1933**, 253–64. – Remarques sur la méthode de la construction des notions fondamentales de la métamathématique rationelle[1])[2]): 265–75.

Erkenntnis Die nominalistische Grundlegung der Mathematik: 3 ('33) 367–88.

Mathematische Z. Neue Grundlagen der Logik und Mathematik, 2: 34 ('32) 527–34.

Soobščenija Akad. Nauk Gruzinsk. SSR Sur les fondements de la sémantique: 4 ('43) 187–94. – Sur les notions fondamentales de la théorie de nombres généralisés: 507–14. – Sur les notions fondamentales de l'analyse généralisée: 745–55. – – Alle Arbeiten russ. m. georg. u. franz. Zusammenfassg.

Mit: [1]) W. Hepter; [2]) J. Herzberg.

III–VI **CHWOLSON,** Orest Daniilowitsch → III–VI **CHVOL'SON,** Orest Danilovič

III–VI **CIANI,** Edgardo. Math., Mech. — 1925–35 Prof. Geom. proiett. e analit., Dir. dell'Ist. di Mecc. razion., Dir. dell'Ist. di Geometria, '35 Prof. emerito, Univ. di Firenze.

*1864, Okt. 7, Rocca S. Casciano, Forlì; †1942, Sept. 14, Rocca S. Casciano, Forlì.

Nekr. L. Berzolari, Boll. Unione mat. ital. (2) 5 ('43). — L. Campedelli, Boll. Mat. 39 ('43) VI–VIII.

W. Lezioni di geometria descrittiva (Padova '32) 9 + 416 S. — Scritti geometrici scelti 1 (Padova '37) 12+496 S.; 2 ('37) 902 S.

Annali R. Scuola norm. sup., Pisa Una nuova forma canonica della ternaria cubica: (2) 1 ('32) 215–28.

Atti R. Accad. ligure Sci. e Lettere Coniche notevoli di un fascio: 2 ('42) 15–18.

Atti reale Accad. nazion. Lincei, Rend. Intorno alle biquintuple di rette: (6) 17 ('33) 215f. — Sopra un fascio sizigetico di superficie cubiche, 1: 21 ('35) 551–55; ~ 2: 631–37.

Boll. Mat. Eugenio Bertini†: 29 ('33) 45–48. — Sopra l'assonometria ortogonale: 37 ('41) 1–8. — Intorno a una generazione proiettiva della cubica piana: 83–89.

Boll. Unione mat. ital. Sopra un gruppo notevole di collimazioni piane: (2) 3 ('41) 177–87. — La configurazione dei cubi iscritti in un dodecaedro regolare convesso: 313–20. — Intorno alla quartica di Kbin: 4 ('42) 129–33.

Esercitazioni mat. Osservazioni sopra alcune quartiche piane: (2) 7 ('34) 165–72. — Quadrangoli e quadrilateri collegati alle cubiche ellittiche piane: 8 ('35) 115–24. — Intorno a una quartica piana dotata di un punto triplo: 13 ('41) 119–27.

Giorn. Mat. Battaglini Intorno alla terza formula di Plücker: 70 ('32) 79–82.

Periodico Mat. Sopra le superficie cubiche dotate di infiniti punti di Eckardt: (4) 20 ('40) 240–45. — Una nuova forma dell'equazione di una conica: 21 ('41) 107–12. — Due casi particolari metrici notevoli del tetraesagono e dell'esaesagono: 234–38.

V, VI **ČIČIBABIN** [Tchitchibabine], Aleksej Evgen'evič. Chem. — 1909–30 Prof., Techn. Hochsch. Moskva; '30–45 in Paris. — '26 Leninpreis (UdSSR). (⊠)

*1871, März 29 (17), Kusemin Zen'kovsko, Gouv. Poltava; †1945, Aug. 15, Paris.

Nekr. M. Delépine, C. Barkovsky, Bull. Soc. chim. France, Mém. (5) 13 ('46) 501–10 (m. Bildn.). — I. Marszak, J. chem. Soc. 1946, 760f.

Zur Biogr. C. Barkovsky, A. E. Tchitchibabine (Paris '45) 16 S. — E. Cerkovnikov, Arhiv Kem. 27 ('55) Nr. 2; J. chem. Educat. 38 ('61) 622–24. — M. Delépine, Bull. Soc. chim. France, Mém. 1958, 405. — P. M. Evteeva, Trudy Inst. Ist. Estestvoznanija i Techn. 18 ('58) 296–356 (m. 6 Bildn., Schr.verz. 346 Nrn.).

S. Traité de chimie organique 20 (Paris '53) 1–32: Quelques remarques sur les combinaisons hétérocycliques; 33–375: Hétérocycles hexatomiques avec un atome d'azote; Groupes de la pyridine et de la pipéridine.

W. Osnovnye načala organičeskoj chimii [Grundlagen der organischen Chemie] 1, 2 [4](Moskva '32) 819 S.; franz.: 1, 2 (Paris '33) 564+460 S.; ukrain.: 1, 2 (Char'kov–Kiev '36) 785 S.

Annales Chim. Le thymol et les isopropyl-m-crésols qui s'obtiennent du m-crésol par des réactions de condensation[2]): (11) 17 ('42) 316–34. — Condensation du chlorure de butyle tert. avec le m-crésol et du chlorure d'isopropyle avec le xylénol asymétrique[2]): 349–52.

Ber. dtsch. chem. Ges. Über einige Derivate des α,β-Pyridin-thioindoxyls[13]): 66 ('33) 364–72.

Bull. Sci. pharmacol. Der Nachweis von 8-(Diäthyl-aminoisopentyl)-amino-6-methoxy-chinolein (Plasmochin, Prächin) durch eine Farbreaktion[6]): 46 ('39) 231f. [franz.].

Bull. Soc. chim. France, Mém. Sur la structure du musc-cétone: (4) 51 ('32) 1436–62. — L'acide phosphorique comme agent de condensation: (5) 2 ('35) 497–520. — Nitration de l'éther méthylique du thymol[3]): 3 ('36) 423f. — Les synthèses dans la série de la pyridine: 762–79. — Tautomérie des homologues de la pyridine, 2: Nouvelles synthèses dans la série de la pyridine: 1607–32; ~ 3: ~ : 5 ('38) 429–35; ~ 4: ~: Introduction des radicaux contenant d'autres éléments que le carbone et l'hydrogène: 436–42. — Sur le norbergenin[8])[1]): 3 ('36) 2343–47. — Sur certains dérivés de l'o-butyl-m-crésol-(1-méthyl-3-oxy-4-butyl-(tert.)-benzène). Nouvelle méthode de préparation du musc ambrette[3]): 4 ('37) 439–48. — Sur les réactions de condensation des aldéhydes et cétones avec l'ammoniaque en bases pyridiques. Condensation des aldéhydes acétique et crotonique: 1826–31. — Sur les réactions de condensation des aldéhydes et cétones avec l'ammoniaque en bases pyridiques. Condensation des aldéhydes acétique et crotonique: 1831–38. — Sur les réactions de condensation des aldéhydes et cétones avec l'ammoniaque en bases pyridiques. Condensation avec les cétones cycliques: 6 ('39) 522–33. — 2-Amino-5-sulfo-pyridine et quelques dérivés[12]): 736–39. — Lactone de l'acide γ-hydroxypimélique et quelques-uns de ses dérivés[6]): 8 ('41) 670–75. — Obtention de l'acide 5-iodoanthranilique et de l'acide 5,5-diiododiphenyl-2,2-disulfure-dicarbonique (diiododithiosalicylique)[12]: 9 ('42) 631–33. — Darstellung von Cinchophenthiocyanat und Cinchophenhydrochlorid: **1946**, 650f. [franz.].

Bull. Soc. Pathol. exotique Méthode d'identification des gamétocides synthétiques dans l'urine par une réaction colorée[6]: **31** ('38) 740–42.

Chimie et Industrie Sur les acides du pétrole de Bakou: **27** ('32) No. spéc. 3bis, 306–18. — Méthode générale d'obtention des acides γ-cétoniques et de leurs éthers-sels: 563–68.

C. R. hebd. Séances Acad. Sci., Paris L'acide phosphorique comme agent de condensation: Alcoylation de phénols et de leurs éthers oxydes: **198** ('34) 1239–42. — L'action de l'oxyde d'éthylène sur l'hydrogène sulfuré[3]: **200** ('35) 242–44. — Sur une nouvelle triaminopyridine(2,3,6)[6]: **205** ('37) 153f. — Contribution à la connaissance de la 6-méthoxy-8-aminoquinoléine et de ses dérivés[6]: **208** ('39) 525–27. — Condensation de la cyclohexanone avec l'aldéhyde acétique et l'ammoniaque en présence d'oxyde d'aluminium[2]: **212** ('41) 914–16. — Les acides m-crésolsulfoniques et leur séparation[2]: **213** ('41) 206–09. — Sur l'anhydride mixte des acides salicylique et carbonique: Benzo-1,3-dioxanedione: 355–57.

Dokl. Akad. Nauk SSSR The volatile base of valerian roots[10]: **1934** I, 119f. [russ.], 121f. [engl.].

Izvest. Akad. Nauk SSSR Über die Fettsäuren des kaukasischen Erdöls[5][7][9][4]: **1932**, 203–24. — Darstellung der 1,2-Dimethylvaleriansäure[7]: **1933**, 267–71. — Darstellung der α-Cyclopentylpropionsäure[9]: 273–76. — Über die Struktur des Ketonmoschus: 683–713. — γ-Phenylazo-α,α_1-diaminopyridin[11]: **1934**, 615–22. — Die Phosphorsäure als Kondensationsmittel: **1935**, 951–69. — — Alle Arbeiten russisch.

J. amer. chem. Soc. γ-Phenylazo-α,α'-diaminopyridine[11]: **56** ('34) 1711–13.

J. prakt. Chem. Zu W. Huntenburg: Bei der Tschitschibabinschen Synthese des β-Kollidins entstehende Neutralstoffe: **148** ('37) 266.

Recueil Trav. chim. Pays-Bas Tautomérie des homologues de la pyridine. Nouvelles synthèses dans la série de la pyridine, 5: Réactions de condensation: **57** ('38) 582–85.

Usp. Chim. Fortschritte in der synthetischen Bearbeitung der Pyridinreihe: **5** ('36) 481–98 [russ.].

Mit: [1]) G. A. Arbuzov; [2]) C. Barkovsky; [3]) M. A. Bestougeff; [4]) G. V. Čelincev; [5]) F. V. Čirkov; [6]) C. Hoffmann; [7]) M. M. Kacnel'son; [8]) A. V. Kirsanov; [9]) S. I. Korjagin; [10]) M. P. Oparina; [11]) E. D. Osetrova; [12]) M. Vialatout; [13]) N. N. Vorožcov.

VI **CIMMERMAN,** Nikolaj Vladimirovič. Astrometrie. — 1933– Prof. Math., Inst. f. Eisenbahntransport, Leningrad; '35 Dr. d. math.-physik. Wiss., Akad. Wiss. UdSSR; '33– Abteilungsvorst., '37– Prof. Astron. u. Leiter der astrometrischen Abteilung des astron. Hauptobservat. Pulkovo, Univ. Leningrad. — '49 (posthum) Bredichin-Preis.

*1890, Apr. 13 (1), Odessa;

†1942, Febr. 14, Leningrad.

Nekr. Trudy glavn. astron. Observat. Pulkove **59** ('48) 5–7 (m. Bildn. u. Schr.verz.).

Zur Biogr. D. Ja. Martynov, Astronomičeskij Kalendar', Čast' peremennaja, Nr. **54** ('51) 144f.

S. Sto let Pulkovskoj observatorii. Sbornik statej [100 Jahre Observatorium Pulkovo. Sammlung von Aufsätzen] (Moskva–Leningrad '45) 31–44: Arbeiten des Observatoriums Pulkovo auf dem Gebiet der Astronomie [russ.]; 77–86: Der Meridiankreis des Observatoriums Pulkovo [russ.]. — Vvedenie v praktičeskuju astronomiju [Einführung in die praktische Astronomie] (Red.: V. V. Kavrajskij) (Leningrad '36): Die Instrumente[2][5][6] [russ.].

Cirkuljary glavn. astron. Observat. Pulkove Meridian positions of reference stars for δ Cassiopeiae[3]: Nr. **12** ('34) 27f. — Die Zusammenarbeit der sowjetischen Observatorien bei der Aufstellung eines Katalogs „geodätischer" Sterne: Nr. **31** ('41) 5–15 [russ.].

Trudy central'n. naučno-issled. Inst. Geodez., Aèros-emki i Kartogr. Bestimmung des Längenunterschiedes Moskva–Pulkovo[4]: Nr. **10** ('35) 58 S. [russ.].

Trudy glavn. astron. Observat. Pulkove Katalog der Deklinationen der Sterne, die in die Programme des Pulkovoer Zenit-Teleskops eingehen: **46** ('34) 57 S. — Bearbeitung der in den Jahren 1914–1924 am Freibergschen Passageninstrument in Nikolajew von P. I. Jaschnoff und N. W. Zimmermann angestellten Beobachtungen[1]: **49** ('36) 241 S. — Katalog von 2957 hellen Sternen mit Deklinationen von $-10°$ bis $+90°$: **61** ('48) [russ.].

Uč. Zap. kazansk. gos. Univ. Ergebnisse der Arbeit zur Zusammenstellung eines Katalogs geodätischer Sterne: **100** ('40) Nr. 4, 161–67 [russ.].

Mit: [1]) P. I. Jašnov; [2]) V. V. Kavrajskij; [3]) A. A. Kondrat'ev; [4]) L. L. Matkevič; [5]) M. M. Musselius; [6]) N. N. Pavlov.

VI **CIORĂNESCU** (Cioranesco), Nicolae. Math. — 1929–41 Maître de Conférences, '41–57 Prof., Ecole Polytechnique, București.

*1903, Apr. 10 (März 28), București;

†1957, Apr. 2, București.

Nekr. D. Dumitrescu, Buletinul Inst. politehn. Bucureşti **19** ('57) Nr. 1/2, 389–99 (m. Bildn., Schr.verz. 96 Nrn.).

W. Curs elementar de algebră superioră **1** (Bucureşti '34) 216 S.; **2** ('36) 187 S. — Cursul de algebră de la anul preparator al Scoalei Politehnică din Bucureşti (Bucureşti, mehrere Auflagen) (litogr.). — Ecuaţiile mecanicei analitice (Bucureşti '38) 103 S. (În colecţia de monografii ştiinţifice publicate de Academia Romînă). — Viaţa şi opera lui G. Ţiţeica (Bucureşti '40) 32 S. — Funcţiile analitice de mai multe variabile reale (Bucureşti '44) 38 S. — Curs de analiză matematică **1**, **2** (Bucureşti '52) (litogr.). — Curs de algebră şi analiză matematică (Bucureşti '55) 722 S.; ²('58) 767 S. — Culegere de probleme de algebră şi analiză matematică (Bucureşti '58). — Tratat de matematici speciale (Bucureşti '62) 736 S.

Acta math. Sur une nouvelle généralisation des polynômes de Legendre: **61** ('33) 135–48.

Analele Acad. Republ. popul. romîne, Ser. A Integrarea unor ecuaţii liniare cu derivate parţiale şi coeficienţi constanţi de ordin oarecare: **2** ('49) Mem. 19, 8 S.

Analele Acad. române, Mem. Secţ. şti. Sur les fonctions analytiques de plusieurs variables réelles: (3) **19** ('43) Nr. 10, 38 S.

Annali Mat. pura ed appl. Quelques nouveaux problèmes sur les fonctions harmoniques: (4) **11** ('32) 135–54.

Atti reale Accad. nazion. Lincei, Rend. La détermination d'une fonction harmonique par des conditions initiales globales: (6) **15** ('32) 638–42.

Buletin şti., Acad. Republ. popul. romîne, A Structura simbolică sau analitică a integralei generale a unor ecuaţii cu derivate parţiale de ordinul al doilea cu coeficienţi constanţi: **1** ('49) Nr. 5, 9 S. — Soluţiile regulate ale unor ecuaţii diferenţiale liniare de ordinul al II-lea cu coeficienţi variabili: Nr. 8, 725–31.

Buletin şti., Acad. Republ. popul. romîne, A, Ser.: Mat., Fizică, Chim. Asupra reprezentării prin serie simplă a soluţiei regulate a ecuaţiei lui Green: **2** ('50) 293–97.

Buletin şti. Acad. Republ. popul. romîne, A, Secţ. Şti. mat. şi fizice O generalizare a funcţiilor lui Bessel şi aplicaţiile la integrarea unor ecuaţii liniare cu derivate parţiale de ordin oarecare: **6** ('54) Nr. 3, 9 S. — O ecuaţie liniară cu derivate parţiale de ordinul al doilea ce intervine in dinamica relativistă a două corpuri: 8 ('56) 709–14.

Buletinul Fac. Şti. Cernăuţi Quelques inégalités relatives aux fonctions monotones: **6**.1932 ('33) 166–69. — Une propriété caractéristique des fonctions poly-harmoniques: **7**.1933 ('34) 105–07.

Buletinul Inst. politechn. Iaşi Le procédé de la dichotomie et le système dyadique dans la théorie des ensembles linéaires bornés: **4** ('49) 337–39.

Buletinul Inst. politehn. Bucureşti Asupra unei ecuaţii cu derivate parţiale de ordinul al doilea şi o nouă generalizare a funcţiilor lui Bessel: **18** ('56) Fasc. mat., Nr. 1/2, 4 S.

Bull. Math. et Physique pures et appl. Ecole polytechn. Bucarest L'intervalle de contraction pour les équations algébriques aux différences finies: **4** ('33) 97–99. — Une propriété caractéristique du paraboloïde de rotation: **6** ('35) 134f. — Quelques remarques relatives à la dérivée superficielle d'une fonction de deux variables: **7** ('36) 43–45. — Sur la déformation des plaques sous l'action des charges non-uniformes: **8** ('37) 143–49. — Deux équations fonctionnelles et quelques propriétés de certaines coniques: **9** ('38) 52f. — Quelques formules de moyenne: **10** ('38/39) 27–31. — Quelques formules de moyenne et quelques inégalités entre les valeurs moyennes des fonctions monotones: **12** ('41) 37–40. — Sur un problème pour les fonctions harmoniques dans un cercle: **13** ('42) 26–30.

Bull. math. Soc. roumaine Sci. Définition fonctionnelle des polynômes et quelques "formules à deux et trois niveaux": **33/34** ('32) 39–47. — Une équation fonctionnelle, rencontrée dans l'intégration de l'équation $s = f(x, y)$ avec certaines conditions initiales: 48–50. — Quelques propriétés générales des fonctions continues: **35** ('33) 75–81. — Sur une classe de polynômes à un paramètre généralisant les polynômes de Legendre: **36** ('34) 27f. — L'équation intégrale linéaire à limites variables et à un paramètre: **37**, 1 ('35) 13–22. — Sur les zéros des fonctions méromorphes et de certaines classes de polynômes: **37**, 2 ('36) 9–11. — Sur les solutions les plus générales de certaines équations aux dérivées partielles du type elliptique: **38**, 1 ('36) 3–10. — Une équation intégrale singulière et quelques généralisations des fonctions de Bessel: 11–15. — Sur les fonctions analytiques de deux variables réelles: **38**, 2 ('36) 63–70. — L'itération des fonctions de moyenne: 71–74. — Sur la représentation en suites de fonctions polyharmoniques du produit de deux fonctions analytiques: **39**, 1 ('37) 13–18. — Sur les coefficients harmoniques d'une fonction analytique de deux variables réelles: **39**, 2 ('37) 63–70. — Sur une représentation des fonctions analytiques de plusieurs variables réelles: **40**, 1/2 ('38) 131–34. — Une nouvelle formule de moyenne intégro-différentielle: **46**, 1/2 ('44) 107–12. — Les linéarisations de l'équation de Riccati: (N. S.) 2 ('50) 127–31.

Bull. Sci. math. Sur les fonctions harmoniques conjuguées: (2) **56** ('32) 55–64. — Quelques propriétés de moyenne des fonctions continues et des fonctions sommables: **57** ('33)

389–91. — Sur l'équation intégrale linéaire à limites fixes et à un paramètre: **58** ('34) 270–73. — Un algorithme pour le développement d'une fonction analytique de fonction analytique: **60** ('36) 12–32, 42–64.

Bull. Sect. sci., Acad. roumaine Quelques équations fonctionnelles caractérisant la fonction linéaire: **15** ('32) 87–90. — Sur une propriété générale des courbes planes fermées et ses applications: **16** ('34) 177–79. — Sur les propriétés générales des mouvements balistiques: **22**.1939/40 ('40) 466–72. — Le mouvement d'un point matériel dans un milieu résistant sous l'action d'une force centrale: **23**. 1940/41 ('42) 127–31.

Bull. Soc. math. France Sur la représentation des fonctions analytiques de plusieurs variables réelles: **65** ('37) 41–52.

C. R. hebd. Séances Acad. Sci., Paris Nouveaux problèmes sur les équations aux dérivées partielles du second ordre et du type hyperbolique: **194** ('32) 2115–17. — Quelques propriétés des fonctions polyharmoniques en corrélation avec certaines propriétés des polynômes: **195** ('32) 409–11. — Sur le développement d'une fonction analytique de fonction analytique et sur quelques conséquences: **200** ('35) 627–29. — Sur la déformation des plaques élastiques dans le cas des données analytiques: **205** ('37) 215–17. — Une généralisation de la première formule de la moyenne et les polynômes de Tchebichef: **206** ('38) 1782–84.

Disquisitiones math. et physicae [Bucureşti] La dérivée moyenne d'une fonction et certaines équations fonctionnelles: **1** ('40) 29–34.

Enseignement math. Sur les équations fonctionnelles du cosinus et du sinus circulaires et hyperboliques: **31** ('32) 67–74. — Sur la formule de Taylor: **32** ('33) 155–59. — Sur les dérivées polydimensionnelles d'une fonction de plusieurs variables: **34** ('35) 220–27. — Généralisation de la première formule de la moyenne: **37** ('38) 292–302.

Gazeta mat. [Bucureşti] Cîţiva determinanţi: **40** ('34) 115f. — Asupra unor determinanţi: 196–203. — Medii definite prin operaţii de mediaţie aritmetică asupra argumentelor unor funcţiuni: **41** ('35) 71–74.

Mathematica [Cluj, Timişoara] Quelques nouvelles conditions initiales pour l'intégration des équations aux dérivées partielles du second ordre et du type hyperbolique: **6** ('32) 152–69. — Quelques propriétés des fonctions polyharmoniques en corrélation avec certaines propriétés des polynômes: **9** ('35) 184–93. — Sur la définition de la monogénéité et les fonctions monogènes aréolairement: **12** ('36) 26–30. — Sur les fonctions de deux variables réelles douées d'analyticité hyperbolique et leurs applications: **14** ('38) 180–89. — Sur la détermination des fonctions harmoniques par leurs valeurs sur des variétés caractéristiques: **20** ('44) 137–47. — Quelques formules d'équivalence ou de moyenne: **22** ('46) 91–101.

Mathematische Z. Sur les conditions linéaires dans l'intégration des équations différentielles ordinaires: **35** ('32) 603–08.

Rend. Semin. mat. R. Univ. Padova Sur l'équation intégrale linéaire à limites fixes et à un paramètre: **5** ('34) 81–98.

Revue math. Union interbalkan. Sur certaines suites infinies, dont les termes sont définis par des relations de récurrence: **2** ('38) 27–31.

Studii şi Cercetări Mat. O clasă de ecuaţii liniare cu derivate parţiale de ordinul al doilea integrabile prin sisteme de ecuaţii diferenţiale liniare ordinare: **5** ('54) Nr. 3/4.

V, VI **CIPOLLA,** Michele Umberto Leone. Math. — 1923– Prof., Univ. di Palermo. — Dr. h. c. (Univ. Sofija). (⊠)
*1880, Okt. 28, Palermo;
†1947, Sept. 7, Palermo.

Nekr. V. Amato, Matematiche **3** ('48) III–XVI (m. Schr.verz.). — G. Mignosi, Annali Mat. pura ed appl. (4) **26** ('47) 217–20. — G. Sansone, Atti Accad. nazion. Lincei, Rend. (8) **21** ('56) 507–23 (m. Schr.verz.).

S. Enciclopedia italiana di scienze, lettere ed arti **16** (Milano '32): Evariste Galois, Karl Friedrich Gauß; **20** ('33): Leopold Kronecker, Ernst Eduard Kummer. — Scritti matematici offerti a Luigi Berzolari (Pavia '36) 183–93: Dedotte e controdedotte dei varii ordini di una funzione numerica. — Enciclopedia delle matematiche elementari e complementi con estensione alle principali teorie analitiche, geometriche e fisiche. Loro applicazioni e notizie storicobibliografiche **3**, 2 (Milano '50) 481–538: Matematica ricreativa. — U. Dini, Opere **1** (Roma '53): Introduzione ai lavori algebrici di U. Dini.

W. Analisi algebrica e introduzione al calcolo infinitesimale [3](Milano–Messina '48) 12 + 635 S. — La matematica elementare nei suoi fondamenti, nei riguardi didattici e negli sviluppi superiori. Conferenze seguite da varie questioni completamente risolte sui programmi governativi di matematica pei concorsi a cattedre e pei l'abilitazione all'insegnamento (Firenze–Bari '48) 16 + 580 S.; [4]('51) 24 + 604 S. — Storia della matematica dai primordi a Leibniz (Roma '49) 174 S.

Esercitazione mat. Evaristo Galois, nel primo centenario della sua morte: (2) **7** ('33/34) 3–9. — Conferenze di filosofia matematica: 146–49, 206–08. — Il contributo italiano alla rinascita della matematica nel Duecento: **8** ('34/35) 1–12. — Indagini antiche e nuove sui misteri dell'aritmetica: 129–61. — Nulla e zero: **10** ('37) 1–10. — Su due diverse estensioni della funzione $\mu(n)$ di Möbius: 31–35. — Mistica dei numeri. Aritmetica magica e satanica: **11** ('38) 1–19.

Giorn. Mat. Battaglini Gabriele Torelli †: **70** ('32) 62–78. — Giovanni Maisano †: 100–05.

Rend. Circolo mat. Palermo Sulle matrici espressioni analitiche di un'altra: **56** ('32) 144–54.

Außerdem zahlreiche Lehrbücher für höhere Schulen und Fachschulen sowie gedruckte Wiedergaben von Vorlesungen über Infinitesimalrechnung, algebraische Analysis und analytische Funktionen.

VI **ČIRVINSKIJ,** Petr Nikolaevič. Geol., Mineral. — Stud. Kiev, Göttingen, Heidelberg; 1909–31 Prof. u. Leiter d. Lehrstuhls f. prakt. Geol., Polytechn. Don-Inst., Novočerkassk; '12 Magister der Mineral. u. Geol., Kazan'; '16–23 Prof. Mineral., Don-Veterinärinstitut; '19 Dr. d. geol.-mineral. Wiss., Don-Univ. Rostov; '26–31 Leiter d. Abteilg. f. mineral. Rohstoffquellen der nordkaukas. Sektion des Geolog. Komitees; '33–41 Prof. am Bergbau-Abendinstitut und Dozent am Bergbauchemischen Technikum, Kirovsk; '43–55 Prof. u. Leiter d. Lehrstuhls f. Petrographie, Gor'ki-Univ. Perm'; ferner leitende und beratende Tätigkeiten in der Industrie und in staatl. wiss. Organisationen. — '12 Lomonosov-Preis (Russ. Akad. Wiss.).

*1880, Febr. 7 (Jan. 26), Petrovsko-Razumovsk b. Moskva; †1955, Juni 21, Molotov [Perm'].

Zum 70. Geb.tag I. S. Astapovič, Meteoritika 8 ('50) 149–58 (m. Bildn. u. Schr.verz.-Auswahl); Priroda [SSSR] **39** ('50) Nr. 9, 81f. (m. Bildn.).

Zur 50jähr. wiss.-pädag. Tätigkeit D. S. Beljankin, Izvest. Akad. Nauk SSSR, Ser. geol. **1952,** Nr. 6, 130–32.

Zum 75. Geb.tag V. V. Tichomirov, T. A. Sofiano, Izvest. Akad. Nauk SSSR, Ser. geol. **1955,** Nr. 5, 132. — S. I. Tomkeieff, Nature [London] **177** ('56) 259.

Nekr. T. M. Agafonova, Naukovi Zap., Kyïvs'k. deržavniï Univ. im. Ševčenka **15** ('56) Nr. 2, Zbir. geol. Fak. 6, 185–88 (m. Bildn.). — I. S. Astapovič, Meteoritika **14** ('56) 118–22 (m. Bildn.). — E. K. Lazarenko, Mineralogičeskij Sborn., L'vovsk. geol. Obšč. **1955,** Nr. 9, 401–03 (m. Bildn.). — S. P. Rodionov, Geologičnyj Ž. **15** ('55) Nr. 3, 85f. — S. P. Solov'ev, Zap. vses. mineral. Obšč. **84** ('55) Nr. 4, 502–04 (m. Bildn.).

Zum 80. Geb.tag N. A. Ignat'ev, G. A. Maksimovič, N. P. Čirvinskij, Uč. Zap., Permskij gos. Univ. im. Gor'kogo **18,** Nr. 2 ('61) 119–60 (m. Bildn. u. Schr.verz. 387 Nrn., Verz. d. Biographien 14 Nrn.).

Zum 10. Todestag V. V. Tichomirov, N. A. Voskresenskaja, Sovetskaja Geol. **1965,** Nr. 5, 138f. (m. Bildn.).

Zur Biobibliogr. Materialy Biobibliogr. Učenych SSSR, Ser. geol. Nauk **17** ('60) 96 S. (m. Bildn. u. Faks.); darin 6–20: D. P. Serdjučenko, N. Ch. Platonova, wiss. Biogr. [russ.].

S. Spravočnik po poleznym iskopaemym Severo-Kavkazkogo kraja [Handbuch der nutzbaren Bodenschätze des nordkaukasischen Gebiets] (Rostov-na-Donu '33) 12–15: Griffel- und Dachschiefer; 21–23: Bitumengesteine; 23–25: Bor; 25f.: Brom; 29f.: Wismut; 30–33: Wolfram; 39–45: Gase[17]); 55–57: Glaukonit; 88: Bittersalz; 92–95: Heilschlämme; 95–98: Dolomit; 151–53: Jod; 155: Cadmium; 156f.: Kalium; 209f.: Lithium; 215–18: Magnesiumsalze; 234–59: Mineralwässer; 259f.: Molybdän; 280–83: Nickel; 283f.: Erdwachs; 309f.: Radium und Uran; 310f.: Quecksilber; 311–14: Salpeter; 314–16: Schwefel; 320: Soda; 321–24: Kochsalz; 325f.: Antimon. [Alle Beiträge russ.]. — Chibinskie apatity [Die Apatite von Chibiny] (Leningrad '33) (Itogi naučno-issledovatel'skich i poiskovych rabot 1933 g., 6) 67–69: Einige Erwägungen über die Verwendung apatithaltigen Erzes in der Metallurgie [russ.]; 192–95: Petrographische Charakteristik des Eisenerzkomplexes des Kola-Fjords [russ.]. — Chibinskie redkie èlementy i pirrotiny [Seltene Erden und Pyrrhotine von Chibiny] (Leningrad '33) (5. Chibinskij sbornik) 173–80: Lanthaniden enthaltende neue Mineraladern des Berges Kukisvumčorr in der Chibiny-Tundra[3])[6]) [russ.]. — Trudy I Zapoljarnoj geologorazvedočnoj konferencii [Arbeiten der I. Konferenz über geologische Erkundung jenseits des Polarkreises], 1933 (Leningrad–Moskva–Novosibirsk '33) 51–56: Kurze chemisch-petrographische und genetische Charakteristik der Eisenerzmineralien der Halbinsel Kola [russ.]. — Materialy k geochimii Chibinskich tundr. Sbornik statej [Materialien zur Geochemie der Chibiny-Tundra. Sammlung von Aufsätzen] (Red.: A. E. Fersman) (Moskva–Leningrad '35) 77–90: Mikroskopische Charakteristik des Lovtschorrits und eines neuen analogen Minerals aus der Chibiny-Tundra [russ.]. — Akademiku V. I. Vernadskomu k pjatidesjatiletiju naučnoj i pedagogičeskoj dejatel'nosti [Dem Akademiemitglied V. I. Vernadskij zum 50jährigen wissenschaftlichen und pädagogischen Jubiläum] 2

(Moskva '36) 757–63: Foshallasit aus der Chibiny-Tundra [russ.]. – Mineraly Chibinskich i Lovozerskich tundr [Mineralien der Chibiny-Tundra und der Tundra von Lovozero] (Moskva–Leningrad '37) 152f.: Diatomite and opal; 153–58: Ice; 176–80: Calcite[5]); 267f.: Foshallasite; 286f.: Saponite; 354–70: Rinkolite and lovchorrite[6]); 370–72: Calcium rinkite[6]); 372–78: Vudyavrite[6]); 378–81: Copper vudyavrite[6]); 450f.: Mineral Nr. 7. [Alle Beiträge russ. u. engl.]. – Bol'šaja sovetskaja ènciklopedija [Große Sowjetenzyklopädie] **39** (Moskva '38) 131–33: Metamorphismus der Gesteine [russ.]. – Proizvoditel'nye sily Kol'skogo poluostrova [Die Produktivkräfte der Halbinsel Kola] (Red.: A. E. Fersman) **1** (Moskva–Leningrad '40) 27–56: Zur Mineralogie des Bezirks Kirovsk im Murmansker Gebiet [russ.]. – Akademiku Dmitriju Stepanoviču Beljankinu k semidesjatiletiju so dnja roždenija i sorokapjatiletiju naučnoj dejatel'nosti [Dem Akademiemitglied D. S. Beljankin zum 70. Geburtstag und zum 45jährigen wissenschaftlichen Jubiläum] (Moskva–Leningrad '46) 178–83: Clarke-Zahlen der Magmatit-Gesteine von Schilden und Geosynklinalen [russ.]. – Materialy Azovo-Černomorskogo geologičeskogo upravlenija po geologii i poleznym iskopaemym [Materialien der Geologischen Verwaltung des Asow–Schwarzmeer-Distrikts für Geologie und nutzbare Bodenschätze] **23** (Rostov-na-Donu '48) 87–95: Meteorite des nördlichen Kaukasusvorlands und des Donbass [russ.]. – Voprosy geologii Azii [Fragen zur Geologie Asiens] **2** (Moskva '55) 726–34: Fazielle chemisch-mineralogische Unterschiede in der Zusammensetzung grobkörniger und in Schriftstruktur vorliegender Granit–Pegmatit-Gesteine und Granit-Aplite [russ.].

W. Gornye bogatstva Kol'skych tundr [Bodenschätze der Tundren der Halbinsel Kola] (m. L. B. Antonov, V. K. Kotul'skij) (Leningrad '35) 74 S. (Serija naučno-popul. izd., Nr. 1). – Mineraly Chibinskoj i Lovozerskoj tundr. Kratkij spravočnik dlja kraevedov, turistov, studentov-gornjakov i geologo-razvedčikov [Minerale der Chibiny-Tundra und der Tundra von Lovozero. Kurzes Nachschlagebuch für Heimatkundler, Touristen, Bergbaustudenten und Erkundungsgeologen] (m. P. F. Semerov) (Kirovsk '35) 56 S. – Geometro-chimičeskij analiz [Geometrisch-chemische Analyse] (Leningrad '37) 32 S. – Srednij chimičeskij sostav glavnych mineralov izveržennych, metamorfičeskich i osadočnych porod [Durchschnittliche chemische Zusammensetzung der wichtigsten Minerale von Eruptiv-, metamorphen und Sedimentgesteinen] (Charkov '53) 96 S.

Astronomičeskij Ž. Statistische Studien über Meteoriten und Meteorenfälle im allgemeinen (Über die Bahnen der Meteoriten)[7]): **13** ('36) 335–47 [russ. m. deutscher Zusammenfassg.]. – Über die Aufnahme von kosmischem Staub: **19** ('42) Nr. 4, 61–63 [russ.].

Bjul. mosk. Obšč. Ispytat. Prirody, Otdel. geol. Bestandteile des Komplexes der magmatischen Gesteine der Uralgeosynklinalen und ihre genetische Bedeutung[20]): **46** ('38) 26–35 [russ.].

Dokl. Akad. Nauk SSSR Mikroskopische Untersuchung von Podsol von der Stadt Kirovsk: **26** ('40) 160–62. – Calcit in den zerstörten tektonischen Zonen der Chibiny-Tundra[15])[16]): **31** ('41) 778f. – Über die Porphyrstruktur eutektischer Eruptivgesteine: **50** ('45) 463–66. – Einfluß reduzierender und oxydierender Prozesse auf das System FeO–MgO–SiO_2, Olivin-Pyroxen, bei hoher Temperatur: **65** ('49) 211–13. – Die Chemie der Meteorite im Lichte des Systems von Mendeleev: 865f. – Quantitative chemisch-mineralogische Charakteristik der durchschnittlichen Zusammensetzungen gewisser Granitoide der Ukrain. SSR: **92** ('53) Nr. 4, 819–22. – Zur Petrographie der Gesteine des kristallinen Fundamentes des Gebietes von Molotov[19])[12]): **95** ('54) 1309–11. – – Alle Arbeiten russisch.

Geologija na Fronte Industrializacii Einige historische Details: **1936,** Nr. 6, 45–49 [russ.].

Izvest. Akad. Nauk SSSR, Ser. geol. Paläohydrogeologie der Chibiny-Erze: **1939,** Nr. 4, 23–43. – Kritische Bemerkungen zu dem Buch von Prof. L. V. Pustovalov „Petrographie der Sedimentgesteine": **1943,** Nr. 2, 110–15. – Wie die Kalisalze in Solikamsk entdeckt wurden: **1944,** Nr. 1, 114f. – Ägirin-Quarz-Porphyr aus dem Kara-Gebiet (Transbaikalien): **1946,** Nr. 2, 121–23. – – Alle Arbeiten russ.

Izvest. estestvenno-naučn. Inst. molotovsk. gos. Univ. im. Gor'kogo Das Rätsel der Farbe des blauen Salzes: **12** ('41/49) Nr. 5, 211–23 [russ.]. – Rhythmen der Ablagerung der oberen Schicht des unterlagernden Steinsalzes der Lagerstätte von Solikamsk: Nr. 7, 203–11 [russ.].

Izvest. gos. geogr. Obšč. Stengelig-faseriges Eis: **68** ('36) 878–80. – Klassifizierung der Lawinen: **69** ('37) 32–51. – Die Lawine vom 22. 12. 36 bei Kirovsk und ihre vereisten Gleitflächen[14]): 369–75. – Landeskundliche Forschungen über die Steinzeitmenschen: **71** ('39) 723–26. – Schnee als Reliefindikator: **72** ('40) 855f. – – Alle Arbeiten russ.

Klimat i Pogoda Das Glitzern des Schnees: **1932,** Nr. 11/12, 181–84. – Geräuscherscheinungen bei Eis und Schnee und Methoden ihrer Untersuchung: **1935,** Nr. 5, 20–22. – 1. Konferenz im Polargebiet über den Kampf gegen Schneelawinen: **1936,** Nr. 1, 30f. – Material über Beobachtungen von Kugelblitzen, gesammelt von V. K. Čerkas: Nr. 5, 49–53. – – Alle Arbeiten russ.

Kratkie Soobšč. o Dokl. i polevych Issled. Inst. Ist. material'n. Kul'tury Serpentin als Schmuckstein der Urmenschen des Nordkaukasus: Nr. **47** ('52) 143–46 [russ.].

Meteoritika Mikroskopische Untersuchung des Meteoriten Chmelevka, gefallen am 1. März 1929: **2** ('41) 83–92 [m. deutscher Zusammenfassg.]. – The system of pyroxene-plagioclase in eucrites and hovardites from physico-chemical view-point: 93–102 [m. engl. Zusammenfassg.]. – Petrographical examination of chondrite fall at Pervomaisky Poselok, Dec. 26, 1933: **3** ('46) 7–24 [m. engl. Zusammenfassg.]. – A chemical and petrographical examination of the Kainsaz black chondrite (Fall on Sept. 13, 1937)[20]: 25–36 [m. engl. Zusammenfassg.]. – Petrographical and chemical characteristic of the Červonyj Kut eucrite (Fall on June 23, 1939)[18]: 37–45 [m. engl. Zusammenfassg.]. – P. L. Dravert und seine Bedeutung für die Lehre von den Meteoriten: **4** ('48) 31–37. – Clarke-Zahl des Schwefels in Eisenmeteoriten: 71–74. – Petrographische Untersuchung des Steinmeteoriten Orlovka: 75–82. – Quantitative mineralogische und chemische Zusammensetzung des Olagu-Pallasits aus Bolivien: **5** ('49) 36–38. – Über die magnetische Untersuchung der Struktur der Eisenmeteorite und der in ihnen enthaltenen Verbindungen Fe_2Ni und Fe_2NiP: 39–48. – Die Pallasite, ihre quantitative chemisch-mineralogische Zusammensetzung und ihre zahlenmäßige Rolle unter den anderen Meteoritengruppen: **6** ('49) 54–63. – Oldgamit, seine Eigenschaften, die Paragenesis und die Besonderheiten der ihn enthaltenden Meteorite: 64–91. – Der chemisch-mineralogische Aufbau und die Mikrostruktur des Saratov-Steinmeteoriten: **9** ('51) 102–16. – Die quantitative chemische und mineralogische Zusammensetzung des Sideriten Rittersgrün-Breitenbach-Steinbach: **10** ('52) 57–66. – Die mittlere chemisch-mineralogische Zusammensetzung der Meteorite: 67–73. – Die Meteorite Weißrußlands: 125–36. – Die Einheitlichkeit der Verteilung des Phosphors in Phosphid- und Phosphatform im mittleren Chondrit: **13** ('55) 127. – – Alle Arbeiten russ.

Meteorologičeskij Vestn. Schneepilze: **1933**, Nr. 5/6, 158–62 [russ.].

Meteorologija i Gidrol. Zur Theorie der Kugelblitze: **1936**, Nr. 8, 78f. [russ.]. – Polarisation des Lichts in Regenbogen und Halo: **1941**, Nr. 6, 68f. [russ.].

Mineralogičeskij Sborn., L'vovsk. geol. Obšč. Typen der speläologischen Mineralbildung und ihr mineralischer Aufbau: **4** ('50) 83–86. – Verbreitungsdichte schwerer akzessorischer Mineralien in Sedimentgesteinen des mittleren Karbons im südöstlichen Teil des Donezbeckens: 235–40. – Einige Erfahrungen mit einfachen Vorlesungen über das Kapitel „Linear polarisiertes Licht": **5** ('51) 303–05. – Calcitische limnische Karstfilme und ihre wahrscheinliche Genese[13]: 319–24. – Methodik zur Gewinnung einer quantitativen Charakteristik von Aggregaten (Geometrische und geometrisch-chemische Analyse): **9** ('55) 266–79. – Der exotherme Effekt der Oxidbildung und die äquivalente Gitterenergie von Mineralaggregaten basischer und saurer Eruptivgesteine: **11**('57) 335–38. – – Alle Arbeiten russ.

Naučnye Trudy, Permsk. politechn. Inst. Quantitative mineralogische und chemische Zusammensetzung des Meteoriten von Ochansk nach alten und neuen Angaben[12][22]: **12** ('62) Nr. 1, 29–38 [russ.].

Priroda [SSSR] Die neuesten Fortschritte der Untersuchung von Mineralien der Chibiny-Tundren und der Tundra von Lovozero: **1936**, Nr. 8, 90–96. – Seltene Erden und deren Minerale: **1937**, Nr. 4, 30–33. – Blaues Steinsalz: **1942**, Nr. 7/8, 89f. – Physikalisch-chemischer Zugang zur Charakteristik von Paläoklimaten: **1943**, Nr. 1, 60–62. – Äolische Ablagerung „körniger Schwarzerde" auf der Schneedecke[9]: **1944**, Nr. 4, 68f. – Wie das Kalisalz in Solikamsk entdeckt wurde: **1945**, Nr. 4, 66. – Der Bolid vom 9. 4. 41 bei Teplaja Gora im Gebiet Molotov: Nr. 6, 92. – 150 Jahre Meteorwissenschaft: **1946**, Nr. 3, 74–76. – Zur Auffindung des ersten Pallasiten in Rußland vor 200 Jahren: **1949**, Nr. 5, 72–74. – Kugelblitze: Nr. 6, 14–20. – Der detonierende Bolid vom 6. Juni 1948 über dem Gebiet Molotov: **1950**, Nr. 1, 63f. – Ansichten M. V. Lomonosovs über die Herkunft der Bitumina und des Bernsteins: Nr. 5, 88f. – Bäume und Blitze: Nr. 10, 28–33. – P. L. Dravert zum Gedenken (zum 5. Todestag)[4]: Nr. 12, 79–81. – Erste Beobachter von Kugelblitzen [G. V. Richman, M. V. Lomonosov]: **1954**, Nr. 8, 116. – Das Photographieren von Blitzen[8]: Nr. 10, 116. – – Alle Arbeiten russ.

Problemy sovetsk. Geol. Paläohydrogeologie: **3** ('33) Nr. 8, 107–22 [russ.].

Problemy sovetsk. Počvovedenija Petrographische Charakteristik von Sandsteinen und Sanden des Choper aus dem Tertiär und der Kreidezeit: **15** ('49) 168–73 [russ.].

Publikacii kievsk. astron. Observat. Über die quantitativen Gesetzmäßigkeiten der chemischen Zusammensetzung der Himmelskörper: **5** ('53) 105–42 [russ.].

Razvedka Nedr Das Problem des Kola-Cyanits: **1940**, Nr. 4, 70f. [russ.].

Trudy kol'skoj Bazy Ein großer Komplex ultrabasischer Gesteine bei der Station Afrikanda auf der Halbinsel Kola[1][20]: **5** ('40) 31–70 [russ.].

Trudy Labor. gidrogeol. Probl. im. Savarenskogo Dem Gedächtnis Konstantin Ivanovič

Lisicyns (zum 50. Todestag): 2 ('49) 223–29 [russ.].

Trudy petrogr. Inst. im. Levinson-Lessinga Quantitative chemisch-petrographische Charakteristik sphenhaltiger Gesteine im Lopari-Tal (Chibiny-Tundra): 7/8 ('36) 31–38 [russ. m. engl. Zusammenfassg.]. — Quantitative chemisch-petrographische Charakteristik von Eudialytpegmatiten aus Vavnbed (Tundra von Lovozero): 39–46 [russ. m. engl. Zusammenfassg.].

Uč. Zap., Molotovskij gos. Univ. im. Gor'kogo Physikalisch-mechanische Eigenschaften der Salzsteine des 1. Solikamsker Bergwerks: **4**, Nr. 4 ('48) 73–88. — Ionen- und Atomkonstanten von Pseudoelementen: 165–79. — Analogien und Migrationen von Erdölen und Erzlösungen: **7**, Nr. 1 ('52) 68–74. — Petrographische Charakteristik der Steingeräte aus Siedlungen im Bezirk Ust'-Čusovoj (Gebiet Perm'): Nr. 4 ('56) 243–52. — Petrographische Charakteristik von Opokaarten der Tertiär- und Kreidezeit aus dem Choper-Bezirk (Gebiet Saratov): 253–67. — Gangkalkstein aus einer vielschichtigen Mergelschichtfolge im Kaukasus: **9**, Nr. 1 ('55) 137–39. — — Alle Arbeiten russ.

Zap. ural'sk. geol. Obšč. Oktaedrischer Pyrit und seine Paragenese in den Ablagerungen von Kungur, Gebiet Molotov [Perm']: Nr. **2** ('48) 20–27 [russ.].

Zap. vser. [vses.] mineral. Obšč. Obsidian aus Karačaj und dem Karbado-Balkarischen autonomen Gebiet im Nordkaukasus: **63** ('34) 247–62. — Eisenerzquarzite der Halbinsel Kola: **64** ('35) 315–27. — Der Eukrit vom 8./9. Februar 1929 aus Litauen: 328–46. — Orthit und seine Paragenese in kristallischen Gesteinen der Halbinsel Kola: **65** ('36) 163–77. — Künstliche Herstellung und Voraussage von neuen Mineralien: **66** ('37) 47–50. — Chemisch-mineralogische Dynamik der alkalischen Magmen: 124–59. — Die wichtigsten Gesetzmäßigkeiten in der Zusammensetzung von grobkörnigen Meteoriten (Chondriten): **68** ('39) 580–88. — Hydrargillit aus Jukspor, Chibiny-Tundra: **69** ('40) 41–49. — Fragen des Atomzerfalls: 489–93. — Clarke-Zahlen eines Komplexes magmatischer Gesteine des Osteuropäischen Schilds und deren kosmische Bedeutung: **70** ('41) 71–85. — Granatsand aus dem See von Kolvica, Halbinsel Kola: 276f. — Notiz über das blaue Steinsalz aus der Lagerstätte von Solikamsk: **72** ('43) 51–55. — Petrochemie der Carnallit- und Sylvinitfazies in der Fundstätte von Verchnekamsk: 125–38. — Mineralogische Charakteristik des Carnallits von Solikamsk[21]): 213–23. — Petrographische Untersuchung des brekzienartigen Eukrits Jurtuk, gefallen am 2. 4. 36: **74** ('45) 255–74. — Blaues Steinsalz als möglicher Indikator für die Anwesenheit einer Kalisalzlagerstätte: 313f. — Ein Beispiel für die kaustische Veränderung von Carnallit im Erzlager von Solikamsk: **75** ('46) 149f. — Petr Ljudovikovič Dravert †: 345–47. — Vladimir Nikolaevič Čirvinskij †: **76** ('47) 156–61. — — Vladimir Vladimirovič Sedel'ščikov†: 219f. — Rubislit und Elbrusit: **77** ('48) 106f. — Ein Fund von Quarz ohne Prismenflächen im Donez-Becken: 237. — Schilkinit und Muscovit: 246–49. — Mineral der Palygorskitgruppe aus dem Solikamskhorizont der Kungurskstufe im westlichen Vorural[10])[11]): **78** ('49) 95–100. — Mittlere qualitative mineralogische Zusammensetzung der Hauptgesteine des Gabbro-Massivs südlich des Flusses Baranča im Ural: **81** ('52) 219–23. — Über den Chemismus und die mineralogische Zusammensetzung der Peridotit-Dunit-Hülle der Erdkugel: **85** ('56) 397–401. — — Alle Arbeiten russ.

Zemlevedenie Versuch einer Festlegung von lawinengefährdeten Zonen aufgrund von Beobachtungen in den Chibiny-Tundren: **2** ('48) 221–36 [russ.]. — Über den Fund eines durch Flußeis geschliffenen Quarzitblocks[2]): **3** ('50) 183–86 [russ.].

Mit: [1]) M. S. Afanas'ev; [2]) G. P. Alfer'ev; [3]) L. B. Antonov; [4]) I. S. Astapovič; [5]) Ė. M. Bonštedt; [6]) I. D. Borneman-Starynkevič; [7]) V. Čerkas; [8]) V. M. Černov; [9]) P. L. Dravert; [10]) N. P. Gerasimov; [11]) T. E. Gruško; [12]) A. N. Kobjak; [13]) L. S. Kuznecova; [14]) I. A. Lysyj; [15]) B. N. Melent'ev; [16]) P. K. Semenov; [17]) D. P. Serdjučenko; [18]) A. I. Sokolova; [19]) N. P. Starkov; [20]) Z. G. Ušakova; [21]) V. A. Vachrameeva; [22]) Ju. K. Mitjunin.

V, VI **CISOTTI**, Umberto. Math. Mech. — 1921–46 Prof. ord. Meccanica razionale, Prof. incar. Analisi mat., Dir. Gabinetto mat., R. Politecnico di Milano; '24–46 Prof. incar. Mecc. razion. e Fisica mat., Univ. di Milano; '27–36 Segretario, '36–46 Direttore, Seminario mat. e fisico di Milano. — '24 Premio per la matematica (Società dei XL). (⊠)
*1882, Febr. 26, Voghera, Pavia;
†1946, Juli 6.

Nekr. B. Finzi, Atti Accad. nazion. Lincei, Rend. (8) **23** ('57) Appendice, 8–13; Rend., Ist. lombardo Sci. e Lettere, Parte gen. e Atti uffic. (3) **14** ('50) 89–96 (m. Bildn.). — A. Masotti, Rend. Semin. mat. e fisico Milano 18.1947 ('48) 1–35 (m. Bildn., Faks., Schr.-verz. 227 Nrn.).

S. Scritti matematici offerti a Luigi Berzolari (Pavia '36) 215–22: Sul calcolo degli effetti di zavorra. — Atti I Congresso dell'Unione matematica italiana, Firenze 1937 (Bologna '38) 537–45: Sorgenti e vortici atmosferici. — Atti II Congresso dell'Unione matematica italiana, Bologna 1940 (Roma '41) 404–10: Formule integrali relative alla meccanica dei sistemi continui. — Leonardo da

Vinci (Novara '39, '56): La matematica vinciana; deutsch: Leonardo da Vinci (Wiesbaden–Berlin '55): Die Mathematik von Leonardo da Vinci; engl.: (Toronto '56).

W. Cenni sui fondamenti del calcolo tensoriale con applicazioni alla teoria dell'elasticità. Conferenze svolte nella Scuola di specializzazione per le costruzioni in cemento armato (Fondazione Fratelli Pesenti presso il Politecnico di Milano) (Milano '32) 46 S. – Le prime lezioni di introduzione del calcolo vettoriale in geometria (Milano '33) 52 S. – Il libro di matematica per la classe prima delle Scuole di avviamento professionale (Roma '37) 79 S.; ~ per la classe seconda ('37) 174 S.; ~ per la classe terza ('37) 107 S. – Meccanica razionale [3](Milano '39) 16 + 447 S.; [4]('42); [5]('45, '47) 16 + 483 S. – Analisi matematica [4](Milano '40) 20 + 630 S.; [5]('43); [6]('45, '46) 20 + 691 S.

Acta, Pontificia Acad. Sci. Asfericità di una superficie in un suo punto ordinario: **1** ('37) 1–7.

Annali R. Scuola norm. sup., Pisa Scie limitate: (2) **1** ('32) 101–12.

Atti reale Accad. Italia, Mem. Analisi tensoriale e interpretazioni meccaniche: **14** ('43) 1–9.

Atti (reale) Accad. nazion. Lincei, Rend. Moto con scia di un profilo flessibile, 1: (6) **15** ('32) 165–73; ~ 2: 253–57. – Sui tensori doppi a divergenza unica: 835–39. – Spostamenti rigidi finiti: **16** ('32) 381–86. – Corrente traslocircolatoria piana che investe un'asta rettilinea indefinita. Azioni dinamiche: 465–70. – Corrente traslocircolatoria in presenza di un ostacolo circolare munito di un'appendice rettilinea indefinita: 541–47; **17** ('33) 881. – Quoziente di vettori e vettori monogeni: 764–67. – Deduzioni differenziali dalla definizione di vettori reciproci: **18** ('33) 255–60; ~ 2: Derivazioni successive: 331–34; ~ 3: Applicazioni geometriche: 420–24; ~ 4: Derivazioni successive e monogeneità in superficie: 469–72; ~ 5: Quoziente vettoriale e derivazione vettoriale: **19** ('34) 3–8. – Sulla determinazione di una funzione analitica nota la parte reale sul contorno: 527–31. – Un criterio di valutazione delle azioni dinamiche sopra un ostacolo circolare munito di una sorgente e immerso in una corrente traslocircolatoria: **22** ('35) 275–79. – Calcolo degli "effetti di zavorra" relativi ad una lamina rettilinea: 279–83. – Effetti di zavorra nello spazio[1]): **23** ('36) 3–8. – Effetti di zavorra dovuti a una doppietta: 253–55. – Sul comportamento al contorno di notevoli integrali analitici: **24** ('36) 175–79. – Sulla meccanica dei mezzi continui disgregati: **26** ('37) 202–09. – Sorgenti in mezzi disgregati: 305–10. – Distribuzione degli sforzi e dei momenti interni nelle verghe rigide: (7) **1** ('39/40) 102–08. – Stati di tensione sulle sezioni interne dei solidi rigidi: 193–98. – Invarianti ed eminvarianti lineari dei tensori: 337–41. – Momenti d'inerzia di configurazione e loro intervento nella dinamica dei sistemi materiali: 656–59. – Campi tensoriali potenziali: **2** ('40/41) 129–41. – Sistemi continui conservativi: 294–301. – Invarianti quadratici dei tensori: 511–16. – Campi tensoriali potenziali di rango superiore: 586–91. – Immagine geometrica di un tensore isotropo: **3** ('42) 651–53. – Invarianti ed eminvarianti cubici dei tensori: **4** ('43) 8–11. – Corrispondenza conforme tra campi complementari: 278–86. – Funzioni analitiche complementari: 388–97. – Punto materiale orientato: 469–72. – Un singolare tensore doppio isotropo: (8) **1** ('46) 19f.

Atti Accad. pontificia Nuovi Lincei Moti fluidi spaziali basati sopra moti piani: **86** ('32/33) 430–57.

Atti reale Accad. Sci. Torino Sulla regolarizzazione delle sorgenti idrodinamiche: **73** ('37/38) 245–54.

Atti e Mem., Reale Accad. Sci., Lettere ed Arti, Padova Sopra il tensore isotropo di minimo scarto da un tensore doppio assegnato: (N.S.) **56** ('41) 7–10.

Boll. Unione mat. ital. Una notevole scomposizione dei tensori: (2) **2** ('40) 210–15.

Energia elettr. Contributo alla nota dell'Ing. Gino Turrinelli, Trazione elettrica su strada normale: **15** ('38) 635–46.

Memorie Accad. pontificia Nuovi Lincei Sulla regolarizzazione idrodinamica degli estremi di una lamina rettilinea: (3) **2** ('34/35) 51–77.

Rend., Reale Ist. lombardo Sci. e Lettere Sulle azioni dinamiche nei moti fluidi piani: **69** ('36) 1075–82. – Tensore isotropo o emisotropo di minimo scarto da un tensore assegnato: **73** ('40) 85–93. – Deformazioni finite isotrope: **77** ('44) 73–79. – Influenza delle rotazioni finite nelle deformazioni infinitesime di un solido elastico: 249–52. – Invarianti di vettori e di tensori doppi: 253–58.

Rend., Reale Ist. lombardo Sci. e Lettere, Parte gen. e Atti uffic. Gian Antonio Maggi †: **70** ('37) 169–71. – Tullio Levi-Civita † (1873–1941): **75** ('41/42) 110f. – Roberto Marcolongo †: **76** ('42/43) 94–96.

Rend. Semin. mat. e fisico Milano Sulla regolarizzazione di salienti idrodinamici: **8** ('34) 55–82. – Effetti di zavorra: **10** ('36) 1–8. – Gian Antonio Maggi: **11** ('37) XIXf. – Gli scritti scientifici di Gian Antonio Maggi: **12** ('38) 167–89. – Elementi di media nella meccanica dei sistemi continui: **14** ('40) 128–38.

Scientiarum Nuncius radiophon. De motibus fluidis spatialibus ex motibus planis deductis: **23** ('33) 30. Juni, 3–5 [ital. u. latein.]. – De regularisatione hydrodynamica extremorum laminae rectilineae: **36** ('35) 31. Jan., 5 [~].

Mit: [1]) A. Masotti.

VI **van CITTERT, Pieter Hendrik.** Physik, Math., Astron. — 1912–50 Assist. und Konservator, Physikal. Inst., Univ. Utrecht; '51–55 Direktor, Univ.-Museum, Utrecht. — '55 Akademieplakette.

*1889, Mai 30, Gouda, Holland;
†1959, Okt. 8.

Zur Biogr. H. C. Burger, J. A. Smit, P. H. van Cittert 40 jaar doctor: Nederlandsch Tijdschr. Natuurkunde **25** ('59) 1–4.

S. Leerboek der natuurkunde (R. Kronig) (Amsterdam '46): Physische optica.

W. Het microscop (Gorinchem '43) 117 S. (Noorduyn's wetenschappelijke reeks, 8). — Astrolabes. A critical description of the astrolabes, noctilabes and quadrants in the care of the Utrecht University Museum (Leiden '54) 50 S.

Annalen Physik Zur Messung der Kohärenzlänge mit dem Multiplex-Interferenzspektroskop von Gehrcke und Lau: **13** ('32) 753–60.

Natuur Hyperfeinstruktur der Spektrallinien: **60** ('40) 14f. [niederländ.].

Nederlandsch Tijdschr. Geneeskunde Die Viscosität des Blutes während des Gerinnens[1]): **88** ('44) 760f. [niederländ.].

Nederlandsch Tijdschr. Natuurkunde Wahre und scheinbare Intensitätsverteilung in Spektrallinien[1]): **3** ('36) 170–85. — Hyperfeinstruktur von Spektrallinien[1]): **6** ('39) 169–81. — Kohaerenz: **8** ('41) 473–85. — Einführung zu der Ausstellung von Mikroskopen: **9** ('42) 328–31. — Isaac Newton: 505f.; **12** ('46) 6–12. — — Alle Arbeiten niederländ.

Physica Die wahrscheinliche Schwingungsverteilung in einer von einer Lichtquelle direkt oder mittels einer Linse beleuchteten Ebene: **1** ('34) 201–10. — Die Einstellung der Koinzidenz beim Multiplexinterferenzspektroskop[1]): **2** ('35) 87–96. — Zur Erklärung der Feinstruktur der Rayleighstrahlung[3]): 221–29; ~ 2[3]): 499–502. — Zur Theorie der Lichtbeugung an Ultraschallwellen: **4** ('37) 590–94. — Intensity measurements in hyperfine structure of the mercury line 6^3P_2–7^3S_1 (λ = 5461 ÅU) in absorption[1]): **5** ('38) 177–87, 464. — On the propagation of light in inhomogeneous media: **6** ('39) 840–48. — Kohaerenz-Probleme: 1129–38. — Intensity measurements of helium lines in absorption[1]): **7** ('40) 13–16. — Degree of coherence: **24** ('58) 505–07.

Proc., Koninkl. Akad. Wet. Amsterdam The "van Leeuwenhoek microscope" in possession of the University of Utrecht: **35** ('32) 1062f.; ~ 2: **36** ('33) 194–96. — Das Instrumentarium, das van Swinden bei der Einführung des metrischen Systems gebrauchte, 2: 73f. [niederländ.]. — The optical properties of the "van Leeuwenhoek microscope" in possession of the University of Utrecht: **37** ('34) 290–94. — Some remarks on the resolving power of the microscope measured with the "Grayson's Rulings": **39** ('36) 182–90. — The Amici microscopes about 1850 in possession of the University of Utrecht[2]): **50** ('47) 554–63.

Proc., Koninkl. nederl. Akad. Wet., Ser. B Some remarks on the development of the compound microscopes in the 19th century[2]): **54** ('51) 73–80. — On the use of glass globules as microscope lenses: **57** ('54) 103–11.

Z. Physik Der Stufenblendenkondensor nach Hansen: **73** ('31/32) 249–52. — Wahre und scheinbare Intensitätsverteilung in Spektrallinien[1]): **79** ('32) 722–30; ~ 2[1]): **81** ('33) 428–34. — Bemerkung zu der Arbeit von L. Farkas und S. Levy: „Messung der Intensitätsverteilung und Breite von prädissoziierenden Linien des AlH-Moleküls"[1]): **87** ('33/34) 545f.; ~ 2[1]): **90** ('34) 70.

Mit: [1]) H. C. Burger; [2]) J. G. van Cittert-Eymers; [3]) L. S. Ornstein.

V, VI **CIUSA, Riccardo.** Chem. (org., pharmaz.). — 1924–52 Prof. di ruolo Chim. farmac., '28– Preside della Facoltà di Farmac., '54 Prof. Emerito, Univ. di Bari. — '58 Medaglia d'oro per meriti speciali nel campo della scuola e dell'arte; '59 Medaglia d'oro "Giacomo Ciamician" (Fac. di Scienze, Univ. di Bologna).

*1877, Apr. 27, Sassari, Sardegna;
†1965, März 27, Roma.

Nekr. L. Musajo, Chimica e Industria **47** ('65) Nr. 11. — Chimico **3** ('65) Nr. 10.

W. Chimica organica (Castello-Bari '47) 488 S. — Brevi cenni sul calcolo vettoriale (Bologna '62) 43 S.

Annali Chim. appl. Sul meccanismo della fermentazione citrica, 1[5]): **29** ('39) 3–11; ~ 2: **30** ('40) 86–88. — Acetilizzazione in presenza di acido fosforico[15]): **33** ('43) 72f. — Sul meccanismo della fermentazione[10]): **36** ('46) 79–81.

Archivio ital. Sci. farmacol. Su un nuovo derivato solfammidico: **12** ('43) 45–49.

Atti Soc. ital. Progr. Sci. Alcune osservazioni sui chinidroni: **21**, 2 ('33) 351–57. — Su una nuova classe di sostanze coloranti del trifenilmetano: 357–59. — Su una nuova serie di sostanze coloranti del trifenilmetano: **22**,2 ('34) 252–54. — Sulla tintura dei persiani: 267–70.

Chimica [Milano] Sulla reazione di Doebner, 21[6]): **29** ('53) 88f. — Ricerche sulla stricnina e brucina, 10[9]): 215.

Chimica e Industria Materiale pugliese per la produzione del furfurolo[16]): **38** ('56) 383f.

Gazz. chim. ital. Sulle proprietà basiche degli idrazoni, 6[14]): **62** ('32) 791–95; ~ 8[14]):

63 ('33) 884–86; ~ 9[14]): 65 ('35) 542–45. — Sulla reazione di Doebner, 11[12]): 63 ('33) 116–19; ~ 12[4]): 66 ('36) 452–55; ~ 13[2]): 67 ('37) 776–78; ~ 14: 72 ('42) 567–70; ~ 15[6]): 80 ('50) 864–67. — Su alcune sostanze analoghe alla grafite, 4[4]): 65 ('35) 461–64. — Alcune osservazioni sui chinidroni, 2[5])[14]): 66 ('36) 209–15; ~ 3[5]): 67 ('37) 392–98; ~ 6: 75 ('45) 162–70. — Ricerche sulla stricnina e brucina, 9[3]): 67 ('37) 723–27. — Su una reazione caratteristica dei metilfenilidrazoni delle aldeidi aromatiche[8]): 72 ('42) 166–69. — Su una nuova classe di sostanze coloranti del trifenilmetano[14]): 75 ('45) 171–74. — Ricerche sugli diazotati [, 1][13]): 78 ('48) 57–60; Ricerche sugli isodiazotati, 2[1])[9]): 85 ('55) 1501–07. — Influenza dei solventi sul colore del p.nitrofenilidrazone della p.dimetilaminobenzaldeide [7]): 81 ('51) 262–65.

Officina Su un composto della fenolftaleina coll'acido citrico: **1932**, Nr. 2.

Ricerca sci. Attività antitubercolare di alcune idrazidi dell'olio di chaulmogra. Prove in vitro[7])[11]): **30** ('60) 686–90.

Rivista ital. Essenze, Profumi e Piante offici. Sulla tintura dei persiani[4]): **16** ('34) 59f.

Außerdem Veröffentlichung von Vorlesungsskripten sowie von Anmerkungen und Kommentaren zu Vorlesungen.

Mit: [1]) G. Adamo; [2]) V. d'Amato; [3]) V. Amoruso; [4]) F. Bellino; [5]) L. Brüll; [6]) D. Buono; [7]) W. Ciusa; [8]) M. Di Fonzo; [9]) N. Gallo; [10]) A. Kopezky; [11]) A. Mulargia; [12]) L. Musajo; [13]) D. Oreste; [14]) G. Ottolino; [15]) G. Sollazzo; [16]) M. Di Taranto.

VI **CLARENS,** Joseph. Agrikulturchem. — 1920 Chef de Travaux de Chimie, '23–27 Prof. tit., '27–40 Prof., Fac. des Sciences, Univ. de Toulouse.

*1873, Juni 5, Galan, Hautes Pyrénées; †1955, Febr. 9, Graulhet, Tarn.

Nekr. H. Margulis, Annales Ecole nation. sup. agron. **3** ('55) 127–32 (m. Schr.verz. 53 Nrn.).

Annales Ecole nation. sup. agron. Contributions à l'étude des réactions mutuelles des sels de potassium et des sols[3]): **3** ('55).

Bull. Soc. chim. France, Mém. Dosage volumétrique du magnésium en présence d'acide libre et de métaux alcalins[3]): (4) **51** ('32) 667f. — Dosage volumétrique de l'aluminium[3]): 668–70. — Contribution à l'étude des sols, 11: Le cycle de l'aluminium; l'acidité d'échange[3]): 1167–72; ~ 13: Action des sels alcalins et du chlorure de calcium sur un sol non calcaire[3]): (5) **1** ('34) 1633–41; ~ 14: Influence des sels ammoniacaux sur les fonctions acides d'un sol; de l'alumine libre; fonctions siliciques et fonctions aluminiques[3]): 1641–44; ~ 15: Les prétendus complexes colloïdaux des sols[3]): **2** ('35) 1431–35; ~ 16: Etude de deux sols d'Indochine; radicaux acides déplaçables et pH; création d'argile dite improprement „colloïdale"[3]): 1884–92; ~ 17: De „l'argile" au sens agronomique du mot[3]): **3** ('36) 2057–63; ~ 18: Localisation de leurs réserves assimilables actuelles; augmentation de ces dernières par les actions mécaniques[3]): 2063–68; ~ 19: Du „besoin des sols en chaux": 2360–65; ~ 20: Détermination du besoin des sols en chaux[4]): **4** ('37) 583–87; ~ 21: Fixation des radicaux siliciques sur les argiles des sols[3]): 1916–20; ~ 22: De la nécessité de préciser ce que l'on appelle „argile"[3]): **6** ('39) 979–83; ~ 23: Détermination de l'acide phosphorique „assimilable"[3]): **7** ('40) 377–82. — Contribution à l'étude des réactions mutuelles des phosphates et des sols, 1: Action de la chaux sur le phosphate monocalcique[1]): (4) **53** ('33) 1431–35; ~ 2: Action de la chaux sur un phosphate monocalcique en présence de sulfate de chaux anhydre[4]): (5) **2** ('35) 1980–85; ~ 3: Le phosphate monocalcique et le carbonate de chaux seuls ou en présence de quantités variables de chaux[4]): **3** ('36) 1053–60; ~ 4: Dosage volumétrique de l'acide phosphorique[4]): **4** ('37) 2081–85. — Le rapport de l'urée à l'ammoniaque urinaire. Sa signification[2]): **5** ('38) 1159–62. — Cinétique de réactions en milieu hétérogène (dissolutions et autres). Application à l'élimination de l'urée par le rein[2]): 1516–21.

C.R. hebd. Séances Acad. Sci., Paris La potasse et le sol. Déplacement du calcium par le potassium[3]): **210** ('40) 787–89. — Le potassium et le sol: le potassium assimilable[3]): **236** ('53) 1600–02.

Mit: [1]) M. Bruneton; [2]) H. Clarens; [3]) J. Lacroix; [4]) H. Margulis.

VI **CLARK,** Arthur Lewis. Physik. — 1906–43 Prof. and Head of Departm. of Physics, '16–43 Chairman of the Committee on Scientific Research, '19–43 Dean of the Faculty of Applied Science, Queen's Univ., Kingston, Ont., Can. — '43 LL.D. h.c. (Queen's Univ.). — '47 Montreal Medal (Montreal Alumni Assoc. of Queen's Univ.).

*1873, Febr. 19, Worcester, Mass.; †1956, Sept. 19, Kingston, Ont., Can.

Ehrung Clark Hall named in his honour by Queen's Univ.

Nekr. H. G. Conn, Nature [London] **178** ('56) 1267.

Zur Bibliogr. J. K. Robertson, Proc. and Trans. roy. Soc. Canada **52** ('58) 71–75 (m. Bildn.).

Canadian J. Res. An experimental investigation of probability: **9** ('33) 402–14. — Experimental probability: **11** ('34) 658–64.

Canadian J. Res., Sect. A Probability experimentally investigated: **15** ('37) 149–53. — A study of the Joule and Joule-Thomson effects[1]): **16** ('38) 41–59. — Production and frequency measurement of currents of 10 to 100 Hz [1]): 183–89. — Resonance method for measuring the ratio of the specific heats of a gas, C_p/C_v, 1[1]): **18** ('40) 23–38; ~ 2: 39–63; ~ 3: Sulphur dioxide and nitrous oxide[1]): **19** ('41) 111–15; ~ 4[1]): **21** ('43) 1–17.

Chemical Reviews A symposium on the critical state: The critical state of pure fluids: **23** ('38) 1–15.

Trans. roy. Soc. Canada, Sect. III Thermodynamic surfaces of water[1]): **33** ('39) 59–72.

Mit: [1]) L. Katz.

VI **CLARK,** Cecil Henry Douglas. Chem. — 1936 D. Sc., London; '20–48 Demonstrator and Assistant Lecturer, '48–55 Senior Lecturer, Departm. of Inorg. and Structural Chemistry, Univ. of Leeds; '55 retired.

*1890, Juli 10, Bristol.

Zur Biogr. E. G. Cox, University Leeds Rev. **1955**, 373f.

W. A comprehensive treatise of atomic and molecular structure **1**: The electronic structure and properties of matter (London '34) 25 + 373 S.; **2**: The fine structure of matter; the bearing of recent work on crystal structure, polarization and line spectra, 1: x-Rays and the structure of matter ('37) 296 S.; ~ 2: Molecular polarization ('38) 312 S.; ~ 3: The quantum theory and line spectra ('38) 296 S. — The story of the atomic bomb (Brighton, Engl. '45) 52 S. — Christianity and Bertrand Russell (London '58) 78 S.

Chemical Reviews Some physical aspects of atomic linkages: **11** ('32) 231–71.

Chemistry and Industry A simple electronic periodic table: **57** ('38) 214f. — Orthosteres, metasteres and parasteres: **58** ('39) 252f.

Nature [London] A simple modification of Morse's rule: **133** ('34) 873. — Atomic radius of fluorine: **134** ('34) 99f. — Spectroscopic constants of the di-atom PN: **135** ('35) 544. — Suggested improvements of Morse's rule[4]): **136** ('35) 682. — Optical polarization ellipsoids of the hydrogen halide gases: **138** ('36) 126. — Kerr constants of the hydrogen halide gases[2]): 248. — Calculation of constants for band spectra: **139** ('37) 508f. — Interrelation of dissociation energy, internuclear distance and bond order for carbon-carbon linkages: **143** ('39) 800f. — Interrelation of dissociation energy and internuclear distance for some simple di-atoms in ground states: **144** ('39) 285f. — Mean restoring forces of hydride di-atoms and their positive ions: **165** ('50) 1011. — Prediction of internuclear distances of di-atoms: **168** ('51) 911f.

Naturwissenschaften The ratio of the masses of the proton and the electron: **20** ('32) 182.

Philosophical Mag. and J. Sci. Interconversion factors for numbers in energetic and related units: (7) **14** ('32) 291–97. — Energy, temperature, and atomic weight: A rapid interconversion scale: **18** ('34) 80–90. — The relation between vibration frequency and nuclear separation for some simple non-hydride di-atomic molecules: 459–70. — The application of a modified Morse formula to simple hydride di-atomic molecules (di-atoms): **19** ('35) 476–85. — An appraisal of empirical formulae relating equilibrium vibration frequency and distance in non-hydride, di-atom nuclei[4]): **22** ('36) 1137–57. — The calculation of equilibrium internuclear distance for di-atomic hydrogen, hydrides, and deuterides in ground and excited states[4]): **27** ('39) 389–403.

Physical Rev. The periodicity of Morse's function: **47** ('35) 238–40.

Physikalische Z. Das Dipolmoment des nichtassoziierten Fluorwasserstoffgases: **35** ('34) 622f.

Proc. Leeds philos. and lit. Soc., Sci. Sect. Spectroscopy and valency, 1: The periodic groups of atoms and ions: **2** ('32/34) 336–46; ~ 2: The periodic groups of non-hydride di-atomic molecules: 502–12; ~ 3: Some periodic functions of non-hydride di-atoms: **3** ('35/40) 26–41; ~ 4: The periodic groups of hydride di-atoms: 218–20; ~ 5: Some periodic functions of hydride di-atoms[4]): 221–30; ~ 6: The periodicity of bonding energies of hydride di-atoms[1]): 465–76; ~ 7: The periodic groups of deuteride di-atoms and di-atom ions: **5** ('49/50) 244–53; ~ 8: The periodicity of mean restoring force of hydride and deuteride di-atoms and di-atom ions: 318–29. — An interconversion scale for energetic and related magnitudes in the electromagnetic waveband: **2** ('34) 513–18. — The polarization of the hydrogen halides: **3** ('35/40) 208–17. — A simple electronic periodic table: 281–92. — The estimation of ground state dissociation energies of di-atoms of symmetrical molecular groups: 597–602. — The interconversion of energy numbers: **5** ('50) 330–37.

Trans. Faraday Soc. Some estimated constants for the halogens and their gaseous di-atomic compounds: **31** ('35) 585–96. — The periodic groups of non-hydride di-atoms: 1017–36. — Systematics of band-spectral constants, 1: Calculation of fundamental vibration frequencies of non-hydride di-atoms (XY type) of symmetrical molecular groups: **33** ('37) 1390–94; ~ 2: Interrelation of fundamental vibration frequencies of symmetrical di-atoms (XX type) in the same molecular groups[3]): 1394–98; ~ 3: A simple modification of Matuyama's relation connecting the ground-state frequencies of di-atoms XX in the same groups: 1398–1401; ~ 4: Interrelation of equilibrium vibration frequency and distance for di-atomic nuclei in ground and excited states[4]): **34** ('38) 1324–28; ~ 5: Interrelation of dissociation energy and equilibrium internuclear distance of di-atoms in ground state: **36** ('40) 370–76; ~ 6: Interrelation of equilibrium bond constant and internuclear distance[5]): **37** ('41) 293–98; ~ 7: The empirical form of relations involving group number: 299–302.

Mit: [1]) R. W. Berriman; [2]) E. C. Humphries; [3]) C. W. Scaife; [4]) J. L. Stoves; [5]) K. R. Webb.

VI **CLARK,** Earl Perry. Chem. — 1929– Senior Chemist, Entomology Research Division, Agricultural Research Service, U. S. Departm. of Agriculture, Beltsville, Md. (☒)

*1892, Aug. 25, Portland, Oreg.;
†1943.

Nekr. C. A. Browne, J. Assoc. offic. agric. Chemists **27** ('44) Nr. 2, X–XII (m. Bildn.).

W. Semimicro quantitative organic analysis (New York '43) 5 + 135 S.

Industrial and Engng. Chem., Analyt. Edit. Semimicro determination of acetyl, especially in O-acetyl compounds: **8** ('36) 487f. — The determination of acetyl, especially in O-acetyl compounds: **9** ('37) 539. — Preparation of hydriodic acid for alkoxyl and Friedrich-Kjeldahl determinations: **10** ('38) 677. — Signer method for determining molecular weights: **13** ('41) 820f.

J. amer. chem. Soc. Toxicarol, 3: A relation between toxicarol and the rotenone group of fish poisons: **54** ('32) 1600–02; ~ 4: Concerning the structure of toxicarol: 2537–48; ~ 5: 7-Hydroxytoxicarol and related compounds: **56** ('34) 987–91. — Deguelin, 4: The structure of deguelin and tephrosin: **54** ('32) 3000–08. — Tephrosin, 2: Isotephrosin[1]): 4454–56; ~ 3: Some acidic derivatives of tephrosin: **55** ('33) 759–62. — Note on the occurrence of dehydrodeguelin and dehydrotoxicarol in some samples of derris root[3]): 422f. — The preparation of picrotoxin: **57** ('35) 1111. — The occurrence of quebrachite in the stems of Haplophyton cimicidum: **58** ('36) 1009f. — Helenalin, 1: Helenalin, the bitter sternutative substance occurring in Helenium autumnale: 1982f. — Quassin, 1: The preparation and purification of quassin and neoquassin, with information concerning their molecular formulas: **59** ('37) 927–31; ~ 2: Neoquassin: 2511–14; ~ 3: Picrasmin: **60** ('38) 1146–48; ~ 4: A minor constituent of Jamaica quassia wood: **64** ('42) 2883f. — The constituents of certain species of Helenium, 2: Tenulin: **61** ('39) 1836–40; ~ 3: The ester nature of tenulin: **62** ('40) 597–600; ~ 4: The compound melting at 233–4° obtained from Helenium tenuifolium: 2154–56.

J. Assoc. offic. agric. Chemists The Vieböck and Schwappach method for the determination of methoxyl and ethoxyl groups: **15** ('32) 136–40. — Microanalytical methods: **16** ('33) 255–60. — Semimicro determination of carbon and hydrogen: 414–18. — An electrically heated sand bath: 418–20. — Semimicro determination of nitrogen by the Dumas method: 575–80. — Semimicro determination of halogens in organic compounds: **17** ('34) 483–87. — Determination of sulfur in organic compounds by the semimicro method: **18** ('35) 476f. — The Dyer method for the identification and determination of volatile fatty acids[2]): **21** ('38) 684–88. — A chemical procedure for evaluating spoilage in canned fish, especially salmon and tuna fish[2]): 688–95. — Report on microchemical methods: **24** ('41) 641–47.

J. org. Chemistry Scandenin – a constituent of the roots of Derris scandens: **8** ('43) 489–92.

Science [USA] The occurrence of rotenone and related compounds in the roots of Cracca virginiana: **77** ('33) 311f.

Mit: [1]) H. V. Claborn; [2]) F. Hillig; [3]) G. L. Keenan.

VI **CLARK,** George Lindenberg. Chem. — 1927–28 Assoc. Prof., '28–53 Prof., Head of the Analytical Division, '53– Research Prof., now Prof. Emeritus, Univ. of Illinois, Urbana, Ill. — '37 Hon. Sc. D. (De Pauw Univ., Greencastle, Ind.). — '32 Grasselli Medal (American Sect. of the Soc. of Chem. Industry); Mehl Medal; Orton Award; Marburg Lecture Award. (☒)

*1892, Sept. 6, Anderson, Ind.

H. The encyclopedia of spectroscopy (New York–London '60). — The encyclopedia of microscopy (New York–London '61). — The encyclopedia of x-rays and gamma rays (New York–London '63); darin eig. Beitr.: XIII–XVI: Preface; 406–09: Food preservation by irradiation; 439–43: Graphite and graphitic carbons: x-ray applications; 471–75: Historical milestones for x-rays and gamma rays (1600–1962); 795–97: Porosity measurement by radiation absorption; 859–64: Protein fiber structures, especially keratins: contributions of x-ray diffraction; 1002–04: Solar x-rays; 1015f.: Soybean seed bacterial sterilization by x-rays.

MH. The encyclopedia of chemistry (New York–London '57); ~ (Supplement) ('58).

MHZ. Biodynamica [USA] 1938–.

S. Proc. 4th Congress of the International Society of Sugar Cane Technologists, San Juan, Puerto Rico 1932 (Puerto Rico '32) Bull. Nr. 97: x-Rays and sugar. – American Society for Testing Materials. Symposium on radiography and x-ray diffraction methods, Philadelphia, Pa., **1936** (Philadelphia '37) 339–50: Applications of the x-ray diffraction method to nonmetallic materials. – The chemistry of penicillin (Princeton, N.J. '49) 367–81: Identification and crystallography of penicillin and related compounds by x-ray diffraction methods[47])[62])[79]). – Physical methods in chemical analysis (W. G. Berl) **1** (New York–London '50) 1–15: Absorption phenomena of x-rays and γ-rays; **3** ('56) 383–99: Fluorescent x-ray spectrometric analysis. – Encyclopaedia Britannica. A new survey of universal knowledge **23** (Chicago–London–Toronto ... '65) 855–58: x-Rays: Use in medicine, modern industrial applications.

W. Applied x-rays [2](New York–London '32/33) 14 + 470 S.; [3]('34); ('40); [4]('55) 9 + 843 S. – Basic course in the theory and practice of quantitative chemical analysis (m. L. K. Nash, R. B. Fischer) (Philadelphia–London '49) 21 + 448 S.; ('56); [2]('61) 501 S.

Acta crystallogr. x-Ray diffraction study of several branched-chain fatty acids[21]): **4** ('51) 470f.

American J. Physiol. An x-ray diffraction study on the effect of rachitis upon the structural characteristics of bone[57]): **108** ('34) 74–79.

American Mineralogist x-Ray examinations of chrome ores, 1: Lattice dimensions; ~ 2: Theoretical densities[3]): **17** ('32) 66–74.

Analytical Chem. Detection of persulfate in acid solution[111]): **21** ('49) 874f. – Spectrophotometric evaluation of engine lubricants [58])[24]): 1485–90. – Analysis of highly hydrated dolomitic lime. Critical comparison of chemical and instrumental methods[91]): **24** ('52) 688–701. – Introduction to the symposium "x-Rays as an analytical chemical tool": **25** ('53) 688. – x-Ray analysis of foundry dusts for quartz and iron in relation to silicosis and siderosis, 1: Diffraction analysis for silica[54])[14]): **26** ('54) 1413–16; ~ 2: Fluorescent spectral analysis for iron[96]): 1416–18; ~ 3: Interpretation of results and correlated medical observations[41]): 1418–20. – Quantitative x-ray determination of amorphous phase in wood pulps as related to physical and chemical properties[96]): **27** ('55) 888–95. – Determination of porosity by x-ray absorption[110]): **29** ('57) 1539–41.

Biodynamica [USA] Analysis by x-rays of ultimate structures of living materials: Nr. **26** ('37) 22 S. – An x-ray study of lignin and its significance for the structure of living matter [39])[59])[84]): Nr. **31** ('38) 12 S. – x-Ray diffraction studies of nerve axis cylinder[80])[10]): Nr. **50** ('39) 3 S. – Electron-microscope studies of proteins including some hemocyanins and nucleoproteins[64])[9]): Monograph **4** ('43) 153–61.

Ceramic Industry x-Ray is answering the question "What is glass?": **24** ('34) 34, 36, 38.

Chemistry and Industry A decade of applied x-ray research: Grasselli medal address: **11** ('33) 317–25, 336–46.

Circular, Divis. Illinois State geol. Survey Plastic properties of coal[61])[66]): **269** ('59) 36 S.

Cold Spring Harbor Sympos. quantitat. Biol. The principles of crystal growth: **2** ('34) 6–14. – The macromolecule and the micelle as structural units in biological materials, with special reference to cellulose: 28–38. – The effects of x-radiation upon cell growth and structure: 249–63.

Colloid Chem. Microradiography of colloidal materials: **5** ('44) 146–51.

Electrical Engng. [USA] x-Rays – what should we know about them?: **54** ('35) 3–14.

Electrical World Röntgenuntersuchung der verschiedenen Stufen der Verschlechterung von Kabelöl[57]): **103** ('34) 284–87 [engl.].

Food Technol. The detection of chemical reactions in complex mixtures of food antioxidants by infrared spectrometry[38]): **10** ('56) 384–86.

Industrial and Engng. Chem. x-Rays as a research tool in chemistry and industry: **24** ('32) 182–90. – Surgical catgut ligatures. x-Ray diffraction studies[30])[107]): **26** ('34) 440–45. – x-Ray diffraction studies of lubricants [92])[53]), 1: Structures of solid and of unimolecular films, and orientation effects of addition agents: **28** ('36) 1318–22; ~ 2: Molecular regimentation and chemical reactions in liquid oils and blends: 1322–25; ~ 3: x-Ray method of rating lubricants in terms of protection against surface wear: 1326–28. – Chemistry of ZrO_2: x-Ray diffraction studies[67]): **29** ('37) 711–15. – x-Ray structure of vulcanized rubber: **31** ('39) 1397–1401. – Problems in lime burning. A new x-ray approach[15])[6]): **32** ('40) 972–76. – Hysteresis in crystallization of stretched vulcanized rubber, from x-ray data [45])[13])[8]): 1474–77. – Measurement of static and dynamic foams in characteristic units[73]): 1594–98. – Application of the system sodium chloride – sodium nitrite – sodium nitrate to meat curing[38]): **33** ('41) 98–106. – x-Ray study of reactions involving accelerators[52])[8]): **35** ('43) 198–204. – Swollen, impregnated, and compressed wood samples[43]): **38** ('46) 1257–62. – Commercial and experimental carbon blacks[27])[17]): **41** ('49) 201–08. – Chemical nature of glutose[46]): 530–33. – Structure and physical properties of massive nylon[58])[93]): **42** ('50) 831–37. – Preparation and properties of fructose and glucose anhydrides[77])[106])[21])[1])[109])[25]): **44** ('52) 1127–35.

Industrial and Engng. Chem., Analyt. Edit. x-Ray method for quantitative comparison of crystallite orientation in cellulose fibers[86]): **5** ('33) 296–300. – Quantitative analysis of mine dusts – an x-ray diffraction method[67]): **8** ('36) 36–40. – The determination of lead peroxide. A new procedure and the comparison of formerly used procedures[57]): **9** ('37) 256–58. – Carotenoids in yellow corn. Quantitative estimation from modified absorption spectra measurements of carotenoids in yellow corn of different varieties and qualities[34]): 271–74. – Practical evaluation of commercial rubber carbon blacks by x-ray diffraction[68]): **12** ('40) 66–71. – Measuring oxidation of vegetable oil[76]): **13** ('41) 243f. – Technique and applications of industrial microradiography[37]): **14** ('42) 676–83. – Spectrophotometric study of the oxidation of quenching oils[47])[81])[19]): **16** ('44) 740–45. – x-Ray identification and crystallography of aldehydes and ketones as the 2,4-dinitrophenylhydrazones[47]): **18** ('46) 310–13.

Industrial Radiogr. Development of a monochromatic radiographic method for locating small defects in the alloy castings[29]): **3** ('44) 13–18. – Industry's debt to Röntgen: **4** ('46) 30–34.

Iron Age Microradiography of light-alloy spot welds[37]): **152** ('43) Nr. 4, 44–48.

J. amer. ceram. Soc. The determination by x-ray methods of crystalline compounds causing opacity in enamels[5])[2]): **16** ('33) 385–92. – Lattice dimensions of some solid solutions in the system $MgO-Al_2O_3$ [42])[7]): **17** ('34) 7f. – Röntgen ceramics – past, present, and future: **29** ('46) 177–86.

J. amer. chem. Soc. x-Ray diffraction studies of built-up films of long-chain compounds[92])[51]): **57** ('35) 330f. – New measurements of previously unknown large interplanar spacings in natural materials[59])[78])[99]): 1509. – Absorption edges in the x-ray patterns of native and mercerized cellulose[86])[59]): **58** ('36) 1635–38. – x-Ray diffraction studies of built-up films[51]): 2199–201. – A new study of the preparation and properties of the higher oxides of lead[79])[65]): **59** ('37) 2305–08; ∼ 2: Hydrous, normal, and active lead monoxides[98]): **61** ('39) 58–65; ∼ 3–5[74]): **63** ('41) 1299–310; ∼ 6[48]): **64** ('42) 1637–41. – A study of monolayers of some esters and chlorinated derivatives possibly useful as lubricating addition agents[72]): **62** ('40) 1948–51. – A versatile technique for x-ray single crystal structural analysis applied to benzaldehyde-2,4-dinitrophenylhydrazone and zinc salts of salicylic and benzoic acids[46]): **70** ('48) 2151–54. – Reaction of 2-aminobenzenethiol with aldoses and with hydroxymethylfurfural [77])[106])[21]): **73** ('51) 5908–10.

J. chem. Educat. Résumé of electron diffraction[103]): **15** ('38) 64–75.

J. chem. Physics Photochemical reduction with x-rays and effects of addition agents[22]): **5** ('37) 97–105. – Dielectric properties of nitrobenzene in the region of anomalous dispersion: **25** ('56) 125–29.

J. Dairy Sci. Application of x-rays to research on dairy technology[97])[75]): **17** ('34) 587–94 [franz. in: Lait **14** ('34) 942–50]. – An x-ray diffraction analysis of casein[97])[75]): **21** ('38) 767–75. – An x-ray diffraction analysis of cheddar cheese[97])[75]): 777–89. – Ascorbic acid and riboflavin destruction and flavor development in milk exposed to the sun in amber, clear, paper, and ruby bottles[40])[108])[60]): **35** ('52) 772–78.

J. electrochem. Soc. The relation between orientation, grain size, and brightness in nickel electrodeposits[85]): **98** ('51) 110–15.

J. exper. Biology Quantitative aspects of the change of phototropic sign in Daphnia: **9** ('32) 180–211.

J. Home Economics Imbibition by cotton fibers of water and of solutions of chemical reagents[90]): **25** ('33) 228–34.

J. physic. Chem. x-Ray diffraction studies of chitin, chitosan, and derivatives[87]): **40** ('36) 863–79. – An x-ray diffraction study of the action of liquid ammonia on cellulose and its derivatives[59]): **41** ('37) 777–86.

J. Res. nation. Bur. Standards x-Ray diffraction patterns of sol, gel, and total rubber when stretched, and when crystallized by freezing and from solutions[103])[88]): **19** ('37) 479–91 (R.P. 1039). – x-Ray diffraction patterns of crystalline sol rubber prepared from ethereal solution[37])[88]): **22** ('39) 105–07 (R.P. 1170). – x-Ray diffraction patterns of Hevea, Manihot and other rubbers[37])[88]): **23** ('39) 1–5.

Metals and Alloys Fluting in annealed sheet steel and its elimination[86]): **5** ('34) 103–05.

Monthly Bull. agr. Sci. and Practice [Rome] Die Anwendung von Röntgenstrahlen bei der Untersuchung in der milchwirtschaftlichen Technologie[97])[75]): **25** ('34) 317–24 [ ].

National Petroleum News Measurement of residual lubricating-oil film thickness on vertical metal surfaces[60])[24]): **36** ('44) Nr. 49, R 875f.

News Edit., Amer. chem. Soc. Industrial applications of x-ray analysis in wartime England: **19** ('41) 1150f.

Paper Trade J. Arrangement of the cellulose crystallites in ray cells of white oak as determined by x-rays[37])[70]): **109** ('39) 23, 37f.

Photo Technique x-Ray photomicrography: **1** ('39) Nr. 7, 19f.

Physical Rev. The crystal structure of insulin[23]): (2) **40** ('32) 639. – Occurrence of $CuAl_2$ in duralumin[89]): **43** ('33) 305. – x-Ray dan magnetic analyses of deformed silicon steel rings[26]): **52** ('37) 1167, 1170–78. — Electron microscope in an x-ray diffraction laboratory[9]): **64** ('43) 314f. — Interaction of microwaves propagated through a gaseous discharge plasma[36])[4]): **90** ('53) 151f. — Quenching of afterglow in gaseous discharge plasmas by low power microwaves[36])[4]): 486f.

Physics Sorption on cotton fibers of dyes with varying molecular association in solution[90]): **5** ('34) 95–100.

J. appl. Physics [USA] Electron study of the effect of heat on the structure of gold leaf[103]): **8** ('37) 630–38. — A tension compression device for quantitative x-ray diffraction evaluation of strain in metals and a calibrated series of aluminium alloys[63])[81]): **14** ('43) 284–90. — Radiosulfur tracer study of sulfurized lubrication addition agents[32])[53]): 428–34. — Bonding and structural variations of commercial electroplates 2 to 55 $\times 10^{-6}$ inch thick[63])[100]): **15** ('44) 193–200.

Proc., Amer. Petroleum Inst., Sect. III Improved lubricants and lubrication, 1: Fundamental chemical and physical forces in lubrication[53])[92]): **16** ('35) 68–80.

Pulp and Paper Mag. Canada Vergleich der bevorzugten Orientierung der Röntgendiagramme von 19 Holzzellstoffen: **51** ('50) 90–92 [engl.].

Radiation Res. x-Ray dosimetry by radiolysis of some organic solutions, 1: Dithizone and methyl yellow solutions[12]): **2** ('55) 199–218; ~ 2: Sensitized indicator solutions[12]): 295–305.

Radiologica Analysis by x-rays of ultimate structures of living materials: **3** ('38) 1–14.

Radiology x-Ray diffraction studies on nerve[80])[10]): **25** ('35) 131–51. — x-Ray diffraction studies of globular proteins, 1: Egg albumin[83]): **28** ('37) 58–67; ~ 2: Hemoglobins[83]): 144–56; ~ 3: The action of formaldehyde on proteins[83]): 357–61. — Analysis by x-rays of ultimate structures of living materials: **30** ('38) 180–90. — The detection of crystalline silica in lung tissue by x-ray diffraction analysis[94])[49]): **31** ('38) 299–307. — Medical, biological, and industrial applications of monochromatic radiography and microradiography: **49** ('47) 483–95.

Refiner and natur. Gasoline Manufacturer Improved lubricants and lubrication, 1: Fundamental chemical and physical forces in lubrication[53])[92]): **14** ('35) 512–22, 536.

Register Phi, Lambda, Upsilon Beyond the horizon of traditional chemistry: **24** ('39) 36–41.

Review sci. Instruments Practical apparatus for spectroscopic chemical analysis[34]): **7** ('36) 305f. — Mechanical devices for the measurement and interpretation of fiber diffraction patterns[87]): **8** ('37) 199–201. — A camera for stereoscopic microradiography[29]): **14** ('43) 277f.

Rubber Age [New York] Progress in x-ray research on rubber: **38** ('35) 79f. — x-Ray diffraction patterns of sol, gel, and total rubber when stretched, and when crystallized by freezing and from solutions[103])[88]): **42** ('37) 35–38, 113–15. — x-Ray studies of rubber, 1: Fundamentals: **48** ('41) 321–27; ~ 2: A résumé of past experimental observations: **49** ('41) 28–30; ~ 3: Comparison of two high-gum compounds: 255–57.

Rubber Chem. and Technol. x-Ray diffraction patterns of crystalline sol rubber prepared from ethereal solution[37])[88]): **12** ('39) 482–84. — Hysteresis in the crystallization of stretched vulcanized rubber, 2: x-Ray studies of the effects of sulfur content and method of curing[52])[8]): **14** ('41) 546–54.

Science [USA] x-Ray diffraction studies of the Bureau of Standards rubber fractions[99])[88]): **79** ('34) 433f. — x-Ray diffraction studies on nerve[80])[57]): **80** ('34) 567f. — Diffraction of x-rays at very small angles by celluloses and rayons[59]): **85** ('37) 203f. — Diffraction of x-rays by built-up films of proteins[73]): **86** ('37) 292f. — Detection of crystalline silica in lung tissue by x-ray diffraction analysis[94])[49])[57]): 544f. — The formaldehyde-protein reaction[74]): **87** ('38) 487. — A preliminary electron-microscope study of the active deposit from radiothorium[56])[9]): **99** ('44) 185. — Crystal structure of DDT[18]): **101** ('45) 465f. — Electron micrographs of x-ray treated Escherichia coli cells[28]): **105** ('47) 553–55. — Phosphate coating of aluminium and polymorphism of chromium phosphate[95]): **107** ('48) 505. — Preliminary results on the crystal structure of some ammonium salts with substituted aliphatic chains[44]): **112** ('50) 309. — Effect of elemental sulfur in the diet on load-extension hysteresis in single wool fibers[16]): **120** ('54) 40. — x-Ray dosimetry and contact microradiography with color film[112]): **130** ('59) 390.

Sugar x-Ray diffraction analysis of osazone of D-allulose obtained from D-fructose solution[31])[77])[106]): **47** ('52) Nr. 5, 40.

TAPPI Characteristics of unbleached kraft pulps from western hemlock, Douglas fir, western red cedar, loblolly pine, and black spruce, 6: Orientation of cellulose chains in pulp fibers as measured by x-ray diffraction: **33** ('50) 108–10. — Comparative degrees of preferred orientation in nineteen wood pulps as evaluated by x-ray diffraction patterns: 384–86.

Textile Res. A test of the alternate structure proposed for cellulose[37]): **9** ('38) 1–14, 15.

Trans. amer. Soc. Metals x-Ray diffraction studies of distortion in metals[11]): **25** ('37) 1207–24. — Quantitative Auswertung der Verzerrung in Siliciumstahl und in Aluminium[82]):

28 ('40) 853–76 [engl.]. — Die Technik der Mikroradiographie und ihre Anwendung bei Metallen[82]): **29** ('41) 732–54 [engl.].

Trans. amer. Soc. Steel Treating x-Ray studies of steel wires of medium carbon content[33]): **20** ('32) 471–79.

Trans. ceram. Soc. Burning of magnesite bricks, 3 [20])[55]): **34** ('35) 243–49.

Trans. electrochem. Soc. An x-ray study of the structure of rectifying selenium films[71]): **79** ('41) 355–66.

Trans. Illinois State Acad. Sci. Analysis of highly hydrated dolomitic lime by a Geiger counter x-ray diffractometer[54]): **48** ('55) 112–17.

Wallerstein Labor. Commun. On the measurement of foam stability with special reference to beer [73]): **2** ('39) Nr. 6, 46–54. — Electron-micrographic measurement of molecules of beer proteins[50]): **7** ('44) Nr. 21, 79–86.

Z. anorg. u. allg. Chem. Die basischen Sulfate des Bleis[57])[79]): **229** ('36) 401–09.

Z. Kristallogr., Mineral. u. Petrogr., Abt. A The crystal structure of the silver nitrate – urea addition compound, 1: Space group and molecular association[102]): **88** ('34) 162–72. — A method for detection and evaluation of residual distortion in crystals with special reference to electric steel[11]): **90** ('35) 392–98. — x-Ray diffraction studies of two-micron fractions of some genetic soil profiles[69])[67]): **96** ('37) 273–86. — Notes on the identification of minerals in clays by x-ray diffraction[35])[15]): 322–24. — A study of the behavior of montmorillonite upon wetting[15])[35]): **97** ('37) 216–22. — Some of the higher hydrates of trisodium phosphate Na_3PO_4 and trisodium vanadate Na_3VO_4[37]): **98** ('37) 107–11. — The crystal structure of zinc meta-antimonate $Zn(SbO_3)_2$[67]): 185–90. — A test of the alternative structures proposed for cellulose[37]): **99** ('38) 357–66.

Z. physik. Chem., Abt. B Bemerkung zu der Arbeit "The lattice dimensions of spinels": **17** ('32) 463f.

Mit: 1) N. Albon; 2) H. W. Alexander; 3) A. Ally; 4) J. M. Anderson; 5) A. I. Andrews; 6) V. J. Azbe; 7) A. E. Badger; 8) J. M. Ball; 9) M. Baylor; 10) R. S. Bear; 11) M. M. Beckwith; 12) P. E. Bierstedt, jr.; 13) E. Blaker; 14) S. J. Bodnar; 15) W. F. Bradley; 16) V. E. Buhrke; 17) R. L. Burton; 18) F. W. Cagle, jr.; 19) F. Carl; 20) J. H. Chesters; 21) Chia-Chen Chu; 22) W. S. Coe; 23) K. E. Corrigan; 24) T. W. Culmer; 25) H. C. S. De Whalley; 26) C. G. Dunn; 27) A. C. Eckert; 28) A. E. Eisenstark; 29) R. W. Eyler; 30) R. K. Flege; 31) J. O. Gardner; 32) S. G. Gallo; 33) N. P. Goss; 34) J. L. Gring; 35) R. E. Grim; 36) L. Goldstein; 37) S. T. Gross; 38) L. A. Hall; 39) E. E. Harris; 40) E. O. Herreid; 41) L. E. Holly; 42) E. E. Howe; 43) J. A. Howsmon; 44) C. R. Hudgens; 45) M. Kabler; 46) H. Kao; 47) W. G. Kaye; 48) S. F. Kern; 49) R. Klaas; 50) J. W. Lawrie; 51) P. W. Leppla; 52) R. L. Le Tourneau; 53) B. H. Lincoln; 54) W. F. Loranger; 55) K. C. Lyon; 56) D. Martin; 57) J. N. Mrgudich; 58) M. H. Mueller; 59) E. A. Parker; 60) Th. Parks; 61) E. D. Pierron; 62) K. J. Pipenberg; 63) G. Pish; 64) M. L. Quaife; 65) T. T. Quirke; 66) O. W. Rees; 67) D. H. Reynolds; 68) H. D. Rhodes; 69) F. F. Riecken; 70) G. J. Ritter; 71) P. G. Roach; 72) J. V. Robinson; 73) S. Ross; 74) R. Rowan; 75) H. A. Ruehe; 76) F. M. Rugg; 77) L. Sattler; 78) J. A. Schaad; 79) N. C. Schieltz; 80) F. O. Schmitt; 81) R. L. Seabury; 82) W. M. Shafer; 83) J. H. Shenk; 84) E. C. Sherrard; 85) S. H. Simonsen; 86) W. A. Sisson; 87) A. F. Smith; 88) W. H. Smith; 89) H. A. Smith; 90) J. L. Southard; 91) R. S. Sprague; 92) R. R. Sterrett; 93) L. Stott; 94) H. C. Sweany; 95) A. P. Tai; 96) H. C. Terford; 97) S. L. Tuckey; 98) W. P. Tyler; 99) W. J. Warren; 100) L. E. Weeg; 101) —; 102) C. O. Werner; 103) E. Wolthuis; 104) —; 105) —; 106) F. W. Zerban; 107) P. F. Ziegler; 108) B. Ruskin; 109) D. Gross; 110) C. H. Liu; 111) Tsong-Chi Tso; 112) R. M. Uznanski.

VI **CLARK,** Leslie Marshall. Chem., Kristallogr. — 1928–33 Research Chemist, '33–39 Deputy Manager, '40–49 Assist. Research Manager, '49–53 Technical Service Manager, Imperial Chemical Industries Ltd., Alkali Division, Winnington, Northwich. — '49 D. Sc. (Univ. of Cambridge).

*1897, Jan. 24, Ashover, Derby;

†1953, Sept. 26, Northwich, Cheshire.

Nekr. E. A. Cooke, J. chem. Soc., London **1954**, 765.

J. chem. Soc., London The absorption spectra of 2,2′-dimethyl- and 2,2′-diethylselenocarbocyanine iodides and of p-dimethylaminostyrylbenzthiazole methiodide. A correction: **1933**, 216. — The system $CaCO_3$ – $CaSO_4$ – H_2O at 159° to 252°, and the effect of additions of sodium salts[10]): **1935**, 383–91. — Reactivity of the imino-group in 1-imino-2-methylbenzthiazoline: **1936**, 507.

J. Sci. Food and Agric. Method for separating the constituents of chestnut tannin[11]): **1** ('50) 213f.

J. Soc. chem. Industry, Trans. The rôle of sodium aluminate in accelerating the separation of solid phases during water-softening operations[12]): **52** ('33) 35–44; ~ 2: The effect on mixed solutions of calcium and magnesium salts[7]): **54** ('35) 25–28; ~ 3: Factors influencing the capacity and efficiency of lime – sodium carbonate water-softening plants[5]): 143–49; ~ 4: Reactions in lime – soda – sodium aluminate reaction vessels: A study of calcium aluminate hydrates: **57** ('38) 399–405. — The scaling of boilers (1–3: Control of calcium sulphate deposition by the phosphate ion), 1: The preparation of hydroxyapatite, $3[Ca_3 \cdot (PO_4)_2],Ca(OH)_2$ [6]): 295–97; ~ 2: The solubility of hydroxyapatite in the presence of calcium sulphate in the range 150–300°; effect of sodium sulphate and sodium hydroxide thereon[10]): 298–301; ~ 3: Calcium hydroxide as a constituent of boiler scale[6]): 301f.; ~ 4: Identification of phases in calcium silicate scales[3]): **59** ('40) 155–58; ~ 5: Identification of some of the combinations of silica and of magnesia in boiler scales[1])[15]): **63** ('44) 292–98. — Crystalline $Mg(OH)_2$ and $Fe(OH)_2$ [9])[13]): 208–10. — Manufacture of hydrogen sulphide, 1: Reaction between hydrogen and pyrites[14]): **67** ('48) 5–8.

Mineralogical Mag. and J. mineral. Soc. Identification of minerals in boiler deposits: **28** ('48) 359–66.

Nature [London] Occurrence of boron phosphate in deposits from an economizer[8]): **156** ('45) 302.

Philosophical Trans. roy. Soc. London Calcium carbonate and its hydrates[2])[15]): **243** ('50) 145–67.

Proc. roy. Soc., London, Ser. A The constitution and formation of bleaching powder[3]) [4]): **151** ('35) 141–67.

Recueil Trav. chim. Pays-Bas Effect of gases on the sintering of lime: **68** ('49) 969–82.

Mit: [1]) T. C. Alcock; [2]) R. Brooks; [3]) C. W. Bunn; [4]) I. L. Clifford; [5]) W. R. Cousins; [6]) W. F. Gerrard; [7]) P. Hamer; [8]) J. Haslam; [9]) A. G. M. Hedley; [10]) E. Hunter; [11]) W. J. Levy; [12]) L. S. Price; [13]) J. G. Robinson; [14]) H. M. Spittle; [15]) E. F. Thurston.

VI **CLARK,** William Mansfield. Physiol. Chem. — 1927–52 Prof., School of Medicine, '52 Prof. Emeritus, '52– Research Prof., Johns Hopkins Univ., Baltimore, Md. — '35 Hon. Sc. D. (Williams College, Williamstown, Mass.); '40 Hon. Sc. D. (Univ. of Pennsylvania, Philadelphia, Pa.). — '36 Nichols Medal (Chemical Soc., New York Section); '44 Borden Award. (⊠)

*1884, Aug. 17, Tivoli, N. Y.;

†1964, Jan. 19.

Nekr. W. B. Wood, J. Bacteriol. **87** ('64) 751–54.

MHZ. J. biol. Chemistry **100** ('33) ff.

S. 3rd International congress of microbiology, New York **1939**. Report of Proc. (New York '40) 235: Some of the developments in the study of free-energy changes in biological oxidation-reduction. — Encyclopaedia Britannica. A new survey of universal knowledge **11** (Chicago–London–Toronto... '65) 950–56: Hydrogen ions[16]).

W. Challenge to scholarship (Philadelphia, Pa. '41) 20 S. — Topics in physical chemistry; a supplementary text for students of medicine (Baltimore, Md. '48) 15+738 S.; ²('52) 18+777 S. — Oxidation-reduction potentials of organic systems (Baltimore, Md. '60) 595 S.

Biographical Mem., Nation. Acad. Sci. USA Walter (Jennings) Jones †: **20** ('39) 79–139.

Cold Spring Harbor Sympos. quantitat. Biol. Elementary aspects of the potentiometric study of oxidation equilibria: **7** ('39) 1–17.

C.R. Trav. Labor. Carlsberg, Sér. chim. Coordination of metalloporphyrins with nitrogenous bases[13])[3])[6]): **22** ('38) 129–41.

Federat. Proc., Amer. Soc. exper. Biol. Symposium on biochemistry of malarial parasites: **5** ('46) 390. — A systematic treatment of coordination complexes of metalloporphyrins and nitrogenous bases[3])[9])[13]): **7** ('48) 499–501.

Industrial and Engng. Chem. A little of the perspective of acid-base and oxidation-reduction equilibria: **28** ('36) 620–24.

J. amer. chem. Soc. Studies on oxidation-reduction, 17: Neutral red[8]): **54** ('32) 1228–48; ∼18: Simple safranines[12])[1]): **55** ('33) 891–907; ∼ 19: Aposafranines[12]): 4097–109. — Luminosity and chromaticity of indicators as a function of pH [15]): **69** ('47) 1296–301.

J. appl. Physics [USA] Potential energies of biologically important oxidation-reduction systems: **9** ('38) 97–108.

J. biol. Chemistry Metalloporphyrins, 1: Coordination with nitrogenous bases; theoretical relations[13])[3])[14]): **135** ('40) 543–68; ∼ 5: A spectrophotometric study of pyridine coproporphyrin, 1[8]): 643–57; ∼ 6: Cycles of changes in systems containing heme[11]): **171** ('47) 143–87; ∼ 7: Coordination of imidazoles with ferrimesoporphyrin[2]): **198** ('52) 33–61; ∼ 8: Coordination of ferromesoporphyrin with proteins[10]): **205** ('53) 617–31. — Coordination of proteins with ferromesoporphyrin[4])[10]): **178** ('49) 1009f. — Studies on oxidation-reduction, 24: Oxidation-reduction potentials of flavin adenine dinucleotide[7]): **221** ('56) 983–92.

Proc. nation. Acad. Sci. USA Urease activity as influenced by oxidation and reduction[8])[5]): **19** ('33) 855–60.

Science [USA] Leonor Michaelis †: **111** ('50) 55.

Mit: [1]) Tung-Tou Chen; [2]) R. W. Cowgill; [3]) T. H. Davies; [4]) J. Harris; [5]) L. Hellerman; [6]) R. Lewis; [7]) H. J. Lowe; [8]) M. E. Perkins; [9]) C. C. Porter; [10]) L. L. Rosenberg; [11]) J. Shack; [12]) R. D. Stiehler; [13]) J. F. Taylor; [14]) C. S. Vestling; [15]) J. J. van Wyk; [16]) R. G. Bates.

VI **CLARK,** Robert Harvey. Chem. — 1916–48 Prof. org. Chem., '27–48 Head of the Departm. of Chemistry, '48 Prof. Emeritus, Univ. of British Columbia, Vancouver, B. C., Can.; '37–43 Director, National Research Council.

*1880, Juni 4, Blyth, Ont., Can.;

†1961, Juli 25, Vancouver, B. C.

Zur Biogr. Canadian Chem. and Process Industries **22** ('38) 15.

Nekr. J. A. F. Gardner, Trans. roy. Soc. Canada, Sect. III **56** ('62) 173f.

American J. digest. Diseases The intravenous feeding of amino acids[7])[14]): **6** ('39) 185f.

Canadian J. Res., Sect. B The conversion of α-bromonaphthalene into the β-isomer[9]): **17** ('39) 251f. — The development of a preservative for gill nets[6]): **19** ('41) 241–60. — Some new indicators derived from vanillin[20]): **26** ('48) 7–10.

Canadian J. Res., Sect. F Emulsion polymerization of isoprene[15])[11])[3])[u.a.]): **28** ('50) 351–60.

Canadian J. Technol. The emulsion polymerization of isoprene, 2[12])[19]): **29** ('51) 343–48; ~ 3: The measurement of the amount of vinyl groups[17]): 349–61.

J. amer. chem. Soc. Convenient synthesis of β-chloropropionitrile[20]): **69** ('47) 713f.

J. biol. Chemistry The effect of certain physiologically important materials upon kidney phosphatase[18])[10]): **119** ('37) 283–88.

Trans. roy. Soc. Canada, Sect. III The effect of certain chemicals on the hydrolytic activity of ricinus and pancreas lipase[1]): (3) **26** ('32) 87–92. — A systematic study of the preparation of acidyl chlorides[4]): **27** ('33) 97–104. — The preparation of certain cinnamic acid and orthophenylphenol derivatives[16])[13]): **28** ('34) 97–102. — The effect of certain chemicals upon amylase activity[8]): 107–25. — A systematic study of the preparation of unsaturated hydrocarbons by elimination of halogen acids from corresponding halides[4]): **29** ('35) 61–68. — The effect of hormones and Bios extracts on amylase activity[5]): **30** ('36) 145–48. — Enzyme activators: **32** ('38) 1–8. — Comparison of colorimetric methods for the determination of nicotinic acid[2]): **33** ('39) 29–32.

Mit: [1]) R. M. Archibald; [2]) W. R. Ashford; [3]) G. Barton; [4]) A. B. Bell; [5]) H. J. Bremner; [6]) G. Cave-Browne-Cave; [7]) I. Corbould; [8]) H. I. Edwards; [9]) H. E. Fisher; [10]) J. H. Fisher; [11]) N. Henderson; [12]) A. L. Johnson; [13]) M. McArthur; [14]) R. E. McKechnie; [15]) H. MacLean; [16]) R. G. D. Moore; [17]) N. E. Phillips; [18]) J. J. Pyle; [19]) W. L. Reynolds; [20]) R. Stewarts.

VI **CLARK,** Walter. Photogr., Chem. — 1931–47 Assistant to Vice President in Charge Research, '47– Head of the Applied Photogr. Division, Research Laboratory, Eastman Kodak Co., Rochester, N. Y. (☒)

*1899, Nov. 9, London.

W. Photography by infrared; its principles and applications (New York–London '39) 11 + 397 S.; [2](New York '46, London '47) 17 + 472 S.

American Annual Photogr. The DIN system of speed determination: **1937**, 199f.

American Cinematographer Photography by infrared: **21** ('40) 464, 478.

Biographical Mem. Fellows roy. Soc. Charles Edward Kenneth Mees, 1882–1960: **7** ('61) 173–97.

Chemist Eastman chemical research: **9** ('32) 14–30.

Industrial and Engng. Chem. Growth of an American industry around a major product: **31** ('39) 507–14.

J. opt. Soc. America Ninth International congress of scientific and applied photography, Paris, July 7–13, 1935: **24** ('34) 259.

Photo Technique Technique of uniform development: **2** ('40) Nr. 10, 54–58.

Photogrammetric Engng. Photographic materials for aerial photography: **10** ('44) 132–35.

Photographic Sci. and Engng. Louis-Philippe Clerc: **2** ('58) 185.

Procédé Photolitographic printing-plates of cellulose acetate: **46** ('50) 65–67 [ ].

Scientific Monthly Seeing the invisible: **41** ('35) 481–89.

Trans. amer. Inst. chem. Engr. Photography and chemical engineering research: **1934**, Nov., 20 S. (preprint). — Further advances in applied photography: **32** ('36) 111–26.

Weitere Beiträge in: **Popular Photogr.** [USA].

VI **CLARKE,** Hans Thacher. Org. Chem., Biochem. — 1928–56 Prof. and Head of the Departm. of Biochem., '56 Prof. Emeritus, College of Physicians and Surgeons, Columbia Univ., New York; '44–46 Special Assist. to Director, Office of Scientific Research and Development; '51–52 Science Attaché, U.S. Embassy, London; '56–64 Scientific Guest Worker, Departm. of Biochem., Yale Univ., New Haven, Conn., '64– Boston Children's Hospital, Boston, Mass. — '53 Hon. Sc. D. (Univ. of Rochester, N. Y.); '57 Hon. Sc.D. (Columbia Univ., New York).

*1887, Dez. 27, Harrow, England.

Zur Biogr. An American contemporary: H. Th. Clarke: Chemical and Engng. News **27** ('49) 83 (m. Bildn. vor S. 65).

Autobiogr. An organic chemist in biochemistry: Annual Rev. Biochem. 27 ('58) 1–14 (m. Bildn.).

MH. Dynamic state of body constituents. Revised edition (Cambridge, Mass. '42) (Harvard University monographs in medicine and public health, Nr. 3). — A symposium on the use of isotopes in biology and medicine (Madison, Wisc. '49); darin eig. Beitr.: 3–15: Isotopes in biochemistry: Historical background (m. Bildnissen vor S. 17 u. vor S. 257). — The chemistry of penicillin (Princeton, N. J. '49). – Ion transport across membranes (New York '54).

S. Encyclopaedia Britannica. A new survey of universal knowledge **22** (Chicago–London–Toronto . . . '65) 130f.: Thiazoles.

W. Handbook of organic analysis [4](London '56) 12+363 S.; span.: (Barcelona '45).

American J. Diseases Children Intractable hypophosphatemic rickets with renal glycosuria and acidosis (the Fanconi syndrome)[14])[15]): **65** ('43) 81–146.

Biochemische Z. Über die „neue Methode zur Darstellung von Aminen aus Aminosäuren" von Wada[7])[20]): **272** ('34) 376–79.

Chemical and Engng. News The work of the medallist (du Vigneaud): **23** ('45) 621f.

J. amer. chem. Soc. l-p-Methoxyphenylalanine[2]): **54** ('32) 1630–34. – Benzenesulfonylguanidines[9]): 1964–68. – The action of acetic acid upon certain carbohydrates[9]): 2083–88. – The action of formaldehyde on amines and amino acids[9])[21]): **55** ('33) 4571–87. – Studies of crystalline vitamin B_1, 12: The sulfur-containing moiety[10]): **57** ('35) 1876–81. – Carboxymethoxylamine[5]): **58** ('36) 2020f. – The action of formaldehyde upon cysteine[19]): **59** ('37) 200–06. – Racemization of tripeptides and hydantoins[6]): **60** ('38) 2426–30. – Preparation of o-aminobenzyl- and 2-aminoethylthiazolium salts: **66** ('44) 652.

J. biol. Chemistry The alkaline deamination of derivatives of cysteine[12]): **94** ('31/32) 541–50. – The action of sulfite upon cystine: **97** ('32) 235–48. – The elimination of bromides from the blood stream[18]): **99** ('32) 435–44. – Labile sulfur in proteins[22]): **102** ('33) 171–86. – Oxidation of amino acids by silver oxide[11]): **104** ('34) 769–88. – Chemical reactivity of cystine and its derivatives[8]): **106** ('34) 667–91. – Allocation of free amino groups in proteins and peptides[10]): **107** ('34) 395–419. – Unrecognized forms of sulfur in proteins[4]): **110** ('35) 343–49. – The amino acids of certain marine algae[16]): **123** ('38) 729–40. – N-Methylcysteine and derivatives[3]): **125** ('38) 275–87. – Compounds related to canaline and canavanine[5]): 479–94. – Lipides of diatoms[16]): **141** ('41) 283–89. – Chemical components of some autotrophic organisms[16]): **143** ('42) 39–42. – Henry Drysdale Dakin, 1880–1952: **198** ('52) 491–94. – The Journal of Biological Chemistry, October 1905 – October 1955: **216** ('55) 449–54. – Carboxymethylamino acids and peptides[13]): **221** ('56) 113–31. – Carboxymethyl proteins[13]): 133–41.

J. org. Chemistry Resolution of dl-β-hydroxybutyric acid: **24** ('59) 1610f.

Organic Syntheses β-Alanine (β-aminopropionic acid)[2]): **16** ('36) 1–3. – Succinimide[2]): 75f. – Cysteic acid monohydrate: **20** ('40) 23f. – Pentaacetyl d-glucon準nitrile[17]): 74–76. – Carboxymethoxylamine hemihydrochloride[1]): **27** ('47) 15–18.

Science [USA] Rudolf Schoenheimer †: **94** ('41) 553f. – Max Bergmann †: **102** ('45) 168–70. – Amino acid composition of proteins[20]): 454–56. – Role of proteins in ion transport across membranes: **118** ('53) 711.

Mit: [1]) H. S. Anker; [2]) L. D. Behr; [3]) K. Bloch; [4]) D. Blumenthal; [5]) E. Borek; [6]) M. Bovarnick; [7]) G. L. Foster; [8]) J. S. Fruton; [9]) H. B. Gillespie; [10]) S. Gurin; [11]) R. M. Herbst; [12]) J. M. Inouye; [13]) S. Korman; [14]) D. J. McCune; [15]) H. H. Mason; [16]) A. Mazur; [17]) S. M. Nagy; [18]) J. W. Palmer; [19]) S. Ratner; [20]) H. B. Vickery; [21]) S. Z. Weisshaus; [22]) H. Zahnd.

V, VI **CLAUDE,** Georges. Chem. Technol. – Chimiste, Ingénieur électricien, Inventeur. – 1904 Prix Hébert (Acad. Sci. Paris); '07 Prix Michel-Alcan (Soc. des Ingénieurs civils); '08 Prix Montyon (Acad. Sci. Paris); '21 Prix Le Comte (Acad. Sci. Paris). (⊠)

*1870, Sept. 24, Paris;

†1960, Mai 21*), Saint-Cloud, Seine-et-Oise.

*) Einige Nekrologe geben Mai 23 an.

Zur Biogr. A. Caille, Bull. Soc. industr. Rouen **60** ('32) 213–22. – P. Guillaumeron, Les travaux de MM. Georges Claude et A. G. Claude sur l'utilisation de l'énergie géothermique: Génie civil **126** ('49) 223–27.

Nekr. J. Cathala, Nature [London] **187** ('60) 829f. – R. Plank, Kältetechnik **12** ('60) 280.

Autobiogr. De l'air liquide à l'énergie des mers: Chimie et Industrie, Congr. Chim. industr. **17** I ('37) CXXXV–CL [auch in: Chimie et Industrie **39** ('38) 3–18]. – Aus der Werkstatt eines Erfinders: Chemiker-Ztg. **62** ('38) 909–11. – Ma vie et mes inventions (Paris '57) 273 S.

S. Actes VIIe Congrès international du froid, Den Haag–Amsterdam 1936, **1** (Paris '37) 379–81: Industrielle Gewinnung von Krypton und Xenon [franz.]. – Atti X Congresso internazionale di chimica, Roma 1938, **2** (Roma '39) 613–18: Über die technische Darstellung von Krypton [ ].

Annaes Acad. brasil. Sci. L'état actuel de mes travaux sur l'énergie des mers: **6** ('34) 233–42.

Chimie et Industrie La fabrication de potazote en Waziers: **27** ('32) No. spéc. 3bis, 449–52. – Le gaz de four à coke et la synthèse de l'ammoniaque: **37** ('37) 3–16. – De l'air liquide à l'énergie des mers: **39** ('38) 3–18.

C. R. hebd. Séances Acad. Sci., Paris Sur l'extraction des gaz dissous dans le procédé

Claude-Boucherot: **194** ('32) 1778–82. — Sur des progrès des tubes lumineux à gaz rares: 2253–57. — Sur la fabrication de l'oxygène industriel: **195** ('32) 919–22. — Sur la réalisation prochaine d'une usine Claude-Boucherot sur bateau: **197** ('33) 567–70. — Observations sur la communication: P. Chambadal, Le dégazage fractionné des eaux chaude et froide dans le procédé Claude-Boucherot: 825–27. — Sur de nouveaux progrès dans l'éclairage par luminescence: 1260f. — Sur le traitement de l'air en vue d'en retirer comme produits essentiels le krypton et le xénon, et sur l'application de ces gaz aux lampes à incandescence: **198** ('34) 1959–62. — Sur une usine flottante Claude-Boucherot: **199** ('34) 329–32. — Sur l'énergie thermique des mers. La campagne de la Tunisie: **200** ('35) 993–97. — Sur la campagne de la Tunisie: 1454–58. — Sur la présence de l'or dans l'eau de mer: **202** ('36) 1885–87. — Sur la production de la lumière blanche à l'aide d'un tube luminescent unique: **203** ('36) 1203–06. — Sur la recherche des avions perdus en mer: **204** ('37) 1291–94; **205** ('37) 397, 761; **212** ('41) 186f. — Un nouveau succédané de l'essence, l'ammoniaque acétylèné: 585–88. — Sur la fabrication du sulfate d'ammoniaque et sur quelques conséquences au point de vue agricole: **213** ('41) 105–08. — Sur la fabrication du sulfate d'ammoniaque par le gypse et sur quelques réflexions concernant la conception inventive: 332–35. — Sur l'utilisation thermique du sol[1]): **228** ('49) 544f., 1672. — Sur la possibilité de créer de grandes sources thermoartésiennes[1]): 1209f. — Sur l'extraction de la chaleur terrestre[1]): 1701f. — Sur les anomalies thermiques de Pechelbronn: **234** ('52) 458–60, 2097–. — Sur l'utilisation d'eaux souterraines au-dessus de la température critique: **235** ('52) 1148–50. — Sur l'utilisation des eaux souterraines au-dessus de la pression critique: **236** ('53) 670–72. — Sur l'extraction des eaux souterraines au-dessus de la pression critique: **237** ('53) 830–32.

Génie civil Sur la fabrication du sulfate d'ammoniaque et sur quelques conséquences au point de vue agricole: **118** ('41) 79f.

Ice and Cold Storage Industrial extraction of krypton and xenon from the air: **42** ('39) 118.

J. Soc. Ing. Automobile Un nouveau succédané de l'essence: l'ammoniaque acétylèné: **14** ('41) 55–60.

Metallbörse Erzeugung von Wasserstoffsuperoxid: **22** ('32) 1438f., 1470f., 1630f.

Nature [Paris] Sur la fabrication du sulfate d'ammoniaque et sur quelques conséquences au point de vue agricole: **1941**, 326f.

Revue Soudure autogène Wie ich das gelöste Acetylen (Dissousgas) erfunden habe: **28** ('37) 2f. [franz.].

Z. ges. Kälte-Industrie Über die industrielle Erzeugung und Verwendung von Krypton und über einige Erinnerungen aus der industriellen Herstellung flüssiger Luft: **47** ('40) 1–6 [franz. in: Revue gén. Froid **20** ('40) 223–29].

Mit: [1]) André-Georges Claude.

VI **CLAUSING,** Pieter. Physik. — 1923–46 Physiker, '47–56 Hauptphysiker, Natuurkundig Laboratorium der N. V. Philips' Gloeilampenfabrieken, Eindhoven, Niederlande.

*1896, Nov. 12, Haarlem.

S. Vacantie-leergang 1943. Georganiseerd door de Contactcommissie V. D. N. Bemetel (Haarlem '44) 67–103: Das Härten von Metallen [niederländ.].

Annalen Physik Die Formeln der Molekularströmung nach von Smoluchowski und nach Gaede: (5) **4** ('30) 567–70. — Über die Strömung sehr verdünnter Gase durch Röhren von beliebiger Länge: **12** ('32) 961–89. — Eine Bemerkung zu der Molekularströmung: **14** ('32) 129–33. — Eine Bemerkung zu einem Gaedeschen Strömungsversuch: 134–38.

Archives néerl. Sci. exactes et natur., Sér. 3 A Über den elektrischen Widerstand des Titan- und Zirkonnitrids und einen neuen Widerstandseffekt: **14** ('33) 53–83.

Philips' techn. Rdsch. Der Plandrehversuch als Kurzprüfverfahren zur Beurteilung der Zerspanbarkeit von Stahl: **1** ('36) 183–88, 200–04.

Physica Über den Temperaturkoeffizienten des Widerstands: **12** ('32) 167f. [niederländ.]. — Über die Gesamtstrahlung von Oxidkathoden[3]): **13** ('33) 193–205. — Über den Gebrauch einer besonderen Anfangsvoraussetzung für Diffusionsprobleme: 225–30 [niederländ.]. — Über die Bestimmung der Zusammensetzung kleiner Mengen eines Neon–Argon-Gemisches: 320–33 [niederländ.]. — Sur la photométrie des lampes à décharge dans les gaz: **2** ('35) 721–36. — On the molecular flow with Langmuirian adsorption of the molecules on the wall of the tube; a correction: **28** ('62) 298–302.

Polytechnisch Weekbl. Die Entwicklung der Nichteisenmetalle und ihre Anwendung in den letzten 10 Jahren: **36** ('42) 431–34, 451–54 [niederländ.].

Recueil Trav. chim. Pays-Bas The α-β transition with mechanically treated and with untreated zirconium[1])[2]): **55** ('36) 450–58.

Z. anorg. u. allg. Chem. Über die Schmelzpunkte des Zirkonoxids und des Hafniumoxids: **204** ('32) 33–39. — Über den elektrischen Widerstand des Titan- und Zirkonnitrids und einen neuen Widerstandseffekt: **208** ('32) 401–19.

Z. Physik Über die Entropieverminderung in einem thermodynamischen System bei Eingriffen intelligenter Wesen: **56** ('29) 671f.

Mit: [1]) J. H. de Boer; [2]) J. D. Fast; [3]) J. B. Ludwig.

VI **CLAVERA ARMENTEROS,** José María. Physik, Nahrungsmittellehre. — 1927– Prof., Fac. Farmacia, Univ. de Granada; '64– Sub-Director General de Farmacia, Madrid. — Placa de la Orden de Alfonso X, el Sabio.

*1898, Dez. 3, Villarroya de la Sierra, Zaragoza.

MHZ. Boletín Univ. Granada **1** ('28) ff.

S. Trabajos del IX Congreso internacional de química pura y aplicada, Madrid 1934, **6** (Madrid '35) 77f.: Ein neues Pyknometer großer Präzision[5]) [span.]. — II Congresso Luso-Espanhol de farmácia, Oporto 1952, **2**, I Sect. (Oporto, Portugal '52) 287–92: Mikrobestimmung des Jods in organischen Stoffen [span.].

W. Técnica de las medidas físicas y físicoquímicas (Granada '35); [2]('42); [3]('48); [4]('53) 1148 S. — Prácticum de química (m. R. Portillo) [3](Madrid '41) 208 S. — Teoría y manejo del microscopio. Su aplicación en la clínica (Barcelona '42) 136 S. — Los problemas de la alimentación: Introducción a la bromatología (Granada '42); [2]('47); [3]('53) 717 S. — Primer siglo de la facultad de farmacia. Resumen histórico (m. López Neyra) (Granada '50).

Actualidad med. Las reacciones de Roffo y Botelho en el diagnóstico de cáncer[1])[8]): **8** ('32) 13 S.

Anales Bromatol. Desequilibrios alimenticios: **4** ('52).

Anales Soc. españ. Física y Quím. Die Zuckerarten und der Trockenextrakt in Malagaweinen[7]): **30** ('32) 140–44. — Die jodometrische Säurezahl bei Ölen[7]): 971–74. — Die Glykämie nach Insulingabe[1]): **31** ('33) 364–69. — Mittel zur Neutralisation des Zigarettenrauches[6]): 449–53. — Über die Mikrobestimmung der Lactose. Priorität der Anwendung einer Methode[5]): 905f. — Neues Pyknometer von hoher Genauigkeit[5]): **32** ('34) 690–97. — Extrakt und Mikroextrakt in Frauenmilch[5]): **33** ('35) 588–96. — Fettmikrobestimmung in Frauenmilch[5]): 815–19. — Der Einfluß des Methylalkohols bei der Bestimmung der höheren Alkohole in Branntweinen[5]): **34** ('36) 507–12. — — Alle Arbeiten span.

Archives Maladies Appareil digestif et Maladies Nutrit. Les glycémies post-insuliniques dans l'insuffisance hépatique[1]): **25** ('35) 1038–48.

Boletín Univ. Granada Los azúcares y el extracto seco en los vinos de Málaga[7]): **4** ('32) 63–68. — El índice ácido-iodométrico en los aceites[7]): 861–66. — Nuevo picnómetro de alta precisión[5]): **6** ('34) 331–40. — Influencia del alcohol metílico en la dosificación de los alcoholes superiores en los aguardientes[5]): **9** ('37) 129–36. — Estudio analítico de los aceites de oliva que se consumen en la provincia de Granada[2]): **10** ('38) 357–65. — Yacimientos de estroncio en Granada[5]): 621–65. — Ideas actuales sobre la acción de los medicamentos antibióticos: **18** ('46). — Investigación de fluor en la orina[4]): **23** ('51). — Estudio dela nutrición del estudiante universitario[10]): (2) 8 ('59). — Encuesta de alimentación en la ciudad de Granada[10]): ibid.

Laboratorio [Granada] Valoraciones de suspensiones microbianas por colorante adsorbido[9]): **9** ('54).

Revista iber. Parasitol. Modificaciones del agua y electrolitos en ascaridia galli[3])[9]): **15** ('55).

Revista Sanidad e Hig. publ. Fijación teórica de la ración alimenticia: **17** ('43).

Mit: [1]) F. Fernández (Martinez); [2]) J. L. Guardiola Mira; [3]) D. Guevara; [4]) A. Mallol; [5]) F. Moreno Martín; [6]) A. Ocaña; [7]) M. Oro López; [8]) E. Suarez; [9]) J. Thomas; [10]) G. Varela.

VI **CLAY,** Jacob. Experimentalphysik, Philos. der Naturwiss. — 1929–53 ord. Prof., Direktor des Laboratoriums für experimentelle Physik, '53 Prof. Emeritus, Univ. Amsterdam; '53–54 Direktor, Internationaale School voor Wijsbegeerte, Amersfoort.

*1882, Jan. 18, Berkhout bij Hoorn; †1955, Mai 31, Bilthoven.

Zur Biogr. C. J. Gorter, Bij het afscheid als hoogleraar van Prof. Dr. J. Clay: Nederlandsch Tijdschr. Natuurkunde **18** ('52) 241–44 (m. Bildn.). — H. den Hartog, Clay's work on cosmic rays: Synthese 8 ('50/51) 3–5. — G. Mannoury, Clay as a philosopher: ibid. 1f.

Nekr. J. J. Boasson, Jaarb. Maatsch. nederl. Letterkunde, Leiden **1955/56**, 55–58. — H. F. Jongen, Synthese **9** ('55) 428–32. — G. W. Rathenau, Jaarb. koninkl. nederl. Akad. Wet. **1955/56**, 209–12 (m. Bildn.). — Nederlandsch Tijdschr. Natuurkunde **21** ('55) 149. — Synthese **9** ('55) 423–27. — Tijdschr. Philos. **17** ('55) 579f.

H. (Redakt.) Servire's Encyclopaedie in monografieën, Afd. A III: Natuurkunde, **1** ('s-Gravenhage '42) — **9** ('51). — Philosophische bibliotheek (Utrecht '49/50). — (Redakt.) Studievoorlichting over universiteit en hogeschool, 1952/53 (Amsterdam '52).

MHZ. Physica **4** ('37) – **19** ('53). — Synthese 1946–1955.

Kolibri 360 GmbH
Ferdinand-Jühlke-Straße 7
99095 Erfurt, Deutschland
produktsicherheit@kolibri360.de